Vanadiumoxide

Vanadiumoxide

Darstellung, Eigenschaften, Anwendung

von

Winfried Brückner · Heinrich Oppermann
Werner Reichelt · Jewgeni Iwanowitsch Terukow
Felix Abramowitsch Tschudnowski · Erich Wolf

Mit 159 Abbildungen und 39 Tabellen

Akademie-Verlag · Berlin · 1983

Federführender Autor:

Professor Dr. sc. Heinrich Oppermann
Zentralinstitut für Festkörperphysik und Werkstofforschung
der Akademie der Wissenschaften der DDR, Dresden

Weitere Autoren:

Dr. sc. Winfried Brückner,
Dr. Werner Reichelt,
Professor Dr. sc. Erich Wolf
Zentralinstitut für Festkörperphysik und Werkstofforschung
der Akademie der Wissenschaften der DDR, Dresden
Dr. Jewgeni Iwanowitsch Terukow,
Dr. sc. Felix Abramowitsch Tschudnowski
Physikalisch-Technisches Institut A. F. Joffé der Akademie der Wissenschaften der UdSSR, Leningrad

Erschienen im Akademie-Verlag, DDR-1086 Berlin, Leipziger Str. 3—4
Lektor: Renate Trautmann

Lizenznummer: 202 · 100/514/83
Einband und Schutzumschlag: Annemarie Wagner
Gesamtherstellung: VEB Druckerei „Thomas Müntzer", 5820 Bad Langensalza
Bestellnummer: 7629834 (6633) · LSV 1185
Printed in GDR

DDR 40,00 M

Vorwort

Vanadiumoxide nehmen unter den Substanzen mit Leitfähigkeitsübergang, dem Metall–Halbleiter-Phasenübergang, eine herausragende Stelle ein. Zahlreiche Fragen des festkörperphysikalischen Verhaltens der Substanzen mit Metall–Halbleiter-Phasenübergang sind an den Vanadiumoxiden untersucht und geklärt worden. Eine Reihe von Anwendungen der physikalischen Effekte wurden bisher vorgeschlagen. Im Zentralinstitut für Festkörperphysik und Werkstofforschung, Dresden, und im Physikalisch-Technischen Institut Leningrad beschäftigen sich Forschergruppen von Physikern und Chemikern seit vielen Jahren mit grundlegenden Fragen des physikalischen Verhaltens von Übergangsmetalloxiden und besonders der Vanadiumoxide. Eine große Anzahl an Ergebnissen wurde in den letzten Jahren in gemeinsamer Arbeit gewonnen. Mitarbeiter dieser Forschergruppen haben die Ergebnisse der letzten Jahre auf diesem Gebiet kritisch gesichtet, um sie in Form dieser Monographie herauszugeben.

Das Buch enthält drei Schwerpunkte: Darstellung, physikalische Eigenschaften und Anwendung der Vanadiumoxide. Es umfaßt damit wesentliche Säulen der modernen Festkörperforschung, bei der nur die komplexe Behandlung und Herangehensweise zum Ziel führt. Daher müssen, von der Darstellung definierter Substanzen ausgehend, über die Eigenschaften bis hin zur Applikation verschiedene Fachdisziplinen optimal vereinigt werden.

In dieser Monographie wird, wie chronologisch erforderlich, die Darstellung vorangestellt. In ihr werden Fragen der Gewinnung von Verbindungen mit definierter Reinheit, Stöchiometrie und Dotierung einschließlich der Einkristallzüchtung behandelt. Als wesentliche Methode zur Darstellung der Vanadiumoxideinkristalle wird der chemische Transport angewandt, für dessen erfolgreichen Einsatz die thermodynamische Behandlung komplizierter Reaktionssysteme Voraussetzung ist.

Die Einflußgrößen (Reinheit, Phasenreinheit, Stöchiometrie und Dotierung) werden unter den physikalischen Eigenschaften beschrieben. Dabei werden der Einfluß auf die elektrischen und magnetischen Eigenschaften (Widerstand, Thermokraft, Suszeptibilität, HALL-Effekt), die Struktur und die optischen Eigenschaften behandelt. Die theroretischen Vorstellungen zum Mechanismus der Leitfähigkeitsvorgänge und Phasenübergänge werden diskutiert.

Ausgehend von den physikalischen Eigenschaften, werden Möglichkeiten der Anwendung der Vanadiumoxide in der Elektrotechnik, zur Automatisierung und Kontrolle von Prozessen, in der Mikroelektronik und Optoelektronik vorgestellt und diskutiert.

Auf Grund des komplexen Herangehens und damit der modernen interdisziplinären Behandlungsweise von Problemen der Festkörperforschung werden die verschiedensten Fachspezialisten wie Chemiker, Physiker, Metallkundler, Kristallographen und Anwender von Festkörpern in der Elektrotechnik-Elektronik angesprochen. Mit dem Buch wird dem akademischen Forscher und dem Anwender sowie dem Lehrenden ein Werk in die Hand gegeben, das die Vielfalt der Problematik in der Festkörperforschung am Beispiel der Vanadiumoxide beschreibt, zum Anregen und zum Nachschlagen dient. Dem Studierenden soll es eine Vorstellung von der komplexen Fragestellung und Arbeitsweise auf dem Gebiet der Festkörperforschung geben.

Das Buch zeigt zugleich das enge Zusammenwirken von Forschergruppen der DDR und der UdSSR auf einem Gebiet der Forschung.

Die ersten beiden Kapitel wurden im wesentlichen von H. Oppermann, W. Reichelt und E. Wolf, die Abschnitte 3.1., 3.3. und 3.7. von F. A. Tschudnowski, die Abschnitte 3.5. und 3.6. von W. Brückner und die Abschnitte 3.2., 3.4. sowie Kapitel 4. von Je. I. Terukow verfaßt. Die Überarbeitung, Gesamtdurchsicht und Endfassung des Manuskripts übernahmen W. Reichelt, Je. I. Terukow und H. Oppermann.

Unser besonderer Dank gilt Dr. Manfred Wolf für die kritische Durchsicht einiger Abschnitte und zahlreiche wertvolle Hinweise und Diskussionen.

Die Transkription der russischen Autorennamen wurde, einem Vorschlag des Verlages folgend, einheitlich nach Steinitz vorgenommen, wodurch gewisse Abweichungen im Namensbild gegenüber der in anderen Fällen und vielfach auch in der zitierten Literatur angewandten bibliographischen Transkription auftreten.

Die Autoren

Inhaltsverzeichnis

Symbolverzeichnis

Symbol	Bedeutung	Wert	Einheit
A, B, C, D	allgemeine Symbole für chemische Elemente, Komponenten		
a, b, c	Gitterkonstanten (a_H hexagonaler Typ, a_M monokliner Typ, a_R Rutiltyp, a_T trikliner Typ)		nm
a_B	Bohrscher Radius	$0{,}52918 \cdot 10^{-10}$	m
B	magnetische Induktion		T
C	Curie-Konstante		m^3 K kg^{-1}
C_p	Molwärme bei konstantem Druck		J mol^{-1} K^{-1}
E	elektrische Feldstärke		V m^{-1}
E_A	Aktivierungsenergie		eV
E_{ex}	Exzitonenlücke		eV
E_F	Fermi-Energie		eV
E_g	Bandlücke, verbotene Zone		eV
e	Elementarladung des Elektrons	$1{,}60219 \cdot 10^{-19}$	C
F	Freie Energie		J
G, ΔG	Freie Enthalpie, Differenz der Freien Enthalpie		J mol^{-1}
g	Elektronen–Phononen-Wechselwirkungskonstante		eV
g_{ex}	Exzitonenkopplungskonstante		eV
H	magnetische Feldstärke		A m^{-1}
H, ΔH	Enthalpie, Enthalpiedifferenz		J mol^{-1}
ΔH_t	Phasenumwandlungsenthalpie		J mol^{-1}
h	Planksches Wirkungsquantum	$6{,}62620 \cdot 10^{-34}$	J s
$\hbar$	$h/2\pi$	$1{,}05459 \cdot 10^{-34}$	J s
K_p	thermodynamische Gleichgewichtskonstante		
k	Boltzmann-Konstante	$1{,}38062 \cdot 10^{-23}$	J K^{-1}
$\boldsymbol{k}_F$	Wellenvektor an der Fermi-Grenze		
l	mittlere freie Weglänge		nm
m_e	Elektronenmasse	$9{,}109953 \cdot 10^{-31}$	kg
m^*	effektive Masse		kg
$N(E)$	Zustandsdichte		eV^{-1}
$N(E_F)$	Zustandsdichte an der Fermi-Grenze		eV^{-1}
n	Molzahl		mol
n	Teilchenkonzentration		m^{-3}
n_e	Elektronenkonzentration		m^{-3}

		Einheit
n_{ex}	Exzitonenkonzentration	m^{-3}
n_p	Konzentration der Paare	m^{-3}
p	Druck	Pa
p^*	Bilanzdruck	Pa
p_g	Gesamtdruck	Pa
p_i, p_k	Partialdruck der i-ten bzw. k-ten Spezies	Pa
q	Wellenvektor, reziproker Gittervektor	nm^{-1}
R	Reflexionskoeffizient	%
R	elektrischer Widerstand	Ω
R	allgemeine Gaskonstante	8,31434 $J\ mol^{-1}\ K^{-1}$
R_H	HALL-Konstante	$m^3\ A^{-1}\ s^{-1}$
r	Radius	nm
S	Thermokraft	$\mu V\ K^{-1}$
S, ΔS	Entropie, Entropiedifferenz	$J\ mol^{-1}\ K^{-1}$
ΔS_t	Phasenumwandlungsentropie	$J\ mol^{-1}\ K^{-1}$
T	Temperatur	K
T_C	CURIE-Temperatur	K
T_N	NÉEL-Temperatur	K
T_t	Phasenumwandlungstemperatur	K
U	innere Energie	$J\ mol^{-1}$
U	COULOMBsche Wechselwirkungsenergie	eV
U	Spannung	V
U_S	Schaltspannung	V
V	Molvolumen	$m^3\ mol^{-1}$
x, y, z, n	allgemeine Stöchiometriezahlen	
α	linearer Ausdehnungskoeffizient	K^{-1}
α	Absorptionskoeffizient	nm^{-1}
α, β, γ	Gitterwinkel	°
γ	Abschirmkonstante	
γ, β	Konstanten (in $C_p = \gamma T + \beta T^3$)	
ε	Dielektrizitätskonstante	$F\ m^{-1}$
ε_0	Dielektrizitätskonstante im Vakuum	$8{,}854187 \cdot 10^{-12}\ F\ m^{-1}$
θ	Molekularfeldkonstante	K
θ_D	DEBYE-Temperatur	K
λ	Wärmeleitfähigkeit	$W\ m^{-1}\ K^{-1}$
μ	Beweglichkeit	$m^2\ V^{-1}\ s^{-1}$
μ_B	BOHRsches Magneton	$9.27408 \cdot 10^{-24}\ A\ m^2$
μ_e	Beweglichkeit der Elektronen	$m^2\ V^{-1}\ s^{-1}$
μ_{eff}	effektives magnetisches Moment	
μ_H	HALL-Beweglichkeit	$m^2\ V^{-1}\ s^{-1}$
μ_{opt}	optische Beweglichkeit	$m^2\ V^{-1}\ s^{-1}$
μ_p	Beweglichkeit der Löcher	$m^2\ V^{-1}\ s^{-1}$
ν	Anzahl der Doppelbesetzungen, Paare	
ϱ	spezifischer elektrischer Widerstand	Ωm
σ	elektrische Leitfähigkeit	$S\ m^{-1}$
τ	Relaxationszeit	s

		Einheit
χ	spezifische magnetische Suszeptibilität	$m^3\ kg^{-1}$
χ_M	molare magnetische Suszeptibilität	$m^3\ mol^{-1}$
ω	Wellenzahl	cm^{-1}
ω_p	Plasmafrequenz	s^{-1}

Indizes, Zustandsbezeichnungen

g	gasförmig
f	fest
fl	flüssig
K	kritisch in E_K, H_K, n_K, p_K, T_K, σ_K usw.
AFH	antiferromagnetischer Halbleiter
H	Halbleiter
I	Isolator
$L_1, ..., L_n$	Lösungsmittel
M	Metall
o, o. P. G.	obere Phasengrenze
u, u. P. G.	untere Phasengrenze

0. Einleitung

Zahlreiche Chalkogenide der Übergangsmetalle besitzen bei einer bestimmten Temperatur einen reversiblen Phasenübergang, der mit einer starken Änderung physikalischer Eigenschaften, insbesondere des Leitfähigkeitsverhaltens, verbunden ist. Die Aufklärung dieses mit dem klassischen Bändermodell nicht beschreibbaren Verhaltens ist seit über fünfzehn Jahren Gegenstand einer intensiven experimentellen und theoretischen festkörperphysikalischen Forschung. Von außerordentlich großem Interesse sind dabei die Verbindungen bzw. Phasen des Systems Vanadium–Sauerstoff, mit denen sich zahlreiche Arbeiten befassen.

Im System Vanadium–Sauerstoff existieren viele individuelle Phasen mit einem mehr oder weniger großen Homogenitätsbereich und einem bemerkenswert breiten physikalischen Eigenschaftsspektrum, das durch die Zusammensetzung stark beeinflußt werden kann. Die Palette der elektrischen Eigenschaften reicht von Halbleitern mit breiter Energielücke, das heißt praktisch isolierendem Verhalten, über schmalbandige Halbleiter bis zur metallischen Leitfähigkeit. Für fast alle Phasen sind mit einem Metall–Halbleiter-Übergang oder Halbleiter–Halbleiter-Übergang und einer sprunghaften Änderung der elektrischen, magnetischen und z. T. auch optischen Eigenschaften verbundene gitterstrukturelle Phasenumwandlungen charakteristisch, wobei die Umwandlungstemperatur und die Größe der Eigenschaftsänderung von der Stöchiometrie der Vanadiumoxidphasen und der Art und Konzentration von Dotanden beeinflußt werden können.

Die in dieser Vielfalt in keinem anderen System mögliche Eigenschaftsänderung und -beeinflussung, aber auch grundlegende, mit der Darstellung der einzelnen Phasen verbundene physikalisch-chemische Fragestellungen sowie Aspekte der technischen Nutzung dürften in den letzten fünfzehn Jahren das Interesse vieler Forschergruppen gerade am System Vanadium–Sauerstoff stimuliert haben.

Interessante physikalische Fragestellungen betreffen insbesondere

- Mechanismen der Ladungsträgerlokalisierung in den Übergangsmetallverbindungen mit nicht vollgefüllten d-Schalen und vielfach nicht ganzzahligen d-Elektronenzahlen/V-Atom,
- die Rolle der physikalisch sehr aktuellen Elektronenkorrelationseffekte, die in den schmalen d-Bändern von Bedeutung sein können,
- die Beiträge der Elektron–Phonon-Kopplung und magnetischer Wechselwirkungen an dem breitgefächerten komplexen Eigenschaftsbild,
- den Zusammenhang zwischen gitterstrukturellen und elektrischen Eigenschaften, die sich aus der engen Kopplung der Leitfähigkeitsänderungen mit der Änderung der Gitterstruktur ergeben,

- gitterstrukturelle und andere physikalische Verwandtschaftsbeziehungen in den homologen Reihen der Vanadiumoxidphasen,
- die vielfältigen Modifizierungsmöglichkeiten der Eigenschaften durch Stöchiometrieänderungen und Dotierungen.

Wenn bis heute unsere Kenntnisse zum Metall–Halbleiter-Übergang der Vanadiumoxide wesentlich erweitert werden konnten und auch Fortschritte im theoretischen Verständnis erreicht worden sind, dann dürfte das vor allem darauf zurückzuführen sein, daß aus der Fülle des vorliegenden experimentellen Materials zahlreiche Ergebnisse der Eigenschaftsuntersuchungen eindeutig definierten und gut charakterisierten Untersuchungsmaterialien zugeordnet werden können.

Im Kapitel Darstellung werden die Methoden der Abscheidung aus der Gasphase im geschlossenen System (chemischer Transport) gegenüber anderen Darstellungsmethoden besonders ausführlich behandelt. Das erscheint aus drei Gründen berechtigt:

1. Mit Ausnahme der Vanadiummonoxidphasen sind sämtliche Vanadiumoxide durch chemischen Transport darstellbar, unter bestimmten Bedingungen in einkristalliner Form. Eindeutige Stöchiometrie–Struktur-Eigenschaftsbeziehungen lassen sich am besten, mitunter nur, an einkristallinen Proben aufstellen.
2. Die Anwendung des chemischen Transports ermöglicht eine definierte Einstellung der Stöchiometrie, speziell die Herstellung der Vanadiumoxidphasen mit oberer und unterer Phasengrenze, selbst wenn der Homogenitätsbereich extrem gering ist. Das ist insofern von Bedeutung, weil, wie im Kapitel 3. insbesondere am Beispiel des VO_2 und V_2O_3 gezeigt wird, einige physikalische Eigenschaften sehr stöchiometrieempfindlich sind.
3. Am Beispiel der Vanadiumoxide wurden in den letzten Jahren besonders überzeugend die Aussagekraft einer exakten thermodynamischen Analyse komplizierter Reaktionssysteme und die notwendigen Randbedingungen für die gezielte und reproduzierbare Darstellung mehrkomponentiger Festkörper variabler Zusammensetzung nachgewiesen; insofern scheint eine Darlegung der wichtigsten Grundlagen der Thermodynamik komplizierter Reaktionssysteme, die, verallgemeinerungsfähig für andere Systeme, einleitend in gedrängter Form behandelt werden, nicht überflüssig zu sein.

Das 2. Kapitel, in dem die Charakterisierung der Vanadiumoxide behandelt wird, ist unter Hinweis auf die Originalliteratur bewußt kurz gehalten. Die Charakterisierung im weitesten Sinne umfaßt neben der möglichst genauen analytischen Bestimmung von Stöchiometrie und Dotierungskonzentration die gitterstrukturelle Identifizierung und die Bestimmung physikalischer Parameter. Wir hielten es für zweckmäßig, die Ergebnisse der röntgenographischen Untersuchungen zur Gitterstruktur im Zusammenhang mit den physikalischen Eigenschaftsuntersuchungen im Kapitel 3. zu behandeln. Insofern beschränkt sich Kapitel 2. auf die Darlegung der wichtigsten Methoden zur Bestimmung der Stöchiometrie und der Konzentration an Dotierungselementen sowie auf einige wesentliche Ergebnisse, die durch spektroskopische Untersuchungen gewonnen wurden.

Im 3. Kapitel werden die physikalischen, insbesondere die strukturellen, elektrischen, magnetischen und z. T. auch optischen Eigenschaften behandelt. Ausgehend von einer kritischen Sichtung und Bewertung der vorliegenden experimentellen Ergebnisse, unter Berücksichtigung des Einflusses der Stöchiometrie reiner und der Zusammensetzung dotierter Vanadiumoxide sowie gitterstruktureller Änderungen und Verwandtschaftsbeziehungen zwischen benachbarten Phasen, werden verschiedene Modelle zur Beschreibung der Phasenübergänge diskutiert. Trotz der Vielzahl an experimentellen Ergebnissen, die in diesem Kapitel zusammengestellt sind, bleibt eine Reihe von Fragen zum Verständnis des physikalischen Verhaltens der Vanadiumoxide offen und ihre Klärung der künftigen experimentellen und theoretischen Forschung vorbehalten. Es bleibt zu hoffen, daß das gesichtete und zusammengestellte experimentelle Material sowie die auf der Grundlage der gegenwärtigen theoretischen Vorstellungen diskutierten Modelle Ansätze für verallgemeinerungsfähige Erkenntnisse bieten können.

Schließlich wird im letzten Kapitel versucht, die bisher untersuchten technischen Anwendungsmöglichkeiten herauszuarbeiten, die sich durch Eigenschaftsvielfalt und anwendungstechnisch interessante Parameter einiger Vanadiumoxide anbieten. Dazu gehören insbesondere die sprunghafte Änderung der spezifischen Leitfähigkeit um mehrere Zehnerpotenzen in einem technisch interessanten Temperaturbereich oberhalb Raumtemperatur, die mit dem Phasenübergang verbundene Änderung der optischen Eigenschaften und die für die Nutzung als Speichermaterial beeinflußbare Hysterese am Phasenübergang. Allerdings muß, wie in diesem Abschnitt gezeigt wird, vor übertriebenen optimistischen Erwartungen auf Grund der starken Konkurrenz durch andere elektronische Materialien gewarnt werden.

1. Darstellung der Vanadiumoxide

Im System Vanadium–Sauerstoff existiert eine Vielzahl diskreter Phasen, wie in Abbildung 1 dargestellt [1], die sich teils nur um eine geringe Differenz im O/V-Verhältnis der summarischen Zusammensetzung VO_x unterscheiden. Einige dieser Verbindungen besitzen eine endliche Phasenbreite, einige andere einen sehr engen und analytisch nicht mehr nachweisbaren Homogenitätsbereich. Zahlreiche Untersuchungen der letzten Jahre weisen darauf hin, daß die Stöchiometrie dieser Verbindungen eine Reihe von physikalischen Eigenschaften wesentlich beeinflussen kann, wodurch die Suche nach Methoden zur reproduzierbaren Darstellung definierter Vanadiumoxide gefördert worden ist. Dabei hat sich gezeigt, daß gegenüber Darstellungsmethoden, die Festkörperreaktionen oder Schmelz- und Lösungsgleichgewichte nutzen, die Abscheidung aus der Gasphase und der chemische Transport zumindest für Forschungszwecke erhebliche Vorteile besitzen. Mit diesen Methoden, die folglich auch im Mittelpunkt des vorliegenden Abschnittes stehen, beschäftigten sich in den letzten Jahren zahlreiche Untersuchungen.

Das Prinzip der Gasphasenabscheidung im offenen System besteht normalerweise im Einsatz einer Mischung gasförmiger Reaktionspartner, die eine Reaktionskammer durchströmen, in der bei hohen Temperaturen über heterogene Reaktionen die Abscheidung des Festkörpers erfolgt.

Der chemische Transport nutzt die Temperaturabhängigkeit (oder Druckabhängigkeit) heterogener chemischer Reaktionsgleichgewichte fest–gasförmig, die in einem Temperatur- oder Druckgefälle im geschlossenen System einen richtungsabhängigen Stofftransport durch Auflösung und Abscheidung fester Bodenkörper erzwingt.

1.1. Thermodynamische Grundlagen der Gasphasenabscheidung und des chemischen Transports

Durch zahlreiche Untersuchungen konnte nachgewiesen werden, daß eine thermodynamische Analyse der Simultanreaktionen, die der Gasphasenabscheidung und dem chemischen Transport zugrunde liegen, wesentliche Aussagen zum Abscheidungs- und Transportverhalten geben kann. Voraussetzung im offenen System ist dazu, daß die chemische Umsetzung der gasförmigen Reaktionspartner an der unmittelbaren Phasengrenze fest–gasförmig in der Reaktionskammer bis zur Gleichgewichtseinstellung verläuft, Voraussetzung im geschlossenen System ist die Gleichgewichtseinstellung von festem Bodenkörper in beiden auf unterschiedlichen Temperaturen gehaltenen Reaktionsräumen.

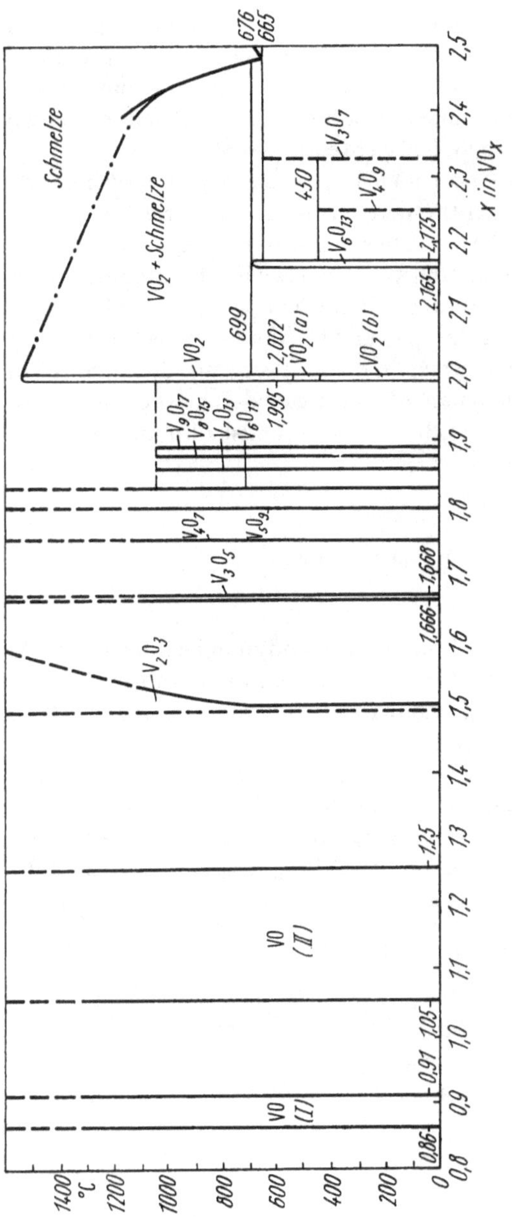

Abb. 1. Das Phasendiagramm des Systems Vanadium–Sauerstoff

Exakte thermodynamische Berechnungen für Simultanreaktionen, die den Zusammenhang von Gleichgewichtszustand und Ausgangszustand bei der Gasphasenabscheidung im offenen System herstellen, wurden erstmals von LEVER entwickelt [2]. Zur Berechnung des chemischen Transports leitete SCHÄFER einen Diffusionsansatz ab [3], der in seiner erweiterten Form auch Simultanreaktionen und die mit ihrem Ablauf verbundenen Molzahländerungen näherungsweise berücksichtigt [4]. Mit diesen Beziehungen konnte das Abscheidungs- und Transportverhalten von elementaren Festkörpern sowie von Verbindungen beschrieben werden, die im gleichen stöchiometrischen Verhältnis aufgelöst und abgeschieden werden müssen.

Auch für die Abscheidung oder den Transport mehrkomponentiger homogener oder heterogener Festkörper, die einen Homogenitätsbereich besitzen, sowie für die Koabscheidung und den Kotransport benachbarter Phasen gibt eine thermodynamische Analyse für die Auswahl geeigneter Abscheidungs- oder Transportbedingungen wesentliche Hinweise, wie in den letzten Jahren an zahlreichen Beispielen, insbesondere auch zur Darstellung von Vanadiumoxiden definierter Stöchiometrie, gezeigt wurde. Für diese Fälle sind Beziehungen aufgestellt worden, die es gestatten, die Zusammensetzung bzw. Stöchiometrie der abgeschiedenen homogenen oder heterogenen Festkörper in Abhängigkeit von den Transport- oder Abscheidungsbedingungen zu berechnen [5 bis 8].

1.1.1. Mögliche Fälle der Abscheidung und des Transports einer Verbindung AB_x [7, 9, 10]

Für ein System A–B, in dem mehrere feste Phasen thermodynamisch existenzfähig sind, kann zwischen dem Bodenkörper und einer seiner elementaren Komponenten in der Gasphase ein thermodynamisches Gleichgewicht formuliert werden, das durch den Koexistenzdruck p_A oder p_B charakterisiert ist.

Ganz allgemein können für solche Systeme drei Fälle unterschieden werden, die in Abbildung 2 an einem isothermen Druck–Zusammensetzung-Diagramm schematisch erläutert werden. AB_{x_3} stellt die B-reichste Verbindung konstanter Zusammensetzung dar. AB_{x_2} und AB_{x_1} besitzen eine Phasenbreite zwischen $AB_{x_2,o}$ und $AB_{x_2,u}$ bzw. $AB_{x_1,o}$ und $AB_{x_1,u}$, letztere ist in diesem Fall nicht nachweisbar. Sobald der Koexistenzdruck

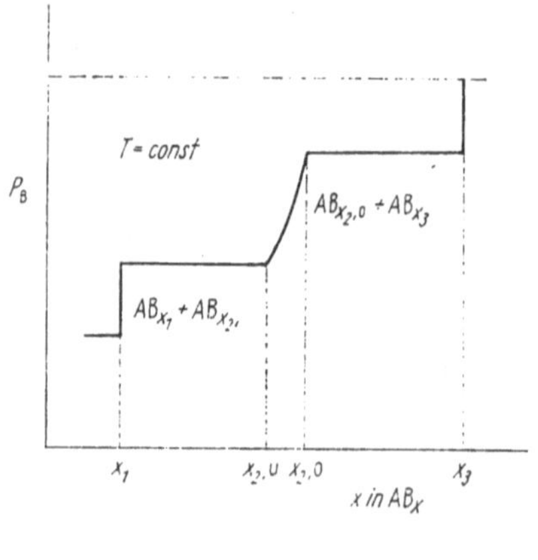

Abb. 2. Isothermes Diagramm Druck–Zusammensetzung eines binären Systems A–B (statt AB_{x_2}, lies $AB_{x_2,u}$)

p_B der B-reichsten Verbindung mit der benachbarten Phase überschritten wird, ist der Partialdruck der Komponente B frei wählbar. Zwischen dieser Komponente in der Gasphase und dem Bodenkörper AB_{x_3} läßt sich keine Gleichgewichtsbeziehung formulieren.

Innerhalb des Homogenitätsbereiches besitzt das System zwei Freiheitsgrade. Der Gleichgewichtspartialdruck p_B ist bei konstanter Temperatur entsprechend der Phasenbeziehung

$$[B]_{AB_x} = B, g \tag{1}$$

nur eine Funktion der Zusammensetzung. Das gilt gleichfalls, wenn in der Gasphase die Komponente B auch in polyatomarer Form zu existieren vermag. Dieser Druck entspricht dem Koexistenzlöslichkeitsdruck.

Im Koexistenzgebiet zweier Phasen ist der Gleichgewichtspartialdruck p_B entsprechend einem Freiheitsgrad des Systems durch die Temperatur festgelegt. Er entspricht dem Koexistenzzersetzungsdruck beider benachbarter Phasen:

$$AB_{x_2,u} = AB_{x_1,o} + (x_2, u - x_1, o)\, B, g\,. \tag{2}$$

Dieser Koexistenzdruck kann das Transport- und Abscheidungsverhalten eines Bodenkörpers AB_x auch dann sehr stark beeinflussen, wenn sein Wert relativ klein ist. Gleichung (1) muß folglich beim Transport bzw. der Abscheidung von Verbindungen innerhalb des Homogenitätsbereiches, Gleichung (2) beim Kotransport bzw. der Koabscheidung benachbarter Phasen berücksichtigt werden.

1.1.2. Thermodynamische Beziehungen des Transports binärer Phasen AB_x

Abbildung 3 veranschaulicht schematisch den chemischen Transport einer Verbindung AB_x im Homogenitätsbereich für den Fall, daß als Transportmittel eine binäre Verbindung L_1L_2 eingesetzt wird, Abbildung 4 veranschaulicht den Zweiphasentransport. Es sei angenommen, daß die eingesetzte Bodenkörpermenge groß genug ist, so daß sich ihre Zusammensetzung während des Transports nicht ändern kann. Dabei stellt die Größe p^* einen hypothetischen Bilanzdruck dar, der sich z. B. für die Komponenten A aus dem Stöchiometriefaktor $\nu_{A,k}$ der Komponente A in der k-ten Spezies und deren Partialdruck p_k ergibt: $p_A^* = \sum \nu_{A,k} p_k$.

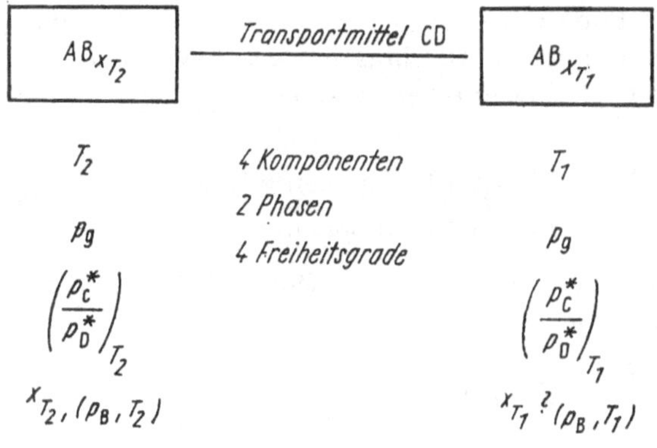

Abb. 3. Schematische Darstellung des Transports von Verbindungen mit einem Homogenitätsbereich (CD = L_1L_2)

Im ersten Fall ist entsprechend vier Freiheitsgraden die Zusammensetzung des Bodenkörpers und der Gasphase im Auflösungsraum mit der Temperatur T_2, dem Gesamtdruck p_g, dem Bilanzdruckverhältnis $(p^*_{L_1}/p^*_{L_2})_{T_2}$ und der Zusammensetzung der Bodenkörperphase $x_{T_2}(p_B, T_2)$ festgelegt. Im stationären Zustand gilt dann im Abscheidungsraum T_1 unter den üblichen vereinfachenden Annahmen

$$p_g(T_2) = p_g(T_1)\,, \qquad (p^*_{L_1}/p^*_{L_2})_{T_2} = (p^*_{L_1}/p^*_{L_2})_{T_1}\,,$$

und es erhebt sich die Frage nach der Zusammensetzung des abgeschiedenen Bodenkörpers x_{T_1}. Mit anderen Worten, durch Festlegung des Zustandes bei T_2 und Fixierung der Abscheidungstemperatur T_1 ist die Zusammensetzung des transportierten Bodenkörpers zwar bestimmt, der Zustand im Gleichgewichtsraum T_1 kann jedoch im Gegensatz zum Transport von Verbindungen konstanter Zusammensetzung nicht unabhängig vom Gleichgewichtsraum T_2 berechnet werden. Das gilt ganz allgemein für den Transport von Festkörpern variabler Zusammensetzung, unabhängig von der Anzahl der Freiheitsgrade und der Kompliziertheit des Reaktionssystems.

Ähnlich ist die Situation im Fall des Zweiphasentransports (Abb. 4). Entsprechend drei Freiheitsgraden sind die oben angegebenen Beziehungen zur Beschreibung des

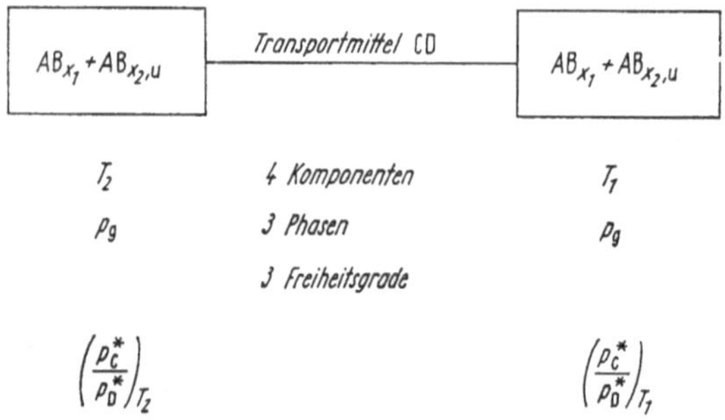

Abb. 4. Schematische Darstellung des Zweiphasentransports (CD = L_1L_2)

Transportverhaltens nur ausreichend, wenn unter den festgelegten Transportbedingungen beide Phasen in beiden Gleichgewichtsräumen zu koexistieren vermögen. Das bedeutet, daß beide Phasen gleichzeitig transportiert werden müssen. In diesem Fall können beide Gleichgewichtsräume thermodynamisch unabhängig voneinander berechnet werden. Wird zuerst eine Phase transportiert, ist mit Ausnahme des Grenzfalls, daß ihre Zusammensetzung der Phasengrenze entspricht, zur Berechnung des Transportverhaltens eine weitere Beziehung zwischen beiden Gleichgewichtsräumen erforderlich. Eine solche Beziehung wurde durch Kombination des LEVERschen Ansatzes für die Flüsse der Komponenten [2, 11] mit dem Massenerhaltungsgesetz in der Form

$$\frac{\text{bei } T_1 \text{ abgeschiedene Molzahl B}}{\text{bei } T_1 \text{ abgeschiedene Molzahl A}} = \frac{\text{Fluß der Komponente B}}{\text{Fluß der Komponente A}} = x_{T_1} \tag{3}$$

abgeleitet [5]. x_{T_1} ist die Bruttozusammensetzung des bei T_1 abgeschiedenen Bodenkörpers. Es hat sich folgende Gleichung ergeben:

$$\left(\frac{p^*_B - x_{T_1}p^*_A}{p^*_{L_j}}\right)_{T_2} = \left(\frac{p^*_B - x_{T_1}p^*_A}{p^*_{L_j}}\right)_{T_1} = \text{const} = \varepsilon\,. \tag{4}$$

p^*_{Lj} ist der Bilanzdruck der j-ten Transportmittelkomponente. Mit der Gleichung

$$(p^*_{Lj-1}/p^*_{Lj})_{T_2} = (p^*_{Lj-1}/p^*_{Lj})_{T_1} = \text{const} \tag{5}$$

ist bei Fixierung des Gesamtdruckes und der Temperatur in beiden Gleichgewichtsräumen die Zusammensetzung des bei T_1 abgeschiedenen Bodenkörpers aus Gleichung (4) berechenbar, wenn bei T_2 ein Bodenkörper mit vorgegebener Zusammensetzung eingesetzt wird.

Gleichung (4) gilt, wie die erstmals von Lever eingeführte Gleichung (5), für das geschlossene und für das offene System. Im offenen System stellt sie die Beziehung zwischen der Zusammensetzung der Gasphase im Ausgangszustand einerseits und der Gasphase sowie dem abgeschiedenen Bodenkörper im Gleichgewichtszustand andererseits her. Für den einfachen Fall, daß die reaktionsbedingten Molzahländerungen in beiden Gleichgewichtsräumen gleich sind, geht Gleichung (5) über in

$$p^*_L = \text{const}\,. \tag{6}$$

Hieraus folgt in Verbindung mit dem Gibbsschen Phasengesetz, daß die Gleichgewichtsräume von Systemen, in denen die reaktionsbedingten Molzahländerungen gleich sind, thermodynamisch unabhängig voneinander berechnet werden können und sich die Anwendung von Gleichung (4) erübrigt.

Aus Gleichung (4) ist weiterhin leicht erkennbar, daß die thermodynamischen Zustände der Gleichgewichtsräume beim chemischen Transport von Verbindungen konstanter Zusammensetzung unabhängig voneinander behandelt werden können, da $x_{T_1} = x_{T_2}$ und die Zusammensetzung des Bodenkörpers von vornherein bekannt sind.

Zur Berechnung des gleichzeitigen Transports koexistierender Phasen (Zweiphasentransport) ist es zweckmäßig, die Beziehung (4) in der Form

$$\frac{(p^*_B/p^*_L)_{T_2} - (p^*_B/p^*_L)_{T_1}}{(p^*_A/p^*_L)_{T_2} - (p^*_A/p^*_L)_{T_1}} = x_{T_1} \tag{7}$$

zu schreiben. Mit den Temperaturen in beiden Gleichgewichtsräumen, dem Gesamtdruck und der Beziehung (5) sind in diesem Fall die Freiheitsgrade vergeben und die Zustände in beiden Räumen thermodynamisch unabhängig voneinander berechenbar. Es muß jedoch auch die Transportbeziehung (7) gelten, in der x_{T_1} die Bruttozusammensetzung des bei T_1 abgeschiedenen Bodenkörpers angibt. Diese Beziehung ist offensichtlich mit den Koexistenzbedingungen der bei T_2 und T_1 vorliegenden heterogenen Bodenkörper $AB_{x_2,u} + AB_{x_1,o}$ nur vereinbar, wenn die aus Gleichung (7) berechnete Bruttozusammensetzung x_{T_1} des transportierten Bodenkörpers zwischen x_2, u und x_1, o liegt. Im anderen Fall ist ein gemeinsamer Transport nicht möglich. Diese Arbeitsweise gestattet es, ausgehend von einer üblichen thermodynamischen Berechnung des Reaktionssystems, Aufschluß über die zeitliche Reihenfolge des Transports koexistierender Phasen zu erhalten. Drei Fälle sind möglich:

1. $x_1, \mathrm{o} < x_{T_1} < x_2, \mathrm{u}$
   Es ist ein gemeinsamer Transport der bei T_2 vorliegenden Phasen zu erwarten.
2. $x_1, \mathrm{o} > x_{T_1}$
   Es wird zuerst die Verbindung (oder Phase) AB_{x_1} nach T_1 transportiert. Nachdem AB_{x_1} bei T_2 verschwunden ist, erfolgt der Transport von AB_{x_2}.

3. x_2, u $< x_{T_1}$
Zunächst ist bei T_1 die Phase AB_{x_2} zu erwarten. Anschließend wird AB_{x_1} transportiert.

In den Fällen 2 und 3 ist, ausgehend von einem heterogenen Bodenkörper im Auflösungsraum T_2, zur Berechnung der Zusammensetzung der Gasphase und des abgeschiedenen Bodenkörpers im Abscheidungsraum T_1 (vier Freiheitsgrade) Gleichung (4) heranzuziehen und x_{T_1} nach einem iterativen Verfahren zu ermitteln.

Zur Berechnung von Transportrate und Transportrichtung im geschlossenen System gilt in Anlehnung an von SCHÄFER für Verbindungen konstanter Zusammensetzung formulierte Beziehungen [4] folgende Gleichung [7]:

$$n_{AB_x} = \frac{\Delta\lambda_A \bar{T}^{0,8} q}{p_g l} \bar{p}_L^* f = \frac{1}{x} \frac{\Delta\lambda_B \bar{T}^{0,8} q}{p_g l} \bar{p}_L^* f \tag{8}$$

mit

$$\begin{aligned} \Delta\lambda_A &= (p_A^*/p_L^*)_{T_2} - (p_A^*/p_L^*)_{T_1} = (\lambda_A)_{T_2} - (\lambda_A)_{T_1}, \\ \Delta\lambda_B &= (p_B^*/p_L^*)_{T_2} - (p_B^*/p_L^*)_{T_1} = (\lambda_B)_{T_2} - (\lambda_B)_{T_1} \end{aligned} \tag{9}$$

und der vereinfachenden Annahme

$$\bar{p}_L^* = \frac{(p_L^*)_{T_2} - (p_L^*)_{T_1}}{2}, \tag{10}$$

n — Transportrate, λ — Gasphasenlöslichkeit nach SCHÄFER [4], $\bar{T}$ — mittlere Temperatur der Ampulle in K, l — Ampullenlänge, q — Ampullenquerschnitt. Der Faktor f enthält im wesentlichen die Umrechnung des mittleren Diffusionskoeffizienten $\bar{D}_0$ auf $\bar{D}_T$ (s. S. 12).

Die Transportrichtung ergibt sich aus dem Vorzeichen von $\Delta\lambda$. $\Delta\lambda > 0$ bedeutet Transport von T_2 nach T_1. Die vereinfachende Annahme der Konstanz der Transportmittelkomponente $\bar{p}_L^*$ ist diskutabel. Berücksichtigt man jedoch die Fehler durch die Einführung eines für alle gasförmigen Stoffe gleichen mittleren Diffusionskoeffizienten, die Unsicherheiten der thermodynamischen Werte und den Transportanteil der nicht ganz auszuschließenden Konvektion im Experiment, dürfte, worauf bereits SCHÄFER hingewiesen hat, Gleichung (8) die experimentellen Ergebnisse mit genügender Genauigkeit wiedergeben.

1.2. Darstellung der Vanadiumoxide durch chemischen Transport und Abscheidung im offenen System [12]

$TeCl_4$ ist ein ideales Transportmittel zur Darstellung der von V_2O_3 bis V_2O_5 thermodynamisch existenzfähigen Vanadiumoxide mit definierter Stöchiometrie und zur vergleichenden Untersuchung ihres Transportverhaltens.

Das Vanadiummonoxid mit seinem breiten Homogenitätsgebiet von $VO_{0,86}$ bis $VO_{0,91}$ und $VO_{1,05}$ bis $VO_{1,25}$ [13] konnte bisher mit $TeCl_4$ nicht transportiert werden. Das Vanadium(III)-oxid V_2O_3 [14, 15], alle MAGNÉLI-Phasen V_nO_{2n-1}, V_3O_5, V_4O_7, V_5O_9, V_6O_{11}, V_7O_{13} und V_8O_{15} [16—20], das Vanadiumdioxid VO_2 [15, 20, 21—24], das V_6O_{13} und das sauerstoffreichste Vanadiumoxid V_2O_5 [25] sind mit Tellurtetrachlorid sehr gut zu transportieren. Ihr Transportverhalten wird stark vom Koexistenzdruck p_{O_2} beeinflußt [7, 12].

Auf Grund der Tatsache, daß TeO_2 bis zu seinem Schmelzpunkt bei 733 °C einen Dampfdruck von kleiner 10 Pa besitzt und damit nicht transportwirksam werden kann, weiterhin auf Grund der Existenzgrenze des V_6O_{13} bei 700 °C und des Schmelzpunktes von V_2O_5 bei 675 °C [26] unterteilen wir das Transportverhalten in einen Bereich unterhalb und einen oberhalb 950 K und sprechen von Hochtemperatur- (HTT) und Tieftemperaturtransport (TTT).

1.2.1. Thermodynamische Beschreibung des Systems V–O–Te–Cl

Das System Vanadium–Sauerstoff ist ein typischer Vertreter für ein binäres System A–B, in dem eine Vielzahl von Phasen AB_x existiert und der Bodenkörper im Gleichgewicht mit einer Gasphase steht, die eine seiner Komponenten in elementarer Form enthält (A = V, B = O, in der Gasphase O_2).

Entsprechend den Beziehungen (1) und (2) wird der Koexistenzdruck p_{O_2} allein bestimmt durch das Phasengleichgewicht

$$[O]_{VO_x} = \tfrac{1}{2}\, O_2, g\,, \tag{11}$$

wenn als Bodenkörper eine Phase mit Homogenitätsbereich vorliegt (x, u $< x < x$, o), oder durch das Zersetzungsgleichgewicht

$$VO_{x_2,u} = VO_{x_1,o} + \left(\frac{x_2,u - x_1,o}{2}\right) O_2\,, \tag{12}$$

wenn als Bodenkörper zwei koexistierende feste Phasen VO_{x_2} und VO_{x_1} vorliegen. Das bedeutet, wie im Abschnitt 1.1.2. gezeigt, daß sich bei Anwesenheit eines Transportmittels das O/V-Verhältnis in der Gasphase normalerweise von dem des Bodenkörpers unterscheidet; es kann nicht aus der formalen Stöchiometrie berechnet werden und nimmt in den meisten Fällen für beide Räume der Transportampulle unterschiedliche Werte an. Auch die Zusammensetzungen der Bodenkörper im Auflösungs- und Abscheidungsraum unterscheiden sich normalerweise. Die Frage nach der Zusammensetzung im Abscheidungsraum beim Vorliegen eines homogenen oder heterogenen Bodenkörpers im Auflösungsraum, der zeitlichen Transportfolge der Vanadiumoxidphasen sowie der Transportrichtung und Transportrate läßt sich durch eine thermodynamische Analyse des Systems V–O–Te–Cl in Verbindung mit den Gleichungen (4), (5), (7), (8) beantworten [7, 12].

Im System V–O–Te–Cl ist mit dem Auftreten folgender 13 Gasphasenspezies zu rechnen: $VOCl_3$, VCl_4, VCl_3, VCl_2, $TeCl_4$, $TeCl_2$, $TeOCl_2$, TeO_2, Te_2, Te, Cl_2, Cl und O_2. Die vier Freiheitsgrade werden beim Vorliegen einer festen Phase VO_x mit Homogenitätsgebiet zweckmäßig durch die Temperatur T, den Gesamtdruck p_g, das Bilanzdruckverhältnis p^*_{Cl}/p^*_{Te} und x, das O/V-Verhältnis im Bodenkörper, vergeben. Der Gleichgewichtspartialdruck p_{O_2} ist bei gegebener Temperatur entsprechend (11) eine Funktion der Zusammensetzung und erhöht sich mit steigendem x. Im Falle zweier koexistierender fester Phasen reduziert sich die Zahl der Freiheitsgrade auf drei: T, p_g, p^*_{Cl}/p^*_{Te}. Der Koexistenzdruck p_{O_2} ist im Bereich x_1, o $< x < x_2$, u unabhängig von x

durch den Koexistenzzersetzungsdruck nach (12) festgelegt. Unter Hinzuziehung von zehn unabhängigen Reaktionsgleichungen, (13) bis (22), mit den Gleichgewichtskonstanten $K_{p_{13}}$ bis $K_{p_{22}}$ läßt sich die Gasphasenzusammensetzung für einen Gleichgewichtsraum (den Abscheidungsraum bei T_1) berechnen:

$$2VO_x + 3Cl_2 = 2VOCl_3 + (x - 1)O_2 , \tag{13}$$

$$TeCl_4 = TeCl_2 + Cl_2 , \tag{14}$$

$$TeCl_2 + 0{,}5O_2 = TeOCl_2 , \tag{15}$$

$$TeCl_2 + O_2 = TeO_2 + Cl_2 , \tag{16}$$

$$VOCl_3 + 0{,}5Cl_2 = VCl_4 + 0{,}5\,O_2 , \tag{17}$$

$$TeO_2 = 0{,}5\,Te_2 + O_2 , \tag{18}$$

$$Te_2 = 2Te , \tag{19}$$

$$2VCl_4 = 2VCl_3 + Cl_2 , \tag{20}$$

$$2VCl_3 = VCl_4 + VCl_2 , \tag{21}$$

$$Cl_2 = 2Cl . \tag{22}$$

TeO beeinflußt auf Grund des vernachlässigbar geringen Partialdruckes den Transport nicht. Es wird im folgenden nicht berücksichtigt.

Im Raum bei T_2 ist x zunächst bekannt. Aus der Kenntnis der Gasphasenzusammensetzung im Raum bei T_1 kann für den stationären Fall über die Beziehung

$$\varepsilon = \left(\frac{p_O^* - x_{T_1} p_V^*}{p_{Cl}^*}\right)_{T_1} = \left(\frac{p_O^* - x_{T_1} p_V^*}{p_{Cl}^*}\right)_{T_2} \tag{23}$$

die Gasphasenzusammensetzung für den Raum bei T_2 berechnet werden (s. (4)), womit auch die Zusammensetzung x_{T_2} folgt. Damit sind die Transportrate, die Transportrichtung und die Transportfolge zugänglich.

Die Transportrate ergibt sich aus (8) durch

$$n_{VO_x} = \frac{\Delta\lambda \bar{T}^{0,8} q}{p_g l} \bar{p}_{Cl}^* f \tag{24}$$

mit

$$\Delta\lambda_V = \left(\frac{p_V^*}{p_{Cl}^*}\right)_{T_2} - \left(\frac{p_V^*}{p_{Cl}^*}\right)_{T_1} \tag{25}$$

und

$$\bar{p}_{Cl}^* = \tfrac{1}{2} (p_{Cl}^*, T_1 + p_{Cl}^*, T_2) , \tag{26}$$

$f = 4{,}5 \cdot 10^{-5}$ mol h^{-1} cm^{-1} K$^{-0,8}$ (bei einem mittleren Diffusionskoeffizienten $\bar{D}_0 = 0{,}025$ cm^2 s^{-1}).

$\Delta\lambda > 0$ bedeutet Transport im vorgegebenen Temperaturgefälle $T_2 \rightarrow T_1$ (T_1 kennzeichnet immer den Abscheidungsraum).

Für die Folge der transportierenden Phasen und damit für die Sauerstoffab- oder -anreicherung sind mehrere Fälle möglich, wie Abbildung 5 zeigt. Von den dargestell-

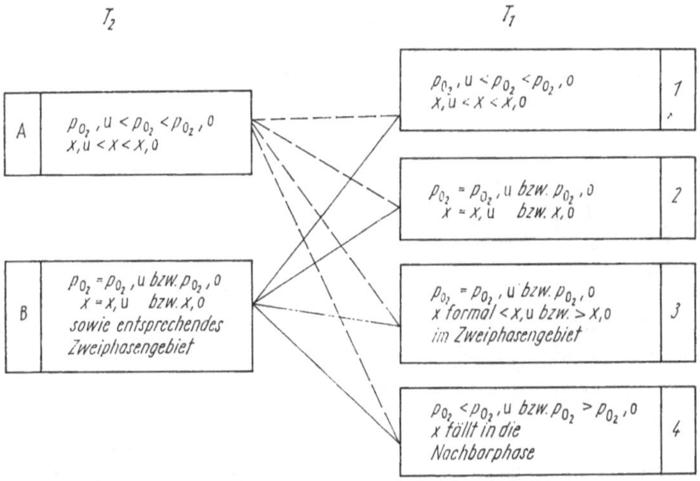

Abb. 5. Mögliche Fälle des Transportes für Systeme mit koexistierenden festen Phasen und Homogenitätsbereich

ten möglichen Kombinationen entsprechen die Fälle 3A und 3B der gleichzeitigen Abscheidung zweier koexistierender Phasen, während in den übrigen Fällen eine reine Phase transportiert wird, wobei für 2A und 2B genau die Phasengrenzzusammensetzung abgeschieden wird (vgl. 1.2.3.4. und 1.2.4.). Der vorausgesetzte stationäre Transportfall tritt exakt dann ein, wenn bei T_2 zwei koexistierende feste Phasen vorliegen.

1.2.2. Auswahl und Abstimmung der thermodynamischen Daten

Für die richtige Beschreibung eines komplizierten Transportsystems ist neben der Kenntnis der wirksam werdenden gasförmigen Spezies und deren thermodynamischer Daten die Konsistenz aller thermodynamischen Werte von großer Wichtigkeit. Das ist besonders bei den Bodenkörperphasen zu beachten, deren Freie Standardbildungsenthalpien sich nur um einen geringen Betrag unterscheiden. Eine sinnvolle Abstufung der Werte für aneinander anschließende Phasen ist wichtiger als deren absolute Größe, da nur dann das Verhalten dieser Phasen im richtigen Verhältnis wiedergegeben wird.

Infolge des kleinen Homogenitätsgebietes aller Phasen mit $x > 1{,}5$ können die integralen Freien Lösungsenthalpien des Sauerstoffs in den Phasen $1{,}5 < x < 2$ vernachlässigt und die Freien Standardbildungsenthalpien aus $VO_{1,5}$ der oberen Phasengrenzzusammensetzung berechnet werden. Die Freie Standardbildungsenthalpie für $VO_{1,5}$ bei 1300 K von 447 kJ/mol [27] wird bei der Berechnung der übrigen Freien Standardbildungsenthalpien zugrunde gelegt. Endo u. a. bestimmten den Koexistenzsauerstoffdruck und die Freie Enthalpie der Reaktionen entsprechend (12) bei 1300 K für alle bekannten Phasen zwischen V_2O_3 und VO_2 [28]. Die Werte der Funktionen $S^0_T - S^0_{298}$ bzw. $H^0_T - H^0_{298}$ in Abhängigkeit von x liegen für VO, $VO_{1,5}$ und VO_2 (β) auf einer Geraden, und es erscheint sinnvoll, auch für die Standardentropie bei 298 K im Bereich

$1{,}5 < x < 2{,}0$ eine lineare Abhängigkeit von x anzunehmen. Mit dieser Annahme sind auf der Grundlage der Standardentropiewerte $S^0_{298}(VO_{1,5}) = 49$ J mol^{-1} K^{-1} und $S^0_{298}(\beta - VO_2) = 64$ J mol^{-1} K^{-1} [27] Standardbildungsenthalpien abgeleitet worden, die nur wenig von den von CHARLU und KLEPPA bestimmten abweichen [29] (Tab. 1). Man erhält dann Gleichungen,

$$\lg p_{O_2} = -\frac{\Delta H^0}{R \ln 10} \cdot T^{-1} + \frac{\Delta S^0}{R \ln 10}, \tag{27}$$

Tabelle 1. Thermodynamische Daten der Vanadiumoxide

VO_x	ΔH^0_{298} kJ mol^{-1}	$H^0_T - H^0_{298}$ kJ mol^{-1}		S^0_T J mol^{-1} K^{-1}		
		800 K	1200 K	298 K	800 K	1200 K
V	0,0	13,4	25,9	28,9	54,8	67,4
$VO_{3/2}$	−613,0		59,4	49,2		137,7
$VO_{5/3}$ (β)	−648,9		62,3	54,0		146,0
$VO_{7/4}$	−664,8		64,0	56,5		151,0
$VO_{9/5}$	−674,9		65,3	58,2		153,6
$VO_{11/6}$	−679,1		66,1	59,0		155,2
$VO_{13/7}$	−684,1		66,1	59,8		157,3
$VO_{15/8}$	−686,6		66,5	60,2		158,6
VO_2 (β)	−707,7	49,3	68,6	64,0	133,0	166,1
$VO_{13/6}$	−728,0	37,7	—	69,0	141,0	—
$VO_{5/2}$, f	−779,1	41,0	—	65,7	143,9	—
$VO_{5/2}$, fl	−741,4	—	85,8	90,8	—	223,0

für die Koexistenzgrenzen benachbarter Phasen, aus denen das Zustandsdiagramm des Systems Vanadium–Sauerstoff konstruiert werden kann (Abb. 6, Tab. 2), wie es ähnlich von NAGASAWA angegeben worden ist [15].

Oberhalb 972 K existiert VO_2 neben $VO_{2,5}$, fl, während es darunter mit V_6O_{13} im Gleichgewicht vorliegt. Die Koexistenzdrücke dieser Phasen wurden von OPPERMANN u. a. und ENDO u. a. bestimmt [26, 30].

Die Transportexperimente führen im Zusammenhang mit Gleichgewichtsmessungen von OPPERMANN u. a. [26] zu dem Schluß, daß unterhalb der eutektischen Temperatur von 980 K die Phasen V_6O_{13} und V_2O_5 im Gleichgewicht stehen und keine anderen thermodynamisch stabilen Phasen dazwischen existieren (1.2.4.2.). Der O_2-Koexistenzlöslichkeitsdruck über festem V_2O_5 wurde aus dem über flüssigem V_2O_5 gemessenen [26] unter Berücksichtigung der Schmelzwärme $L_s = 65{,}2$ kJ/mol [27] bei 949 K geschätzt.

Nach ENDO u. a. verschwinden die Phasen V_8O_{15} und V_7O_{13} oberhalb 1310 K [28]. Die dem VO_2 benachbarte Phase ist dann eine Hochtemperaturphase des V_6O_{11}. Thermodynamische Daten dafür sind nicht bekannt.

Tabelle 2. Daten für die Sauerstoffzersetzungsgleichgewichte

$VO_{x_1} + \frac{x_2 - x_1}{2} O_2 = VO_{x_2}$	ΔG^0_{1300} kJ mol^{-1}	ΔS^0_{1300} J mol^{-1}	ΔH^0_{1300} kJ mol^{-1}	lg p_{O_2} = A + B/T p in Pa: A	B
$V + 1/4\ O_2 = VO_{3/2}$	—	—	—	15,0	−40000
$VO_{3/2} + 1/12\ O_2 = VO_{5/3}$	−20,732	−11,34	−35,47	12,114	−22237
$VO_{5/3} + 1/24\ O_2 = VO_{7/4}$	− 8,289	− 5,65	−15,41	12,088	−19326
$VO_{7/4} + 1/40\ O_2 = VO_{9/5}$	− 4,473	− 3,39	− 8,88	12,088	−18533
$VO_{9/5} + 1/60\ O_2 = VO_{11/6}$	− 2,720	− 2,26	− 5,66	12,088	−17731
$VO_{11/6} + 1/84\ O_2 = VO_{13/7}$	− 1,745	− 1,67	− 3,81	12,35	−17204
$VO_{13/7} + 1/112\ O_2 = VO_{15/8}$	− 1,251	− 1,30	− 2,94	12,595	−17185
$VO_{15/8} + 1/16\ O_2 = VO_2$	− 8,46	− 8,50	−19,50	12,105	−16300
$VO_2 + 1/4\ O_2 = VO_{5/2}$, fl***)		− 3,18	−24,56	5,673	− 5133
$VO_2 + 1/12\ O_2 = VO_{13/6}$**)	− 3,92	−11,70	−14,73	12,35	−11704
$VO_{13/6} + 1/6\ O_2 = VO_{5/2}$, f*)		− 9,20	−23,13	7,886	− 7250

*) T 800 K
**) T 924 K, Endo u. a. [30]
***) Oppermann u. a. [26]

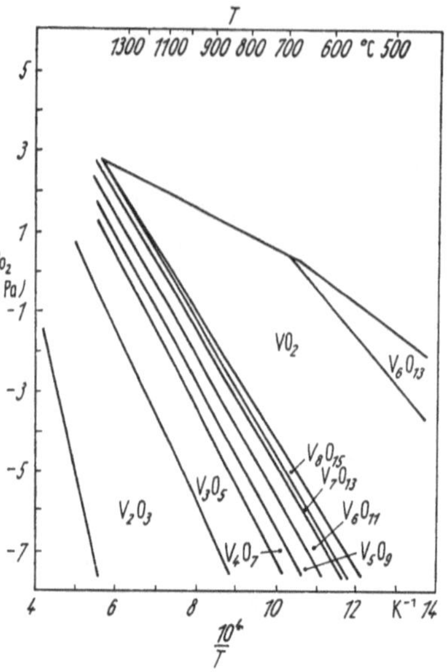

Abb. 6. Zustandsdiagramm des Systems V–O, Koexistenzdruck als Funktion der Temperatur

Tabelle 3. Thermodynamische Daten der gasförmigen Spezies im System V–O–Te–Cl

	ΔH^0_{298} kJ mol^{-1}	$(H^0_T - H^0_{298})$ kJ mol^{-1}		S^0_T J mol^{-1} K^{-1}		
		800 K	1200 K	298 K	800 K	1200 K
VCl_4	−525,1 a)	51,5	93,3	351,5	452,3 e)	406,2
VCl_3	−369,0 a)	37,6	70,0	332,5	407,0	437,2
VCl_2	−216,0 a)	29,7	52,7	284,0	341,8	366,0
$VOCl_3$	−671,5 a)	50,2	92,9	334,7	435,5	479,5
$TeCl_4$	−210,5 b)	52,3	95,0	372,4 c)	475,0	518,0
$TeCl_2$	− 64,0 b)	29,3	51,5	288,7 b)	347,3	368,2
$TeOCl_2$	−186,2 c)	33,5	68,6	334,7 c)	402,5	438,0
TeO_2	− 61,9 d)	25,1	47,3	284,5 d)	333,0	355,6
TeO	70,7 f)	88,4	103,0	252,3	286,6	302,0
Te_2	164,4 d)	18,8	33,4	267,4 d)	304,6	319,6
Te	194,3 d)	10,5	18,8	182,6	203,3	211,7
Cl_2	0	18,0	32,6	223,0	258,1	273,2
Cl	121,3	19,3	20,0	165,0	187,0	195,8
O_2	0	15,9	29,3	205,0	234,0	249,8

$\lg p_{TeO_2}$ (p in Pa) $= 12{,}297 - 10720/T$
$\lg p_{Te_2}$ (p in Pa) $= 9{,}741 - 6019/T$

a) [732]
b) [31]
c) [32]
d) [733]
e) [22]
f) [734]

Nachweisbare Homogenitätsgebiete besitzen die Phasen V_2O_3, V_3O_5, VO_2 und V_6O_{13} (vgl. 1.2.4.2.). Innerhalb der Existenzgebiete wird eine lineare Abhängigkeit

$$\lg p_{O_2} = a + bx + (c + dx)/T \tag{28}$$

angenommen.

Die benutzten thermodynamischen Daten sind in Tabelle 3 zusammengestellt. Soweit keine anderen Angaben gemacht werden, sind sie den Tabellen von BARIN und KNACKE entnommen [27].

Die Standardbildungsenthalpie und -entropie des $TeCl_2$ wurde von OPPERMANN u. a. ermittelt [31]. Aus Gleichgewichtsmessungen hat sich die Standardbildungsenthalpie des $TeOCl_2$ ΔH^0_{298} zu (184 ± 10) kJ/mol und die Standardentropie S^0_{298} zu (334 ± 12) J mol^{-1} K^{-1} ergeben [32]. Von OPPERMANN u. a. wurde gezeigt, daß die Konsistenz mit den aus der Literatur entnommenen Daten für die anderen Spezies im System einerseits und mit den experimentellen Ergebnissen vor allem beim Transport des VO_2 andererseits nur herzustellen ist, wenn man den Entropiewert um etwa 2 J mol^{-1} K^{-1} kleiner als obigem Mittelwert entsprechend annimmt [12]. Dies ist in Tabelle 3 berücksichtigt.

Die Gleichgewichtskonstanten im Bereich $650\ \text{K} < T < 950\ \text{K}$ wurden aus den Enthalpie- und Entropiewerten bei 800 K, im Bereich $1000\ \text{K} < T < 1400\ \text{K}$ aus denen bei 1200 K berechnet.

1.2.2.1. Zur Bedeutung des $TeOCl_2$ für den Transport der Oxide

Neben der Kenntnis aller unter Gleichgewichtsbedingungen koexistierenden festen Phasen ist die Kenntnis der existenzfähigen Spezies in der Gasphase von entscheidender Bedeutung. So konnte durch den Nachweis von gasförmigem $TeOCl_2$ das Transportverhalten der Vanadiumoxide und zahlreicher Oxide der Übergangsmetalle im allgemeinen verständlich gemacht werden.

Zahlreiche Übergangsmetalloxide sind mit $TeCl_4$ chemisch transportierbar (Tab. 4). Als Transportgleichung wurde ohne die Kenntnis von $TeOCl_2$ vereinfacht angenommen [20] bis [22]:

$$MeO_2,\text{f} + TeCl_4,\text{g} = MeCl_4,\text{g} + TeO_2,\text{g}\,. \tag{29}$$

Abgesehen von der Tatsache, daß dabei die Spaltung von $TeCl_4$ in $TeCl_2$ und Cl_2 sowie die mögliche Existenz von Oxidchloriden der Übergangsmetalle nicht berücksichtigt ist, war ein Transport der Oxide bei Temperaturen unterhalb 700 °C nicht zu erklären [33]. Gründe dafür sind: Der Sättigungsdruck des TeO_2 fällt bereits an seinem Schmelzpunkt unter 10 Pa, und es kann als Sauerstoffträger unterhalb 700 °C nicht in Betracht kommen. Freier Sauerstoff als transportwirksame O-Spezies schei-

Tabelle 4. Mit $TeCl_4$ erfolgreich transportierte Verbindungen (außer Vanadiumoxiden)

TiO_2 [22, 695], Ti_nO_{2n-1} [22, 730, 731], ZrO_2 [22], HfO_2 [22, 696], MoO_2 [22, 696], Mo_nO_{3n-1} [696], MoO_3 [696], WO_2, $WO_{2,72}$, $WO_{2,9}$, WO_3 [22, 697], ReO_2 [22], RuO_2 [22], OsO_2 [22], IrO_2 [22], UO_2, U_4O_9, U_3O_8 [22, 698, 707], NbO_2, $Nb_{12}O_{29}$, Nb_2O_5 (H, N, M, B, P-Form) [22, 699, 700, 705, 706], Fe_3O_4, Fe_2O_3 [701, 708], Cr_2O_3 [704], Ga_2O_3 [702], TeO_2 [35], $Te_6V_6O_{24}$, $Te_6V_6O_{25}$ [703], $Te_6O_{11}Cl_2$ [35].

det aus, da die Koexistenzdrücke sehr klein sind. Der Sauerstoffpartialdruck an der oberen Phasengrenze des VO_2 beträgt bei 600 °C 10^{-1} Pa.

VO_2 der oberen Phasengrenze ist jedoch mit $TeCl_4$ sehr gut zu transportieren [7, 22, 23]. Wie aus den thermodynamischen Daten abgeleitet werden konnte, war der Transport der Vanadiumoxide mit $TeCl_4$ bei $T < 700$ °C weder über die Kombination von Chloriden und Oxidchloriden der Art

$$VO_2 + VCl_4, g + Cl_2, g = 2VOCl_3, g\,, \quad \Delta H^0_{800} = -116\ \text{kJ/mol}\,,$$

$$\Delta S^0_{800} = +28\ \text{J mol}^{-1}\ \text{K}^{-1}\,,$$

der von kalt nach heiß erfolgen würde, noch durch die Anwesenheit niederer Vanadiumchloride (VCl_2, VCl_3) in der Gasphase zu beschreiben [33]. Andere flüchtige Oxidchloride ($VOCl$, $VOCl_2$), insbesondere aber ein Oxidchlorid mit einem O/V-Verhältnis = 2 in transportwirksamer Konzentration, sind nicht bekannt. Die Vermutung der Existenz eines Telluroxidchlorids in der Gasphase lag nahe [33].

Im System TeO_2–$TeCl_4$ (Abb. 7) gehorcht der Gesamtdruck in einem engen Temperaturintervall dem Verhalten idealer Gase und steigt mit zunehmender Temperatur unter Molzunahme weiter an (Kurve 3 in Abb. 7). Dieser Verlauf steht im Gegensatz zum Verlauf des Gesamtdruckes beim Einschluß von $TeCl_4$ im Manometer ohne TeO_2-Bodenkörper (Kurve 2). Der höhere Gesamtdruck (nach Kurve 3 im Vergleich zu Kurve 2) und dessen steilere Zunahme waren der Hinweis auf die Existenz eines Telluroxidchlorides [32]. Die Molzahlverdopplung bei Temperaturen um 800 °C ergibt, daß diese Spezies $TeOCl_2$ ist, die entsprechend der Reaktion

$$TeO_2, f + TeCl_4, g = 2TeOCl_2, g \tag{30}$$

zu formulieren ist. Simultan zu dieser Reaktion verläuft die Spaltung des $TeCl_4$ nach

$$TeCl_4, g = TeCl_2, g + Cl_2, g\,. \tag{31}$$

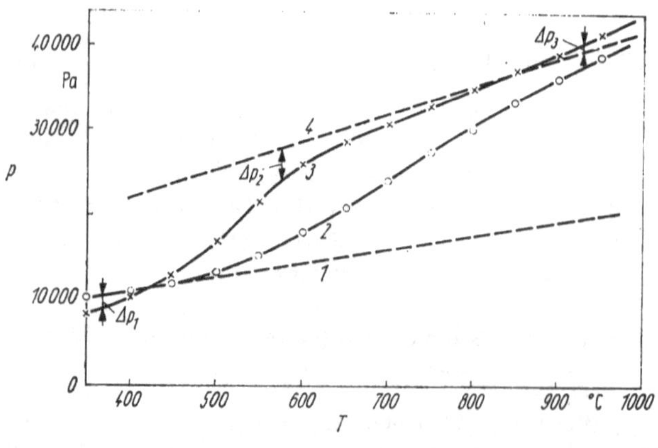

Abb. 7. Druckverlauf bei der Umsetzung von TeO_2 mit $TeCl_4$; 1 — $TeCl_4$-Ausgangsdruck (extrapoliert); $p^0_{TeCl_4}$; 2 — $TeCl_4$-Spaltung; 3 — Gesamtdruck bei der Reaktion TeO_2 + + $TeCl_4$; 4 — $2p^0_{TeCl_4}$ — doppelter Ausgangsdruck

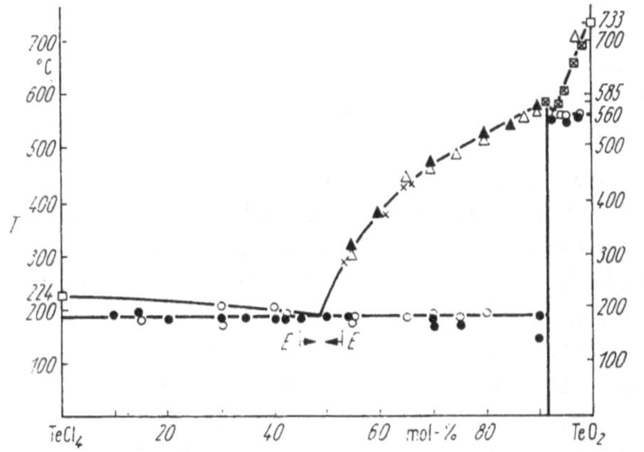

Abb. 8. Schmelzdiagramm des Systems $TeCl_4$–TeO_2; × durch Dampfdruckmessungen, ○ durch DTA

Aus dem Studium der Bodenkörperzusammensetzung TeO_2–$TeCl_4$, des Schmelzdiagrammes [34] (Abb. 8), folgte die Existenz einer Verbindung $Te_6O_{11}Cl_2$, die bei 585 °C kongruent schmilzt; der Zersetzungsdruck erreicht bei 550 °C $2 \cdot 10^4$ Pa. Die Druckdifferenz Δp_1 in Abbildung 7 bei 350 bis 400 °C ergibt sich aus der Existenz dieser Bodenkörperphase, die sich aus einem Molverhältnis 11 TeO_2 : 1 $TeCl_4$ aufbaut. Der steile Druckanstieg zwischen 400 und 550 °C ist auf die thermische Zersetzung des $Te_6O_{11}Cl_2$ in TeO_2, f und gasförmige Verbindungen zurückzuführen.

Oberhalb 550 °C liegt der Gesamtdruck unter dem Koexistenzzersetzungsdruck des $Te_6O_{11}Cl_2$, d. h., als Bodenkörperphase tritt nur TeO_2, f auf; die Temperaturabhängigkeit des Gesamtdruckes ist nach (30) und (31) hinsichtlich $TeOCl_2$ auswertbar.

Wird im Manometer $TeO_2 + Cl_2$ eingeschlossen, so ist der in Abbildung 9 gezeigte Druckverlauf zu beobachten. Eine Betrachtung der Reaktionsgleichgewichte

$$TeO_2,f + Cl_2,g = TeCl_2,g + O_2,g \qquad \Delta H^0_{800} = +250\ \text{kJ mol}^{-1}, \quad \Delta S^0_{800} = +176\ \text{J mol}^{-1}\,\text{K}^{-1}; \tag{32}$$

$$TeO_2,f + 2Cl_2 = TeCl_4,g + O_2,g \qquad \Delta H^0_{800} = +110\ \text{kJ mol}^{-1}, \quad \Delta S^0_{800} = +46\ \text{J mol}^{-1}\,\text{K}^{-1} \tag{33}$$

zeigt, daß die Reaktion (32) gegenüber Reaktion (33) bis 600 °C eine untergeordnete Rolle spielt und die Druckzunahme bei Molzahlgleichheit nach (33) nicht zu erklären

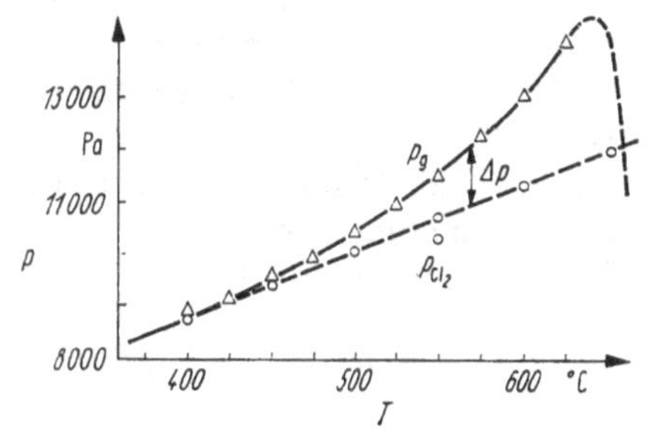

Abb. 9. Druckverlauf bei der Umsetzung von TeO_2 mit Cl_2

ist. Die Annahme einer weiteren Reaktion und damit einer weiteren Gasphasenspezies unter Molzahlzunahme lag nahe. Das führte wieder zur Annahme von $TeOCl_2$ in der Gasphase; eine Molzahlzunahme tritt nach (34) ein [32]:

$$TeO_2, f + Cl_2, g = TeOCl_2, g + 0{,}5\ O_2, g\ . \tag{34}$$

Der Verlauf der Gesamtdruckmessung über $TeO_2/TeCl_4$ und TeO_2/Cl_2 und die Tatsache des Transportes von TeO_2 mit $TeCl_4$ und Cl_2, auch HCl [35, 36], führte zum Nachweis der Existenz von $TeOCl_2$ in der Gasphase und zur Ermittlung von dessen exakten thermodynamischen Daten, ohne deren Kenntnis die Beschreibung der unterschiedlichsten Transportbedingungen der breiten Palette der Vanadiumoxide unmöglich wäre.

Der spektroskopische Nachweis des $TeOCl_2$ ist von Schäfer [36] im System $TeO_2/TeCl_4$ und später von Bando [37] über $VO_2/TeCl_4$ und Rosenberger u. a. über $TiO_2/TeCl_4$ [38] erbracht worden.

Analog zum System Te–O–Cl sind in der Folgezeit im System Te–O–Br das $TeOBr_2$ [39] und im System Te–O–J das $TeOJ_2$ [40, 41] nachgewiesen und thermodynamisch bestimmt worden, die für den chemischen Transport von Oxiden jedoch von geringerer Bedeutung als das $TeOCl_2$ sind.

$TeCl_4$ hat sich inzwischen als ein universelles Transportmedium für oxidische Systeme, insbesondere der Übergangsmetalle erwiesen. Die Vielfalt der mit $TeCl_4$ transportierten Verbindungen geht aus Tabelle 4 hervor. Die Ursache der breiten Einsatzmöglichkeit der Tellurhalogenide als Transportmedium von Oxiden mit im weiten Bereich von 10^{-20} bis 10^5 Pa sich erstreckendem Sauerstoffkoexistenzdruck liegt an der Existenz der Oxidhalogenide $TeOX_2$ und der damit verbundenen Redoxwirkung des Systems Te–O–X. Das System wird bei niedrigen Sauerstoffpartialdrucken von den sauerstoffhaltigen Spezies zu den Halogeniden $TeCl_4$, $TeCl_2$ und den elementaren Komponenten Te_2, Te, Cl_2 und Cl verlagert, während bei mittleren O_2-Drücken bis zu 10^5 Pa TeO_2, TeO und $TeOX_2$ vorliegen. Die $TeOX_2$ übernehmen insbesondere bei Temperaturen unterhalb 700 °C und bei den sauerstoffreichsten Bodenkörperphasen der verschiedenen MeO_x-Phasen oft allein den Sauerstofftransport im System. Beispielsweise wird der TTT der Vanadiumoxide durch $TeOCl_2$ bewirkt (1.2.3.2.), und auch beim Transport von TiO_2 mit $TeCl_4$ [38] ist $TeOCl_2$ die dominierende O_2-haltige Gasphasenspezies.

1.2.3. Zum Transportverhalten von VO_2

1.2.3.1. Gasphasenzusammensetzung beim Hochtemperaturtransport (HTT)

Innerhalb des Homogenitätsgebietes des Vanadiumdioxides ändert sich der O_2-Koexistenzlöslichkeitsdruck um mehrere Größenordnungen. Dementsprechend ändert sich die Gasphasenzusammensetzung von der unteren zur oberen Phasengrenze des VO_2 sehr stark, wie aus Abbildung 10 ersichtlich ist.

Aus der Betrachtung der Gasphasenzusammensetzung eines Raumes bei konstanter Temperatur (1173 K) erhält man folgendes Bild. Als Vanadiumspezies tritt allein $VOCl_3$ auf, die Partialdrücke von VCl_4, VCl_3 und VCl_2 liegen unter 10 Pa. Als sauerstoffhaltige Spezies ergeben sich neben $VOCl_3$ hauptsächlich das $TeOCl_2$ und in untergeordnetem Maße TeO_2. Die größte Änderung im Homogenitätsgebiet weist die Konzentration des Te_2 auf.

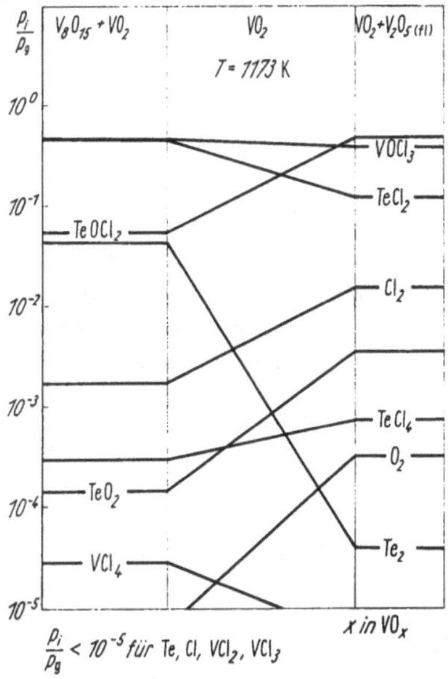

Abb. 10. Gasphasenzusammensetzung bei 1173 K im Homogenitätsgebiet des VO_2

Einen Aufschluß über die Transportwirksamkeit der einzelnen Spezies erhält man aus der Differenz der auf den Bilanzdruck einer Transportmittelkomponente bezogenen Partialdrücke in den beiden Räumen, $(p_i/p^*_{Cl})_{T_2} - (p_i/p^*_{Cl})_{T_1}$, wie das in Abbildung 11 für die obere Phasengrenzzusammensetzung des VO_2 dargestellt ist. An der oberen Phasengrenze wird VO_2 im wesentlichen unter Reaktion mit $TeOCl_2$ und $TeCl_4$ zu $VOCl_3$, TeO_2, Cl_2 und $TeCl_2$ transportiert.

Eine ähnliche Betrachtung der Verhältnisse an der unteren Phasengrenze des VO_2 ergibt ein völlig anderes Bild (Abb. 12). Hier wird der Transport im wesentlichen durch Reaktion des VO_2 mit $TeCl_2$ zu $VOCl_3$, $TeOCl_2$ und Te_2 bewirkt. Die Formulierung eines oder einiger weniger transportwirksamer Reaktionen, auch unter Berücksichtigung des O_2-Koexistenzzersetzungsdruckes, ist nicht möglich, da die Bedingung $\Delta(p_i/p^*_{Cl}) = 0$ nichts über die absolute Konzentration der einzelnen Spezies in den beiden Räumen aussagt.

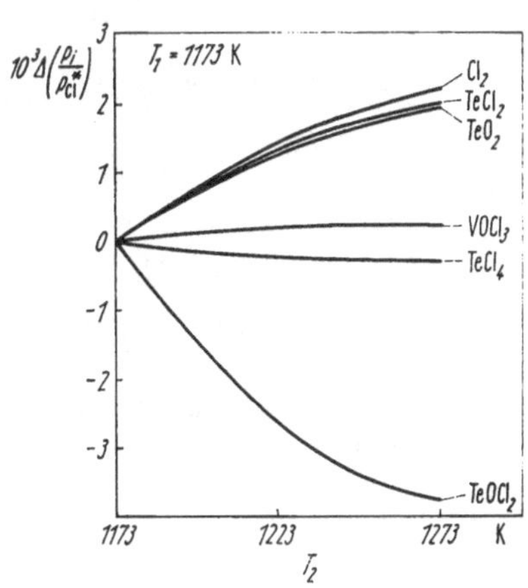

Abb. 11. Differenz der auf das Lösungsmittel bezogenen Partialdrücke für die obere Phasengrenze des VO_2 bei $T_1 = 1173$ K als Funktion von T_2

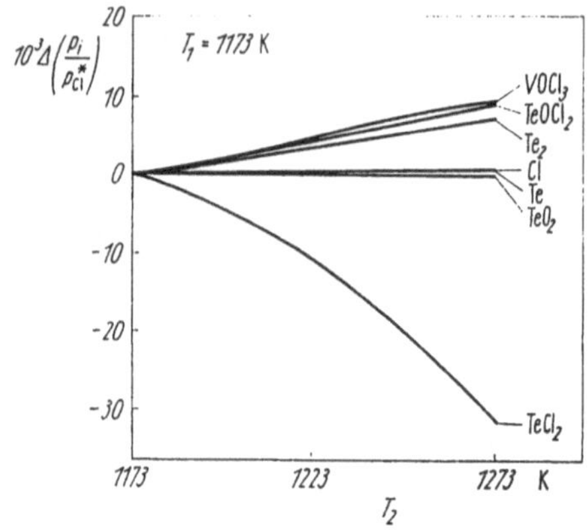

Abb. 12. Differenz der auf das Lösungsmittel bezogenen Partialdrücke für die untere Phasengrenze des VO_2 bei $T_1 = 1173$ K als Funktion von T_2

1.2.3.2. Gasphasenzusammensetzung beim Tieftemperaturtransport (TTT)

Bei der Betrachtung der Gasphasenzusammensetzung bei Temperaturen unterhalb 950 K (TTT) zeigt sich, daß der $VOCl_3$-Anteil hoch und relativ konstant über die Phasenbreite ist (Abb. 13). Die $TeOCl_2$-Konzentration steigt sehr steil mit x an und stellt an der oberen Phasengrenze die dominierende Gasphasenspezies dar. Aus der Betrachtung der transportwirksamen Spezies, d. h. der Differenz der auf den Bilanzdruck einer Transportmittelkomponente bezogenen Partialdrücke in den Abbildungen 14 und 15, folgt, daß der Transport über den gesamten Homogenitätsbereich im wesentlichen durch Umsatz von VO_2 mit $TeCl_4$ zu $VOCl_3$, $TeOCl_2$ und $TeCl_2$ bewirkt wird. Das Tellurdioxid spielt für den Transport unterhalb 700 °C keine Rolle, wie aus den Abbildungen hervorgeht. Ein Transport ist nur auf Grund der Existenz des gasförmigen $TeOCl_2$ möglich, wie erstmals von Oppermann u. a. vermutet [33].

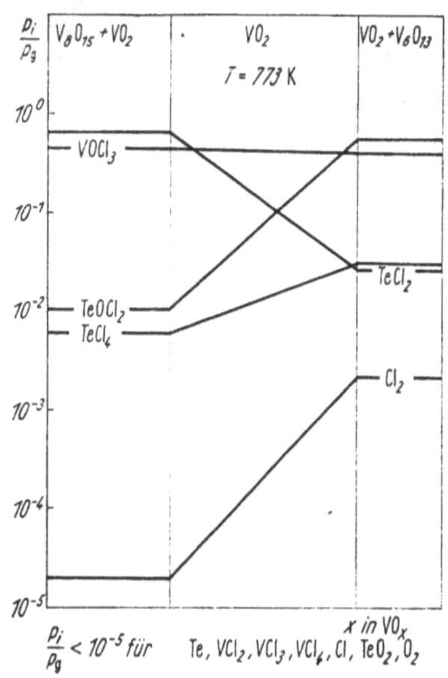

Abb. 13. Gasphasenzusammensetzung bei 773 K im Homogenitätsgebiet des VO_2 ($p_{Te_2} = 10^{-4}$ an der unteren Phasengrenze des VO_2)

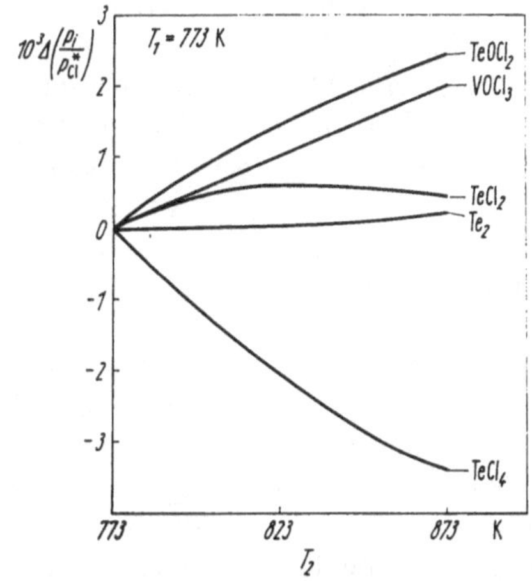

Abb. 14. Differenz der auf das Lösungsmittel bezogenen Partialdrücke für die untere Phasengrenze des VO_2 bei 773 K

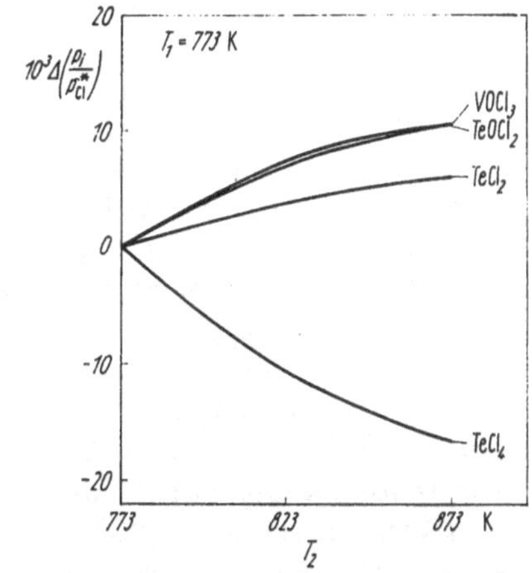

Abb. 15. Differenz der auf das Lösungsmittel bezogenen Partialdrücke für die obere Phasengrenze des VO_2 bei 773 K

1.2.3.3. Schlußfolgerungen aus den thermodynamischen Berechnungen

1.2.3.3.1. Sauerstoffabreicherung

Oberhalb 950 K erfolgt beim Transport von VO_2 eine Abreicherung des Sauerstoffs. Das führt dazu, daß bei T_1 Bodenkörper der unteren Phasengrenzzusammensetzung abgeschieden werden, wenn unter bestimmten p_g, T und p^*_{Cl}/p^*_{Te} die Zusammensetzung des bei T_2 vorliegenden Bodenkörpers auf der Linie c der Abbildung 16 liegt (Fall 2A, Abb. 5). Unterschreitet der Sauerstoffgehalt des aufzulösenden Bodenkörpers diese Grenze, so kann aus dem Gebiet b–c eine gemeinsame Abscheidung der Phasen VO_2

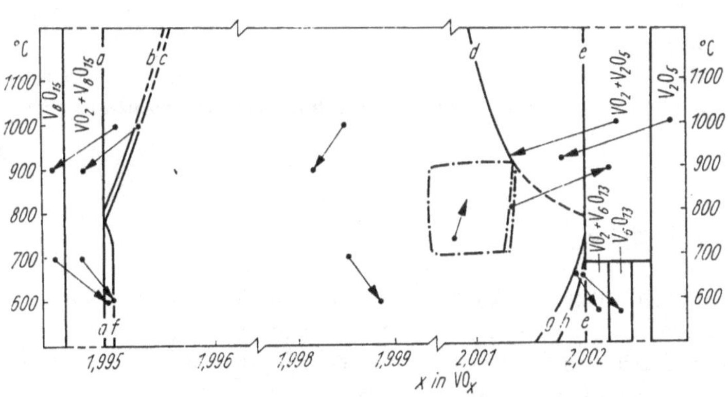

Abb. 16. Phasenzusammensetzung beim Transport von VO_2 und seiner Nachbarphasen. Im schraffierten Bereich Umkehr der Transportrichtung. Die Pfeile zeigen in Richtung der abgeschiedenen Bodenkörper die Transportrichtung an, $p_g = 3 \cdot 10^5$ Pa; $\Delta T = 100$ °C

und V_8O_{15} (Fall 3A, Abb. 5) oder die Abscheidung der benachbarten V_8O_{15}-Phase aus dem Gebiet *a–b* (Fall 4A, bzw. Linie *a*, Fall 4B, Abb. 5) erfolgen. Experimentell wird im allgemeinen der letzte Fall beobachtet, da dieser einschließt, daß der aufzulösende Bodenkörper ein Phasengemisch der koexistierenden Phasen V_8O_{15} und VO_2 ist. Der stationäre Zustand wird gestört, sobald die V_8O_{15}-Phase vollständig zur kalten Seite transportiert ist. Nachdem bei T_1 zusätzlich die VO_2-Phase vorliegt und der Zustand quasistationär geworden ist, kann, wie aus Abbildung 16 hervorgeht, der aufzulösende Bodenkörper nicht mehr die Zusammensetzung der unteren Phasengrenze haben.

Die erstgenannten Fälle lassen sich kaum realisieren, weil sich in der Praxis die eingebrachte Bodenkörperzusammensetzung beim Aufbau der Gasphase und während des Transportes verschiebt. Bodenkörper, deren Zusammensetzung entlang der Linie *d* liegen, werden abgeschieden, wenn bei T_2 Proben der oberen Phasengrenze oder ein Gemisch VO_2 mit flüssigem V_2O_5 vorliegen. Die Zusammensetzung des abgeschiedenen Bodenkörpers ändert sich nicht, solange bei T_2 noch beide Phasen vorhanden sind (1B, Abb. 5). Die für den abgeschiedenen Bodenkörper berechnete Zusammensetzung $x \approx 2{,}001$ fällt nicht exakt mit der oberen Phasengrenze des VO_2 zusammen. Die Unterschiede sind jedoch so klein, daß sie analytisch, Genauigkeit $\pm 0{,}002$ [42], nicht nachgewiesen werden können. Die Messung des elektrischen Widerstandes bestätigt die rechnerische Aussage (1.2.3.4., Abb. 19). Zur Herstellung von VO_2 der „exakten" oberen Phasengrenzzusammensetzung muß laut Rechnung flüssiges V_2O_5 aufgelöst werden.

1.2.3.3.2. Sauerstoffanreicherung

Unterhalb 950 K stellen sich genau umgekehrte Verhältnisse ein. Der abgeschiedene Bodenkörper ist sauerstoffreicher als der aufgelöste. Die obere Phasengrenze wäre daher nur aus Bodenkörpern der Zusammensetzung *g* (Abb. 16) abzuscheiden. Dagegen eignet sich ein Ausgangsbodenkörper von VO_2 und V_6O_{13} im Gleichgewicht zur Abscheidung von V_6O_{13} konstanter Zusammensetzung, die zwar nicht exakt der unteren Phasengrenze der V_6O_{13}-Phase entspricht, aber wiederum analytisch von dieser nicht unterschieden werden kann.

Aus einem Phasengemisch V_8O_{15}/VO_2 wird VO_2 abgeschieden, dessen Zusammensetzung der Linie *f* entspricht, d. h., nahe der unteren Phasengrenzzusammensetzung liegt.

1.2.3.3.3. Transportgeschwindigkeit

Infolge des Zusammenwirkens unterschiedlicher Transportmechanismen werden auch die Transportgeschwindigkeiten in komplizierter Weise durch Temperatur und Bodenkörperzusammensetzung beeinflußt. Bei höheren Temperaturen (z. B. 1273 K → 1173 K) verläuft der Transport mit zunehmendem Sauerstoffgehalt der Bodenkörper langsamer (Abb. 17). Genau entgegengesetzt dazu werden unterhalb 900 K sauerstoffreichere Bodenkörper schneller transportiert, wobei qualitativ Übereinstimmung zwischen Berechnung und Experiment besteht.

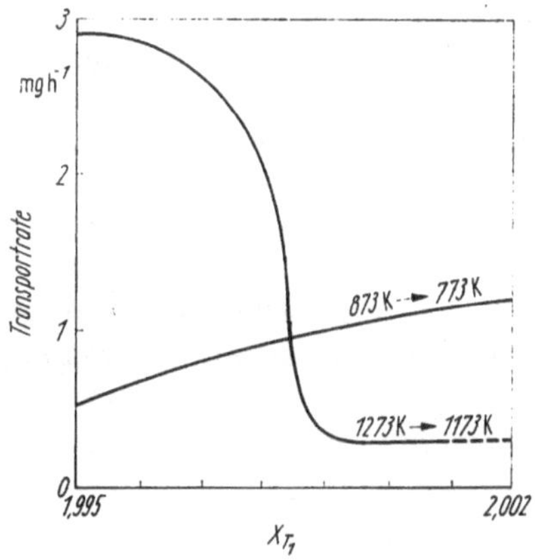

Abb. 17. Berechnete Transportrate als Funktion der Stöchiometrie, von 1273 K nach 1173 K, bzw. 873 K nach 773 K

1.2.3.3.4. Transportrichtung

Ein interessantes Verhalten lassen die Berechnungen im Bereich $2{,}000 < x < 2{,}0015$ erwarten.

Bei konstantem Temperaturgefälle und Druck nehmen die Transportgeschwindigkeiten zunächst bis auf Null ab, während sie bei tieferen Temperaturen wieder ansteigen, weil dann in zunehmendem Maße die Reaktion unter Bildung von $TeOCl_2$ wirksam wird. Im dazwischenliegenden Gebiet erfolgt der Transport in umgekehrter Richtung zur heißen Ampullenseite (Abb. 18, vgl. auch Abb. 16).

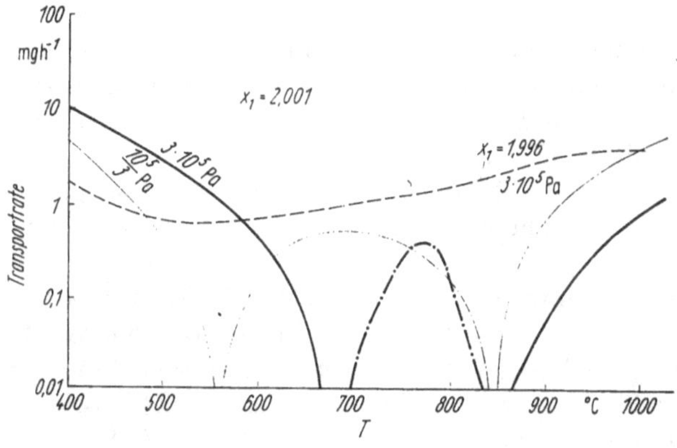

Abb. 18. Berechnete Transportrate als Funktion der Temperatur, $\Delta T = 100$ °C, bei Variation von x und p_g strichpunktiert: von kalt nach heiß

1.2.3.4. Experimentelle Ergebnisse des VO_2-Transports

Aus den experimentellen Beobachtungen zum Transport von VO_2 mit $TeCl_4$ ergeben sich folgende wesentliche Aussagen:

1. Ausgehend von einem Bodenkörper definierter Zusammensetzung innerhalb des Homogenitätsbereiches bei T_2 erfolgt beim HTT im Abscheidungsraum T_1 immer die Abscheidung eines sauerstoffärmeren Bodenkörpers: $x_{T_1} < x_{T_2}$. Im Falle des

TTT wird immer ein sauerstoffreicheres Produkt bei T_1 abgeschieden. Die Unterschiede im Sauerstoffgehalt sind analytisch nicht mehr nachweisbar. Wie aus Abbildung 19 zu ersehen ist, zeigen die Kristalle eines Versuchs im Abscheidungsraum beim TTT (Abb. 19a)), unabhängig von der Lage, immer einen kleineren Widerstandssprung und niedrigeren Widerstand im nichtleitenden Bereich als die Kristalle im Auflösungsraum. Die Sauerstoffdifferenzen sind elektrisch signifikant nachweisbar, die Kristalle unterscheidbar.
Im Teilbild b) ist gezeigt, daß beim TTT die Kristalle im Abscheidungsraum T_1 immer die höheren Widerstände, damit höheren Sauerstoffgehalt, ausweisen, $x_{T_1} > x_{T_2}$.

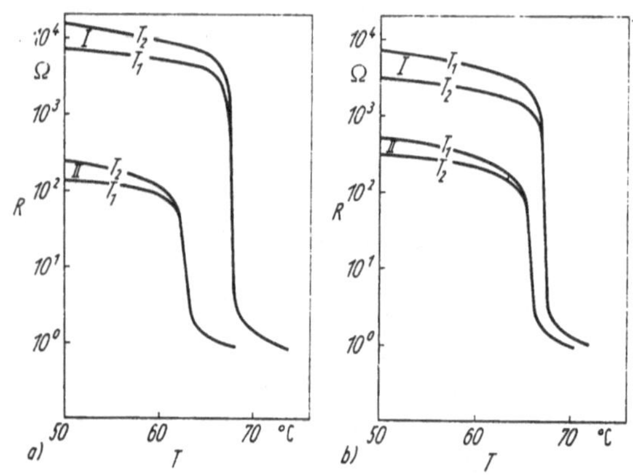

Abb. 19. Verlauf des elektrischen Widerstandes für Kristalle im Auflösungs- und Abscheidungsraum; a) HTT; b) TTT

2. Wird die obere Phasengrenzzusammensetzung beim HTT im Auflösungsraum vorgegeben, so wird bei T_1 eine Zusammensetzung abgeschieden, die um einen sehr kleinen, analytisch nicht nachweisbaren Betrag von der oberen Phasengrenzzusammensetzung entfernt liegt (Abb. 19a), Kurve I).
Beim TTT wird die Zusammensetzung der Kristalle nahe der oberen Phasengrenze im Wachstumsraum näher an die obere Phasengrenze herangeschoben (Abb. 19b), Kurve I).
3. Kristalle der unteren Phasengrenzzusammensetzung werden beim HTT aus VO_2 nahe der unteren Phasengrenzzusammensetzung erhalten (Abb. 19a), Kurve II). Beim TTT ergibt der Transport eines V_8O_{15}/VO_2-Gemisches die Abscheidung von VO_2-Kristallen nahe der unteren Phasengrenzzusammensetzung.
4. Vanadiumdioxid mit der unteren Phasengrenzzusammensetzung im Auflösungsraum ergibt zunächst die Abscheidung von V_8O_{15} (Fall 4B, Abb. 5), wie Abbildung 20 anschaulich demonstriert. Nach entsprechender Sauerstoffanreicherung im Ausgangsraum wird VO_2 abgeschieden.
5. Bei sonst konstanten Bedingungen nimmt beim HTT die Transportrate mit sinkendem Sauerstoffgehalt von der oberen zur unteren Phasengrenze zu. Beim TTT nimmt die Transportrate mit sinkendem x ab (Tab. 5), in qualitativer Übereinstimmung mit den Rechnungen.
6. Die Transportrichtung wird in den überwiegenden Fällen von heiß nach kalt beobachtet. Die Transportraten als Funktion der Temperatur — bei sonst konstanten

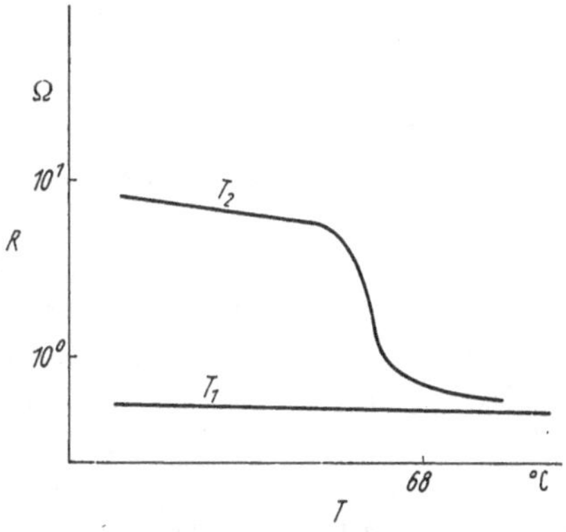

Abb. 20. Widerstandsverlauf für den Rückstand bei T_2 und die abgeschiedenen Kristalle (T_1) beim HTT an der unteren Phasengrenze des VO_2

Tabelle 5. Experimentelle Transportrate in Abhängigkeit von der Stöchiometrie; $p_g = 3 \cdot 10^5$ Pa

Widerstands-sprung	Transportrate, mg h^{-1}	
	1000/900 C°	500/450 C°
10^4	4	3
10^3	6	—
10^2	8	—
$10^{1,5}$	9	0,5

Bedingungen — durchlaufen ein Minimum, wie rechnerisch vorausgesagt. Im Gebiet von 700 °C bis 800 °C ist in einigen Fällen eine Umkehr der Transportrichtung, d. h., Transport von kalt nach heiß, beobachtet worden (Abb. 21). Die experimentelle Fassung des schmalen (x, T, p)-Bereiches, in dem der Transport von kalt nach heiß erfolgt, ist offensichtlich sehr schwierig. Für die realisierten Fälle lagen die abgeschiedenen Kristalle in ihrer Stöchiometrie im oberen Drittel

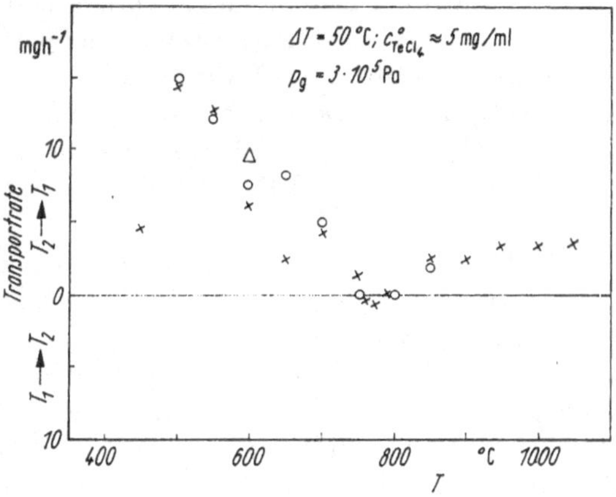

Abb. 21. Transportverhalten von VO_2 nahe der oberen Phasengrenzzusammensetzung. Transportrate als Funktion der Temperatur; $\Delta T = 50$ °C, $p_g \approx 3 \cdot 10^5$ Pa. Die Symbole ○, ×, △ kennzeichnen verschiedene Versuchsreihen

des Homogenitätsgebietes, die Gesamtdrücke bei 10^4 bis 10^5 Pa. Die relativ große Schwankung der Transportraten im TTT-Gebiet (Abb. 21) ist offensichtlich auf Schwierigkeiten in der genauen Einhaltung der Stöchiometrie zurückzuführen. Unterhalb 450 °C tritt bei $p_g = 3 \cdot 10^5$ Pa im Abscheidungsraum eine zweite Phase $TeVO_4$ auf, wodurch der Transport zum Erliegen kommt. Der Transport der $TeVO_4$-Phase ist beschrieben worden [43, 703].

7. Die durch Transport mit $TeCl_4$ hergestellten VO_2-Kristalle der oberen und unteren Phasengrenzzusammensetzung unterscheiden sich lediglich in ihrer Größe (Abb. 22). Die Wachstumsrichtung ist $\langle 001 \rangle$, als Begrenzung treten die $\{111\}$-Pyramiden- und $\{110\}$-Prismenflächen auf [22]. Die Kristallperfektion innerhalb einer Charge ist sehr unterschiedlich. Die überwiegende Zahl der Kristalle wächst mit mikroskopisch glatten Begrenzungsflächen. Es werden sowohl stabförmige als auch isometrische Kristalle beobachtet, wobei an der unteren Phasengrenze vorwiegend isometrische Kristalle auftreten. Einige Kristalle weisen ein ausgeprägtes Kantenwachstum auf.

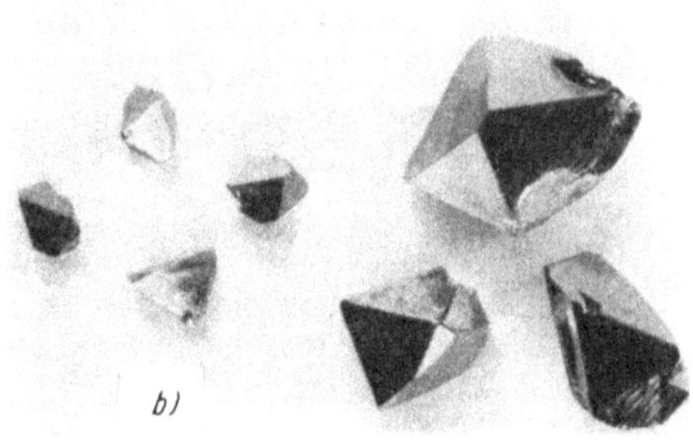

Abb. 22. Durch Transport mit $TeCl_4$ hergestellte VO_2-Kristalle; a) obere Phasengrenze; b) untere Phasengrenze; 1000/900 °C; $p_g \approx 3 \cdot 10^5$ Pa

1.2.4. Zum Transport der übrigen Vanadiumoxidphasen

1.2.4.1. Gasphasenzusammensetzung, berechnetes Transportverhalten

Der O_2-Koexistenzzersetzungsdruck nimmt mit sinkendem x von VO_2/V_8O_{15} bis V_3O_5/V_2O_3 stark ab, wie aus Abbildung 6 ersichtlich ist. Entsprechend ändert sich die berechnete Gasphasenzusammensetzung für die jeweiligen Koexistenzgebiete ebenfalls sehr stark. Die dominierende Gasphasenspezies über den Magnéli-Phasen beim HTT ist $VOCl_3$. Der Anteil an $TeOCl_2$ und TeO_2 verringert sich mit sinkendem x sehr stark, ebenso gehen die Partialdrücke von $TeCl_4$ und Cl_2 und in geringerem Maße $TeCl_2$ zurück. Dagegen steigen die Partialdrücke von VCl_4, VCl_3 und VCl_2 zum V_2O_3 hin stark an (Abb. 23).

Unter Tieftemperaturbedingungen (Abb. 24) dominiert in der Gasphase die Existenz von $VOCl_3$ und $TeOCl_2$. Die Konzentration von $TeCl_4$ steigt zum V_6O_{13} hin an, die des $TeCl_2$ nimmt ab. Einen sehr steilen Anstieg weist Cl_2 auf.

Einen Aufschluß über die transportwirksamen Spezies beim Transport von V_2O_3 der oberen Phasengrenzzusammensetzung gibt Abbildung 25. Der wesentliche Transport des V_2O_3 beim HTT erfolgt durch Reaktion von V_2O_3 mit $TeCl_2$ und VCl_4 zu $VOCl_3$ und elementarem Tellur. Bezüglich der transportwirksamen Spezies der Magnéli-

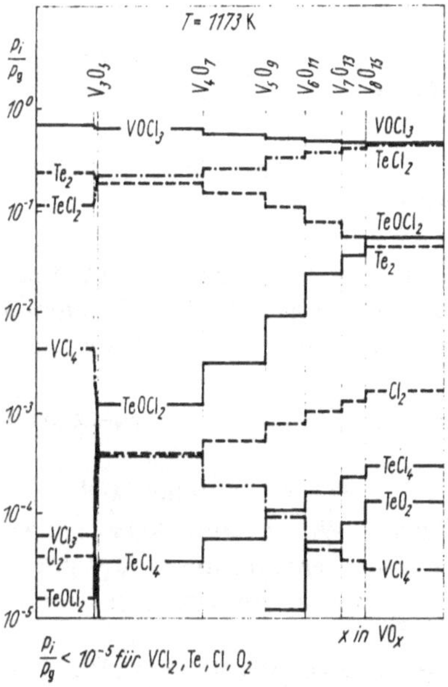

Abb. 23. Gasphasenzusammensetzung über den MAGNÉLI-Phasen V_nO_{2n-1} beim HTT, $T = 1173$ K

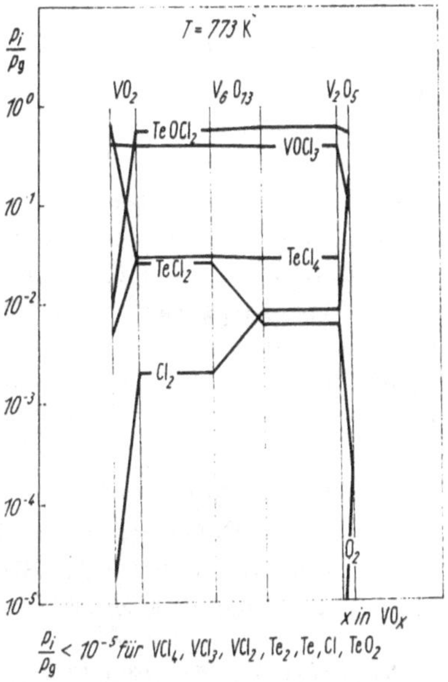

Abb. 24. Gasphasenzusammensetzung über VO_2, V_6O_{13} und V_2O_5 beim TTT, $T = 773$ K

Phasen ist ein allmählicher Übergang vom Zustand an der unteren Phasengrenze des VO_2 (Abb. 12) zu dem an der oberen Phasengrenze des V_2O_3 (Abb. 23) festzustellen, wobei sich die Zusammensetzung von der oberen Phasengrenze des V_2O_3 zum Homogenitätsgebiet hin sehr stark ändert.

Die transportwirksamen Spezies für die obere und untere Phasengrenze des V_6O_{13} und die untere Phasengrenze des V_2O_5 beim TTT unterscheiden sich nur unwesentlich von denen an der oberen Phasengrenze des VO_2 für dieses Temperaturgebiet (Abb. 15). Innerhalb des Homogenitätsbereiches der V_2O_5-Phase wird der O_2-Phasengleichgewichtsdruck transportwirksam.

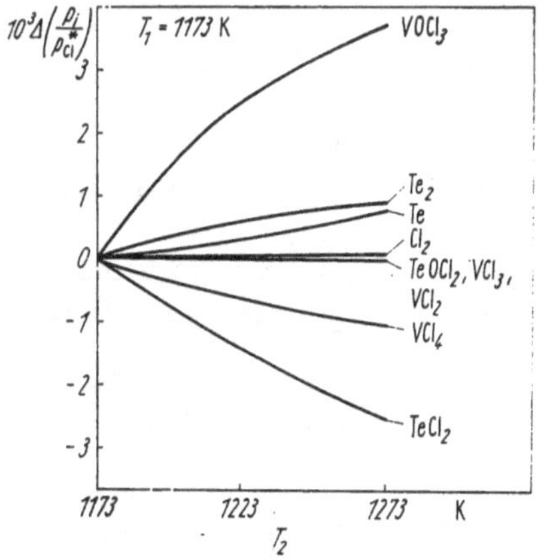

Abb. 25. Differenz der auf das Lösungsmittel bezogenen Partialdrücke für den Transport von V_2O_3 der oberen Phasengrenzzusammensetzung

Folgendes Transportverhalten ist zu erwarten:

1. Für alle Fälle des Hochtemperaturtransportes berechnet man, daß die abgeschiedenen Kristalle sauerstoffärmer sind als die aufgelösten. Beim Vorliegen eines Zweiphasenbodenkörpers wird zuerst der sauerstoffärmere transportiert. Die Stöchiometrie der zuerst bei T_1 abgeschiedenen Phase liegt innerhalb des Homogenitätsgebietes nahe der oberen Phasengrenzzusammensetzung.
   Im Gebiet des Tieftemperaturtransportes erfolgt bei T_1 eine Sauerstoffanreicherung. Analog ergibt sich, daß aus dem Zweiphasengemisch zuerst die sauerstoffreichere Phase nach T_1 transportiert wird. Die Stöchiometrie der zuerst abgeschiedenen Kristalle liegt nahe der unteren Phasengenzzusammensetzung, wie schon für V_6O_{13} in Abschnitt 1.2.3.3. beschrieben.
2. Die Transportrichtung wird für alle Fälle des Hoch- und Tieftemperaturtransportes von heiß nach kalt berechnet.
3. Die Transportraten für den HTT werden bei $\Delta T = 100$ K zwischen 0,4 mg/h für V_2O_3 der oberen Phasengrenze und 2,6 mg/h für VO_2 der unteren Phasengrenzzusammensetzung berechnet (Tab. 6). Für den Tieftemperaturtransport ergeben sich rechnerisch Transportraten von ≈ 3 mg/h beim Transport von 500 nach 450 °C.

Tabelle 6. Transport der MAGNÉLI-Phasen; $p_g = 3 \cdot 10^5$ Pa, zwischen 1000 und 900 °C

Startzusammensetzung	Phasenfolge	Transportrichtung	Transportrate mg h⁻¹	
			berechnet	experimentell
V_2O_3/V_3O_5	V_2O_3 vor V_3O_5	$T_2 \rightarrow T_1$	0,4	7
V_3O_5/V_4O_7	V_3O_5 vor V_4O_7	$T_2 \rightarrow T_1$	0,5	2,5
V_4O_7/V_5O_9	V_4O_7 vor V_5O_9	$T_2 \rightarrow T_1$	0,9	2,5
V_5O_9/V_6O_{11}	V_5O_9 vor V_6O_{11}	$T_2 \rightarrow T_1$	1,6	7
V_6O_{11}/V_7O_{13}	V_6O_{11} vor V_7O_{13}	$T_2 \rightarrow T_1$	2,3	7
V_7O_{13}/V_8O_{15}	V_7O_{13} vor V_8O_{15}	$T_2 \rightarrow T_1$	2,5	4
V_8O_{15}/VO_2	V_8O_{15} vor VO_2	$T_2 \rightarrow T_1$	2,6	4

1.2.4.2. Experimentelle Ergebnisse beim Transport der Vanadiumoxide

1.2.4.2.1. Allgemeine Feststellungen

Die experimentellen Untersuchungen zum Transportverhalten der Vanadiumoxide sind in guter Übereinstimmung mit den rechnerischen Voraussagen. Folgende Beobachtungen wurden gemacht:

1. Aus einem Gemisch zweier benachbarter Phasen im Gleichgewicht wird beim HTT zuerst die sauerstoffärmere Phase abtransportiert. Es ergibt sich die Reihenfolge:

$$V_2O_3 \text{ vor } V_3O_8 \text{ vor } V_4O_7 \text{ vor } V_5O_9 \text{ vor } V_6O_{11} \text{ vor } V_7O_{13} \text{ vor } V_8O_{15} \text{ vor } VO_2.$$

Nach ENDO u. a. existieren die Phasen V_8O_{15} und V_7O_{13} oberhalb 1320 K nicht mehr [28]. Die Transportexperimente bestätigen diese Beobachtung. Es wird

zuerst eine V_6O_{11}-Hochtemperaturphase abgeschieden, wenn oberhalb 1050 °C von Gemischen im Bereich $1{,}83 < x < 2$ ausgegangen wird. Innerhalb des Homogenitätsgebietes von V_2O_3 erfolgt beim Transport analog VO_2 eine Sauerstoffabreicherung.
Beim Tieftemperaturtransport wird zuerst immer die sauerstoffreichere Phase abgeschieden, also

V_2O_5 vor V_6O_{13} vor VO_2 vor (V_8O_{15}),

(vgl. auch Tab. 6 und Tab. 7).

Tabelle 7. Transport unter TT-Bedingungen, $p_g = 3 \cdot 10^5$ Pa

Startzusammensetzung	T_2 °C	T_1 °C	Phasenfolge	Transportrichtung	Transportrate mg h^{-1} berechnet	Transportrate mg h^{-1} experimentell
V_8O_{15}/VO_2	650	550	VO_2 vor V_8O_{15}	$T_2 \to T_1$	0,5	0,6
VO_2/V_6O_{13}	500	450	V_6O_{13} vor VO_2	$T_2 \to T_1$	2,6	3
V_6O_{13}/V_2O_5	500	450	V_2O_5 vor V_6O_{13}	$T_2 \to T_1$	2	3
V_2O_5	600	500	O_2-Anreicherung	$T_2 \to T_1$	2,5	4

2. Die experimentell ermittelten Transportraten für den HTT liegen zwischen 3 und 7 mg/h und damit um den Faktor 2 bis 5 höher als berechnet (siehe Tab. 6). Die gefundenen Transportraten sind in guter Übereinstimmung mit den Angaben von NAGASAWA u. a. [15]. Die größere Abweichung zwischen berechneten und experimentell ermittelten Transportraten für V_2O_3 kann auf die extreme Änderung der Gasphasenzusammensetzung an der oberen Phasengrenze des V_2O_3 zurückgeführt werden. Beim Tieftemperaturtransport sind die Transportraten für die einzelnen Phasen praktisch gleich, wie auch rechnerisch gefunden wurde. Die Transportraten nehmen mit steigender Transportmittelkonzentration beträchtlich zu (Abb. 26) und erreichen bis zu 50 mg/h beim Transport von 650 nach 450 °C.

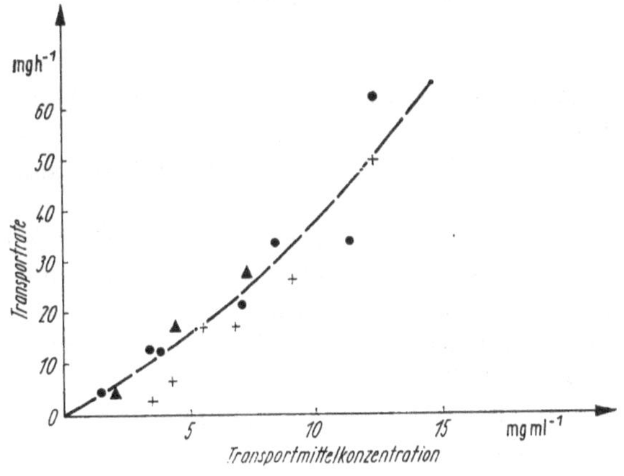

Abb. 26. Transportrate als Funktion der Transportmittelmenge beim TTT, $T_2 = 650$ °C, $T_1 = 450$ °C; ● VO_2, + V_2O_5, ▲ V_6O_{13}

3. Im Gegensatz zu VO_2 und V_6O_{13} ist V_2O_5 mit Cl_2 gut zu transportieren [44]. Das zeigt, daß der Sauerstoffkoexistenzdruck innerhalb der V_2O_5-Phase auf transportwirksame Konzentrationen ansteigt.
4. Die Morphologie der durch Transport hergestellten Kristalle der MAGNÉLI-Phasen ist sehr ähnlich (Abb. 27). Das Auftreten glatter Flächen nimmt mit steigender Temperatur zu.

   Im Falle des Zweiphasentransportes liegen, falls der Transport so lange geführt wurde, die Kristalle der Phasen V_2O_3/V_3O_5 und V_3O_5/V_4O_7 nebeneinander vor und sind nur selten miteinander verwachsen. Als Grund könnte die unterschiedliche Kristallstruktur der Phasen angesehen werden, V_2O_3, hexagonal, V_3O_5 monoklin

Abb. 27. Typische Kristalle der MAGNÉLI-Phasen beim Transport mit $TeCl_4$

Abb. 28. Durch Transport mit $TeCl_4$ gewonnene Kristalle VO_2 auf V_6O_{13}

   und V_4O_7, wie die übrigen MAGNÉLI-Phasen, triklin. Dagegen wächst beim TTT die VO_2-Phase auf den V_6O_{13}-Kristallen auf (Abb. 28). Im Falle des Transportes von V_6O_{13} und V_2O_5-Gemischen wachsen beide Phasen getrennt voneinander, V_6O_{13} kristallisiert monoklin, V_2O_5 orthorhombisch.
5. Die V_3O_7-Phase, die von mehreren Autoren erhalten wurde [45 bis 48], ist unter Transportbedingungen mit $TeCl_4$ nicht darstellbar. Auch durch Transport mit Cl_2, HCl und S_2Cl_2 konnte diese Phase nicht gewonnen werden. Wird durch Sintern von $V_2O_3 + V_2O_5$-Pulver und wiederholtes Mischen, Verreiben und erneutes Sintern gewonnenes V_3O_7 bei 500 °C unter $TeCl_4$ in der Ampulle eingeschlossen, so zerfällt es in die Phasen V_6O_{13} und V_2O_5. Hieraus kann der Schluß gezogen werden, daß V_3O_7 unter Gleichgewichtsbedingungen nicht darstellbar ist.

1.2.4.2.2. Ermittlung des Homogenitätsbereiches der VO_x-Phasen

Die Phasenfolge, d. h., der Abtransport von nur einer Phase aus einem Phasengemisch. ermöglicht die Bestimmung des Homogenitätsgebietes der einzelnen Phasen. Die sich zuerst abscheidende Phase liegt in ihrer Zusammensetzung nahe der Phasengrenzzusammensetzung und ist praktisch mit dieser identisch. Die als Zweitphase sich abscheidende Verbindung besitzt auf Grund der thermodynamischen Koexistenzbedingungen die Phasengrenzzusammensetzung.

Nach diesen Untersuchungen haben die MAGNÉLI-Phasen V_4O_7, V_5O_9, V_6O_{11}, V_7O_{13} und V_8O_{15} keinen analytisch nachweisbaren Homogenitätsbereich, was in Übereinstimmung mit Untersuchungen von NAGASAWA u. a. [14, 15] und ENDO u. a. [28] steht. Die Homogenitätsgrenzen von V_6O_{13} liegen zwischen $2{,}165 \leqq x \leqq 2{,}175$ [25, 26], die des VO_2 zwischen $1{,}995 \leqq x \leqq 2{,}002$ [49] und die des V_3O_5 bei $1{,}666 \leqq x \leqq 1{,}668$, [50]. Die untere Phasengrenze des V_2O_5 kann mit $x \leqq 2{,}498$ angegeben werden [50]. Die analytische Genauigkeit dieser Werte beträgt $\pm 0{,}002$, was eine Überlappung der Phasengrenzen für V_3O_5 zuläßt; durch physikalische Untersuchungen konnte die Existenz eines Homogenitätsgebietes nachgewiesen werden [50]. Vanadium(III)-oxid besitzt nach ENDO eine stark temperaturabhängige obere Phasengrenze [28]. Es gelingt durch Transport — ausgehend von Gemischen $V_2O_3 + V_3O_5$ —, diese Phasengrenze zu bestimmen. Bei einer konstanten Differenz T_2–T_1 wird die Temperatur von Versuch zu Versuch erhöht und die jeweilige Phasengrenzzusammensetzung abgeschieden [50]. In Abbildung 29 ist die obere Phasengrenze als Funktion von der Temperatur dargestellt. Die Übereinstimmung mit den Angaben von ENDO ist sehr gut.

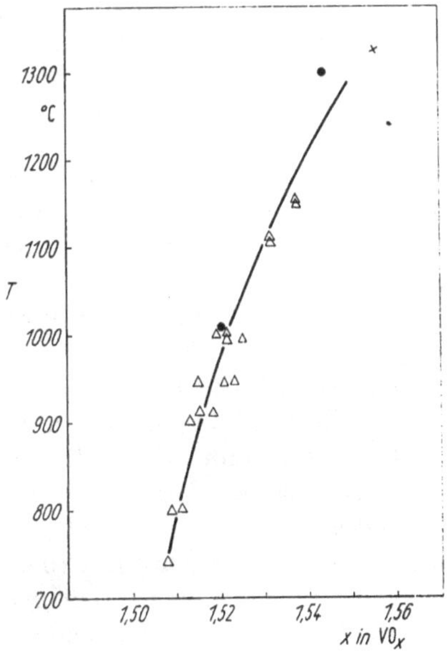

Abb. 29. Temperaturabhängigkeit der oberen Phasengrenzzusammensetzung von V_2O_3; △ eigene Werte, ● ENDO [28], × KATSURA [71]

1.2.5. Transport mit anderen Transportmitteln

Zur Beschreibung des Systems V–O–Cl mit den Spezies VO_2, $VOCl_3$, VCl_4, VCl_3, Cl_2 und O_2 werden drei unabhängige Reaktionen und der O_2-Gleichgewichtspartialdruck benötigt. Das Ergebnis der thermodynamischen Analyse ist (Tab. 8), daß VO_2 weder an der oberen noch an der unteren Phasengrenzzusammensetzung mit Cl_2 transportierbar ist [51]. Außer $VOCl_3$ treten weder andere sauerstoffhaltige noch vanadiumhaltige Spezies in transportwirksamen Konzentrationen auf, und der O_2-Gleichgewichtsdruck liegt bereits an der oberen Phasengrenze bei 1000 K weit unter der transportwirksamen Konzentration. Experimentell wird beim Transport mit Cl_2 (in Übereinstimmung mit der Rechnung) auch weder an der unteren noch an der oberen Phasengrenze des VO_2 ein Transport erhalten. Komplikationen beim Transport von VO_2 mit Cl_2 treten immer dann auf, wenn der Ansatz nicht wasserfrei ist. Nach der Einstellung des Gefälles $T_2 \rightarrow T_1$ wird in diesem Falle bei T_1 spontan V_2O_5 abgeschieden, das in der Menge nicht zunimmt und im Verlauf mehrerer Tage über V_6O_{13} in VO_2 verwandelt wird. Danach erfolgt Rücktransport. Diese Tatsache kann zu erheblichen Fehlschlüssen bezüglich des VO_2-Transportes führen, da der Transport von kalt nach heiß in Gegenwart von Wasserspuren nicht sofort zu erkennen ist [15].

Tabelle 8. Gasphasenzusammensetzung beim Transport von VO_2 der oberen Phasengrenze mit Cl_2; $p_g = 10^5$ Pa

T K	p_{O_2}	p_{VOCl_3}	p_{Cl_2}	p_{VCl_4}	p_{VCl_3}
700	$4 \cdot 10^{-4}$	$0{,}997 \cdot 10^5$	$2{,}6 \cdot 10^2$	$4 \cdot 10^{-3}$	$1 \cdot 10^{-8}$
800	$5 \cdot 10^{-3}$	$0{,}996 \cdot 10^5$	$3{,}8 \cdot 10^2$	$4 \cdot 10^{-2}$	$3 \cdot 10^{-6}$
900	$2 \cdot 10^{-1}$	$0{,}990 \cdot 10^5$	$9{,}3 \cdot 10^2$	$1 \cdot 10^{-1}$	$5 \cdot 10^{-5}$
1000	4,00	$0{,}980 \cdot 10^5$	$1{,}93 \cdot 10^3$	$3 \cdot 10^{-1}$	$1 \cdot 10^{-3}$

Die Analyse des Systems V–O–H–Cl unter Berücksichtigung von VO_2, HCl, Cl_2, $VOCl_3$, VCl_4, VCl_3, H_2O, H_2 und O_2 sowie fünf unabhängigen Reaktionsgleichgewichten [51] zeigt, daß nur die Spezies $VOCl_3$, H_2O, HCl und Cl_2 in transportwirksamen Konzentrationen, im Falle von VO_2 der oberen Phasengrenzzusammensetzung, vorliegen (Tab. 9). Der Transport erfolgt in diesem Fall von kalt nach heiß mit Transportraten von 1 bis 3 mg h^{-1} bei $\Delta T = 100$ K. Die Transportrate sinkt stark mit zunehmendem Bilanzdruckverhältnis p^*_{Cl}/p^*_H ab. Die abgeschiedenen Kristalle in der heißeren Zone sind sauerstoffreicher als die im Auflösungsraum, wie in Abbildung 30 durch das Widerstandsverhalten demonstriert wird. Ein solcher Transport kann, wie der Transport mit $TeCl_4$ bei tieferen Temperaturen, für O_2-Anreicherung innerhalb der Phase zur Herstellung von VO_2-Kristallen mit definierten Eigenschaften genutzt werden.

VO_2 der unteren Phasengrenzzusammensetzung kann, wie rechnerisch und experimentell gezeigt [51], mit HCl und HCl–Cl_2-Mischungen nicht transportiert werden, was aus der Gasphasenzusammensetzung über VO_2 der unteren Phasengrenze in Tabelle 10 folgt.

Die Ergebnisse demonstrieren noch einmal sehr anschaulich den Einfluß des Koexistenzdruckes auf das Transportverhalten, wie bereits für den Transport allgemein [7] und speziell von FeS_x mit J_2 [5] und VO_2 mit $TeCl_4$ (1.2.3.) gezeigt wurde. Formal, d. h. ohne Berücksichtigung des O_2-Phasengleichgewichtes, wäre für VO_2 mit Cl_2, da

Tabelle 9. Gasphasenzusammensetzung für den Transport von VO_2 mit HCl (obere Phasengrenze; $p_g = 10^5$ Pa; $p^*_{Cl}:p^*_H = 1$)

T K	p_{O_2}	p_{VOCl_3}	p_{H_2O}	p_{HCl}	p_{Cl_2}	p_{VCl_4}	p_{VCl_3}	p_{H_2}
700	$4{,}8 \cdot 10^{-4}$	$1{,}30 \cdot 10^4$	$1{,}94 \cdot 10^4$	$0{,}67 \cdot 10^5$	$6 \cdot 10^1$	$2 \cdot 10^{-3}$	$1 \cdot 10^{-9}$	$1 \cdot 10^{-7}$
800	$5 \cdot 10^{-3}$	$1{,}09 \cdot 10^4$	$1{,}66 \cdot 10^4$	$0{,}72 \cdot 10^5$	$8 \cdot 10^1$	$2 \cdot 10^{-3}$	$3 \cdot 10^{-7}$	$5 \cdot 10^{-6}$
900	$2 \cdot 10^{-1}$	$1{,}05 \cdot 10^4$	$1{,}60 \cdot 10^4$	$0{,}73 \cdot 10^5$	$2 \cdot 10^2$	$5 \cdot 10^{-3}$	$5 \cdot 10^{-6}$	$5 \cdot 10^{-5}$
1000	4,02	$1{,}03 \cdot 10^4$	$1{,}58 \cdot 10^4$	$0{,}73 \cdot 10^5$	$4 \cdot 10^2$	$1 \cdot 10^{-2}$	$6 \cdot 10^{-5}$	$3 \cdot 10^{-4}$

Tabelle 10. Gasphasenzusammensetzung für den Transport von VO_2 mit HCl (untere Phasengrenze; $p_g = 10^5$ Pa; $p^*_{Cl}:p^*_H = 1$)

T K	p_{O_2}	p_{VOCl_3}	p_{H_2O}	p_{HCl}	p_{Cl_2}	p_{VCl_4}	p_{VCl_3}	p_{H_2}
700	$6 \cdot 10^{-12}$	$3{,}1 \cdot 10^3$	$4{,}7 \cdot 10^3$	$0{,}92 \cdot 10^5$	$6 \cdot 10^{-2}$	$2 \cdot 10^{-2}$	$4 \cdot 10^{-6}$	$3 \cdot 10^{-4}$
800	$5 \cdot 10^{-9}$	$3{,}6 \cdot 10^3$	$5{,}4 \cdot 10^3$	$0{,}91 \cdot 10^5$	$4 \cdot 10^{-1}$	$5 \cdot 10^{-2}$	$1 \cdot 10^{-4}$	$2 \cdot 10^{-3}$
900	$1 \cdot 10^{-6}$	$4{,}0 \cdot 10^3$	$6{,}0 \cdot 10^3$	$0{,}90 \cdot 10^5$	2,01	$9 \cdot 10^{-2}$	$1 \cdot 10^{-3}$	$1 \cdot 10^{-2}$
1000	$6 \cdot 10^{-5}$	$4{,}4 \cdot 10^3$	$6{,}6 \cdot 10^3$	$0{,}89 \cdot 10^5$	6,00	$2 \cdot 10^{-1}$	$1 \cdot 10^{-2}$	$4 \cdot 10^{-2}$

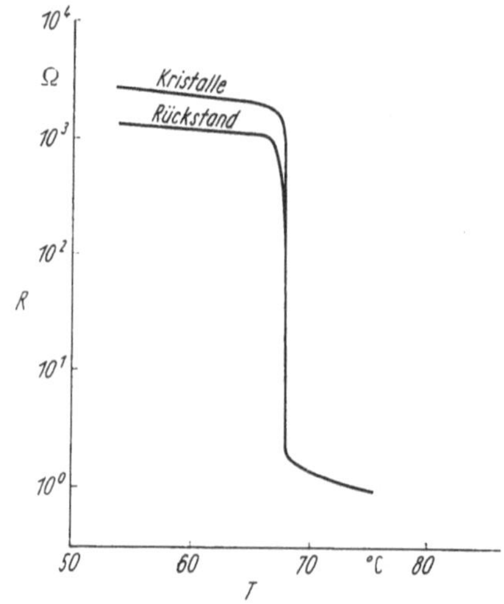

Abb. 30. Verlauf des elektrischen Widerstandes für VO_2-Kristalle im Auflösungs-(Rückstand) und Abscheidungsraum(Kristalle), beim Transport mit HCl (nach [51])

die Konzentrationen von VCl_4 und VCl_3 in der Gasphase vernachlässigt werden können, über

$$VO_2 + 1{,}5Cl_2 = VOCl_3 + 0{,}5O_2 \quad \Delta H^0 = +30 \text{ kJ mol}^{-1} \text{ und}$$

$$\Delta S^0 = 37 \text{ J mol}^{-1} \text{ K}^{-1}$$

ein gutes Transportverhalten zu erwarten.

Analoges gilt für den Transport mit HCl. Ohne Berücksichtigung des O_2-Phasengleichgewichts wäre zu formulieren:

$$VO_2 + 4HCl = VCl_4 + 2H_2O \quad \Delta H^0 = +58 \text{ kJ mol}^{-1};$$

$$\Delta S^0 = -96 \text{ J mol}^{-1} \text{ K}^{-1}.$$

Entsprechend sollte ein geringer Transport von heiß nach kalt erfolgen. Experiment und Berechnung unter Einbeziehung des O_2-Phasengleichgewichtes zeigen jedoch, daß VO_2 der oberen Phasengrenze mit HCl gut von kalt nach heiß transportierbar, während VO_2 der unteren Phasengrenze mit HCl nicht transportierbar ist. Die Ursache ist der extrem niedrige, die Lage der Reaktionsgleichgewichte beeinflussende und innerhalb des Homogenitätsgebietes stark zunehmende Sauerstoffkoexistenzdruck. Ganz allgemein ist Cl_2 als Transportmittel nur für solche Vanadiumoxide geeignet, deren Sauer stoffkoexistenzdruck eine transportwirksame Konzentration neben $VOCl_3$ erreicht. Dies trifft nach bisher vorliegenden Untersuchungen nur auf V_2O_5 zu [50]. Der von Peshew beobachtete Transport von V_2O_3 mit Cl_2 [52] dürfte auf Wasserdampfspuren zurückzuführen sein. Mit J_2, $MgBr_2$ und HBr von Pickardt durchgeführte Transportversuche des V_2O_3 zeigten nur sehr geringe Transportraten [53]. Demgegenüber läßt sich V_2O_3 mit einem Gemisch aus Jod und Schwefel sehr gut transportieren [53], was, wie auch der von Nitsche beobachtete Transport anderer Oxide [54], durch die Bildung von SO_2 als Sauerstoffträger erklärt werden kann.

1.2.6. Darstellung von dotierten Vanadiumoxiden durch chemischen Transport

Die Darstellung von dotierten Vanadiumoxiden durch chemischen Transport beschränkt sich im wesentlichen auf dotiertes VO_2 ($V_{1-x}Me_xO_2$), transportiert mit $TeCl_4$. Hörlin u. a. [55, 56] stellten VO_2-Kristalle mit unterschiedlichen Dotierungsgraden an MoO_2 und WO_2 dar, während Launay u. a. [57] mit NbO_2 dotiertes VO_2 züchteten und untersuchten. Ritschel u. a. [58, 95] transportierten $V_{1-x}Me_xO_2$ für Me = Nb, Mo, W und Ru mit $TeCl_4$ bei Temperaturen nahe 1000 °C. In allen Fällen werden die jeweiligen Ausgangsbodenkörper in entsprechenden stöchiometrischen Gemengen der Metalldioxide gut gemischt und anschließend in einer evakuierten Quarzampulle bei 1000 °C mehrere Tage gesintert, wodurch eine ausreichende Homogenisierung zu erhalten ist, und dann dem Transportprozeß unterworfen.

Die Ähnlichkeit des thermodynamischen Verhaltens der Dioxide, insbesondere der O_2-Koexistenzdrücke der Einzeloxide, und die strukturelle Ähnlichkeit lassen sowohl eine hohe Löslichkeit der MeO_2 in VO_2 als auch ein gutes gemeinsames Transportverhalten zu. Die Einzeloxide sind, wie Oppermann und Ritschel [22] zeigten, sehr gut mit $TeCl_4$ transportierbar (Tab. 4). Die experimentellen Ergebnisse zeigen für Dotierungselemente Nb, Mo und W einen guten Kotransport. Bei Transporten VO_2/NbO_2 und VO_2/RuO_2 wurden unterschiedliche Dotierungsgrade in den abgeschiedenen Kristallen beobachtet [58, 95], und nur eine wiederholte Homogenisierung und Sinterung führte zu einheitlich dotierten $V_{1-x}Me_xO_2$-Kristallen. Die Homogenisierung der Ausgangsbodenkörperphase scheint hierfür ausschlaggebend zu sein, dabei spielt aber auch die Geschwindigkeit der Bodenkörperreaktion zur Einstellung des Gleichgewichts eine wesentliche Rolle. Die Einstellung solcher Bodenkörpergleichgewichte dürfte durch wiederholte Homogenisierung und Anwendung höherer Sintertemperaturen und in vielen Fällen durch Anwendung eines Transportmediums in geringen Konzentrationen (Mineralisatoreffekt) stark beschleunigt werden.

In den genannten Kotransporten sind weder bezüglich Tranportraten noch bezüglich An- oder Abreicherung einer Komponente signifikante Abhängigkeiten beschrieben. Die Transportraten liegen wie für undotiertes VO_2 bei einigen mg/h. Die abgeschiedenen Kristalle sind gut ausgebildet, die Flächen spiegelglatt und metallisch glänzend. Die Farbe der Kristalle ist bei niedrigen Konzentrationen, ähnlich der der reinen VO_2-Kristalle, metallisch grau. Mit zunehmenden x-Werten werden die Kristalle dunkler und sind bei $x > 0{,}10$ schwarz.

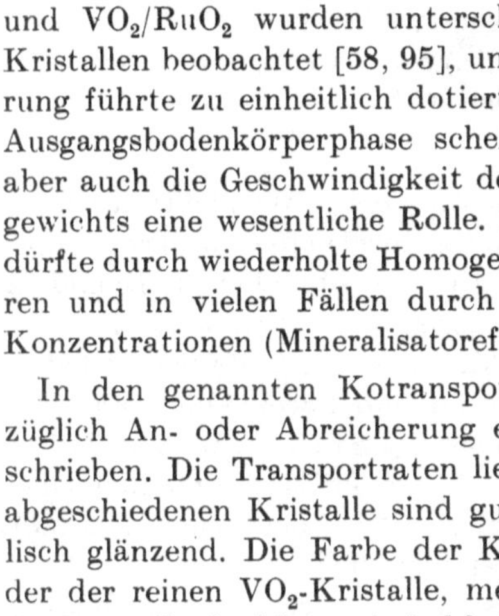

Abb. 31. Schematische Darstellung von Hauptwachstumsformen beim $V_{1-x}Mo_xO_2$-Transport (nach [58])

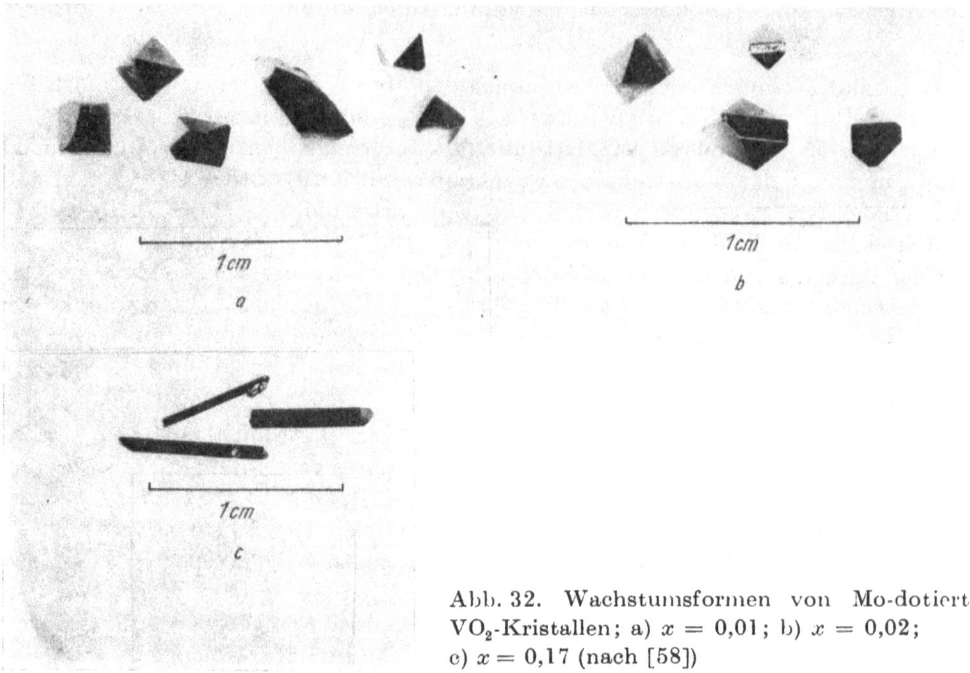

Abb. 32. Wachstumsformen von Mo-dotierten VO_2-Kristallen; a) $x = 0{,}01$; b) $x = 0{,}02$; c) $x = 0{,}17$ (nach [58])

Die beim Transport der $V_{1-x}Me_xO_2$ erhaltenen Kristalle zeigen für alle Dotierungselemente bei gleichen x-Werten ähnliche Hauptwachstumsformen [58, 95]. Die Hauptwachstumsformen sind am Beispiel der Mo-Dotierung in den Abbildungen 31 und 32 dargestellt. Der für VO_2-Einkristalle typische isometrische, bipyramidale Habitus (a)) tritt bei einem Dotierungsgrad bis $x = 0{,}03$ auf; die entstehenden Kristalle haben eine Größe bis zu $5 \cdot 5 \cdot 4$ mm^3. Daneben tritt vereinzelt die Form Abbildung 31 c) auf. Ab $x > 0{,}01$ werden die Kristalle der Form a) kleiner und treten weniger häufig auf, während die Kristalle der Form Abbildung 32c) in großer Zahl vorhanden sind. Mit steigendem x zeigt sich die verzerrte Form 31d) und 32b) deutlicher; oberhalb $x = 0{,}055$ werden vorwiegend prismatische Bipyramiden mit bevorzugter $\langle 001 \rangle$-Wachstumsrichtung beobachtet (Abb. 31e)), bei denen im Gegensatz zu Abbildung 31d) der prismatische Grundkörper regelmäßig ausgebildet ist. Mit steigendem x wird der nadelförmige Habitus prismatisch-bipyramidaler Kristalle immer ausgeprägter (Abb. 31c) und d)).

Wie von Ritschel u. a. [58, 95] gezeigt, hängt die Morphologie der Kristalle neben der Dotierungskonzentration im entscheidenden Maße vom Dotanden selbst ab.

1.2.7. Darstellung von Vanadiumoxiden durch Abscheidung im offenen System

Die Darstellung von VO_2 durch Umsetzung von $VOCl_3$ mit H_2O und H_2-Gemischen wurde von Takei und Koide [59, 60] sowie von Fan und Paul [61] untersucht. Die Darstellung von VO_2 der oberen und unteren Phasengrenzzusammensetzung auf diese Weise ist mit Schwierigkeiten verbunden, da eine exakte Einstellung des H_2/H_2O-

Partialdruckverhältnisses und damit eine außerordentlich hohe Dosierungsgenauigkeit erforderlich ist. Eine thermodynamische Berechnung des Systems zeigt, daß die Darstellung von phasenreinem VO_2 durch Umsetzung von $VOCl_3$ mit H_2O ohne Wasserstoffzusatz möglich ist [26, 49, 62].

Aus den thermodynamischen Daten für die Bildung des VO_2,

$$2VOCl_3, g + 3H_2O, g = 2VO_2, f + 6HCl, g + \tfrac{1}{2} O_2, g ,$$

und die Bildung von V_2O_5,

$$2VOCl_3, g + 3H_2O, g = V_2O_5, fl + 6HCl, g ,$$

folgt, daß der O_2-Koexistenzzersetzungsdruck der Reaktion

$$V_2O_5, fl = 2VO_2, f + \tfrac{1}{2} O_2, g$$

die entscheidende Rolle bei der Darstellung des VO_2 spielt. Der kritische Wert für den O_2-Partialdruck, der bei der Abscheidung nicht überschritten werden darf, folgt aus dem Zustandsdiagramm, d. h. der Koexistenzgrenze V_2O_5, fl/VO_2 [26]. In Abbildung 33 ist der Phasengrenzverlauf in einem p–T–x-Diagramm dargestellt. Der aus der Umsetzung von $VOCl_3$ mit H_2O resultierende Sauerstoffpartialdruck entscheidet, welche der beiden Phasen entsteht. Ist er größer als der Koexistenzdruck nach Abbildung 33, entsteht V_2O_5, ist er kleiner, wird VO_2 abgeschieden. Eine definierte Unter-

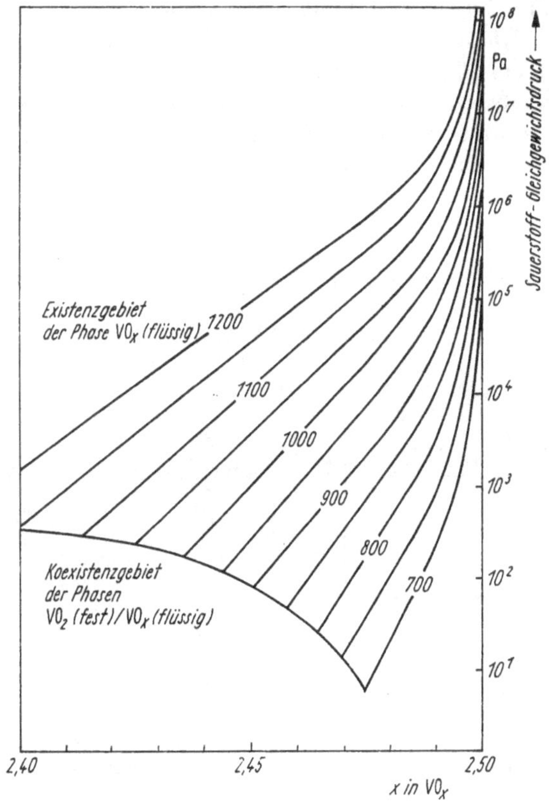

Abb. 33. Zustandsgebiet im Bereich VO_2–V_2O_5, fl p_{O_2} über x und T in °C [49]

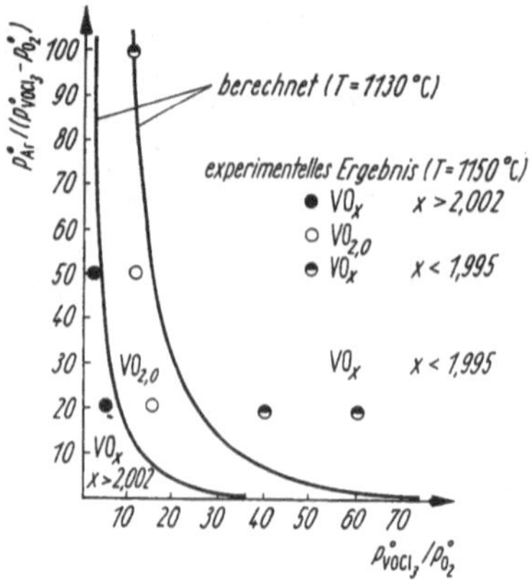

Abb. 34. Vergleich der experimentellen und berechneten Ergebnisse bei der Abscheidung von VO_x aus $VOCl_3$ mit O_2 im Argonstrom (nach [62])

schreitung des O_2-Koexistenzzersetzungsdrucks in Abhängigkeit von T ist durch eine gezielte Einstellung des Ausgangspartialdruckverhältnisses $p^0_{VOCl_3}/p^0_{H_2O}$ möglich, das in den Reaktor eingespeist wird [62] (Abb. 34). Dieses Verhältnis ist thermodynamisch berechenbar. Der Prozeß ist in einer Kreislaufapparatur durchführbar [63], in der das überschüssige $VOCl_3$ kontinuierlich in den Reaktionsprozeß zurückgeführt wird (Abb. 35), wodurch der $VOCl_3$-Verbrauch auf ein Minimum reduziert werden kann. Bei Reaktionstemperaturen von 800 bis 1200 °C wurden nach dieser Methode nadelförmige VO_2-Kristalle von 10 bis 20 mm Länge und 1 bis 2 mm Dicke erhalten, die in ⟨100⟩-Richtung wachsen (Abb. 36). Die analytischen Untersuchungen einschließlich Widerstandsmessungen zeigen, daß bei $p^0_{VOCl_3}/p^0_{H_2O}$-Ausgangsverhältnissen von 5:1 bis 100:1 die VO_2-Nadeln bei Temperaturen zwischen 800 °C und 1200 °C die VO_2-Phase nahe der oberen Phasengrenzzusammensetzung darstellen. Die Darstellung von VO_2 der unteren Phasengrenzzusammensetzung ist auf diese Art bisher nicht

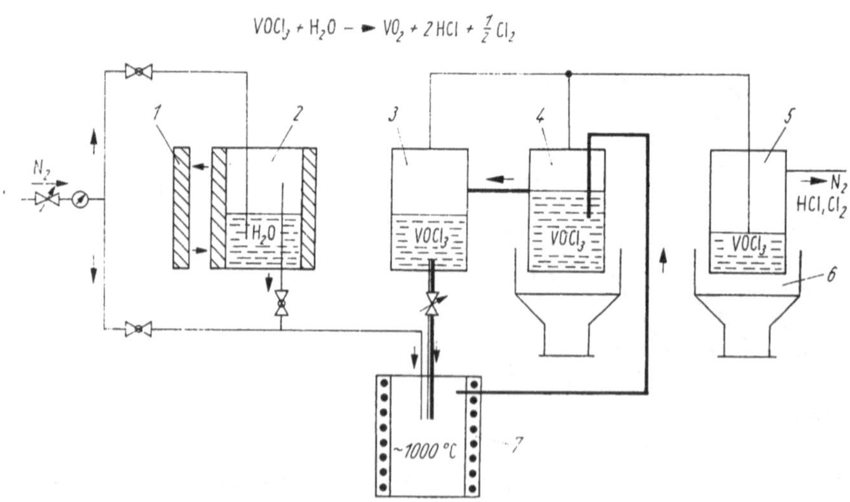

Abb. 35. Darstellung von VO_2 im offenen System (schematisch — Kreislaufapparatur); 1 — Thermostat, 2 — Verdampfer, 3 — Vorrat, 4 — Rückgewinnung, 5 — Restkondensat, 6 — Kühlgefäß, 7 — Reaktor

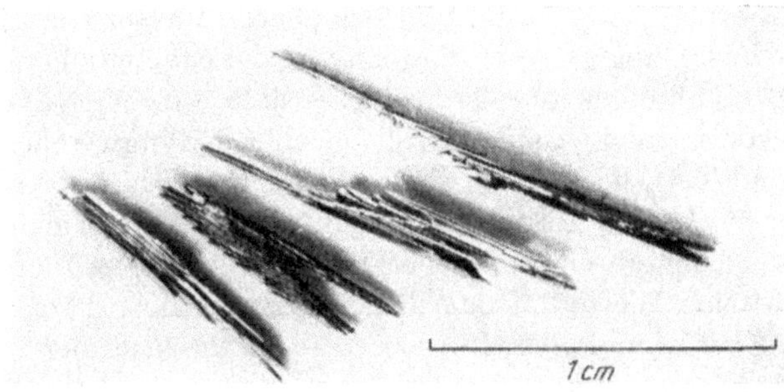

Abb. 36. Wachstumsform von VO_2-Kristallen durch Abscheidung im offenen System

gelungen. Mit Ausnahme der Vanadiummonoxidphasen dürften im Prinzip auch die übrigen thermodynamisch existenzfähigen Vanadiumoxide durch Abscheidung aus der Gasphase darstellbar sein.

Ausgehend von Wasserstoff und $VOCl_3$ stellten Takai und Koide [59, 60] sowie Fan und Paul [61] die V_2O_3-Phase her, deren Phasenreinheit röntgenographisch nachgewiesen wurde. Die Zusammensetzung der V_2O_3-Phase wurde nicht charakterisiert. Wie in Abschnitt 1.3. gezeigt wird, ist die V_2O_3-Phase das durch Reduktion mit Wasserstoff sauerstoffärmste darstellbare Vanadiumoxid, und seine Zusammensetzung innerhalb des Homogenitätsgebietes ist vom Restfeuchtigkeitsgehalt des Wasserstoffs abhängig. Die prinzipiell mögliche, experimentell jedoch schwierige Darstellung phasenreiner Vanadiumoxide der Magnéli-Reihe durch Abscheidung aus der Gasphase erfordert demzufolge eine extrem hohe Dosierungsgenauigkeit von H_2/H_2O im Ausgangszustand.

1.2.8. Zusammenfassende Diskussion

Unter Berücksichtigung der Breite des Systems V–O, der Vielzahl an existierenden individuellen festen Phasen und Phasen mit Homogenitätsbereich und koexistierenden gasförmigen Spezies sowie der Unsicherheiten in den zur Verfügung stehenden thermodynamischen Werten ist die Übereinstimmung zwischen experimentellen Ergebnissen und Beobachtungen und den thermodynamischen Berechnungen durchaus befriedigend. Zahlreiche Untersuchungen am System V–O in den letzten Jahren haben gezeigt, daß eine thermodynamische Analyse wertvolle Hinweise auf die Bedingungen geben kann, die für die Darstellung von Verbindungen mit definierter Stöchiometrie von Einfluß sind.

Mit diesen Untersuchungen wurden durchaus verallgemeinerungsfähige Kriterien und Hinweise zur Darstellung von phasenreinen Verbindungen, zur Bestimmung des Homogenitätsbereichs, der zeitlichen Reihenfolge des Transports koexistierender Phasen und zur Suche nach den Ursachen für divergierende theoretische und experimentelle Ergebnisse, die zu neuen Erkenntnissen führten, erarbeitet. Die größten Abweichungen im System V–O, jedoch keine widersprüchlichen Tendenzen, ergeben sich naturgemäß unter Transport- und Abscheidungsbedingungen, die empfindlich die Stöchiometrie beeinflussen. Solche Bedingungen existieren z. B. beim Übergang vom Hochtemperaturtransport zum Tieftemperaturtransport, also in einem Temperaturbereich, in dem in der Gasphase die Konzentration an TeO_2 klein wird und der

Transport zunehmend über $TeOCl_2$ erfolgt, oder unterhalb der oberen Phasengrenze des V_2O_3, wo die Gasphasenzusammensetzung sehr empfindlich von der Stöchiometrie abhängig ist. Die Ergebnisse der Berechnungen zum Transportverhalten in der Nähe dieser Bedingungen werden bereits von solchen Unsicherheiten der thermodynamischen Werte der Spezies $TeCl_2$, $TeOCl_2$ und TeO_2 beeinflußt, die noch innerhalb der relativ geringen Meßfehler liegen. Der Vergleich theoretischer Berechnungen mit experimentellen Ergebnissen ist andererseits jedoch ein empfindlicher Test auf die Verträglichkeit neu bestimmter thermodynamischer Werte mit den thermodynamischen Werten der übrigen zu berücksichtigenden Spezies und gibt Hinweise auf ihre Präzisierung.

Der Koexistenzdruck zwischen den Bodenkörperkomponenten und seinen elementaren Komponenten in der Gasphase kann das Transportverhalten maßgeblich beeinflussen, selbst wenn der Druck sehr gering ist und diese Komponente damit direkt nicht transportwirksam werden kann. Dieses zuerst am Beispiel des Eisensulfidtransportes beschriebene Verhalten zeigt sich auch beim chemischen Transport aller untersuchten Vanadiumoxidphasen und anderer Oxide der Übergangsmetalle [5, 7, 22].

Insbesondere ist die Stöchiometrieempfindlichkeit einiger charakteristischer Transportparameter, wie Transportrate und Transportrichtung, bemerkenswert. Beim Transport von Phasen mit einem Homogenitätsbereich unterscheidet sich in der Regel die Zusammensetzung in beiden Gleichgewichtsräumen. Dabei ist es durchaus möglich, daß der transportierte Bodenkörper aus zwei koexistierenden Phasen besteht. Der Zweiphasentransport eröffnet einige Möglichkeiten in der zeitlichen Transportfolge der einzelnen Phasen, wobei während des Transports der stationäre Zustand vorübergehend in einen instationären übergehen kann. Es überrascht nicht, daß die zeitliche Phasenfolge des Bodenkörpertransports vom Transportmittel beeinflußt wird (VO_2–V_6O_{13}; V_2O_3–V_3O_5 mit $TeCl_4$ bzw. HCl) oder sich bei gleichem Transportmittel ändern kann, wenn bei unterschiedlichen Transportbedingungen unterschiedliche Reaktionsmechanismen auftreten, z. B. beim Tief- und Hochtemperaturtransport des VO_2 mit $TeCl_4$.

Bemerkenswert ist jedoch, daß sich die zeitliche Phasenfolge des Transports in Abhängigkeit von den Transportbedingungen auch bei gleichem Reaktionsmechanismus ändern kann. So wird, ausgehend von den beiden koexistierenden Phasen WO_2 und $WO_{2,72}$, mit $TeCl_4$ ($p^0_{TeCl_4} \approx 10^5$ Pa) im Temperaturgefälle 1200 bis 1150 °C zunächst $WO_{2,72}$ und anschließend WO_2 transportiert. Bei etwas tieferen Temperaturen (1100 bis 1000 °C) erfolgt ein gemeinsamer Transport, und schließlich erhält man bei weiterer Senkung der Temperatur (1000 bis 900 °C) im Abscheidungsraum zuerst WO_2, und erst nach seiner vollständigen Auflösung auf der T_2-Seite wird $WO_{2,72}$ transportiert [7]. Auch durch den Gesamtdruck kann die zeitliche Phasenfolge beeinflußt werden [10].

Ein solches thermodynamisch mögliches Verhalten, ebenso die theoretisch und experimentell gefundenen Umkehrpunkte des Transportes von VO_2 mit $TeCl_4$ und die kritischen Konzentrationen im System Cu–O–H–Cl [64 bis 66], dürfte, wie die kritischen Zersetzungspunkte einer Verbindung [3] oder andere ausgezeichnete Punkte bei der Gasphasenabscheidung (Ausbeutenullwerte, Ausbeutemaxima), als empfindliches Kriterium zur Überprüfung und Präzisierung thermodynamischer Werte genutzt werden können, wenn es gelingt, die Bedingungen für den Wechsel der Phasenfolge, die Transportumkehr oder die Konzentration experimentell genügend genau zu ermitteln.

Ergibt die Rechnung eine andere Transportfolge oder Transportrichtung, als experimentell beobachtet wird, so wird die Ursache in ungenauen thermodynamischen Werten oder darin zu suchen sein, daß wesentliche Gasphasenspezies nicht berücksichtigt wurden. Ein typisches Beispiel hierfür ist das Transportverhalten der Vanadiumoxidphasen, das ohne Berücksichtigung des $TeOCl_2$ völlig falsch berechnet wird bzw. nicht erklärbar ist.

Das unterschiedliche Verhalten koexistierender Phasen oder Phasen mit Homogenitätsbereich beim chemischen Transport dürfte zunehmende praktische Bedeutung erlangen. Hingewiesen sei auf die Möglichkeit der Trennung von Phasengemischen, die Ermittlung der Phasenbreite von Verbindungen, die einen Homogenitätsbereich besitzen, und die gezielte Herstellung von Kristallen definierter Zusammensetzung innerhalb solcher Homogenitätsgebiete. Damit ist die Möglichkeit gegeben, den Zusammenhang zwischen physikalischen Eigenschaften und der Stöchiometrie bzw. den Stöchiometrieabweichungen auch dann zu untersuchen, wenn die Phasenbreite sehr gering ist bzw. die Stöchiometrieänderungen so klein sind, daß sie analytisch nicht mehr nachgewiesen werden können.

1.3. Redoxreaktionen und isothermer Abbau

1.3.1. Allgemeines zu Redoxsystemen

Wie im Abschnitt 1.2.1. dargelegt, ist im 2-Komponentensystem V–O entsprechend der GIBBSschen Phasenregel innerhalb einer Phase der Sauerstoffkoexistenzlöslichkeitsdruck p_{O_2} eine Funktion der Zusammensetzung und der Temperatur (Formel (11)).

Im Koexistenzgebiet zweier fester Phasen reduziert sich die Anzahl der Freiheiten auf 1. Mit der Wahl der Temperatur folgt der Sauerstoffkoexistenzzersetzungsdruck (und umgekehrt) nach

$$VO_x = VO_{x-n} + \frac{n}{2} O_2 , \qquad p_{O_2} = f(T) . \tag{35}$$

Die Sauerstoffkoexistenzdrücke sind in Abbildung 6 als Funktion von T dargestellt. Es werden alle Phasen, mit Ausnahme der sauerstoffreichsten Phase V_2O_5, nach oben (s. Abschnitt 1.2.2.) von zwei Linien begrenzt. Bei Sauerstoffdrücken, die oberhalb der Begrenzungslinie in der $1/T$-Geradendarstellung liegen, geht die jeweilige Phase in die sauerstoffreichere Phase, bei Sauerstoffdrücken, die unterhalb der Begrenzungslinie der Phase liegen, in die ihr benachbarte sauerstoffärmere Phase über. Bei der Reduktion eines Vanadiumoxides kommt zu dem System V–O eine weitere chemische Komponente hinzu, z. B. in Form von Wasserstoff oder Kohlenmonoxid. Die thermodynamische Beschreibung des Gleichgewichtszustandes muß im Falle der H_2-Reduktion in der Gasphase die Spezies H_2, H_2O und O_2 berücksichtigen. Zur Beschreibung des Gleichgewichtszustandes ist bei Berücksichtigung des O_2-Koexistenzdruckes eine unabhängige Reaktion ausreichend, nämlich

$$2H_2 + O_2 = 2H_2O , \tag{36}$$

deren Gleichgewichtskonstante mit

$$K_{p_{36}} = p^2_{H_2O}/(p^2_{H_2} \cdot p_{O_2}) \tag{37}$$

beschrieben wird. Für die weitere Beschreibung führen wir eine Reaktionsgleichung der allgemeinen Art ein:

$$VO_x + nH_2, g = VO_{x-n} + nH_2O, g\,, \tag{38}$$

die sich aus der Kombination von (35) mit (36) ergibt. Sie beschreibt die Reduktion eines sauerstoffreicheren, oder die Oxydation eines sauerstoffärmeren Oxids mit der Gleichgewichtskonstanten

$$K_{p_{38}} = p_{H_2O}/p_{H_2} = K^{1/2}_{p_{36}} \cdot p^{1/2}_{O_2}\,. \tag{39}$$

Daraus ergibt sich, daß sowohl für die gezielte Darstellung durch Reduktion als auch für die Einstellung eines bestimmten Sauerstoffpotentials im Sinne von sogenannten Puffersystemen der gleiche physikalisch-chemische Zusammenhang zugrunde liegt. Denn ganz allgemein erhält man die reduzierende oder oxydierende Wirkung eines Gasgemisches aus (39) nach

$$\lg p_{O_2} = 2 \lg \frac{p_{H_2O}}{p_{H_2}} - \lg K_{p_{36}}\,. \tag{40}$$

Bei einem entsprechenden Wasserstoff/Wasser-Verhältnis stellt sich bei der Reaktionstemperatur T ein ganz bestimmter O_2-Partialdruck ein. Ist der resultierende p_{O_2} höher als der Koexistenzdruck über dem Bodenkörper, wird der Bodenkörper oxydiert. Ist der resultierende p_{O_2} niedriger als der Koexistenzdruck über dem Bodenkörper, so wird dieser reduziert. In Tabelle 11 sind die nach (40) berechneten Gleichgewichtswerte des Saurestoffpartialdruckes für drei verschiedene Verhältnisse Wasserstoff/Wasser in Abhängigkeit von der Temperatur zusammengestellt (Daten nach Barin und Knacke [27]).

Von technischer und präparativer Bedeutung ist, neben H_2, die Reduktion mit CO. Die Situation ist analog der Wasserstoffreduktion. Im 3-Komponentensystem V–O–C sind in der Gasphase CO, CO_2 und O_2 zu berücksichtigen. Die Beschreibung des Systems erfolgt mit der unabhängigen Reaktion

$$2CO, g + O_2, g = 2CO_2, g \tag{41}$$

Tabelle 11. Sauerstoffgleichgewichtspartialdrücke in Abhängigkeit vom Wasserstoff/Wasser-Verhältnis und der Temperatur

T K	$\lg K_p$	$\lg p_{O_2}$ (p in Pa)		
		$\frac{p_{H_2O}}{p_{H_2}} = 10^{-6}$	$\frac{p_{H_2O}}{p_{H_2}} = 10^{-5}$	$\frac{p_{H_2O}}{p_{H_2}} = 10^{-3}$
1000	20,1	−27,1	−25,1	−21,1
1200	15,8	−22,8	−21,8	−17,8
1400	12,6	−19,6	−17,6	−13,6
1600	10,3	−17,3	−15,3	−11,3
1800	8,7	−15,7	−13,7	− 9,7

und der Reduktionsgleichung

$$VO_x + n\,CO, g = VO_{x-n} + n\,CO_2 \,. \tag{42}$$

Gleichung (42) stellt wieder die Kombination von (41) mit (35) her, Reaktion (42) ist also nicht unabhängig. Der Sauerstoffpartialdruck ergibt sich hier analog zu

$$\lg p_{O_2} = 2 \lg \frac{p_{CO_2}}{p_{CO}} - \lg K_{p_{41}} \tag{43}$$

und ist wieder eine Funktion des Verhältnisses p_{CO_2}/p_{CO} und der Temperatur.

Die zu bestimmten CO_2/CO-Verhältnissen gehörenden Sauerstoffpartialdrücke im Gleichgewicht sind in Tabelle 12 zusammengestellt. Aus dem Vergleich zum H_2/H_2O-System folgt, daß CO etwa die gleiche Reduktionswirkung wie Wasserstoff besitzt.

Tabelle 12. Sauerstoffgleichgewichtspartialdrücke im Puffersystem CO/CO_2

T K	$\lg K_p$	$\lg p_{O_2}$ (p in Pa)		
		$\frac{p_{CO_2}}{p_{CO}} = 10^{-6}$	$\frac{p_{CO_2}}{p_{CO}} = 10^{-5}$	$\frac{p_{CO_2}}{p_{CO}} = 10^{-3}$
1000	20,4	−27,4	−25,4	−21,4
1200	15,4	−22,4	−20,4	−16,4
1400	12,0	−19,0	−17,0	−13,0
1600	9,3	−16,3	−14,3	−10,3
1800	7,3	−14,3	−12,3	−8,3

1.3.2. Darstellung durch Reduktion

Zur Darstellung der Vanadiumoxide im Sinne einer Synthese und Gewinnung größerer Produktmengen wird oft die Reduktion angewandt. Dabei werden Reduktionsmittel unterschiedlicher Reduktionswirkung eingesetzt. Am häufigsten wird für Präparationszwecke die H_2-Reduktion herangezogen, deren Redoxwirkung sich aus (40) ergibt. Die Reduktionswirkung hängt damit vom Feuchtigkeitsgehalt des für die Reduktion angewandten Wasserstoffes ab. Enthält ein Flaschenwasserstoff z. B. 1000 ppm H_2O, d. h., ist das Verhältnis $p_{H_2O}/p_{H_2} = 10^{-3}$, so kann der O_2-Gleichgewichtsdruck bei 1200 K bis 10^{-17} Pa gesenkt werden (s. Tab. 11). D. h., bei 1200 K kann durch Wasserstoffreduktion mit einem relativ feuchten Wasserstoff V_2O_5 zu V_2O_3 nahe der unteren Phasengrenzzusammensetzung umgesetzt werden. Bei höheren Temperaturen und trockenerem Wasserstoff wären noch niedrigere Oxydationsstufen möglich, wie aus den Linienverläufen in Abbildung 37 für $p_{H_2O}/p_{H_2} = 10^{-3}$ und 10^{-5} hervorgeht. Dabei wirkt die Trocknung des Ausgangsgases stärker als die Erhöhung der Temperatur.

Daß durch Reduktion von Vanadiumoxiden mit H_2 keine niederen Stufen als V_2O_3 erreicht werden, liegt daran, daß zur Realisierung dieser thermodynamisch möglichen p_{O_2}-Werte sehr große Mengen Wasserstoff benötigt werden, die H_2O- und gleichzeitig O_2-frei sein müssen, was praktisch nicht realisierbar ist. Bei einer guten Trocknung auf $p_{H_2O}/p_{H_2} < 10^{-5}$ muß der Wasserstoff auch gleichzeitig weniger als 1 ppm O_2 enthalten; das ist für größere Mengen H_2 nicht möglich. Um praktische Umsätze zu erreichen, sind sowohl die H_2-Mengen als auch die Reaktionszeiten zu hoch.

Die Wasserstoffreduktion wird bei den Vanadiumoxiden vorwiegend zur Reduktion von V_2O_5 zu V_2O_3 angewandt, das als Ausgangsverbindung für Fest–Fest-Umsetzungen dient (1.4.). Die Literaturangaben sind bezüglich der Reduktionsbedingungen nicht

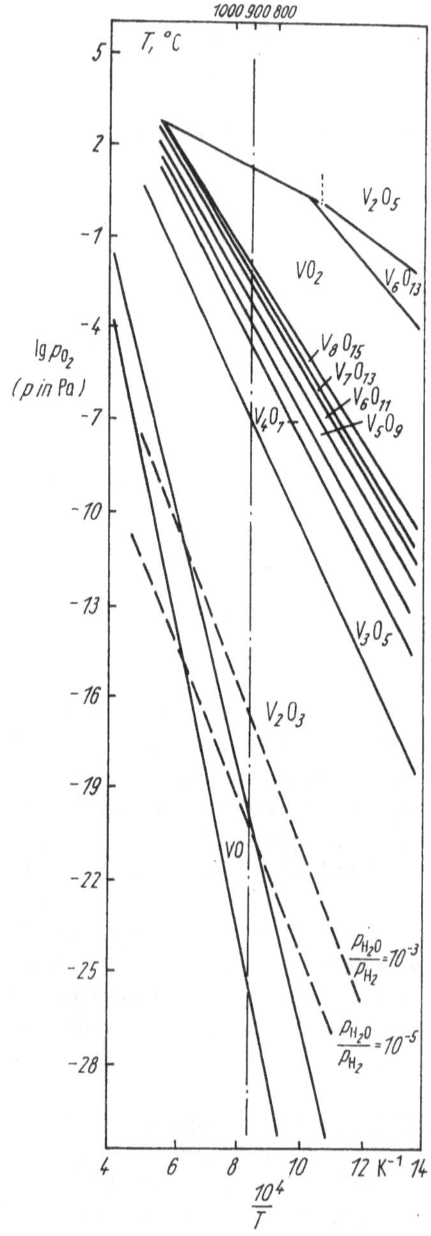

Abb. 37. Erreichbare Sauerstoffpartialdrücke in Abhängigkeit vom Feuchtigkeitsgrad des H_2-Gases

immer eindeutig und vollständig. KLEMM und PIRSCHER [67] erzielten bei der Reduktion von V_2O_5 mit H_2 bei 900 °C eine Zusammensetzung von $VO_{1,508}$ und bei 1250 °C von $VO_{1,495}$. In letztem Falle lag offensichtlich ein Zweiphasengemisch von VO und V_2O_3 vor. BELBEOCH u. a. [68] reduzierten V_2O_5 bei 850 °C. Das erhaltene V_2O_3 wurde röntgenographisch und durch Messung der Phasenumwandlungstemperatur T_t charakterisiert. Aus dem Vergleich dieser T_t-Werte mit Angaben von REICHELT [44] muß $VO_{1,503}$ vorgelegen haben, was bei diesen Reduktionstemperaturen einem gut getrockneten H_2 entspricht. Nach Untersuchungen von REICHELT [44] wurden mit nicht extrem getrocknetem H_2 (100 ppm H_2O) bei 900 °C im Rohr bei Strömungsgeschwindigkeiten von 20 l/h und 30-g-Chargen nach 24 Stunden Zusammensetzungen von $VO_{1,52}$ bis $VO_{1,51}$ erreicht.

Die Endzusammensetzung der V_2O_5–H_2-Reduktion ist folglich neben thermodynamischen Gegebenheiten ein Ergebnis von Zeit, Einsatzmenge und Strömungsgeschwindigkeit und damit von Fall zu Fall verschieden. Für eine Weiterverwendung eines so dargestellten V_2O_3, z. B. für die Synthese weiterer Vanadiumoxide, ist deshalb eine analytische Charakterisierung unerläßlich. Außerdem ist zu berücksichtigen, daß V_2O_3-Pulver an der Luft sehr viel H_2O absorbieren kann, eine Aufbewahrung unter Ausschluß von Luftfeuchtigkeit muß deshalb angestrebt werden.

CO wird zur Reduktion von sauerstoffreicheren Oxiden des Vanadiums im Sinne der Synthese selten eingesetzt. Das Erreichen niederer p_{O_2} und damit niederer Oxydationsstufen wird in der Praxis im System CO/CO_2 im Vergleich zu H_2 noch dadurch erschwert, daß neben den systemeigenen Spuren CO_2 und O_2 auch Spuren an H_2O ausgeschlossen werden müssen, die eine zusätzliche Oxydationsquelle darstellen — und allgegenwärtig sind.

Die Anwendung weiterer Reduktionsmittel ist für die Darstellung definierter Endprodukte wenig geeignet. Die Reduktion von V_2O_5 durch SO_2, NH_3, 1—3-Butadien, gasförmigem Schwefel, wie von TANIGUCHI u. a. [69], THEOBALD u. a. [70] beschrieben, führt nur bei ständiger Kontrolle des Reaktionsablaufs und/oder bei gezieltem Abbruch der Reaktion zu den gewünschten Oxiden. Dabei kommt man meist nicht zu homogenen, einphasigen Produkten und auch nicht zu Gleichgewichtsphasen. Dennoch gelang es mit diesen Methoden, eine ganze Reihe von Erkenntnissen, insbesondere zu den nur bei Temperaturen unterhalb 700 °C erhältlichen, aber wahrscheinlich metastabilen, Vanadiumoxiden wie V_3O_7, V_4O_9, VO_2 (a) und VO_2 (b), zu gewinnen.

1.3.3. Puffersysteme, isothermer Abbau

Die Einstellung eines definierten Endzustandes, die Darstellung einer definierten Stöchiometrie oder Phasengrenzzusammensetzung ist, wie in 1.3.2. dargelegt, durch Reduktion von V_2O_5 mit H_2 oder CO nicht eindeutig möglich. Für eine solche definierte Einstellung oder Erzielung einer definierten Phase oder eines Phasengemisches werden die Redoxsysteme als sogenannte Puffersysteme eingestellt und angewandt.

Die Wirkung der Puffersysteme beruht darauf, daß entsprechend den Reaktionsgleichungen (36) und (41) solche p_{H_2O}/p_{H_2}- oder p_{CO_2}/p_{CO}-Verhältnisse im Ausgangsgas eingestellt werden, die entsprechend den Beziehungen (40) und (43) einen ganz bestimmten p_{O_2} bei der Reaktionstemperatur bewirken. Das hat aber die Konsequenz,

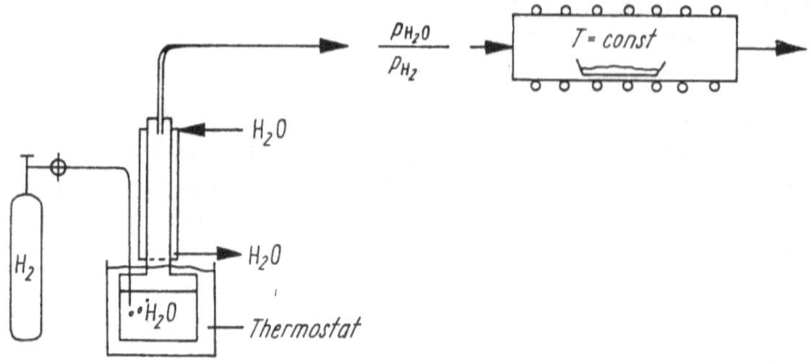

Abb. 38. Schematische Darstellung zur H_2-Reduktion mit einem definierten p_{H_2O}/p_{H_2}-Verhältnis

daß pro Zeiteinheit nur ganz geringe Stoffumsätze erfolgen. Eine Kombination der beiden Systeme stellt die Anwendung von H_2/CO_2-Gemischen dar. Das Prinzip ist in Abbildung 38 (Verfahren) und in Abbildung 39 (Wirkung) schematisch dargestellt. Wird ein Puffersystem eingestellt, das bei T dem Fall (1) in Abbildung 39 entspricht, so wird die Phase V_3O_5 bis nahe der unteren Phasengrenze reduziert, abgebaut; die Phase V_2O_3 wird aufoxydiert und in V_3O_5 umgewandelt. Bedingt das Puffersystem den Fall (2), so wird V_3O_5 über die untere Phasengrenze hinweg zu V_2O_3 nahe der unteren Phasengrenze reduziert.

Solche Puffersysteme werden vor allem zur Ermittlung der p–x–T-Phasendiagramme herangezogen. Neben der Bestimmung der Stöchiometrie der Bodenkörper nach der Abschreckung des Systems ist dabei eine entsprechende Röntgenphasenanalyse erforderlich. Beim Arbeiten mit einer Thermowaage kann aus der Gewichtsänderung auf die Zusammensetzung des Gleichgewichtsbodenkörpers geschlossen werden. Die Anwendung der Puffersysteme erfolgt am sinnvollsten an pulverförmigen Proben, um eine schnelle und homogene Einstellung zwischen der Gas- und der Bodenkörperphase zu erhalten. Die Geschwindigkeit der Gleichgewichtseinstellung ist neben der Körnigkeit der Proben eine Frage der Temperatur und der Entfernung der Probe vom Gleichgewichtszustand. In einigen Fällen zeigt sich, daß die Gleichgewichtseinstellung beim Übergang von einer Phase zur anderen auf Grund der be-

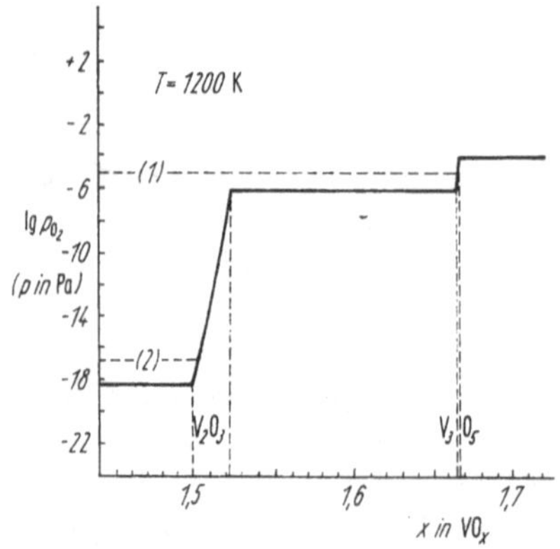

Abb. 39. Reduktionsbedingungen für VO_x mit unterschiedlichen H_2O/H_2-Verhältnissen; (1) $p_{H_2O}/p_{H_2} = 10^3$; (2) $p_{H_2O}/p_{H_2} = 10^{-3}$

dingten Strukturänderung leichter erfolgt als die Aufoxydation oder Reduktion innerhalb einer Phase, wobei die Struktur erhalten bleibt.

Die Systeme mit CO sind unterhalb 700 °C zur Pufferung ungeeignet, einmal wegen der möglichen Graphitbildung nach

$$2CO, g = C_{Graphit} + CO_2, g\,, \tag{44}$$

vor allem aber wegen ihrer zu langsamen Gleichgewichtseinstellung.

Durch die Anwendung von Puffersystemen gelang es, insbesondere im Bereich V_2O_3 bis VO_2 sehr zuverlässige thermodynamische Daten zu gewinnen [28] und frühere Daten von KATSURA und HASEGAWA [71] zu präzisieren. Die Temperaturabhängigkeit der oberen Phasengrenzzusammensetzung von V_2O_3 wurde so erstmals ermittelt [28]. ANDERSON und KHAN [72] nutzten das kombinierte System H_2/CO_2 sowohl zur definierten Darstellung der MAGNÉLI-Phasen als auch zur Bestimmung deren thermodynamischer Daten. KIMIZUKA u. a. [73] versuchten, mit CO_2/H_2- und CO_2/O_2-Gemischen aus V_2O_5 einkristallines VO_2 zu gewinnen und die Phasenbreite des VO_2 zu bestimmen. Die dabei erhaltenen Werte für die untere Phasengrenze des VO_2 bezüglich x und p_{O_2} sind in das Zustandsdiagramm des Systems (Abb. 1 und Abb. 6) eingeflossen. Ihre Werte für die obere Phasengrenze mit $VO_{2,07}$ und $p_{O_2} = 10^2$ Pa weichen von den hier verwendeten Werten ab, was auf eventuelle ungenügende Gleichgewichtseinstellung in den verwendeten CO_2/O_2-Gemischen zurückzuführen ist. ARIJA und MOROSOWA [74] untersuchten die Gleichgewichtsphasen zwischen V_2O_3 und VO_2 mit dem System CO/CO_2. Aus ihren Untersuchungen gehen z. B. erste Hinweise auf einen Phasenübergang in Zusammensetzungen nahe $VO_{1,65}$ hervor, der später von TERUKOW und TSCHUDNOWSKI [75] als Phasenübergang des V_3O_5 exakt nachgewiesen wurde.

Außer durch die Puffersysteme $O_2/H_2/H_2O$; $O_2/CO/CO_2$ und deren Kombination, die sich auf Grund ihrer Redox-Wirkung selber stabilisieren, kann ein isothermer Abbau oder Aufbau von Phasen durch eine definierte Einstellung eines O_2-Partialdruckes in einem sonst inerten System erfolgen. Geeignet sind die Inert- oder Edelgase, wie N_2, Argon, auch CO_2, aber auch ein definiert eingestelltes Vakuum kann den gleichen isothermen Abbau bezwecken. Die Einstellung des Sauerstoffpartialdruckes erfolgt durch definiertes Zumischen von O_2 oder durch Einstellung einer bestimmten Leckrate im Vakuum. Die Einstellung des Gleichgewichtszustandes ist ähnlich, wie in Abbildung 39 schematisch dargestellt.

Ein solcher isothermer Abbau wird vor allem im Druckbereich von 10^{-2} bis 10^4 Pa genutzt. Zur genauen Dosierung sind oft aufwändige Apparaturen nötig, ist eine Messung des O_2-Partialdruckes an verschiedenen Stellen der Apparatur erforderlich. Zur Bestimmung des Sauerstoffpartialdruckes im strömenden Gas eignen sich sogenannte HERRSCH-Zellen oder die in den letzten Jahren immer stärker eingesetzten galvanischen Festkörperzellen auf ZrO_2 (+CaO)-Basis.

Aus einer V_2O_5-Schmelze stellten z. B. ENDO u. a. [30] in einem O_2/N_2–Ar-Gemisch VO_2 einkristallin dar. Das dabei abgeschiedene VO_2 muß auf Grund der Koexistenz mit V_2O_5 ($T > 700$ °C) die obere Phasengrenzzusammensetzung darstellen. SUITO und GASKELL [76] untersuchten den Abbau von V_2O_5, fl mit O_2/Ar-Gemischen und bestimmten die untere Phasengrenzzusammensetzung von flüssigem V_2O_5 in Abhängigkeit von T. Die dabei gefundenen Werte für den Verlauf der Phasengrenze des V_2O_5 konnten von [26, 77] bestätigt werden. Die Angaben von SUITO und GASKELL zur oberen Phasengrenzzusammensetzung des Vanadiumoxides liegen mit $VO_{2,023}$, wie aus 1.2.4.2. folgt, zu hoch. In einem definierten CO_2-Gasstrom stellten ARAMAKI und ROY [78] bei Temperaturen um 1220 °C VO_2 aus V_2O_5-Schmelzen dar, MACCHESNEY und GUGGENHEIM [79] und GUNTERSDORFER [80] gewannen VO_2 aus V_2O_5 im Argonstrom. Die von MACCHESNEY und GUGGENHEIM angegebene Zusammensetzung von $VO_{1,94}$—$VO_{2,02}$ deutet auf eine starke Inhomogenität und teilweisen Abbau des VO_2 in V_8O_{15} hin. DZIEMBAJ und PIWOWARCZYK [81] bauten V_2O_5 bei 600 °C in einem Vakuum von 10^{-5} Pa ab und erreichten nach 10 Stunden eine Zusammensetzung von $VO_{2,285}$, was nach dem Zustandsdiagramm (Abb. 6) nicht der Gleichgewichtszusammensetzung entspricht. Nach einer Sinterbehandlung bei 600 °C im geschlossenen System wurden die Phasen V_6O_{13} und V_3O_7 nachgewiesen. Die untere Phasengrenzzusammensetzung des festen V_2O_5 geben diese Autoren mit $VO_{2,49}$ für 600 °C an.

1.3.4. Nichtgleichgewichtsreduktion von VO_2

Eine interessante H_2-Reduktion des VO_2, die eine partielle Anreduktion des VO_2 darstellt, ist von BRÜCKNER u. a. [82] beschrieben worden zur definierten Einstellung der physikalischen Eigenschaften des VO_2. In einer kontinuierlich arbeitenden Fallrohrapparatur wird das VO_2-Pulver durch eine heiße Zone geschickt (Abb. 40) und in einem entgegenströmendem H_2/Ar-Gemisch anreduziert. Je nach den Bedingungen, Strömungsgeschwindigkeit der Gase und damit Verweilzeit der Körner, Heizlänge, p_{H_2}/p_{Ar}, Temperatur und Korngröße, gelangt man zu einer unterschiedlichen partiellen

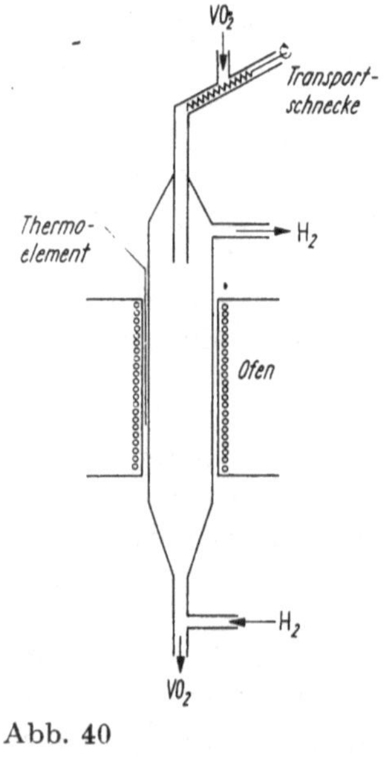

Abb. 40

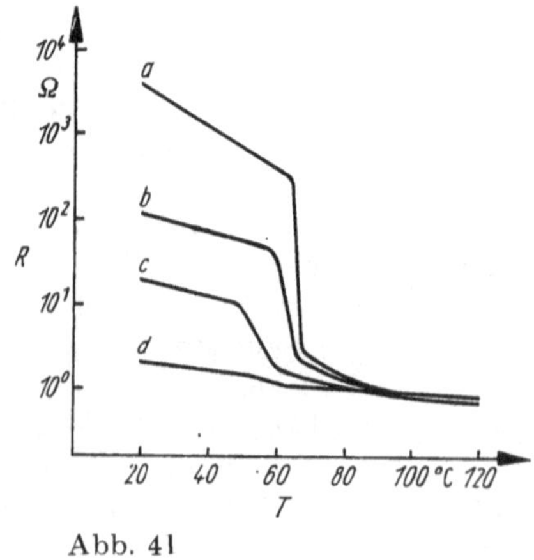

Abb. 41

Abb. 40. Fallrohrapparatur zur Anreduktion von VO_2-Pulvern

Abb. 41. Verlauf der Widerstand–Temperatur-Kurven für VO_2-Pulver unterschiedlichen Anreduktionsgrades durch unterschiedliche Anreduktionstemperaturen T_A; a — nicht reduziert; b — T_A = 905 °C; c — T_A = 1075 °C; d — T_A = 1155 °C

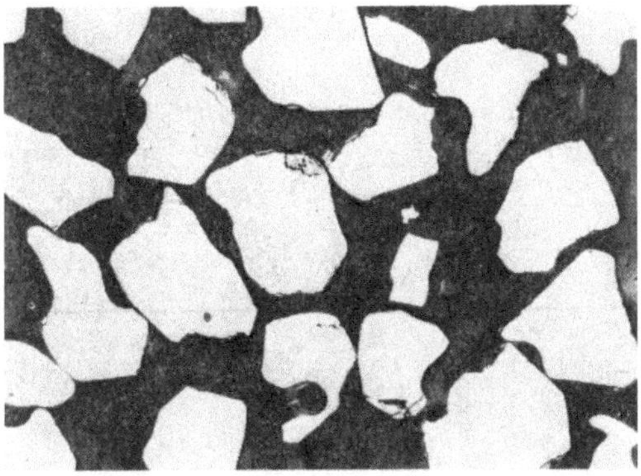

Abb. 42. Schliffbild von einem phasenreinen VO_2-Pulver nach der Anreduktion

Anreduktion des VO_2. Die VO_2-Ausgangsteilchen werden dabei von einer Schicht VO_2 der unteren Phasengrenze oder MAGNÉLI-Phasen überzogen, die elektrisch leitender ist und die summarische elektrische Eigenschaften der anreduzierten Körner bestimmt. Denkbar wäre auch eine teilweise Durchreaktion — allerdings nicht homogen — der Körner, was eine sehr schnelle Diffusion der Reaktionsteilnehmer H_2 und H_2O bedingen würde.

In Abbildung 41 ist der Widerstandsverlauf für so behandelte VO_2-Pulver dargestellt. Ausgehend von unbehandeltem VO_2 nimmt mit steigender Ofentemperatur bei konstanten übrigen Bedingungen der Widerstandssprung stark ab. Gleichzeitig erfolgt eine Absenkung der Sprungtemperatur T_t. Der Verlauf ist ähnlich, wie er an Einkristallen mit unterschiedlicher Stöchiometrie gefunden wurde (s. auch Abb. 121), das läßt mehr auf eine Reduktion innerhalb der VO_2-Phase als auf die Bildung und Ausscheidung von MAGNÉLI-Phasen schließen. Im Schliffbild (Abb. 42) ist, wie von BRÜCKNER u. a. [82] gezeigt, bei der Verwendung von phasenreinem VO_2 als Ausgangsmaterial auch nach der Anreduktion keine Zweitphase zu erkennen. Eine Ausscheidung von MAGNÉLI-Phasen erfolgt erst bei stärkerer Anreduktion, wie in Abbildung 43 zu erkennen ist. Durch Messung der magnetischen Suszeptibilität konnte an stark anreduzierten VO_2-Körnern das Vorliegen aller MAGNÉLI-Phasen nachgewiesen werden [82]. Neben dem elektrischen Widerstand wurde an den Pulvern an einzelnen Körnern die Schaltspannung gemessen. Die mittlere Schaltspannung $\overline{U}_s$ nimmt mit zunehmender Anreduktionstemperatur T_A ab, wie im arithmetischen Mit-

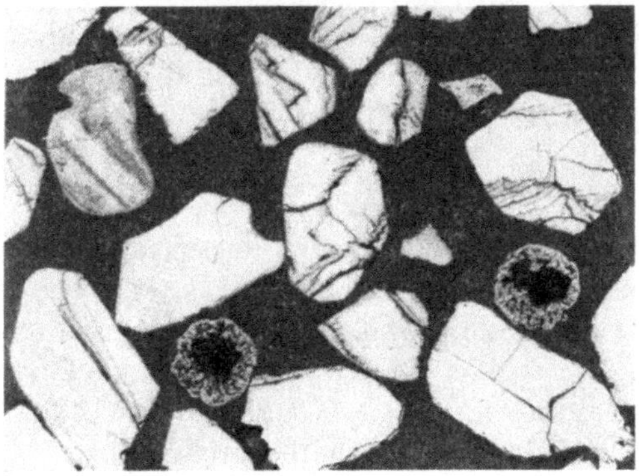

Abb. 43. Schliffbild eines extrem stark anreduzierten VO_2-Pulvers

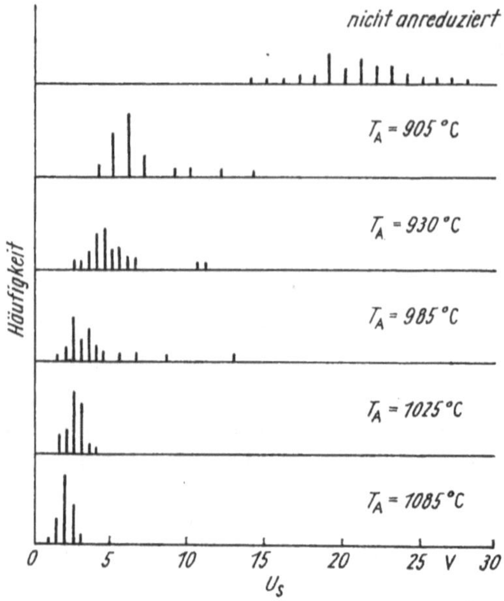

Abb. 44. Schaltspannungsverteilung für VO_2-Körner unterschiedlichen Anreduktionsgrades

tel an 50 Einzelkörnern gezeigt (Abb. 44). Die Tatsache, daß für alle T_A die Verteilung im wesentlichen auf einen begrenzten U_s-Bereich beschränkt bleibt, zeigt, daß die Körner praktisch alle gleichmäßig anreduziert und damit gleichmäßig in ihren Eigenschaften verändert werden [82].

1.4. Darstellung der Vanadiumoxide durch Festkörperreaktion

1.4.1. Allgemeine Betrachtungen

Die Festkörperreaktion zwischen zwei Oxiden unterschiedlichen Oxydationsgrades oder eines Oxides und des Metalls zur Darstellung eines in seiner Zusammensetzung zwischen diesen beiden liegenden Oxides ist eine der gebräuchlichsten Darstellungsmethoden für alle Vanadiumoxide. Die allgemein nach (45) ablaufende Reaktion

$$n_1 VO_{x_1} + n_3 VO_{x_3} = (n_1 + n_3)\, VO_{x_2} \qquad x_1 < x_2 < x_3 \tag{45}$$

führt im thermodynamischen Gleichgewicht zu der formalen Stöchiometriezahl x_2, die sich aus den Molzahlen n_1 und n_3 und den Stöchiometriezahlen x_1 und x_3 ergibt:

$$x_2 = \frac{n_1 x_1 + n_3 x_3}{n_1 + n_3}. \tag{46}$$

Dabei können die Stöchiometriezahlen x_1 und x_3 einphasige Zusammensetzungen oder mehrphasige Gemenge beschreiben, x_2 bedeutet nach der Gleichgewichtsreaktion einen einphasigen oder zweiphasigen Zustand, je nach Einmischungsverhältnis. Die Sinterreaktion wird in abgeschlossenen Systemen (Quarz oder Keramikgefäßen, auch Edelmetallrohren) im Vakuum, d. h. unter dem systemeigenen O_2-Koexistenzdruck, oder unter Inertgasatmosphäre, aber auch unter reaktiver Atomsphäre durchgeführt.

Für die Herstellung der Vanadiummonoxidphase wird meist von Vanadiummetall und V_2O_3 ausgegangen [13], während alle thermodynamisch stabilen Phasen zwischen V_2O_3 und V_2O_5, die MAGNÉLI-Phasen V_nO_{2n-1}, VO_2 und V_6O_{13}, aus Gemengen von V_2O_3 und V_2O_5 gewonnen werden. Die Herstellung von Vanadiummetallpulver erfolgt meist metallothermisch. Die Darstellung von V_2O_3 durch H_2-Reduktion und einige dabei auftretende Probleme sind in 1.3.2. beschrieben worden. Als Ausgangsmaterial sowohl für die Metall- als auch für die V_2O_3-Gewinnung dient Vanadiumpentoxid. Hochreines Vanadiumpentoxid kann nach MÜHL [83] durch Flüssig–Flüssig-Extraktion aus wäßrigen Lösungen mit aliphatischen Monocarbonsäuren — ohne Verdünnungsmittel — und Ionenaustausch sowie anschließende Fällung und Trocknung gewonnen werden. Über die Reinheit eines so gewonnenen Materials gibt Tabelle 13 Auskunft.

Tabelle 13. Verunreinigungskonzentrationen von technischem und durch Extraktion gereinigtem Vanadiumpentoxid nach MÜHL [83] in Atom-ppm, bezogen auf Vanadium

	Al	Mg	Fe	Ni	Co	Cr	Mn	Cu	Pb	Sn	Ti
V_2O_5 (technisch)	$>10^3$	160	630	<6	<10	<20	15	5	65	9	52
V_2O_5 (reinst)	<15	3	<1	<2	<3	<3	$<0,5$	$<0,1$	<1	2	<3

Falls zwischen den binären Ausgangsphasen, in unserem Beispiel V_2O_3 und V_2O_5, mehrere Verbindungen entsprechend dem Phasendiagramm auftreten, ergeben sich im Verlauf der Festkörperreaktion mehrphasige Produktschichten. Deren Zusammensetzung ist in Abhängigkeit von der Aktivität der Komponente V_2O_5 in Abbildung 45 dargestellt. Bei der Annahme eines parabolischen Wachstumsgesetztes — nach SCHMALZRIED [84] — für die Gesamtschichtdicke,

$$\Delta x^{(p)} = (2k^{(p)} \cdot t)^{1/2} , \qquad (47)$$

k — Reaktionskonstanten, t — Zeit, p — Phasenindex,
folgt

$$\frac{\Delta x^{(p)}}{\Delta x^{(p')}} = \left(\frac{k^{(p)}}{k^{(p')}}\right)^{1/2} , \qquad (48)$$

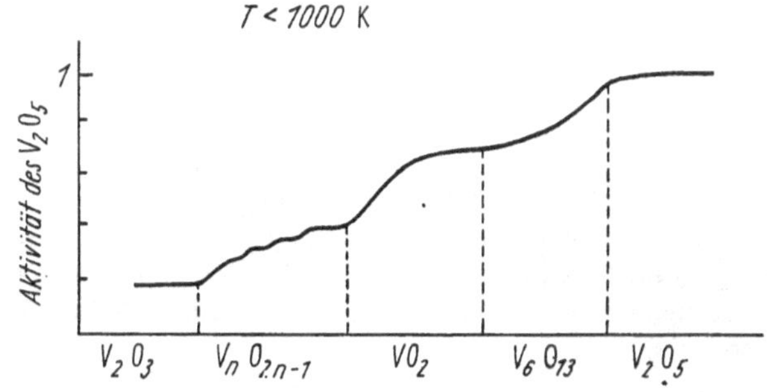

Abb. 45. Aktivitätsverlauf (schematisch) einer Mischung aus V_2O_3 und V_2O_5 in einer mehrphasigen Reaktionsschicht unter der Voraussetzung, daß lokales thermodynamisches Gleichgewicht eingestellt ist

d. h., daß die Verhältnisse der Schichtdicken der einzelnen Phasen zueinander zeitlich konstant sind. Für das Dickenwachstum einer Phase gilt die Differentialgleichung

$$\frac{\mathrm{d}\Delta x^{(p)}}{\mathrm{d}t} = \frac{k^{(p-1)} \cdot v_p^{(p-1)}}{\Delta x^{(p-1)}} + \frac{k^{(p)} \cdot v_p}{\Delta x^{(p)}} + \frac{k^{(p+1)} \cdot v_p^{(p+1)}}{\Delta x^{(p+1)}} . \tag{49}$$

D. h., daß beim Vorliegen eines bekannten Reaktionsmechanismus in jeder Phase die Dickenzunahme der p-ten Phasen gegeben ist durch den Ionenfluß in dieser Phase, multipliziert mit dem zugehörigen Reaktionsvolumen v_p. Hiervon sind abzuziehen oder zuzuzählen die Anteile, die durch die Ionenflüsse in den angrenzenden Phasen $p - 1$ und $p + 1$ verursacht sind [84]. Daraus wird verständlich, daß das Schichtdickenwachstum der p-ten Phase von den thermodynamischen und kinetischen Parametern aller anderen sich bildenden Phasen abhängt. Die Temperatur beeinflußt sowohl die thermodynamischen als auch die kinetischen Parameter eines Systems, und eine Erhöhung der Temperatur hat so doppelte Wirkung zur Beschleunigung von Festkörperreaktionen.

Wird also zur Darstellung eines Vanadiumoxides von V_2O_3- und V_2O_5-Gemengen ausgegangen, so können sich im Verlauf der Reaktion — entsprechend den thermodynamischen und kinetischen Gegebenheiten — alle thermodynamisch stabilen und gegebenfalls metastabilen Phasen zwischen diesen beiden bilden (s. Abb. 1). Mit fortschreitender Reaktionsdauer muß dabei das Volumen der Ausgangsphasen und danach das der benachbarten Phasen abnehmen und das Volumen der angestrebten Phase zunehmen. Die Verhältnisse, wie sie für eine Reaktion bei Temperaturen unterhalb des Schmelzpunktes von V_2O_5 vorliegen könnten, sind in Abbildung 46 schematisch dargestellt. Im thermodynamischen Gleichgewicht können entsprechend dem Gɪʙʙsschen Phasengesetz in einem binären System bei gegebener Temperatur (wie in 1.3. erläutert) nur zwei Bodenkörperphasen koexistieren. Fällt das gewählte x_2 in den Homogenitätsbereich einer Phase, so entsteht im Endzustand diese Phase.

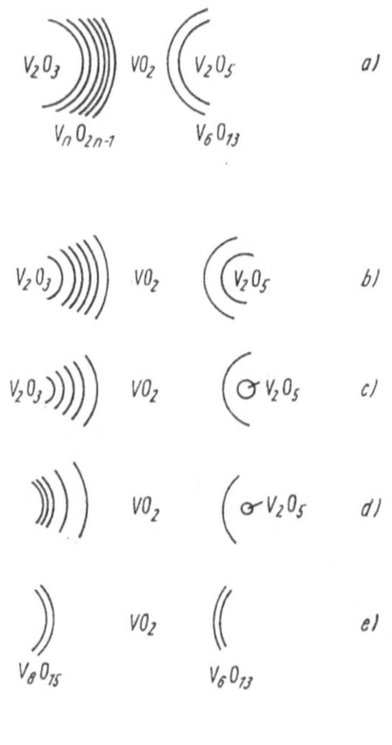

Abb. 46. Schematische Darstellung zum Wachstum der VO_2-Phase ($T < 700$ °C); a) bis c) beginnendes Wachstum und fortschreitende Ausbreitung aller existenzfähiger Phasen zwischen V_2O_3 und V_2O_5; d) und e) Verschwinden der Ausgangsphasen und Abnahme der Nachbarphasen

1.4.2. Die Verhältnisse im System V–O

Der Aktivitätsverlauf im System VO_x wird durch den Sauerstoffkoexistenzdruck beschrieben. Der exakte Verlauf (im Gleichgewichtszustand) zwischen V_2O_3 und V_2O_5 für $T = 1200$ K ist in Abbildung 47 dargestellt. Für den Reaktionsabbau zur Bildung einer Phase können verschiedene Reaktionsmechanismen angenommen werden, wie in Abbildung 48 gezeigt. Man kann davon ausgehen, daß die Diffusionskoeffizienten der Ionen verschieden sind, daß insbesondere die Sauerstoffionen viel langsamer diffundieren als die Kationen; solche Reaktionsmechanismen werden deshalb nicht in Betracht gezogen. Die Diffusion der Kationen hängt stark vom Ionenradius ab. Neben den im Schema gezeigten Fällen der Diffusion von V^{3+} zur sauerstoffreicheren Phase und der V^{5+} zur sauerstoffärmeren Phase dürfte eine gleichzeitige entgegengesetzte Diffusion der Kationen wahrscheinlich sein. Viel schneller als die Kationendiffusion dürfte aber die Bildung einer Phase im binären System durch den thermischen Abbau der sauerstoffreicheren Phase, Sauerstoffdiffusion über die Gasphase und thermischen Aufbau der sauerstoffärmeren Phase sowie anschließende Anlagerung an die Endproduktphase — oder Zwischenphase — erfolgen. In der heterogenen Reaktion $V_nO_{2n-1} + V_nO_{2n+1} = 2V_nO_{2n}$ genügt es, den Sauerstoff über die Phasengrenze zu transportieren. Dabei werden sowohl der thermische Abbau der O-reicheren Phase als auch der thermische Aufbau zur angestrebten Produktphase durch die Erhöhung der Temperatur wie auch durch eine intensive und gegebenfalls wiederholte Homogenisierung stark beschleunigt. Daneben ist die Reaktionsgeschwindigkeit bei konstanter Temperatur von der absoluten Größe des Sauerstoffkoexistenzdruckes im System abhängig. So werden bei der Darstellung der Oxide VO_2 und V_6O_{13} weit kürzere Reaktionszeiten benötigt als für die Magnéli-Phasen oder gar für das VO aus V und V_2O_3. Letzteres ist nur nach wiederholten Homogenisierungen und Anwendung sehr hoher Temperaturen von 1350 °C [13] oder 1600 °C [85] einphasig darstellbar. Entsprechend dem Phasendiagramm (Abb. 47) ist der O_2-Koexistenzdruck über VO um etwa 15 Größenordnungen niedriger als über den Magnéli-Phasen.

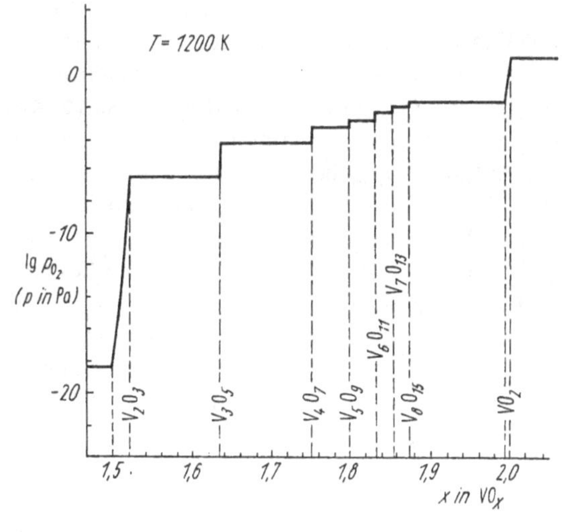

Abb. 47. Isothermer Schnitt im p-T-x-Diagramm der Vanadiumoxide im Bereich der Magnéli-Phasen

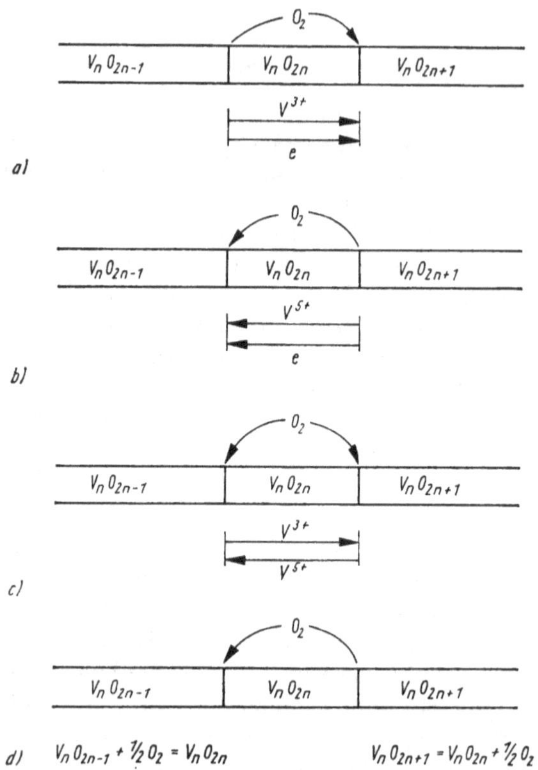

Abb. 48. Reaktionsmechanismen zur Bildung einer Vanadiumoxidphase VO_x aus den benachbarten sauerstoffreicheren und sauerstoffärmeren Phasen. Reaktionen: a) $2V^{3+} + \frac{3}{2}O_2 + V_nO_{2n+1} + 6e = (n+2)VO_2$; b) $2V^{5+} + V_nO_{2n-1} + 10e + \frac{5}{2}O_2 = (n+2)VO_2$

Die Zwischenhomogenisierung sowie die Sinterung der Gemische in Form von gepreßten Tabletten beschleunigen den Gesamtprozeß erheblich. Obwohl durch Sinterreaktionen absolut phasenreine Endprodukte in endlichen Zeiten nicht erhalten werden, genügen die erhaltenen Produkte, die als praktisch phasenrein gelten — röntgenographisch sind keine Fremdphasen nachweisbar — in vielen Fällen den Anforderungen zur technischen Nutzung oder zur Bestimmung einer Reihe chemischer und physikalischer Eigenschaften. So wurden die ersten umfassenden Untersuchungen zu den Vanadiumoxiden von Klemm u. a. [67, 86, 87], Andersson [88], Kosuge [46] sowie Charlu und Kleppa [29] an Sinterprodukten vorgenommen.

Unter Anwendung von hohen Drücken (bis 6,5 GPa) gelang es Chamberland [89]. verschiedene mit V^{3+} und V^{5+} dotierte VO_2-Phasen darzustellen. Dabei arbeitete er in Platin- bzw. Goldkapseln, die von einem Bornitridmantel umgeben waren. Die Darstellung von dotierten Vanadiumoxidphasen $V_{1-y}Me_yO_x$ ist durch eine Festkörperreaktion sehr einfach möglich und wird häufig angewandt. Dabei ist zur Erzielung einer definierten Endstöchiometrie der Oxydationsgrad des Dotierungsmittels zu berücksichtigen. In den meisten Fällen wird das MeO_x mit V_2O_3 und V_2O_5 vermengt, gepreßt und gesintert und der Oxydationsgrad durch das Verhältnis V_2O_3/V_2O_5 ausgeglichen. Es zeigt sich auch im Falle der Dotierung, daß ein geringer Zusatz von transportwirksamen Gasphasenspezies den homogenen Einbau sehr beschleunigt (1.4.4.).

Die in Festkörperreaktion dargestellten dotierten Vanadiumoxidprodukte $V_{1-y}Me_yO_2$ von Hörlin u. a. [55, 56, 90], Reyes u. a. [91 bis 93], Pollert u. a. [94], Ritschel u. a. [95], Sävborg [96, 97] dienten sowohl zur direkten Untersuchung als auch als Ausgangsprodukte für die einkristalline Darstellung durch chemischen Transport. An Sinterprodukten $V_{3-y}Me_yO_5$ wurden erste Untersuchungen zum Dotierungseinfluß von Ga, Mo und Ti auf die Eigenschaften des V_3O_5 angestellt [98]. Bei entsprechenden Untersuchungen an so dotierten Oxiden ist immer auf eine Phasenreinheit der Produkte zu achten.

1.4.3. Phasenreines VO_2

Die Herstellung von phasenreinem VO_2 gelingt in einer Sinterreaktion von V_2O_3 mit V_2O_5 im geschlossenen System, in dem ein V_2O_5-Überschuß angewandt wird [49]. Dieser V_2O_5-Überschuß führt zur Umsetzung der geringen Fremdphasenreste der Magnéli-Phasen, die auf Grund des Reaktionsmechanismus immer entstehen und vorliegen, solange nicht umgesetzte V_2O_3-Phasenanteile vorhanden sind. Das VO_2-Pulverprodukt muß im Endzustand auf Grund der thermodynamischen Gegebenheiten des Zweiphasengebietes VO_2/V_2O_5 mit der oberen Phasengrenzzusammensetzung entstehen. Die überschüssigen V_2O_5-Fremdphasenbeimengungen werden nach der Reaktion in einem Waschprozeß mit verdünnter Salzsäure entfernt. Durch Spülen mit Wasser und Alkohol oder Aceton wird so ein phasenreines, auch höheren Anforderungen genügendes VO_2-Pulver erhalten. In Abbildung 49a) und b) sind die metallographischen Schliffe der VO_2-Pulver vor und nach dem Waschprozeß dargestellt. Die V_2O_5-Fremdphase hebt sich in einem deutlichen Grauton ab. Die Phasenreinheit des Produktes ist auch durch den Verlauf des elektrischen Widerstandes von der Temperatur deutlich zu verfolgen (Abb. 50). Während ein V_2O_5-haltiges Vanadiumoxidpulver nach dem Phasenübergang durch einen erhöhten Widerstand und damit viel kleineren Widerstandssprung gekennzeichnet ist (Kurve 1), zeigt ein phasenreines Sinterprodukt (nach dem Waschen) einen Widerstandsverlauf (Kurve 2), wie er an einphasigen zerkleinerten VO_2-Kristallen gemessen wird (Kurve 3).

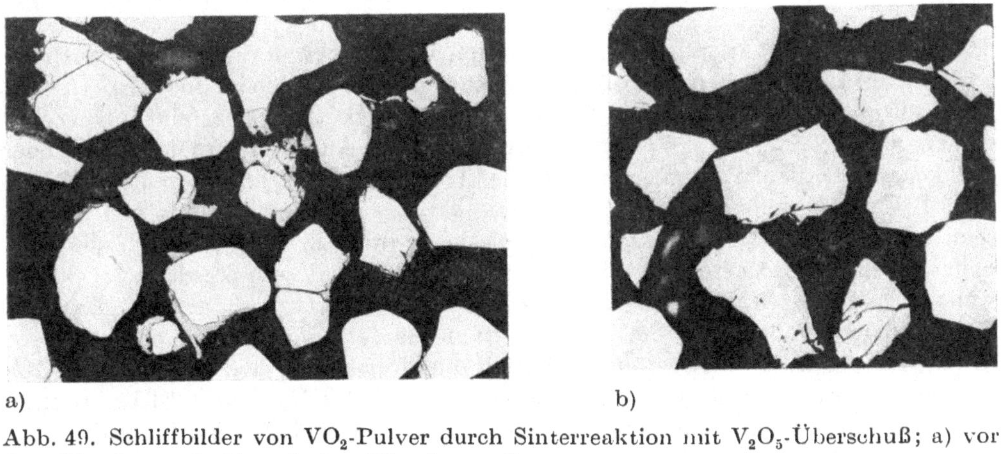

a) b)

Abb. 49. Schliffbilder von VO_2-Pulver durch Sinterreaktion mit V_2O_5-Überschuß; a) vor dem Waschprozeß; b) nach dem Waschprozeß

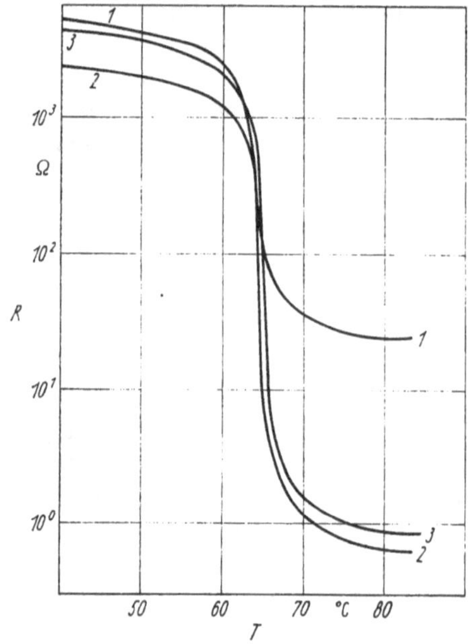

Abb. 50. Temperaturabhängigkeit des elektrischen Widerstandes von VO_2-Pulver, Korngröße $\approx 100\ \mu m$; 1 — ohne Nachbehandlung; 2 — nach dem Waschen mit HCl; 3 — zerkleinerte Einkristalle

1.4.4. Gasphasenspezies als Mineralisatoren

Außer Temperatur, intensiver Mischung und Kontakt nebst wiederholter Homogenisierung wirken reaktive Gasphasenspezies reaktionsbeschleunigend. Dabei genügt oft der Zusatz einer Spur des mineralisierenden Gases [3]. Eine solche Beschleunigung wird besonders dann erreicht, wenn zwischen einem der Ausgangsbodenkörper und dem zugefügten Gas eine Reaktion unter Sauerstoffentwicklung, beispielsweise mit Halogen, nach

$$V_2O_5, f + 3X_2, g = 2VOCl_3, g + \tfrac{3}{2}O_2, g \qquad (50)$$

erfolgt und diese Reaktion bei der angewandten Temperatur für diese Phase transportwirksam ist. Im konkreten Fall ist Cl_2 weit wirksamer als Brom oder Jod. Die Wirkung kann sowohl durch zusätzliches Freisetzen von O_2 als auch über einen Kurzwegtransport des V_2O_5 zum V_2O_3 hin verstanden werden. Auch geringe Mengen H_2 oder HCl können die Reaktion beschleunigen, der Transport des O_2 erfolgt in diesen Fällen über H_2O. Eine sehr starke Beschleunigung der Reaktion zur Bildung von phasenreinem VO_2 oder V_6O_{13} aus V_2O_3/V_2O_5-Gemischen wird z. B. erreicht, wenn die Ausgangsgemenge in lockerer Schüttung mit $TeCl_4$ eingeschlossen werden. Bei 600 °C werden bei gleichzeitiger Dunkelfärbung der Gasphase nach kürzerer Zeit glänzende Kristallite erkennbar, und die Durchreaktion des Bodenkörpers ist nach wenigen Stunden abgeschlossen. Bei dieser Reaktion dürfte neben O_2 und $VOCl_3$ das $TeOCl_2$ als Sauerstoffträger eine wichtige Rolle spielen (vgl. 1.2.2.1. und 1.2.4.1.). Hierauf deutet auch die hohe Transportgeschwindigkeit im Bereich VO_2 bis V_2O_5 mit $TeCl_4$ bei $T < 700$ °C hin (1.2.4.2.).

1.5. Darstellung aus der Schmelze und aus wäßriger Lösung

Die Darstellung der Oxide aus der Schmelze setzt ein kongruent schmelzendes Oxid voraus. Bei der Darstellung aus der Schmelzlösung (Flux) sind auch nicht kongruent schmelzende Oxide gewinnbar. Der Vorteil der Schmelzmethoden ist, daß die Produktphasen in kompakter, oft einkristalliner Form anfallen und damit für physikalisch-chemische Untersuchungen besser geeignet sind. Ein weiterer Vorteil besteht in der relativ einfachen Dotierbarkeit. Nachteile der Schmelzmethode sind durch die hohe Temperatur bedingt, die eine entsprechende Experimentiertechnik erfordert und die in vielen Fällen zur Reaktion mit dem Tiegelmaterial Anlaß gibt. Sowohl Wandreaktion als auch Lösungsmittel bei der Flux-Methode führen zu unerwünschten Verunreinigungen in den Kristallen. Ein Problem bei der Darstellung aus der Schmelze ist die Aufrechterhaltung bzw. definierte Einstellung des Sauerstoffkoexistenzdruckes für das jeweilige Oxid.

Die Darstellung von V_2O_5 aus der Schmelze bereitet sowohl auf Grund der niedrigen Schmelztemperatur als auch durch die Tatsache, daß es das sauerstoffreichste Oxid des Systems darstellt, weder im offenen noch im geschlossenen System Schwierigkeiten. Kleber u. a. [99] züchteten im Bridgman-Verfahren V_2O_5-Einkristalle, während Ruzicka u. a. [100] in horizontaler Zonenschmelze in geschlossenen Quarzampullen hochreine V_2O_5-Einkristalle darstellten. Nach Drabbler und Palmer [101] kann V_2O_5 einkristallin in einem Lichtbogenschmelzverfahren hergestellt werden, bei dem die Kathode aus V_2O_5-Ausgangsmaterial besteht, die Ofenatmosphäre wird ständig kontrolliert.

Die Darstellung der relativ hochschmelzenden Vanadiummonoxidphasen einschließlich des V_2O_3 wurde von mehreren Autoren im Lichtbogenschmelzverfahren vorgenommen. Dabei wird meist in Argonatmosphäre gearbeitet [102] bis [108]. Neben Schwierigkeiten bei der Einstellung und Einhaltung einer bestimmten Temperatur stellen die Sauerstoffpartialdrücke keine echten Gleichgewichtszustände dar, was sich an den in allen Fällen notwendigen Temperaturnachbehandlungen zeigt. Die Nichteinstellung der Gleichgewichtszustände wird z. B. dadurch belegt, daß die von Reuther und Brauer [13] festgestellte Mischungslücke um die stöchiometrische Zusammensetzung VO an den durch Schmelztechnologie hergestellten Produkten nicht gefunden wurde.

Kompakte V_2O_3-Einkristalle stellten Andrianow u. a. [109] nach der Verneuil-Methode her. Zur Einstellung einer definierten Stöchiometrie wurden die Kristalle nachträglich bei 1500 °C in Wasserstoff geglüht. Es dürfte sehr schwer sein, auf diesem Wege eine homogene, definierte Stöchiometrie an den Kristallen einzustellen. Die von McWhan und Remeika [110] aus der Flußschmelze gewonnenen V_2O_3-Kristalle enthielten teilweise Verunreinigungen durch die KF-Schmelzlösung. Einkristalle von V_3O_5 wurden von Åsbrink [111] aus KCl-Schmelzen gewonnen. Eine Reihe von Autoren nutzte eine einfache Schmelztechnologie vor allem zur Darstellung von V_2O_5 oder dotiertem V_2O_5 und seiner Nachbarphasen im offenen Platin- oder Keramiktiegel, z. B. [112, 113]. Eine Schnellabkühlung einer derartigen Schmelze wurde von anderen Autoren [114, 115] zur Herstellung von amorphem V_2O_5 genutzt.

Die Fällung aus wäßriger Lösung führt über die entsprechenden Oxidhydrate beim weiteren Trocknungsprozeß zu Vanadiumpentoxid. Die Hydrothermalsynthese von Vanadiumoxiden ist nur in wenigen Fällen beschrieben und dürfte auf Grund des hohen H_2O-Druckes und der damit verbundenen oxydierenden Atmosphäre nur bedingt zur Gewinnung von VO_x-Einkristallen einsetzbar sein. Die Hydrothermalzüchtung verläuft in Autoklaven bei 20 MPa bis 30 MPa und Temperaturen um 300 °C. Der Vorteil von hohem Druck dürfte vor allem genutzt werden können zur Darstellung von Einkristallen der bei höheren Temperaturen thermodynamisch nicht stabilen sauerstoffreicheren Phasen. So stellten ANDERSSON u. a. [48] V_3O_7-Einkristalle hydrothermal her, was bisher mit keiner anderen Methode gelungen ist. Die V_3O_7-Phase stellt, wie in 1.2.4.2. beschrieben, bei Temperaturen über 500 °C keine Gleichgewichtsphase dar. THEOBALD u. a. [70, 116] bzw. GAIN [117] stellten hydrothermal VO_2 (a) und VO_2 (b) her, darüber hinaus wurden VO_2, V_6O_{13}, V_3O_7 und V_2O_5 hydrothermal zwischen 20 und 400 °C erhalten [118].

1.6. Herstellung von Vanadiumoxidschichten

Insbesondere unter dem Gesichtspunkt möglicher praktischer Anwendungen befaßt sich eine Reihe von Arbeiten mit der Herstellung dünner Vanadiumoxidschichten und der Untersuchung ihrer physikalischen Eigenschaften in Abhängigkeit von den Beschichtungsbedingungen, der Schichtstruktur und der Dotierungsart und -konzentration. Die Palette der eingesetzten Beschichtungsverfahren reicht von der Bedampfung, insbesondere in einer reaktiven Gasphase [119], bis zu den verschiedenen Varianten der reaktiven Sputtertechnik, wie Ionenstrahlzerstäubung, Gleichstromzerstäubung und Hochfrequenzzerstäubung, [61], [119] bis [122]. Durch die Einstellung definierter Partialdrücke sauerstoffhaltiger Gasphasenspezies während der reaktiven Beschichtung ist es möglich, die Zusammensetzung der Schichten in weiten Grenzen zu beeinflussen. Die für homogene Schichten definierter Stöchiometrie einzustellenden Partialdrücke müssen jedoch entsprechend den eingesetzten Beschichtungstechniken in jedem Falle empirisch ermittelt werden; die Sauerstoffkoexistenzdrücke (Abb. 6) können nur als grobe Anhaltspunkte herangezogen werden.

Allgemein werden Zusammensetzung und Struktur reaktiv aufgebrachter Schichten durch den Sauerstoffpartialdruck in der Nähe des Substrats, das Verhältnis der auf das Substrat treffenden Komponenten der Schicht und ihrer Kondensationskoeffizienten sowie durch den Einfluß des Bombardements der wachsenden Schicht mit Ladungsträgern aus dem Plasma bestimmt. Diese Faktoren sind von der Art des verwendeten Zerstäubungssystems und den Versuchsparametern abhängig.

Neben der sogenannten Einschritt-Technologie, die es erlaubt, ohne weitere Nachbehandlung insbesondere homogene VO_2-Schichten herzustellen [122], wobei allerdings nur maximale Kristallitgrößen von 10^3 nm erreichbar sind [123], wurde in einigen Arbeiten die Zweischritt-Technologie untersucht, eine Kombination von Schichtherstellung und anschließender Glühbehandlung in einer definierten Atmosphäre sauerstoffhaltiger Gasphasenspezies [123] bis [127]. Die Zweischritt-Technologie ermöglicht es nach UFERT u. a. [123], in Verbindung mit einem Rekristallisationsschritt die Kristallitgröße in weiten Grenzen zu variieren.

Offensichtlich unter praktischen Gesichtspunkten konzentrierten sich die Untersuchungen auf V_2O_3–V_3O_5- und VO_2-Schichten. Nach STEENSEL u. a. lassen sich durch reaktive Bedampfung auf einem geheizten Substrat VO_2-Schichten erzeugen, die bei der Phasenumwandlung eine Widerstandsänderung bis zu drei Zehnerpotenzen aufweisen [119]. Zu einem ähnlichen Ergebnis gelangen DARJEWSKI u. a. [128]. Die Größe der Widerstandsänderung erlaubt den Schluß, daß es sich nicht um stöchiometrisches VO_2 handeln kann (3.6.). Auch die von HENSLER u. a. [129, 130], DUCHENE u. a. [131, 132] sowie von KWAN u. a. [139] durch Gleichstromzerstäubung bzw. HF-Zerstäubung auf amorphen Substraten erzeugten VO_2-Schichten besitzen einen Widerstandssprung von lediglich zwei bis drei Zehnerpotenzen. In weiteren Arbeiten wird darauf hingewiesen, daß, ausgehend von VO_2-Targets, die Herstellung von VO_2-Schichten nicht gelingt [61, 120]. Dies dürfte mit Sicherheit auf eine den konkreten technologischen Bedingungen nicht entsprechende Sauerstoffatmosphäre zurückzuführen sein.

Der Sauerstoffgehalt kann durch eine nachträgliche Glühbehandlung in einer sauerstoffhaltigen Gasphase gezielt beeinflußt werden, wobei durch geeignete Variation des Partialdruckes der Aufbau eines Schichtsystems aus mehreren Oxiden erreicht wurde, das besonders günstige optische Eigenschaften besitzen soll [124]. Auch homogene V_3O_5-Schichten lassen sich nach KHOI u. a., ausgehend sowohl von durch HF-Zerstäubung hergestellten VO_2-Schichten als auch von V_2O_3-Schichten, durch eine solche Glühbehandlung erzeugen [125].

Die Abscheidung von stöchiometrischen VO_2-Schichten mit gegenüber kompakten Einkristallen vergleichbaren elektrischen Eigenschaften gelang GRIFFITH und EASTWOOD durch systematische Untersuchung der Abscheidungsbedingungen bei der HF-Zerstäubung [122].

Über die Erzeugung von V_2O_3-Schichten berichten FAN und PAUL [61] sowie KENNEDY und MACKENZIE [121]. WASSILJEWA u. a. [134] weisen darauf hin, daß auch die Unterlage die Zusammensetzung des gebildeten Vanadiumoxids wesentlich beeinflussen kann.

Neben der Zusammensetzung, Stöchiometrie und der Dotierungsart und -konzentration werden die Eigenschaften der Schichten in erheblichem Maße durch den Schichtaufbau, insbesondere auch durch die Korngröße, beeinflußt, wie aus eingehenden Untersuchungen von UFERT u. a. hervorgeht [123].

Nach diesen Arbeiten gelingt es, ausgehend von V_2O_5-Schichten, durch eine Glühbehandlung zwischen 540 und 650 °C bei Sauerstoffpartialdrücken zwischen 1 und 100 Pa eine Umwandlung in VO_2 bei gleichzeitiger Rekristallisation zu erreichen. In Abhängigkeit von den Versuchsbedingungen läßt sich ein weites Spektrum an Kristallitgrößen erzeugen. Als bemerkenswertes Ergebnis dieser im Zusammenhang mit der Dotierung durchgeführten Untersuchungen ist der Einfluß der Kristallitgröße und der Defektstruktur auf die elektrischen Eigenschaften anzusehen, speziell die Abhängigkeit der Konzentration an elektrisch aktiven Dotanden von der Kristallitgröße. Diese Abhängigkeit wird plausibel durch einen von der Defektstruktur und der Kristallitstruktur abhängigen Ausscheidungsmechanismus der Dotierungssubstanzen erklärt.

2. Charakterisierung der Vanadiumoxide

Die Eigenschaften eines phasenreinen Vanadiumoxides werden durch seine Struktur, seine Morphologie und durch seine Zusammensetzung bezüglich Stöchiometrie und Fremdatomgehalt bestimmt. Sowohl für eine eindeutige Zuordnung der Eigenschaften als auch für ihre gezielte Einstellung während des Darstellungsprozesses für physikalische Untersuchungen und Applikationszwecke ist deshalb eine eindeutige Charakterisierung der Oxide erforderlich. Dabei werden hohe Anforderungen an die Charakterisierungsmethoden immer dann gestellt, wenn neue Wechselwirkungen zwischen Zusammensetzung und Eigenschaften gefunden oder gesucht werden und damit in der Kette Darstellungsbedingungen — Zusammensetzung — Eigenschaften ständige Rückkopplungen erforderlich sind. Oft ergeben die neu gefundenen Eigenschaften eine viel bessere Charakterisierung, als sie mit vorhandenen Methoden oder bekannten Eigenschaften möglich ist. Und für die Korrelation dieser neu gefundenen Eigenschaften zur Zusammensetzung sind oft langwierige und aufwendige Untersuchungen erforderlich, wie das Beispiel einiger Vanadiumoxide zeigt.

Da die physikalischen Eigenschaften der Vanadiumoxide im nächsten Kapitel ausführlich beschrieben werden und alle Methoden zu deren Bestimmung mit mehr oder weniger Aufwand auch als Charakterisierungsmethoden herangezogen werden können, sollen hier vorwiegend die chemischen Methoden behandelt und einige Hinweise zu strukturellen und spektroskopischen Charakterisierungen gegeben werden.

2.1. Bestimmung der Stöchiometrie

Wie schon an mehreren Stellen deutlich gemacht, ändern sich die physikalischen Eigenschaften einiger Vanadiumoxide innerhalb ihres Homogenitätsgebietes sehr stark. Es kommt also darauf an, das Verhältnis O/V und damit die Stöchiometriezahl x im VO_x innerhalb des Homogenitätsgebietes einer Phase sehr genau zu erfassen bzw. zumindest die Phasengrenzzusammensetzung exakt anzugeben, auch wenn das Homogenitätsgebiet sehr eng ist. Eine alte und bewährte Methode ist die Gravimetrie über Oxydations- oder Reduktionsglühungen. Die Methode führt aber nur dann zum Erfolg, wenn sehr genau bekannte und definierte Endzustände erreicht werden und (trotz Mikrowaagen) eine bestimmte Menge Analysenmaterial zur Verfügung steht. Die Reduktion führt, wie in 1.3.2. beschrieben, zu keinem so definierten Endzustand, wie er für die Stöchiometriebestimmung erforderlich wäre. Die Endstufe der Wasserstoff- oder CO-Glühung, ohne besondere Vorkehrung, fällt in das breite Homogenitätsgebiet des V_2O_3 oder ins Zweiphasengebiet V_2O_3/VO. Die Oxydationsglühung erlaubt nach GROSSMANN u. a. [42] eine Charakterisierung der Oxide mit einer Genauigkeit besser als 0,002. Dabei ist es mit dem konventionellen Verfahren der Stöchiometriebestimmung in VO_x durch Oxydation im O_2-Strom bei 500 °C zu Vanadiumpentoxid möglich, die Stöchiometriezahl x mit der Standardabweichung von $\pm 0,001$ zu ermitteln. Die Oxydationsdauer beträgt jedoch je nach Größe der Kristallite bis zu 120 Stunden. Eine Oxydation der Proben im O_2-Strom oberhalb des Schmelzpunktes von V_2O_5 (676 °C) erlaubt eine wesentlich schnellere Ermittlung der Zusammensetzung. Der schmelzflüssige Endzustand ergibt in Platingefäßen innerhalb weniger Minuten eine vollständige Oxydation. Wie Zersetzungsdruckmessungen von V_2O_5 ergaben [77], liegt die Gleichgewichtszusammensetzung der Schmelze bei 700 °C und $p_{O_2} = 0,1$ MPa oberhalb $VO_{2,4997}$. Bei langsamer Abkühlung der Probe im O_2-Strom bindet das geschmolzene Vanadiumpentoxid zusätzlich Sauerstoff, so daß der so resultierende systematische Fehler in der Ermittlung von x vernachlässigbar klein wird. Die ermittelte Standardabweichung beträgt für Kristalle $\pm 0,0013$ und für in Festkörperreaktion hergestelltes Pulver $\pm 0,0017$.

Die Methoden der titrimetrischen Bestimmung des Oxydationsgrades oder der Stöchiometriezahl x sind durch den erforderlichen Lösevorgang aufwendig, sie scheinen aber insbesondere wegen der unbedingten Ausschaltung von dabei auftretenden Oxydations- oder Reduktionsvorgängen nicht die erforderlichen Genauigkeiten zu erreichen. Das Verfahren der Volumetrie des aus einer KOH-Schmelze entwickelten Wasserstoffes, bei gleichzeitiger Aufoxydation des Vanadiums zur 5-Wertigkeit, wurde für niedere Oxydationsgrade bis jetzt nicht mit Erfolg angewandt. Diese Methode, die von GRUEHN [135] zur Bestimmung der Nioboxide stark entwickelt wurde, ist mit besonderer Präzision zur Bestimmung des Sauerstoffdefizits der sauerstoffreichsten Phase geeignet.

Die spektroskopischen Methoden wie Elektronenspektroskopie, Elektronenspinresonanzspektroskopie (EPR), Kernresonanzspektroskopie (NMR), Photoelektronenspektroskopie (XPS) u. a. geben Hinweise auf die elementare Zusammensetzung der Oxide, sind aber bis jetzt zu deren genauer stöchiometrischer Analyse nicht einsetzbar. Die Aussagen, die damit gewonnen werden können, sind im Kapitel 3. beschrieben. Umfangreiche EPR-Untersuchungen von ARIJA u. a. [136] und GOSSARD u. a. [137] gelten jedoch als erste direkte Beweise für das Vorliegen zweier Wertigkeitsstufen in den MAGNÉLI-Phasen der Vanadiumoxide.

2.2. Bestimmung von Fremdatomen

Die Ermittlung von kleinen Beimengungen an Fremdatomen, die vom Ausgangsmaterial als Verunreinigungen in den Vanadiumoxiden vorliegen oder während des Darstellungsprozesses unbeabsichtigt hineingelangt sind, und auch die Ermittlung von Zusätzen, den sogenannten Dotierungen, umfaßt im wesentlichen metallische Komponenten. Die Bestimmung der Spurenelemente oder Verunreinigungen ist bis in den ppm-Bereich von Bedeutung. Spurenkonzentrationen unter 1 ppm sind nach den heutigen Kenntnissen ohne bemerkbaren Einfluß auf die Eigenschaften der Vanadiumoxide. Die Dotierungskonzentrationen erstrecken sich bis in den 10-Prozent-Bereich und werden damit Hauptkomponenten. Dementsprechend sind sehr empfindliche Verfahren zur Erfassung des gesamten Konzentrationsspektrums von über fünf Zehnerpotenzen erforderlich.

Die Festkörpermassenspektroskopie ist, wie kürzlich gezeigt, auch für die Analyse pulverförmiger Proben in Form von Preßlingen [138] geeignet und kann in einem Schritt zur quantitativen Bestimmung einer Vielzahl von Elementen über den Konzentrationsbereich von kleiner 1 ppm bis zu einigen Prozent eingesetzt werden. Eine zerstörungsfreie Messung von Spuren und Dotierungen in Vanadiumoxiden ist durch die Aktivierungsanalyse gegeben, bei der nach Neutronenaktivierung des Analysengutes die Konzentrationen der aktivierten Elemente, bzw. ein Teil deren Isotope, durch γ-Spektroskopie im Mehrkanalanalysator erfaßt und bestimmt wird [139]. Einer wenig aufwendigen Probenvorbereitung bedarf auch die Emissionsspektralanalyse. Im Falle der Analyse von Vanadiumoxiden erweist es sich als Vorteil, die Proben in die höchste Wertigkeitsstufe — das Vanadiumpentoxid — zu überführen. Sowohl die Aktivierungsanalyse als auch die Emissionsspektralanalyse erlauben insbesondere nach Eichung die quantitative Bestimmung einer Vielzahl von Elementen im Spuren- und Dotierungsbereich. Die röntgen- und die UV-angeregte Photoelektronenspektroskopie [140, 141] gestatten die Ermittlung der Zusammensetzung auch im Mikrosondenbetrieb und sind zur Elementaranalyse mikroskopischer Bereiche, z. B. Fremdphasenausscheidungen, geeignet. Die Heranziehung weiterer spektroskopischer Methoden zur Lösung bestimmter Fragen, wie XPS, NMR, EPR u. a., die jedoch nicht als unikale Charakterisierungsmethoden im Sinne der chemischen Analyse eingesetzt werden, wird im Kapitel 3. beschrieben.

2.3. Charakterisierung der Struktur

Zur Charakterisierung der Gitterstruktur der Vanadiumoxide und damit zur Charakterisierung der einzelnen Oxidphasen wird hauptsächlich die Röntgenbeugung eingesetzt. Eine der ersten umfassenden Arbeiten zur Röntgenbeugung stellt die Arbeit von Andersson [88] dar. Durch Anwendung der Guinier-Technik gelingt es, die Phasenanalyse mit relativ wenig Aufwand durchzuführen, wobei noch Fremdphasengehalte zwischen 1 und 5% erfaßt werden können und gleichzeitig Gitterkonstanten bestimmbar sind. Die für die Vanadiumoxide charakteristischen Strichdiagramme sind in Abbildung 51 dargestellt. Für Präzisionsgitterkonstantenbestimmungen sowie zur Ermittlung der genauen Atompositionen sind Einkristalle erforderlich. Sowohl die Methoden der optischen Spektroskopie, wie Infrarotabsorptionsspektroskopie und Raman-Spektroskopie, als auch Reflexionsmessungen wurden von vielen Autoren zur Charakterisierung von Vanadiumoxiden eingesetzt. Raman-spektroskopische Untersuchungen an Vanadiumoxiden wurden sowohl an reinen [142] als auch an dotierten Proben vorgenommen [143]. IR-Spektren reagieren offensichtlich wesentlich stärker als z. B. Röntgenbeugungsdiagramme auf Stöchiometrieabweichungen und geringe Anteile anderer Oxidphasen. Die von einigen Autoren [69, 144] angegebenen Spektren stimmen offensichtlich nur teilweise mit den an phasenreinen Einkristallen definierter Stöchiometrie erhaltenen Ergebnissen überein, wie sie in Abbildung 52 dargestellt sind.

Darüber hinaus erweist sich die IR-Spektroskopie als nützliche Methode zur Charakterisierung des ^{18}O-Gehalts in Vanadiumoxiden, wenn diese in Form des Vanadium-

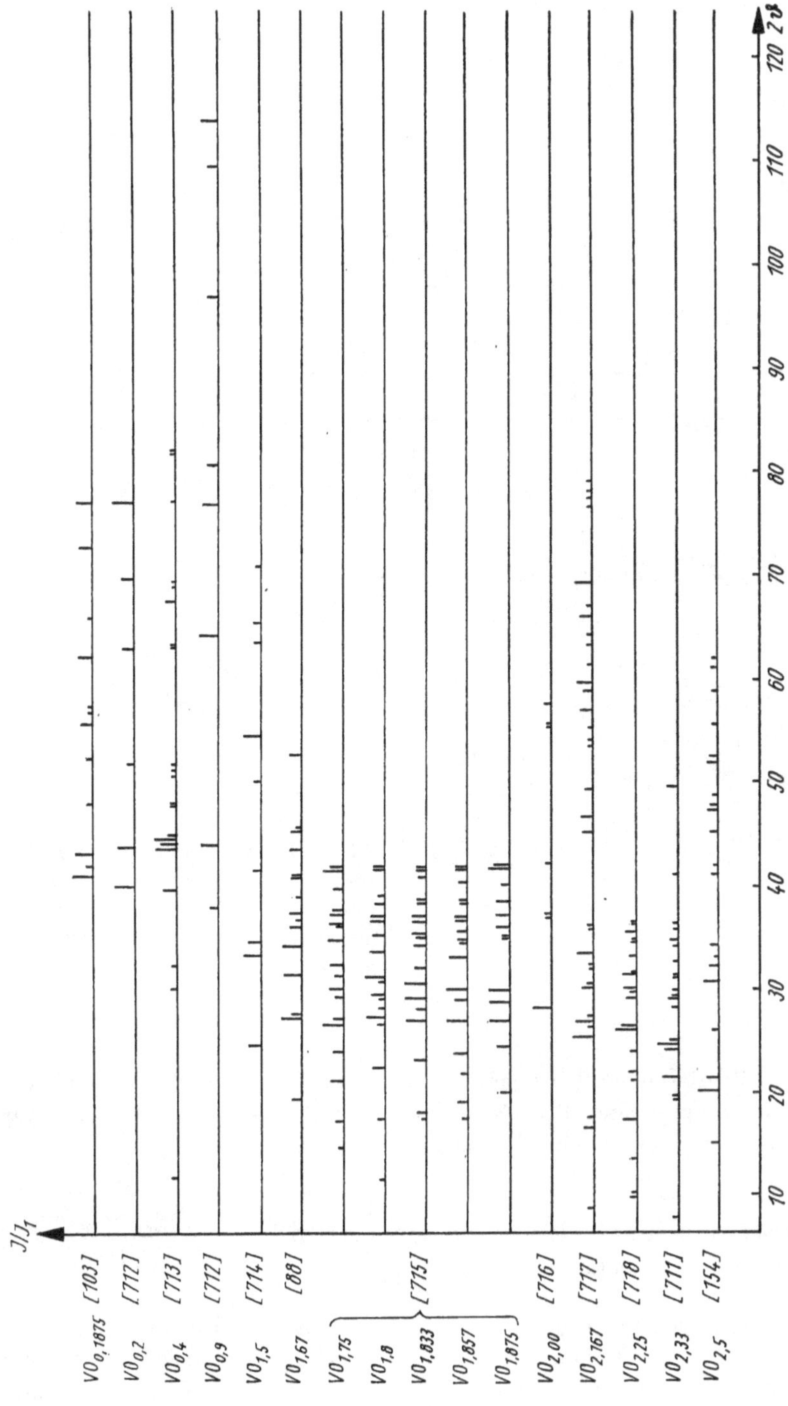

Abb. 51. Röntgendiagramme der Vanadiumoxide

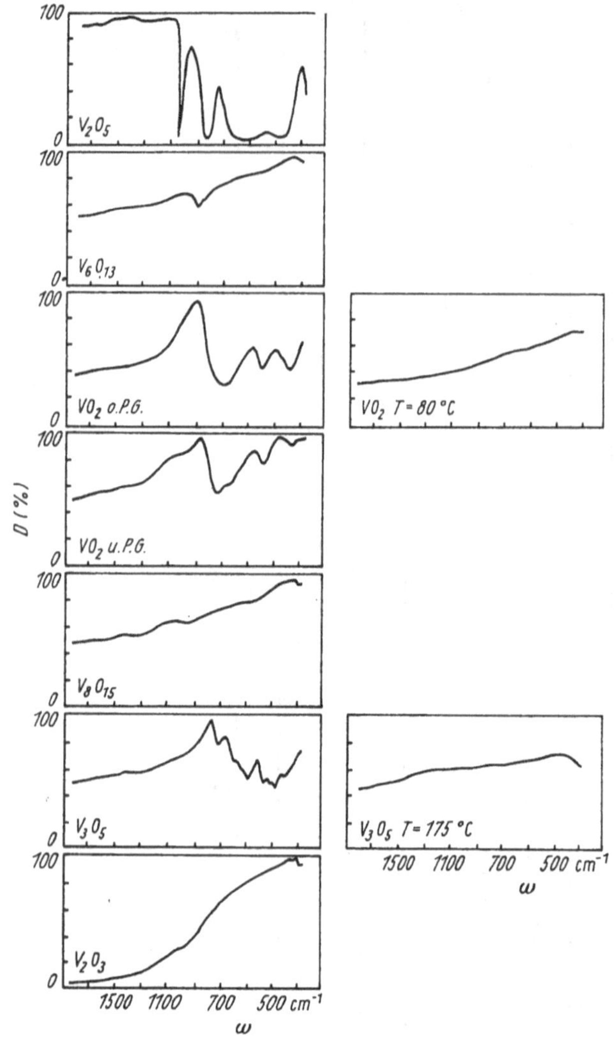

Abb. 52. IR-Spektren von phasenreinen einkristallinen Vanadiumoxiden; o. P. G. — obere Phasengrenze, u. P. G. — untere Phasengrenze

pentoxids vorliegen. In diesem Fall beobachtet man zwei Peaks für den doppelt gebundenen Sauerstoff entsprechend $V = {}^{16}O$ und $V = {}^{18}O$, deren Vergleich sich zur quantitativen Bestimmung des ^{18}O-Gehaltes eignet [145].

2.4. Charakterisierung durch elektrische, magnetische und kalorische Eigenschaften

Die elektrischen, magnetischen, thermischen und kalorischen Eigenschaften der Vanadiumoxide sind in vielen Fällen zur Charakterisierung viel geeigneter als die chemische Analyse oder Röntgenphasenanalyse. Durch umfangreiche Untersuchungen wurden die Voraussetzungen dafür, nämlich eindeutige Korrelationen von Zusammensetzung und Eigenschaften, geschaffen. So reagiert beispielsweise der Widerstandsverlauf von VO_2-Kristallen in Abhängigkeit von der Temperatur noch auf so kleine Stöchiometrieänderungen, die gegenwärtig analytisch nicht erfaßbar sind. Die Messung der magnetischen Suszeptibilität an anreduzierten VO_2-Körnern (1.3.4.) zeigt viel eher die Bildung der MAGNÉLI-Phasen an, als röntgenographisch oder metallographisch nachgewiesen werden kann. Ebenso sind Dotierungskonzentrationen exakt durch den Widerstandsverlauf oder Verlauf der magnetischen Suszeptibilität erfaßbar. Zur Schnellcharakterisierung der Phasen, aber auch der Phasengemische kann die Differentialthermoanalyse dienen; sie erfaßt ebenso über die Umwandlungswärmen die Homogenitätsgebiete der einzelnen Oxide. Hierbei, wie bei allen temperaturabhängigen Messungen, müssen solche Voraussetzungen geschaffen werden, daß durch Sauerstoffzutritt keine unkontrollierten Veränderungen der Proben stattfinden.

3. Physikalische Eigenschaften der Vanadiumoxide

3.1. Modelle zum Metall–Halbleiter-Phasenübergang

Gegenwärtig existiert keine einheitliche Theorie zur Beschreibung der Metall–Halbleiter-Übergänge. Die theoretischen Schwierigkeiten bei der Beschreibung dieser Phasenübergänge bestehen vor allem darin, daß sowohl die Elektron–Elektron- als auch die Elektron–Phonon-Wechselwirkung berücksichtigt werden muß. Schon bei der Beschreibung der Elektron–Elektron-Wechselwirkung unter Vernachlässigung der Elektron–Phonon-Wechselwirkung ist das Vielelektronenproblem mit allen bekannten Schwierigkeiten zu lösen. Daher befindet sich die Theorie dieses Phasenübergangs noch im Modellstadium. So wird eine Reihe von Modellen untersucht, bei denen jeweils eine der Wechselwirkungen als die dominierende betrachtet wird. Der Vergleich der experimentellen Daten mit den Aussagen der verschiedenen Modelle gestattet es jedoch, die Triebkraft des Phasenübergangs in der konkreten Verbindung aufzuzeigen.

In diesem Abschnitt werden nur diejenigen Mechanismen und Modelle betrachtet, die für die Erklärung der experimentellen Ergebnisse an den Vanadiumoxiden Bedeutung haben. Die Modelle der Bandüberlappung zur Erklärung des Phasenüberganges werden dabei nicht berücksichtigt. Zur Theorie der Phasenübergänge siehe auch [146].

3.1.1. Mott-Hubbard-Modell

Mott hat 1949 [146] die Bedingungen genauer betrachtet, unter denen die Coulomb-Wechselwirkung zwischen den Elektronen in einem Kristall zu deren Lokalisierung führt, die dann das Verschwinden der Leitfähigkeit bedingt. Die Effekte, die bei der Berücksichtigung der Elektronenkorrelation auftreten, sind wahrscheinlich erstmals von Wigner 1938 [147] diskutiert worden. Er betrachtete ein Elektronengas, das sich in einem Gitter von positiven Ionen bewegt. Bei kleinen Elektronenkonzentrationen n_e, bzw. großen mittleren Abständen r, wird die potentielle Energie der Teilchen, die Coulomb-Wechselwirkung $U = e^2/4\pi\varepsilon_0 r$, größer als ihre kinetische Energie $E_k \approx \hbar^2/m_e r^2$ sein. Das Elektronengas kristallisiert bei $T = 0$ K in einem periodischen Gitter, es entsteht ein sogenannter „Wigner-Kristall", der ein ideales Dielektrikum darstellt. Die Gitterkonstante a des Elektronengitters beträgt $a = n_e^{-1/3}$. Aus der Bedingung $e^2/4\pi\varepsilon_0 r > \hbar^2/m_e r^2$ folgt, daß auch $r > a_B$ gelten muß, wobei a_B der Bohrsche Radius ist.

Die Erhöhung der Temperatur führt zu einer Erhöhung der kinetischen Energie. Wenn diese größer wird als die Coulomb-Energie, werden die Elektronen frei beweglich, der „WIGNER-Kristall" schmilzt, die Fernordnung zwischen den Elektronen bricht zusammen, und es findet ein Ordnung–Unordnung-Phasenübergang statt.

Experimentell kann die WIGNER-Kristallisation nur in Systemen realisiert werden, in denen die Anzahl der zur Verfügung stehenden Plätze größer als die Anzahl der Elektronen ist. Zu solchen Systemen gehören z. B. stark dotierte Halbleiter und die Oxide der Übergangsmetalle mit gemischter Wertigkeit, wie Fe_3O_4 und die MAGNÉLI-Phasen der Vanadiumoxide.

Das Modell von WIGNER wurde schon 1941 zur Beschreibung des Phasenübergangs im Magnetit von VERWEY [148] angewendet. Die Fe-Kationen sind im Fe_3O_4 teilweise tetraedrisch und teilweise oktaedrisch zum Sauerstoff koordiniert. Tetraederplätze sind ausschließlich durch Fe^{3+} besetzt, während die oktaedrischen Plätze zu gleichen Teilen von Fe^{2+} und den restlichen Fe^{3+}-Ionen besetzt werden. Für die Leitfähigkeit ist der Ladungsübergang zwischen den Fe^{2+}-Ionen und den Fe^{3+}-Ionen auf kristallographisch äquivalenten Plätzen (Oktaederplätzen) verantwortlich. Sie besetzen die Hälfte der möglichen Oktaederplätze. Unterhalb der VERWEY-Temperatur (120 K) sind die Fe^{2+}- und Fe^{3+}-Ionen in der $\{001\}$-Ebene geordnet und bilden eine orthorhombische Struktur. Oberhalb der VERWEY-Temperatur ist diese Ordnung aufgehoben, d. h., es tritt ein Ordnung–Unordnung-Übergang auf, bei dem sich die kinetischen, optischen und andere Eigenschaften des Magnetits ändern.

Große Ähnlichkeit mit dem Phasenübergang des Magnetits haben die Phasenübergänge der MAGNÉLI-Phasen der Vanadiumoxide, besonders der des V_3O_5. Diese Ähnlichkeit spricht dafür, daß die Hauptursache bei diesen Phasenübergängen eine WIGNER-Kristallisation der überschüssigen Elektronen sein könnte (3.4.9.1.). Die Theorie des Übergangs nach WIGNER ist in ihrem Wesen eine vereinfachte Variante des MOTT-Überganges, bei dem im Unterschied zum oben Gesagten der Einfluß des Kristallgitters und der angeregten Zustände zusätzlich berücksichtigt wird. MOTT betrachtet einen Stoff mit einfach kubischem Gitter aus N Atomen, die nur ein Elektron auf der äußeren Schale besitzen. Das wäre im einfachsten Fall ein Gitter aus Wasserstoffatomen. Nach dem Bandmodell müßte dieser Stoff immer ein Metall sein, weil das Leitfähigkeitsband nur halb besetzt ist. MOTTS Argument besteht darin, daß oberhalb eines bestimmten, kritischen Abstands das Bandmodell nicht mehr gilt. Anstelle der BLOCH-Funktionen, die zur Beschreibung relativ delokalisierter Elektronen in den Bändern verwendet werden, müssen hier Atomeigenfunktionen benutzt und die Eigenschaften mit diesen (HEITLER-LONDON-Näherung) beschrieben werden. In dieser Näherung besteht das System der Elektronenzustände aus einer Reihe diskreter Atomniveaus. Bei genügend großem Abstand zwischen den Atomen, wenn also jedes Elektron an einem Atom stark gebunden ist und die quantenmechanische Tunnelwahrscheinlichkeit, das Nachbaratom zu erreichen, klein ist, liegt ein lokalisierter Zustand vor. Damit ein Strom fließen kann, müssen Elektronen von einem lokalisierten Niveau zum anderen übergehen. Im Prinzip erfolgt dann der Transport über angeregte Niveaus (mehrfach besetzte Plätze). Diese Anregungsenergie ergibt die verbotene Zone im MOTT-Isolator. Der Strom wird in einem solchen System durch Elektronen, oft auch Elektron-Loch-Paare transportiert. Aufgrund der Translationsinvarianz bewegen sich die Exzitonen im Kristall, und die Exzitonneniveaus, die durch die Energie U vom Grundzustand getrennt sind, verbreitern sich zu einem Band mit der Bandbreite W. Wenn $W/2 < U$ ist, ist der Kristall ein Isolator, ein sogenannter MOTT-Isolator. Damit trotzdem ein Strom fließen kann, wird die Aktivierungsenergie

$E_A = U - W/2$ benötigt. Bei $W/2 > U$ überlappt die untere Kante des Leitungsbandes das Valenzband, und es liegt ein Metall vor. Ein derartiger Übergang heißt MOTT-Übergang, wobei sich die Frage nach der Ordnung dieses Überganges ergibt. Nach MOTT soll dieser Übergang erster Art sein. Solange die gebildeten Elektronen und Löcher noch nicht weit voneinander entfernt sind, sich z. B. an benachbarten Atomen befinden und keine Abschirmung wirkt, ziehen sie sich entsprechend ihrer COULOMB-schenWechselwirkungsenergie $U = -(e^2/4\pi\varepsilon\varepsilon_0 r)$ an, wobei ε die Dielektrizitätskonstante ist. Dabei bildet sich ein gebundener Zustand, eine Art Exziton. Bei Erhöhung der Ladungsträgerkonzentration wird die zu berücksichtigende Abschirmung durch die Ladungsträger größer. Es gilt dann $U \sim -e^2/\varepsilon r \exp(-\gamma r)$ (γ – Abschirmungskonstante). Bei $T = 0$ K wird eine geringe Ladungsträgerkonzentration und ein gebundener Zustand vorliegen, wobei kein Stromfluß möglich ist. Mit steigender Ladungsträgerkonzentration wird durch die Abschirmung der gebundene Zustand instabil, und es kommt zu einem Phasenübergang. Nach MOTT ist die Elektronenkonzentration, bei der die Abschirmung zu diesem führt, durch $n^{1/3}a_B > 0{,}4$ gegeben. Daraus folgt, daß bei $T = 0$ K der MOTT-Übergang sprunghaft erfolgt. Es muß ein Koexistenzgebiet für die Phasen und einen kritischen Punkt geben. Diese Behauptung ist allerdings nicht streng bewiesen, und es existieren auch andere Auffassungen dazu [146].

Eine mathematische Version des MOTT-Modells wurde von HUBBARD vorgeschlagen und im Detail untersucht [149]. Der zugehörige HAMILTON-Operator lautet

$$H = \sum_{i,j,\sigma} t_{ij} c^+_{i,\sigma} c^-_{j,\sigma} + U \sum_{i,\sigma} n_{i,\sigma} n_{i,-\sigma} \,. \tag{51}$$

Dabei beschreibt das erste Glied die Bewegung des Elektrons vom Gitterplatz j zum Gitterplatz i, wobei t_{ij} das Hoppingintegral ist. $c^+_{i,\sigma}$ und $c^-_{j,\sigma}$ sind die Erzeugungs- bzw. Vernichtunsoperatoren eines Elektrons mit dem Spin $\boldsymbol{S}$, das durch eine Wellenfunktion beschrieben wird, die am i-ten (j-ten) Atom konzentriert ist (WANNIER-Funktion). Der zweite Summand beschreibt die Korrelationseffekte bzw. COULOMB-Wechselwirkung zwischen zwei Elektronen. Im Unterschied zu der Betrachtung von MOTT ist die Reichweite jedoch begrenzt, d. h., diese Wechselwirkung besteht nur, wenn sich zwei Elektronen am gleichen Gitterplatz befinden. Die genaue Lösung für diese Näherung ist bisher nicht bekannt. Nur in zwei Grenzfällen ist die Lösung des Operators einfach und führt zu bekannten Ergebnissen. Bei $t_{ij} = 0$ liegt eine Atomnäherung vor (HEITLER-LONDON), während sich für $U = 0$ die übliche Bandnäherung ergibt. Für den Fall $U \gg t_{ij}$ und $n = 1$ kann man das Integral t_{ij} als Störung betrachten. In zweiter Ordnung erhält man statt (51) einen neuen, effektiven HAMILTON-Operator der Form

$$H_{\text{eff}} = -\sum_{ij} \frac{t_{ij}^2}{U} \boldsymbol{s}_i \cdot \boldsymbol{s}_j \,. \tag{52}$$

Dabei beschreibt $\boldsymbol{s}_i$ ($\boldsymbol{s}_j$) den Spin des Elektrons am Gitterplatz i (j).

Der Ausdruck (52) ist einem HEISENBERG-Operator für einen Antiferromagneten äquivalent, in dem das Austauschintegral durch die Hoppingintegrale t_{ij} hervorgerufen wird. Dieser kinetische Austausch wurde von ANDERSON [150] vorausgesagt. Daraus ergibt sich, daß der Grundzustand des Systems für ein halbgefülltes Band antiferromagnetisch sein muß. Den Mechanismus für das Entstehen der antiferromagnetischen Ordnung kann man sich folgendermaßen vorstellen:

Wenn die Spins der Elektronen benachbarter Atome parallel sind, ist ein Hopping wegen des PAULI-Prinzips verboten. Ist dagegen der Spin des benachbarten Elektrons antiparallel gerichtet, dann ist ein solcher Prozeß möglich. Die kinetische Energie und damit die Gesamtenergie wird kleiner. Die NÉEL-Temperatur T_N ist durch $kT_N \approx \approx zt_{ij}^2/U$ gegeben (z — Zahl der nächsten Nachbarn) und stimmt nicht mit der Phasenumwandlungstemperatur T_t überein. Das System bleibt ein MOTT-Isolator für Temperaturen oberhalb und unterhalb T_N. Für $t_{ij}/U \to 1$ ist eine genaue Lösung des HUBBARD-Modells (51) nicht möglich. HUBBARD fand mit Hilfe der GREENschen Funktionen für den Metall–Halbleiter-Phasenübergang die Bedingung $zt_{ij}/U \approx 1$. Für das Quasiteilchenspektrum erhielt er in Abhängigkeit vom Parameter t_{ij}/U das in Abbildung 53 dargestellte Ergebnis. Es zeigt sich, daß der Phasenübergang bei $t_{ij}/U \approx 1$ stattfindet. Trotzdem bleiben viele Fragen selbst für dieses Modell offen. So ist z. B. eine mögliche magnetische Ordnung nicht berücksichtigt. Allgemein kann gesagt werden, daß die Lösung von HUBBARD den isolierenden Zustand besser beschreibt als den metallischen.

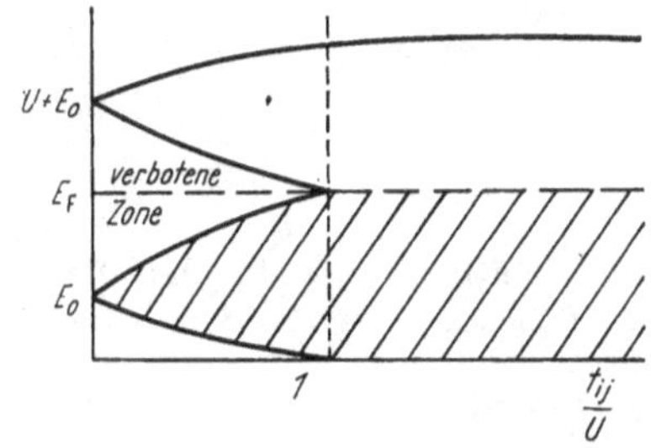

Abb. 53. Zustandsdichte des Quasiteilchenspektrums in Abhängigkeit vom Parameter t_{ij}/U (nach HUBBARD [149])

BRINKMANN und RICE [151] haben mit Hilfe des Variationsverfahrens von GUTZWILLER [152] eine Näherungslösung für das HUBBARD-Modell angegeben, die den metallischen Zustand besser beschreibt. Dazu wird für die gesamte Wellenfunktion eine Determinante aus gewöhnlichen BLOCH-Wellen angesetzt. Für den Ansatz wird durch eine Projektionsmethode die Zahl der Doppelbesetzungen in einem WANNIER-Zustand ν (Paare) bestimmt, wobei $\nu \ll 1$ vorausgesetzt wird. Die Energieminimalisierung von (51) bezüglich ν ergibt die optimale Anzahl der Paare. Für den Fall $n = 1$ wurde dies in [151] durchgeführt. Danach fällt mit Erhöhung von U die Anzahl der Paare ν nach $\nu = \frac{1}{4}(1 - U/C_0)$ ab, wobei C_0 gleich dem achtfachen Betrag der mittleren Energie ohne Berücksichtigung der Korrelation ist. Bei $U = C_0$ folgt $\nu = 0$. Das ist das Kriterium für den Metall–Halbleiter-Phasenübergang. In [151] wurden auch das Verhältnis der effektiven Masse m^* zur Masse der freien Elektronen m_e,

$$\frac{m^*}{m_e} = \left[1 - \left(\frac{U}{C_0}\right)^2\right]^{-1}, \tag{53}$$

sowie die magnetische Suszeptibilität,

$$\chi^{-1} = \frac{1 - \left(\frac{U}{C_0}\right)^2}{N(E_F)} \left[1 - N(E_F)\, U \left(\frac{1 + \frac{U}{2C_0}}{\left(1 + \frac{U}{C_0}\right)^2}\right)\right], \tag{54}$$

des wechselwirkenden Elektronensystems in der beschriebenen Näherung berechnet. Hier bedeutet $N(E_F)$ die Einelektronenzustandsdichte an der FERMI-Kante. Bei $U \to C_0$ vergrößern sich die effektive Masse und die Suszeptibilität, aber die Erhöhung der Suszeptibilität entspricht nicht einem gewöhnlichen STONER-Erhöhung, sondern ist mit der Erhöhung der effektiven Masse verbunden. Die Anwendung dieser Ergebnisse auf die metallische Phase des V_2O_3 wird in 3.3. diskutiert.

Den allgemeinen Fall $n \neq 1$ untersuchte CHOMSKI [153] mit der gleichen Methode. Bei einem angenommenen Besetzungsgrad des Bandes $n = \frac{1}{2}$ wird die Anzahl der Paare durch eine kubische Gleichung bestimmt. Die Lösung für verschiedene Werte von U/C_0 und n ist in Abbildung 54 dargestellt. Die Abbildung zeigt, daß bei kleiner werdenden Werten von U und sinkendem n die relative Anzahl der Paare $\nu/(n/2)^2$ abnimmt. Schließlich ist für $U < C_0$ eine Situation möglich, in der ein System mit

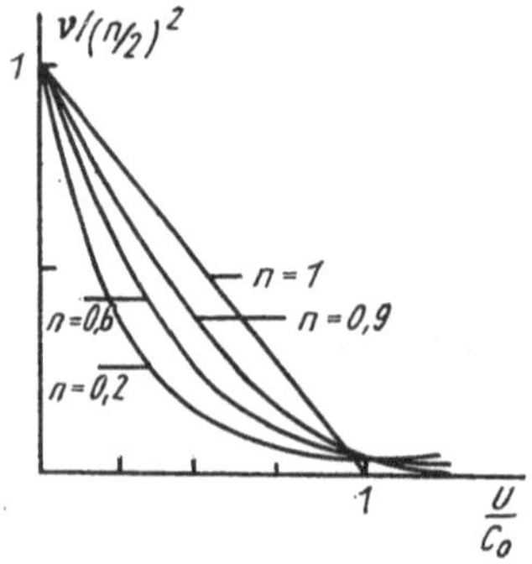

Abb. 54. Abhängigkeit der relativen Anzahl der Paare von der Wechselwirkung U/C_0 bei verschiedenen Bandfüllungsgraden (nach [153])

$n = 1$ eine PAULI-Suszeptibilität zeigt, aber bei $n < 1$ die Eigenschaften eines Systems mit lokalisierten magnetischen Momenten aufweist. Qualitativ kann man diese Ergebnisse so deuten, daß bei $n = 1$ die metallische Leitfähigkeit nur durch die gleichzeitige Erzeugung von Paaren und Löchern denkbar ist. Damit tritt unvermeidlich eine Verringerung der Anzahl der lokalisierten Spins im System ein, während bei $n < 1$ die Bewegung der Elektronen durch die ohnehin vorhandenen Löcher ohne Paarbildung möglich ist. Sehr wichtig sind diese Ergebnisse für das Verständnis der physikalischen Eigenschaften der Vanadium- und Titaniumoxide. Die magnetische Suszeptibilität dieser Oxide mit gemischter Wertigkeit (z. B. MAGNÉLI-Phasen) in der metallischen Phase weist einen stärkeren CURIE-WEISS-Beitrag als die der analogen Verbindungen mit nur einer Wertigkeitsstufe auf.

Der Einfluß von Dotierungen auf den Phasenübergang kann ebenfalls mit der GUTZWILLER-Methode untersucht werden [151]. Es zeigt sich, daß z. B. bei der Dotierung von V_2O_3 mit Cr oder Al das Leitungsband aufspaltet. Dies führt zur Verkleinerung der Bandbreite W und des Verhältnisses W/U und damit zur Stabilisierung des halbleitenden Zustandes. Im einfachsten Fall wird der HAMILTON-Operator von HUBBARD so modifiziert, daß die Energiedifferenz zwischen dem Niveau des Dotierungsatomes und dem der das Grundgitter bildenden Atome berücksichtigt wird:

$$H = \sum_{i,j,\sigma} t_{ij} c_{i,\sigma}^{+} c_{j,\sigma}^{-} + t_0 \sum_{i,\sigma}' n_{i,\sigma} + U \sum_{i,\sigma} n_{i,\sigma} n_{i,-\sigma} \,. \tag{55}$$

Dabei berücksichtigt das zweite Glied die Energieverschiebung der Dotierungszustände. Daher wird nur über die Gitterplätze i summiert (Σ'), auf denen Dotanden sitzen. Von den Transferintegralen und dem Wechselwirkungsterm wird dagegen vorausgesetzt, daß sie sich nicht ändern. In diesem Fall ist die Phasengrenze zwischen metallischem und halbleitendem Zustand nicht nur eine Funktion der COULOMB-Wechselwirkung U, sondern auch des Potentials t_0, das durch den Unterschied der Atomniveaus hervorgerufen wird. In Abbildung 55 ist das Phasendiagramm für verschiedene Dotierungskonzentrationen x angegeben. Die Abbildung zeigt, daß die Phasengrenze stark durch die Dotierung verschoben werden kann.

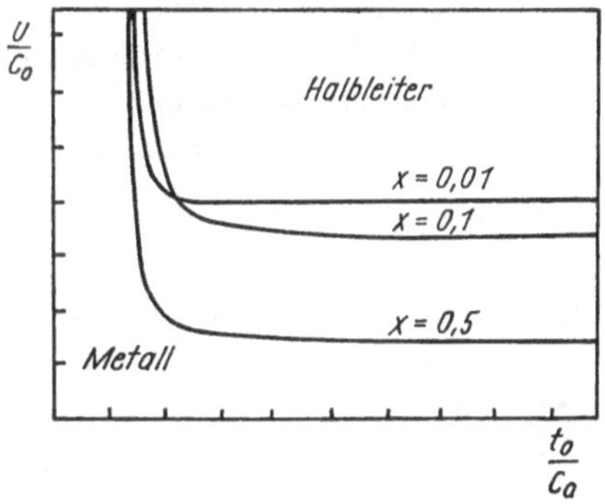

Abb. 55. Übergangslinie Metall–Halbleiter für $n = 1$ als Funktion der COULOMBschen Wechselwirkung U und des Abstoßungspotentials t_0; x ist die Konzentration der Dotierung (nach BRINKMAN und RICE [151])

Eine Übersicht über die Entwicklung des HUBBARD-Modells und die erreichten Ergebnisse ist in den Arbeiten [154, 155] zu finden. Bei der Beschreibung des Phasenüberganges in Vanadiumoxiden mit Hilfe des MOTT-HUBBARD-Modells muß man berücksichtigen, daß dieses Modell nur Effekte beschreibt, die durch die Elektron–Elektron-Wechselwirkung verursacht werden. Darüber hinaus ist aber jeder in den Vanadiumoxiden beobachtete Phasenübergang mit Volumenänderungen (MAGNÉLI-Phasen, Cr- und Al-dotiertes V_2O_3) oder mit Volumenänderung und Symmetrieänderung (V_2O_3, VO_2) verbunden. Dies muß bei einer genaueren Untersuchung unbedingt berücksichtigt werden.

3.1.2. Gitterinstabilität als Ursache des Phasenübergangs

Schon im Jahre 1937 zeigten JAHN und TELLER [156], daß, wenn der elektronische Zustand eines Moleküls entartet ist, die geometrische Konfiguration bis auf zwei Ausnahmen instabil wird. Die erste Ausnahme ist gegeben, wenn die Atome linear angeordnet sind, die zweite ist die KRAMERSsche Spinentartung des Elektronenzustandes, die durch Änderung elektrostatischer Kräfte nicht aufgehoben werden kann. Im allgemeinen wird jedoch die Entartung durch Verzerrung des Moleküls aufgehoben, d. h., die Symmetrie wird erniedrigt. Die beschriebene Erscheinung ist als JAHN-TELLER-Effekt bekannt. Die Theorie dieses Effektes zeigt, daß bei der Aufspaltung des Energieniveaus der Energieschwerpunkt seine Lage nicht ändert. Daher liegt mindestens ein Energieniveau nach der Verzerrung niedriger als vorher. Später wurde gezeigt, daß der JAHN-TELLER-Effekt auch bei Kristallen auftritt, wo er als kooperativer JAHN-TELLER-Effekt bezeichnet wird. Einzelheiten zu diesem Effekt sind in [157, 158] zu finden.

3.1.2.1. PEIERLS-Übergang und Zweibandmodell

Ein weiteres Modell, das vor allem zur Beschreibung der Übergangsmetalloxide geeignet ist, wurde von PEIERLS [159] vorgeschlagen. Er zeigte, daß eine eindimensionale metallische Kette instabil gegen solche Gitterverzerrungen ist, die das System in einen isolierenden Zustand überführen, d. h. für Verzerrungen, deren Wellenvektor Q gleich $2k_F$ ist. Betrachtet man eine solche Kette, die aus Atomen besteht, welche untereinander den gleichen Abstand besitzen, so ist deren Bandschema durch Abbildung 56a) gegeben. Tritt nun eine Gitterverzerrung wie oben beschrieben ein, so daß sich die Elementarzelle verdoppelt, so erhält man das in Abbildung 56b) angegebene

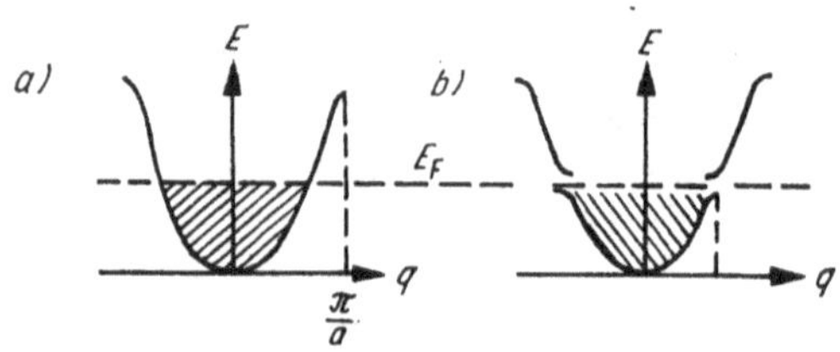

Abb. 56. Phasenübergang Metall–Halbleiter; E — Energie, q — Quasiimpuls des Elektrons, E_F — FERMI-Energie (nach PEIERLS [159])

Bandschema. Wie die Abbildung 56 zeigt, erhält man einen Energiegewinn für die Elektronen dadurch, daß zwischen Valenzband und Leitungsband eine Energielücke entsteht. Wenn dieser Energiegewinn größer wird als die für die Verzerrung benötigte Energie, führt das zu einem Phasenübergang Metall–Halbleiter. Dabei ist die Breite der verbotenen Zone proportional der Gitterverzerrung. Diese Instabilität wird als PEIERLS-Übergang bezeichnet und in [160] eingehend beschrieben. Sie spielt auch in vielen anderen Stoffen, z. B. in den quasieindimensionalen organischen Molekülen wie TTF-TCNQ (Tetrathiafulvalinium–Tetracyanchinodimethan, s. [736]), eine große Rolle.

Der PEIERLS-Übergang ist auch im dreidimensionalen Fall möglich, wenn das Einteilchenspektrum die Bedingung

$$E(\boldsymbol{q} + \boldsymbol{Q}) = -E(\boldsymbol{q}) \qquad (56)$$

erfüllt, wobei $2\boldsymbol{Q}$ ein Vektor des reziproken Gitters im unverzerrten Zustand ist. In einigen Fällen ist diese Bedingung für quasieindimensionale Kristalle erfüllt, z. B. für VO_2 infolge der Anisotropie der Wellenfunktion der d-Elektronen [161]. Aber die beobachtete Isotropie der elektrischen Eigenschaften dieser Verbindungen beim Phasenübergang fordert, daß außer diesem „eindimensionalen" Band ein zweites isotropes Band berücksichtigt werden muß, das durch weitere d-Orbitale und die s–p-Hybridisierung gebildet wird. Das Modell für den Metall–Halbleiter-Übergang mit Gitterverzerrung für solche Zweibandmodelle wurde in der Arbeit [162] untersucht. Nach dieser Arbeit hängt die Größe der verbotenen Zone von der Verschiebung der Kationen aus der Gleichgewichtslage ab. Oberhalb T_t ist das System metallisch und besitzt ein unverzerrtes Gitter, unterhalb von T_t halbleitend oder halbmetallisch und hat ein verzerrtes Gitter. Aus dem Modell folgt, daß die Verzerrung nur dann möglich ist, wenn die Konstante der Elektron-Phonon-Wechselwirkung genügend groß ist. In einer weiteren Arbeit von OWTSCHINNIKOW [163] wurde dieses Modell durch die Berücksichtigung der COULOMB-Wechselwirkung und der Anisotropie der FERMI-Fläche erweitert. Es gelang, das Phasendiagramm in Abhängigkeit vom Besetzungsgrad der Bänder aufzustellen. Die Verallgemeinerung gestattete, die metallische Phase, die Bildung der verbotenen Zone, den Leitfähigkeitssprung bei T_t qualitativ richtig zu beschreiben. Man erhält auch einen Phasenübergang erster Ordnung, was in dem früheren Modell fehlte, aber den experimentellen Ergebnissen entspricht.

3.1.2.2. Metall–Halbleiter-Phasenübergang nach ADLER und BROOKS

In ihrer Arbeit [164] haben ADLER und BROOKS ein Modell ausgearbeitet, in dem nur die beim Phasenübergang beobachteten Gitterverzerrungen berücksichtigt und die Elektron–Elektron-Wechselwirkungen vollständig vernachlässigt werden. Sie zeigen, daß, wenn die Verringerung der Elektronenenergie durch Gitterdeformation größer wird als der dabei entstehende Aufwand an Verzerrungsenergie, bei $T = 0$ K ein Kristallgitter mit schmalem halbgefülltem Band so verzerrt wird, daß in dem Band eine verbotene Zone entsteht. Die Elektronenenergie verkleinert sich nur für solche Verzerrungen, bei denen die Energie der besetzten Zustände kleiner und die der unbesetzten größer wird. Die verbotene Zone E_g wird durch die Änderung der Gitterverzerrung u mitbestimmt. Im Ausdruck für die Freie Energie hat man daher ein Glied, das den Energieaufwand für die elastische Gitterverzerrung beschreibt ($Bu^2/2$, $B =$ Kombination von Elastizitätsmoduln), und ein Glied, das mit der Energie der freien Ladungsträger verbunden ist, zu berücksichtigen. Mit $E_g(u) = E_g(0) - au$ folgt für die Freie Energie, bezogen auf eine Elementarzelle, $\bar{F} = F/N$,

$$\bar{F} = (E_g - au)\,\bar{n} + \frac{Bu^2}{2} + 2kT(\bar{n}\ln\bar{n} - \bar{n})\,. \tag{57}$$

Dabei ist $\bar{n} = n/N$ die Konzentration der Ladungsträger, bezogen auf eine Elementarzelle, $2k(\bar{n}\ln\bar{n} - \bar{n})$ die Entropie des Systems, a eine Konstante und $E_g(0)$ die Bandlücke im unverzerrten Zustand. Durch Variation der Freien Energie nach u bei gegebenem $\bar{n}$ erhält man eine lineare Abhängigkeit zwischen der Gleichgewichtsverzerrung und der Ladungsträgerkonzentration:

$$u = \frac{a\bar{n}}{B}\,. \tag{58}$$

Aus (58) und $E_g(u) = E_g(0) - au$ ergibt sich folgende Beziehung zwischen der Breite der verbotenen Zone und der Konzentration der Ladungsträger:

$$E_g(\bar{n}) = E_g(0) - g\bar{n}^2\,. \tag{59}$$

Dabei ist $g = -a^2/BN$ die Elektron–Phonon-Wechselwirkungskonstante. Bei einer Erhöhung der Temperatur verringert sich die Breite der verbotenen Zone, da die

Konzentration der Ladungsträger anwächst. Die Temperaturabhängigkeit der Konzentration der Ladungsträger $\bar{n}$ erhält man durch Einsetzen von (59) in den Ausdruck für $\bar{F}$ und Minimierung der freien Energie nach $\bar{n}$. Dabei ergibt sich

$$\bar{n} = \exp\left(-\frac{E_g - g\bar{n}}{2kT}\right). \tag{60}$$

Bei $T = T_t$ verschwindet die verbotene Zone, und aus der Bedingung $\partial\bar{n}/\partial T|_{T=T_t} \to \infty$ ergibt sich die kritische Ladungsträgerkonzentration $\bar{n}_t$ beim Phasenübergang zu

$$\bar{n}_t = \frac{2kT_t}{g}. \tag{61}$$

Aus (61) folgt eine lineare Abhängigkeit der Ladungsträgerkonzentration von T_t. Wenn es durch geeignete Experimente, z. B. Anwendung von Druck bzw. elektrischen Feldern, gelingt, die Übergangstemperatur T_t zu verschieben, dann kann man durch Messung von $\bar{n}_t(T_t)$ (z. B. durch Leitfähigkeitsmessungen) in der Nähe des Phasenübergangs diese Aussage des Modells von ADLER-BROOKS prüfen. Der Vergleich der experimentellen Ergebnisse an V_2O_3 und VO_2 mit dieser Theorie zeigt, daß dieses Modell nicht in der Lage ist, die Größe des Sprunges von mehreren Größenordnungen in der Leitfähigkeit zu erklären. Für die MAGNÉLI-Phasen ist dieses Modell nicht anwendbar, da beim Phasenübergang in diesen Verbindungen keine Symmetrieänderung auftritt.

3.1.3. Metall–Halbleiter-Phasenübergang nach ARONOW und KUDINOW

ARONOW und KUDINOW [165] haben ein Modell ausgearbeitet, das z. T. dem von ADLER und BROOKS analog ist. Sie berücksichtigten aber, daß die Bänder schmal sind (HEITLER-LONDON-Näherung), weshalb neben der Elektron–Phonon- auch die Elektron–Elektron-Wechselwirkung beachtet werden muß. Die verbotene Zone wird in diesem Fall durch die Gitterverzerrung und durch die COULOMB-Wechselwirkung der Elektronen bestimmt. Im Unterschied zum Modell von HUBBARD, in dem W/U beliebig groß sein kann, betrachtet man hier den Fall, daß W/U gegen Null geht. Außer den Ladung transportierenden Quasiteilchen (Paare und Löcher), die vom Grundzustand durch die Energielücke E_g getrennt sind, werden auch neutrale Quasiteilchen, FRENKEL-Exzitonen, berücksichtigt. Diese entstehen im betrachteten Fall einfach bei der Anregung eines Elektrons vom Grundzustand zum ersten Anregungszustand. Diese Exzitonenniveaus seien vom Grundzustand durch die Lücke E_{ex} getrennt, deren Größe durch die Aufspaltung der Atomniveaus im Kristallfeld bestimmt wird.

ARONOW und KUDINOW untersuchten dieses System näherungsweise mit der Methode des selbstkonsistenten Feldes. Dann ist die Energie nur eine Funktion der Exzitonenkonzentration $\bar{n}_{ex}$ und der Konzentration der Paare $\bar{n}_p$. Dabei sind $\bar{n}_{ex} = n_{ex}/N$ bzw. $\bar{n}_p = n_p/N$ die Konzentration der Exzitonen bzw. der Paare, bezogen auf eine Elementarzelle. Die Gleichgewichtswerte von $\bar{n}_{ex}$ und $\bar{n}_p$ erhält man durch Minimierung der Freien Energie bezüglich $\bar{n}_{ex}$ und $\bar{n}_p$:

$$\frac{\partial \bar{F}}{\partial \bar{n}_{ex}} = E_{ex} - 2g(\bar{n}_{ex} + \bar{n}_p) - Tk \ln \frac{\bar{n}_{ex}}{1 - \bar{n}_{ex} - 2\bar{n}_p} = 0 , \tag{62}$$

$$\frac{\partial \bar{F}}{\partial \bar{n}_p} = E_g - 2g(\bar{n}_{ex} + \bar{n}_p) + 2Tk \ln \frac{\bar{n}_p}{1 - \bar{n}_{ex} - 2\bar{n}_p} = 0 . \tag{63}$$

Jetzt bestimmt die Gitterverzerrung im Gegensatz zu ADLER-BROOKS sowohl die Konzentration der Paare und Löcher als auch die der Exzitonen. In Abhängigkeit vom Verhältnis der beiden verbotenen Zonen E_{ex} und E_g erhält man zwei Grenzfälle: Bei $E_{ex} > \frac{1}{2} E_g$ folgt $\bar{n}_{ex}/\bar{n}_p \ll 1$, und man kann in (62) und (63) $\bar{n}_{ex}$ gegenüber $\bar{n}_p$ vernachlässigen. Damit wird die Konzentration der Ladungsträger $\bar{n}_p$ durch

$$\bar{n}_p = \left[1 + \exp\left(\frac{E_g - g\bar{n}_p}{2kT}\right)\right]^{-1} \tag{64}$$

bestimmt, während für die Exzitonenkonzentration

$$\bar{n}_{ex} = (1 - 2\bar{n}_p) \exp\left(-\frac{E - 2g\bar{n}_p}{kT}\right) \tag{65}$$

gilt. Dieser Fall ist das Analogon zum ADLER-BROOKS-Modell. Auch hier führt die Temperaturerhöhung zur Verkleinerung der verbotene Zone E_g proportional $\bar{n}_p$:

$$E_g(\bar{n}_p) = E_g(0) - g\bar{n}_p . \tag{66}$$

Die dabei entstehende Instabilität im Ladungsträgersystem bewirkt den Phasenübergang. Aber der Sprung der Ladungsträgerkonzentration bei T_t kann wie im ADLER-BROOKS-Modell nur zwei Zehnerpotenzen betragen.

Bei $E_{ex} < \frac{1}{2} E_g$ folgt $\bar{n}_p/\bar{n}_{ex} \ll 1$, und in (62) und (63) kann man $\bar{n}_p$ gegen $\bar{n}_{ex}$ vernachlässigen. In diesem Fall wird die Konzentration der Exzitonen $\bar{n}_{ex}$ durch

$$\bar{n}_{ex} = \left[1 + \exp\left(\frac{E_{ex} - 2g\bar{n}_{ex}}{kT}\right)\right]^{-1} \tag{67}$$

bestimmt. $\bar{n}_p$ hängt von $\bar{n}_{ex}$ in folgender Weise ab:

$$\bar{n}_p = (1 - \bar{n}_{ex}) \exp\left(-\frac{E_g - 2g\bar{n}_{ex}}{2kT}\right) . \tag{68}$$

In diesem Fall ist eine Instabilität im Exzitonensystem für den Phasenübergang verantwortlich, weil die Anregungsenergie der Exzitonen eine Funktion der Exzitonenkonzentration $\bar{n}_{ex}$ ist:

$$E_{ex}(\bar{n}_{ex}) = E_{ex}(0) - 2g\bar{n}_{ex} . \tag{69}$$

Wenn die Exzitonenkonzentration gleich $kT_t/2g$ wird, bricht die Exzitonenlücke zusammen. Charakteristisch für diesen Fall ist, daß vor und nach dem Phasenübergang das Ladungsträgerspektrum eine verbotene Zone besitzt, d. h., es liegt ein Phasenübergang Halbleiter–Halbleiter vor. Bei diesem Phasenübergang ändert sich das Gitter, und der Konzentrationssprung in der Ladungsträgerzahl ist in seiner Größe nicht begrenzt. Das Verschwinden der Exzitonenlücke kann auch zum Verschwinden der verbotenen Zone führen, was einen Metall–Halbleiter-Phasenübergang zur Folge hat. Durch das Verschwinden der Exzitonenlücke verringert sich der Abstand zwischen den Atomen, und die Überlappung der Wellenfunktion vergrößert sich, was zur Verbreiterung der Bänder führt und einen Metall–Halbleiter-Phasenübergang begünstigt. Die elektronischen und magnetischen Eigenschaften in den beiden Phasen wurden jedoch von ARONOW-KUDINOW in ihrem Modell nicht untersucht, da es in dieser Arbeit nur um die Ursache bzw. „treibende Kraft" des Phasenübergangs geht

3.2. Physikalische Eigenschaften von VO

Vanadiummonoxid wurde schon in den Übersichtsarbeiten [146] bis [148] beschrieben. Das Ziel dieses Abschnitts ist es, einige wichtige Ergebnisse zum VO zu nennen und den Versuch zu machen, VO in die Reihe der anderen Vanadiumoxide einzuordnen. VO hat wie andere Übergangsmetallmonoxide (TiO, NbO) ein breites Homogenitätsgebiet. Eine wichtige Besonderheit dieser Oxide ist das Vorhandensein einer großen Anzahl von Anionen- und Kationenleerstellen, die das spezielle Verhalten dieser Substanzen bestimmen. Die Konzentration dieser Leerstellen ist relativ leicht variierbar, womit ein unterschiedlicher Füllungsgrad der schmalen d-Bänder erreicht wird. Aus Abbildung 57 ist zu ersehen, daß an der oberen Phasengrenze fast alle Anionenleerstellen verschwunden sind.

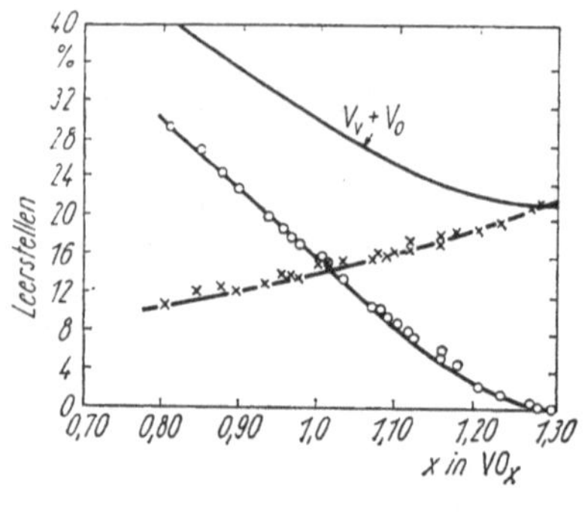

Abb. 57. Abhängigkeit der Leerstellenkonzentration von der Stöchiometrie; × V_V; ○ V_O (nach [735])

Wie viele andere Monoxide hat VO eine einfach kubische Struktur vom NaCl-Typ, die im gesamten Homogenitätsgebiet von $VO_{0,8}$ bis $VO_{1,3}$ erhalten bleibt. In der Arbeit [166] wurde mit der Methode der diffusen Röntgenstreuung an Einkristallen VO_x ($x = 0,89$; 1,17; 1,28) die Defektstruktur untersucht, die mit der Nichtstöchiometrie verbunden ist. Es wurde gezeigt, daß bei $x > 1$ die Defektstruktur durch Kationen auf Zwischengitterplätzen verursacht ist, die in der Nähe von Leerstellenclustern lokalisiert sind, analog der Struktur FeO_x. Anionen- und Kationenleerstellen sind entlang der ⟨110⟩-Richtung so angeordnet, daß alternierend leerstellenreiche und leerstellenarme {111}-Schichten gebildet werden. Strukturuntersuchungen haben gezeigt, daß diese Clusterdefekte aus einem Vanadiumatom auf einem Zwischengitterplatz, das von 4 Vanadiumleerstellen umgeben ist, bestehen. Diese Cluster sind bei

800 °C willkürlich verteilt und können beim Abschrecken fixiert werden [167 bis 169]. Die nähere Untersuchung der Struktur des damit verbundenen Ordnung–Unordnung-Phasenübergangs wurde an $VO_{1,30}$-Einkristallen nach Abschrecken vorgenommen [170]. Dabei ergab sich, daß die Kristallstruktur zur Raumgruppe *I4/amd* gehört und die Elementarzelle durch die Formel $V_{51,6}O_{64}$ beschrieben wird. Die Verschiebungen der Vanadiumionen in den Sauerstoffoktaedern sind stark miteinander korreliert. Die Elektronendichteverteilung an den Vanadiumionen zeigt in der Nähe von Leerstellen eine Anisotropie. Der Ordnung–Unordnung-Phasenübergang in $VO_{1,30}$ ist mit der Ausbildung einer Fernordnung gekoppelt. Die Ordnungsstruktur in $VO_{1,23}$ nach dem Abschrecken wurde ebenfalls mit diffuser Elektronenstreuung untersucht [170]. Es zeigte sich, daß der Effekt durch die tetraedrische Anordnung der Defekte (Cluster) bedingt ist.

Bei der Änderung von x ändert sich nicht nur die absolute Größe, sondern auch die Temperaturabhängigkeit der physikalischen Eigenschaften (Tab. 14). Nach [171, 172] wird z. B. die Leitfähigkeit der VO-Phase mit steigendem x kleiner. Die Aktivierungsenergie steigt an. Bei konstanter Zusammensetzung erhöht sich die Leitfähigkeit mit der Temperatur und trägt halbleitenden Charakter. Bei Variation von x zwischen 0,8 und 1,22 bewegt sich die Aktivierungsenergie zwischen 0,002 und 0,04 eV [172]. In Abbildung 58 ist die Abhängigkeit der Thermokraft von der Stöchiometrie der

Tabelle 14. Physikalische Eigenschaften der VO-Phase in Abhängigkeit von x (nach [270])

x in VO_x	Gitter-konstante a nm	Dichte kg m^{-3}	Gesamt-leerstellen %	spezifischer Widerstand bei 300 K Ωm	Thermo-kraft μV K^{-1}	Suszeptibi-lität χ_M bei 300 K m^3 mol^{-1}
0,85	0,4034	$5{,}736 \cdot 10^3$	37,0	$6 \cdot 10^{-6}$	−10,9	$6{,}3 \cdot 10^{-9}$
0,99	0,4068	$5{,}602 \cdot 10^3$	30,8	$2{,}2 \cdot 10^{-5}$	−4,2	$7{,}5 \cdot 10^{-9}$
1,02	0,4077	$5{,}583 \cdot 10^3$	28,9	$3{,}5 \cdot 10^{-5}$	−2,0	$7{,}5 \cdot 10^{-9}$
1,23	0,4133	$5{,}329 \cdot 10^3$	21,2	–	+22	$1 \cdot 10^{-8}$

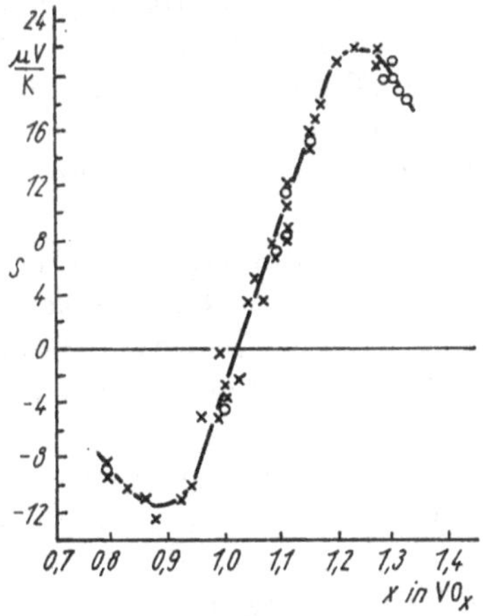

Abb. 58. Abhängigkeit der Thermokraft von der Stöchiometrie; ○ Polykristall; × Einkristall (nach [172])

VO-Phase bei Raumtemperatur angegeben. Es ist interessant, daß bei $x = 1{,}02$ der Leitungstyp von n- zu p-Leitung übergeht. Im gesamten Homogenitätsgebiet ist der Absolutwert der Thermokraft klein (-5 bis 20 μV/K) und typisch für ein Metall. Dieses Verhalten stimmt nicht mit den gemessenen Werten für die elektrische Leitfähigkeit überein, die einen halbleitenden Charakter zeigen, was auf eine komplizierte Bandstruktur des VO hinweist. Im kubischen Feld bei $x = 1$ füllen 3 Elektronen der V^{2+}-Ionen die Hälfte des t_{2g}-Bandes.

Entsprechend [172] zeigt VO einen starken Pauli-Paramagnetismus und ist nicht antiferromagnetisch. Deshalb kann in VO keine Hubbard-Lücke entstehen.

Ausführliche Untersuchungen der Bandstruktur der Elektronen wurden in den Arbeiten [173] bis [176] unter Verwendung der APW-Methode vorgenommen. Für das Austauschpotential wurde die Slater-Näherung verwendet. Trotz der einheitlichen Methode zeigen die Rechnungen im Detail gewisse Unterschiede. Der wesentliche Unterschied besteht in der Annahme der Ausgangselektronenkonfiguration der Vanadium- und Sauerstoffatome. So beträgt die daraus resultierende Streuung der Breite des Sauerstoff-$2p$-Bandes in VO 0,13 Ry, und die Größe der verbotenen Zone liegt im Intervall 0,122 bis 0,544 Ry. Diese Streuung wird in erster Linie dadurch verursacht, daß die theoretische Methode für die Untersuchung der reinen $3d$-Metalle auf die Oxide übertragen worden ist, was nicht ganz berechtigt zu sein scheint. Für die Beseitigung der Widersprüche zwischen den theoretischen und experimentellen Ergebnissen wurde der Versuch unternommen [177], durch Variation der Besetzungszahlen der Atomniveaus mit Elektronen für VO ein Spektrum zu bekommen, in dem die Breite des O-Bandes — Abstand zwischen dem Maximum in den Zustandsdichten dieses Bandes und dem Fermi-Niveau — mit den experimentellen Werten übereinstimmt. Die Rechnungen wurden später auch für Untersuchungen der Struktur der Fermi-Fläche in VO verwendet [176].

In der Arbeit von Nordword und Fry [178] wird gezeigt, daß das Fermi-Niveau im d-Band liegt, welches sich unterhalb des $4s$-Bandes befindet. Infolge der großen effektiven Masse hat man im Bandzentrum eine große Zustandsdichte. Zum Verständnis der Aktivierungsenergie der Leitfähigkeit ist in [179] für VO die Existenz eines zufälligen Feldes angenommen, das mit den Leerstellen verbunden ist und zur Entstehung eines lokalisierten Niveaus (Anderson-Lokalisierung) an der Fermi-Energie führt. In diesem Fall tritt eine Aktivierungscharakter tragende Hoppingleitfähigkeit auf. Dabei ändert die Thermokraft beim Übergang zum nichtentarteten Fall ihr Vorzeichen und hat die Größenordnung, die experimentell beobachtet wird. Bemerkenswert ist die Tatsache, daß der Logarithmus des spezifischen Widerstandes von VO bei tiefen Temperaturen proportional $1/T^{1/4}$ (Mott-Gesetz) ist, was man für einen Hoppingmechanismus auch erwartet [180].

In Abbildung 59 erkennt man eine starke Abweichung vom Curie-Weiss-Gesetz. Entsprechend [146] sind die Kationenleerstellen im VO wirksamer als die Sauerstoffleerstellen, und mit steigendem x ändern sich die Eigenschaften von einem Semimetall mit kleiner mittlerer freier Weglänge ($l = a$) zu einem „Fermi-Glas" mit Anderson-Lokalisierung am Fermi-Niveau.

Im Rahmen dieser Betrachtungen kann man den starken Pauli-Paramagnetismus im VO verstehen, der durch starke Elektron–Elektron-Wechselwirkungen zustande kommt. Es ist auch nicht ausgeschlossen, daß im VO_x eine kleine Anzahl von freien magnetischen Momenten (7 bis 15%) existiert, die zur Entstehung des Paramagnetis-

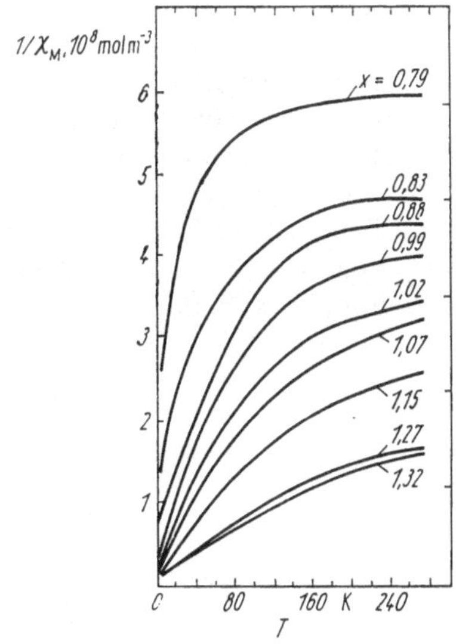

Abb. 59. Reziproke magnetische Suszeptibilität von VO_x in Abhängigkeit von der Temperatur (nach GOODENOUGH [181])

mus führen können. In [182] wurde die Existenz einer magnetischen Ordnung bei $T \approx 7$ K für $VO_{1,25}$ und bei $T \approx 4{,}6$ K für $VO_{1,15}$ vorausgesagt, was durch NMR-Messungen bestätigt worden ist [183]. Es zeigte sich, daß bei tiefen Temperaturen V^{3+}-Ionen in den Clustern Zwischengitterplätze einnehmen, wobei sie tetraedrisch von Vanadiumleerstellen umgeben sind. Diese Ionen besitzen ein lokalisiertes magnetisches Moment, das für den Paramagnetismus mit sehr niedriger NÉEL-Temperatur verantwortlich ist. In dieser Richtung sind die magnetischen Eigenschaften von VO denen der Spingläser CuMn und AuFe sehr ähnlich, worauf zuerst MOTT [146] hingewiesen hat. Aber VO ist im Unterschied zu den normalen Spingläsern ein Halbleiter, in dem sich die Elektronen in *d*-Bändern bewegen. Eine Theorie für die Spingläser existiert noch nicht.

In [184, 185] sind der Magnetowiderstand und der HALL-Effekt in VO untersucht worden (Tab. 15). Nach Meinung der Autoren entsteht bei $x = 1$ und $x = 1{,}1$ bis 1,15 in VO_x ein schwach verbreitertes Band, das in Übereinstimmung mit [181] ist. Entsprechend [185] ist die HALL-Konstante in VO_x sehr klein. Sie beträgt $R_H = 8{,}6 \cdot 10^{-9}$ m^3 A^{-1} s^{-1}. Der früher in VO angenommene Metall–Halbleiter-Phasenübergang ist durch neuere Literaturangaben nicht bestätigt worden.

Tabelle 15. Magnetowiderstand von VO_x bei 15 T (nach [184, 185])

x in VO_x	1,00		1,1		1,15		1,28	
T K	4,2	77,7	4,2	77,7	4,2	77,7	4,2	77,7
$\Delta\varrho/\varrho$	0,4	10^{-2}	−0,033	10^{-2}	−0,07 bis −0,12	$5 \cdot 10^{-3}$	—	10^{-2}

3.3. Physikalische Eigenschaften von V_2O_3

Der Phasenübergang bei 170 K mit einem Leitfähigkeitssprung von 4,5 Zehnerpotenzen wurde an V_2O_3 von Föex 1946 [186] gefunden. Die weitere Verbesserung der Präparationstechnik führte dazu, daß beim Tieftemperaturphasenübergang eine Leitfähigkeitsänderung von 10 Zehnerpotenzen gemessen werden konnte [187]. In einer anderen Arbeit [188] wird über eine Anomalie der Leitfähigkeit bei 525 K berichtet. Die Angaben zum Tieftemperaturphasenübergang des V_2O_3 bei den verschiedenen Autoren sind gut reproduzierbar, was für die Hochtemperaturanomalie nicht zutrifft (Abb. 60).

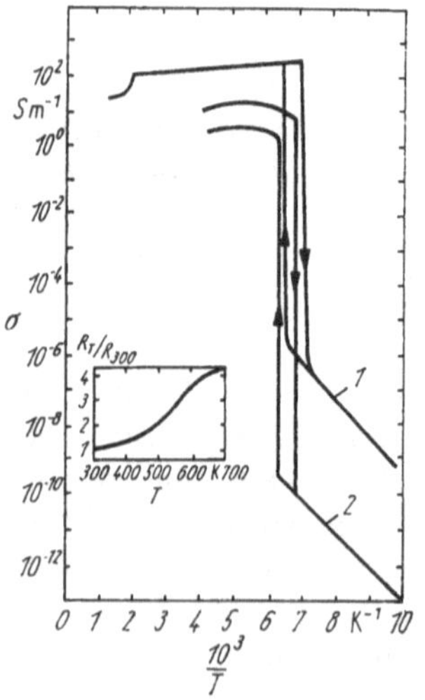

Abb. 60. Temperaturabhängigkeit der spezifischen Leitfähigkeit von einkristallinem V_2O_3; Kurve 1 nach [193], Kurve 2 nach [187]

3.3.1. Tieftemperaturphasenübergang Metall–Halbleiter

3.3.1.1. Struktur

Unterhalb 170 K ist V_2O_3 ein antiferromagnetischer Halbleiter (AFH), oberhalb ein paramagnetisches Metall (M). Die antiferromagnetische Ordnung in der Tieftemperaturphase wurde von Moon [189] gefunden. Die Größe des magnetischen Moments beträgt $(1{,}2 \pm 0{,}1)\ \mu_B$/V-Atom. In der $\langle 010 \rangle$-Richtung der monoklinen Tieftemperaturphase sind die magnetischen Momente ferromagnetisch angeordnet, in den anderen Richtungen antiparallel, so daß die resultierende magnetische Struktur antiferromagnetisch ist. Der Winkel zwischen der hexagonalen **c**-Achse und der Richtung des magnetischen Moments beträgt etwa 71°. V_2O_3 ist das einzige Vanadiumoxid, bei dem der magnetische Phasenübergang und der Metall–Halbleiter-Phasenübergang bei der gleichen Temperatur stattfinden ($T_N = T_t \approx 170$ K). Am Phasenübergang wird eine starke Strukturänderung beobachtet (Abb. 61). Bei $T > T_t$ liegt im metallischen Zustand eine Korundstruktur ($R\bar{3}c$) und bei $T < T_t$ im halbleitenden Zustand eine monokline ($P2/m$) Struktur vor. Bei $T > T_t$ bilden die O-Atome eine hexagonal dichte Kugelpackung, wobei die Sauerstoffoktaeder über die Kanten oder Flächen

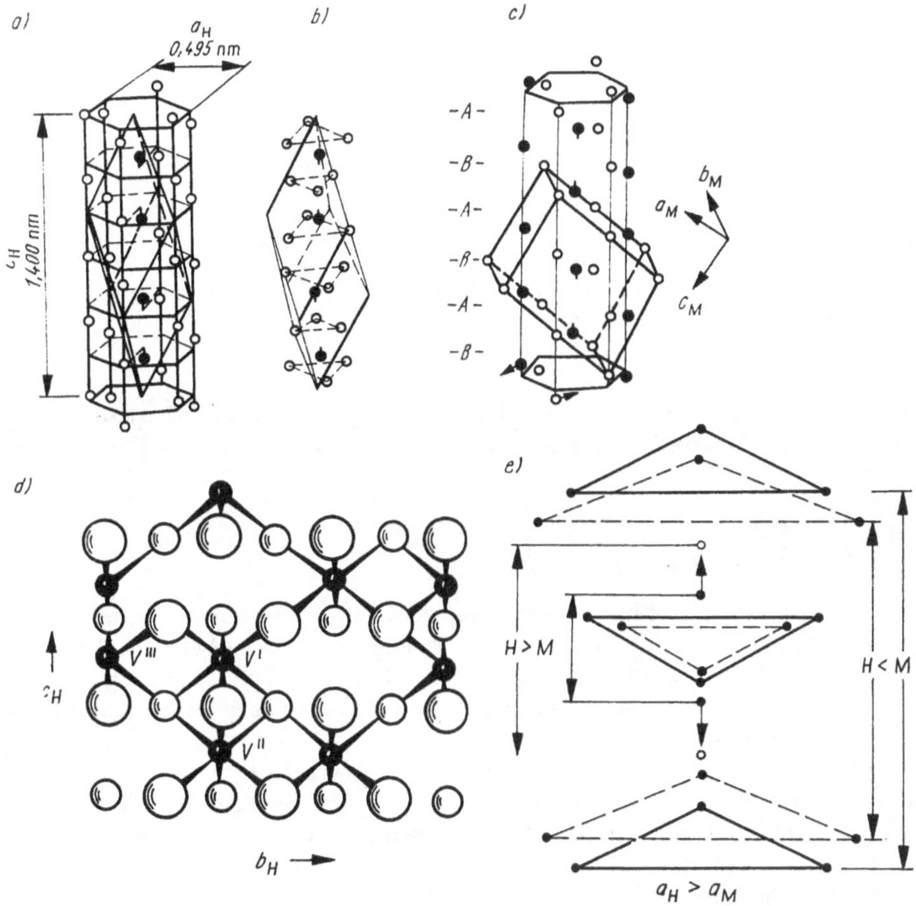

Abb. 61. Änderung der Struktur beim Phasenübergang des V_2O_3; a) metallische Phase; b) rhomboedrische Elementarzelle; c) halbleitende Tieftemperaturphase, ● ○ Vanadiumatome mit entgegengesetztem Spin, der durch Pfeile gekennzeichnet ist; d) Strukturprojektion von V_2O_3 auf die Ebene senkrecht zu $\{11\bar{2}0\}$; e) Schirmartige Strukturverzerrung bei Cr-Dotierung, H — Halbleiter, M — Metall (nach [110, 190, 191, 192])

verbunden sein können. Die Bindung über die Flächen tritt nur in hexagonaler c-Richtung auf. Die Vanadiumatome sitzen im Zentrum der Oktaeder und besetzen 2/3 der möglichen Oktaederplätze. Die elektrostatische Wechselwirkung zwischen den Atomen führt dazu, daß die V-Atome gegenüber dem Idealgitter leicht verzerrt und in der Ebene senkrecht zur c_H-Achse zickzackförmig verschoben sind. Die Verzerrung durch die Kationenverteilung wird durch eine entsprechende Abweichung in den Anionenplätzen kompensiert.

V_2O_3 läßt sich in die isostrukturelle Reihe Me_2O_3 einordnen und hat ein relativ großes c/a-Verhältnis (Abb. 62) [190]. Bei $T < T_t$ haben röntgenographische Strukturuntersuchungen gezeigt [110, 191, 192], daß die Lage der einzelnen Anionen sich mit der Temperatur leicht ändert. Die größere Änderung mit der Temperatur findet

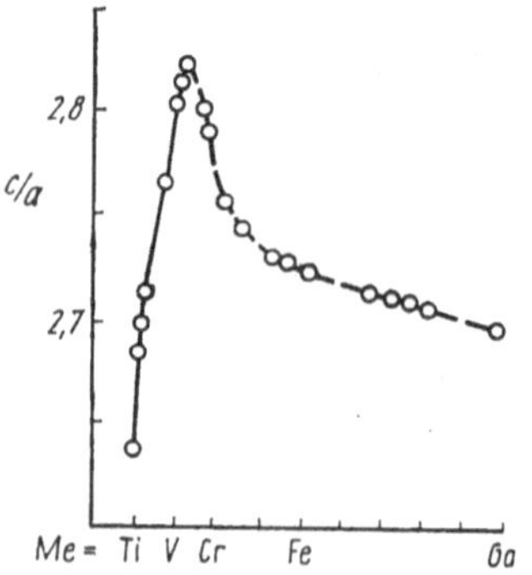

Abb. 62. c/a-Verhältnis in verschiedenen Me_2O_3 mit Korundstruktur (nach McWhan und Remeika [110])

im Kationengitter statt. Die Änderung der Gitterparameter beim Phasenübergang kann durch folgende Matrix beschrieben werden:

$$\begin{pmatrix} a \\ b \\ c \end{pmatrix}_M = \begin{pmatrix} 2/3 & 3/4 & 1/3 \\ 1 & 0 & 0 \\ 1/3 & 2/3 & 1/3 \end{pmatrix} \begin{pmatrix} a \\ b \\ c \end{pmatrix}_H . \tag{70}$$

Den Mechanismus der monoklinen Verzerrung kann man verstehen, wenn man die Bewegung der Vanadiumatome in der {1120}-Ebene betrachtet (Abb. 61). In dieser Ebene sind zwei Richtungen bevorzugt, entlang derer die Vanadiumatome untereinander den geringsten Abstand haben, nämlich senkrecht zur gemeinsamen Fläche bzw. Kante der Sauerstoffoktaeder.

Beim Übergang in die Tieftemperaturphase vergrößern sich diese Abstände. Es ist bemerkenswert, daß in der Basisebene des einfachen hexagonalen Gitters drei äquivalente $\boldsymbol{b}_H$-Achsen existieren, aber beim Phasenübergang die Verzerrung nur in einer $\boldsymbol{b}_H$–$\boldsymbol{c}_H$-Ebene auftritt; die beiden anderen Abstände entsprechen den Vanadiumpaaren mit parallelem Spin, die konstant bleibenden denen mit antiparallelem Spin. Den Verzerrungsmechanismus kann man sich als Drehung der Vanadiumpaare der {1120}-Ebene um 1,8° vorstellen. Die Drehung findet in Richtung auf die benachbarten unbesetzten Oktaederplätze statt. Die Drehung der Vanadiumpaare ist äquivalent zur Neigung der $\boldsymbol{c}_H$-Achse um 1,8°.

3.3.1.2. Optische Eigenschaften

Abbildung 63 zeigt das Absorptionsspektrum von V_2O_3, das in zwei Polarisationsrichtungen gemessen worden ist. Die optische Leitfähigkeit hat in der Nähe der Absorptionskante eine Frequenzabhängigkeit $\sigma' \sim \omega^{1,5}$. Die Absorptionskante des V_2O_3 ist verschmiert und wurde in einem breiten Energiebereich untersucht [193] bis [196]. Die Ursache für die Verschmierung der Kante ist bisher unklar und kann eventuell durch die Elektronenkorrelation erklärt werden [195]. Für die Untersuchung der optischen Eigenschaften von V_2O_3 im metallischen Zustand hat man mit Erfolg Reflexionsmethoden [195, 197], Elektroreflexionsmethoden [198] und Thermoreflexionsmethoden [199] eingesetzt. In Abbildung 64 ist das Reflexionsspektrum für die metallische Phase dargestellt.

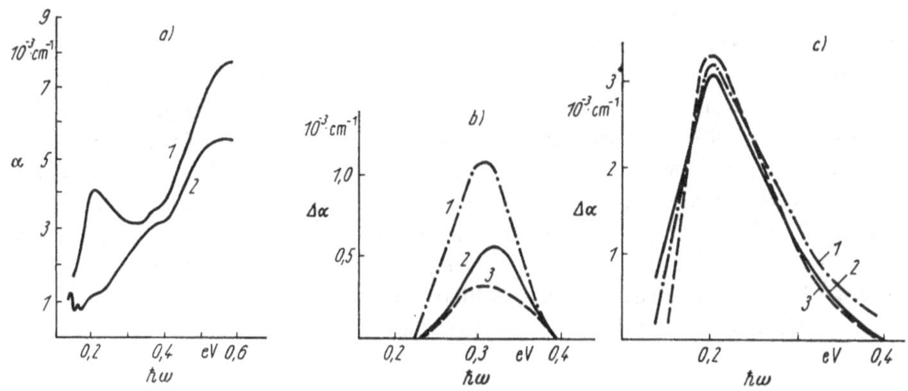

Abb. 63. Absorptionsspektrum von V_2O_3; a) Kurve 1 $E \parallel c$, Kurve 2 $E \perp c$; b) $E \perp c$; c) $E \parallel c$, nach der URBACH-Regel für verschiedene Stöchiometrien (nach [194])

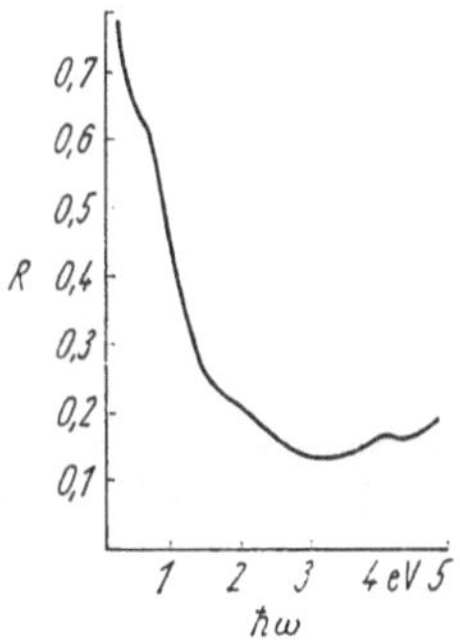

Abb. 64. Frequenzabhängigkeit des Reflexionskoeffizienten R von metallischem V_2O_3 (nach [197])

Die aus diesen Messungen erhaltene effektive Masse beträgt $m^* = 9\, m_e$. In Tabelle 16, die von BALBERG [200] aufgestellt und von SHUKER und YACOBY [199] ergänzt wurde, sind Angaben enthalten, die von verschiedenen Autoren an metalli-

Tabelle 16. Reflexionsspektren von metallischem V_2O_3

Reflexion eV [724]	Reflexion eV [197]	Thermo-reflexion eV [726]	Elektro-reflexion eV [198]	weiche Röntgen-strahlung eV [725]	Thermo-reflexion eV [199]
0,9	0,6	0,92	1,1	0,8 ± 0,3	0,95
1,5	1,5	1,4		1,6 ± 0,3	1,45
					1,90
2,3 – 2,7	2,0 – 2,4	2,3 – 298	2,5	2,6 ± 0,3	2,20
					2,5 – 2,8
		3,46			3,4
4,3	4,3				
		4,9			4,9
5,4		5,5	5,6		5,5

schem V_2O_3 gemessen wurden. Es existieren nur wenige IR-spektroskopische Angaben zum V_2O_3. Laut der Arbeit von BARKER und REMEIKA [195] wurden bei $T = 80$ K zwei starke Absorptionspeaks in der Nähe von 0,05 eV und einige schwache Peaks, die man der Absorption von IR-aktiven Phononen zuschreiben kann, gefunden. Von KOSYREWA u. a. [196] sind drei Absorptionspeaks bei $\omega = 500, 750$ und $820\ cm^{-1}$ bei $T = 77$ K beobachtet worden. MIRLIN und RESCHINA sowie KURODA und FAN [201, 202] untersuchten die RAMAN-Spektren von V_2O_3. Eine Gruppenanalyse zeigt, daß bei $T > T_t$ im metallischen, orthorhombischen Zustand (Raumgruppe $R3c$) 7 RAMAN-aktive Moden existieren ($2A_{g_1} + 5E_g$). Bei $T < T_t$, in der monoklinen, halbleitenden Phase (Raumgruppe $B2/b$) geht die Mode A_{g_1} in die Mode A_g über, und die E_g-Mode spaltet in A_g- und B_g-Paare auf. In Abbildung 65 sind die Lagen der

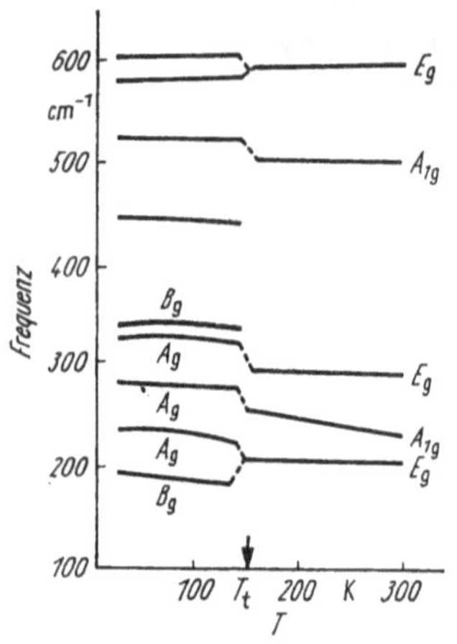

Abb. 65. Temperaturabhängigkeit der Frequenzverschiebung für verschiedene Peaks bei der RAMAN-Streuung in V_2O_3

RAMAN-Linien und ihre Verschiebung beim Phasenübergang angegeben. Die Abbildung zeigt, daß die Linie bei $\omega = 450\ cm^{-1}$ beim Phasenübergang verschwindet. Die Intensität dieser Linie erhöht sich im Unterschied zu den anderen Linien stark mit Erhöhung der Temperatur. In der Arbeit von KURODA und FAN [202] wird diese Linie der Magnonenstreuung zugeschrieben, die durch die antiferromagnetische Ordnung verursacht wird. Auf eine Besonderheit wird in [201] hingewiesen, die aus einem Vergleich der RAMAN-Spektren von V_2O_3 und VO_2 folgt. Beim VO_2 verschwinden nach ARONOW u. a. [147] alle und nach CHASE und SRIVASTAVA [203] fast alle RAMAN-Linien beim Übergang in den metallischen Zustand, in V_2O_3 wird ähnliches nicht beobachtet. Die Verbreiterung der RAMAN-Linien beim Phasenübergang des V_2O_3 beträgt 4 bis 6 cm^{-1}. Die gleiche Verbreiterung beobachtet man in Zn, Cd und Mg und erklärt sie dort mit der Elektron–Phonon-Wechselwirkung. Für die Erklärung dieser Erscheinung wurde in [204] die Dämpfung der Phononen in beiden Phasen im Rahmen des einfachen Gitterverzerrungsmodelles berechnet [205]. Es wurde gezeigt, daß bei niedrigen Frequenzen ($\omega < 2\ E_g$) die Dämpfung durch die anharmonische Gitterschwingung bestimmt und wesentlich kleiner ist als bei höheren Frequenzen ($\omega > 2E_g$), bei der sie durch die Elektron–Phonon-Wechselwirkung bestimmt wird. In der metallischen Phase bei $E_g = 0$ trägt die Elektron–Phonon-Wechselwirkung bei allen Frequenzen zur Dämpfung bei. Die größere Linienbreite für VO_2 im Vergleich zu V_2O_3 im metallischen Zustand ist nach [204] die Folge der größeren Elektron-Phonon-Wechselwirkung im VO_2.

3.3.1.3. Bandschema

Um die optischen Daten und die anderen physikalischen Eigenschaften verstehen zu können, ist es nötig, das Bandschema aufzustellen. Das geeignetste Schema wurde von GOODENOUGH [206] vorgeschlagen. Erste Bandberechnungen nach dem Modell der tight-binding-Näherung wurden durchgeführt [207]. Ausführliche Bandberechnungen nach der LCAO-Methode sind in der Arbeit von ASHKENAZI und CHUCHEM [208] beschrieben. Das Bandschema für V_2O_3 muß folgenden Forderungen genügen:

- das $3d$-Niveau des V^{3+} ist zehnfach entartet,
- die oktaedrische Umgebung der kubischen Komponente des Kristallfeldes spaltet den $3d$-Zustand in das dreifach entartete untere t_{2g}-Niveau und das zweifach entartete obere e_g-Niveau auf,
- die e_g-Zustände liegen energetisch höher als die t_{2g}-Zustände, weil sie stärker mit den $2p$-Bändern des Sauerstoffs verbunden sind,
- die axiale Komponente des Kristallfeldes spaltet das dreifach entartete t_{2g}-Niveau in ein einfach entartetes a_1-Niveau und ein zweifach entartetes e_π-Niveau.

Darüberhinaus wird folgendes angenommen:

- Die Wellenfunktion a_1 ist bevorzugt parallel zur c-Achse gerichtet und bildet ein gefülltes bindendes und ein leeres antibindendes Band.
- Die Wellenfunktionen e_π liegen hauptsächlich in der Basisebene senkrecht zur c-Achse und sind in ein bindendes und ein antibindendes Band aufgespalten (Abb. 66). Das $3d$-Niveau des Vanadiums spaltet im kubischen Feld zunächst in e_g und t_{2g} auf. Die Berücksichtigung des axialen Feldes (Verzerrung der Sauerstoffoktaeder) und die Hybridisierung führen zu der in Abbildung 66 gezeigten Aufspaltung. Aus den unteren beiden Zuständen bilden sich im Kristall unter Berücksichtigung der monoklinen Verzerrung die bindenden und antibindenden a_{1g}- und e_g^π-Teilbänder. Nach GOODENOUGH [206] liegt das bindende e_g^π-Band tiefer als das a_{1g}-Band. Die Ursache für diese Reihenfolge der Bänder in V_2O_3 ist das große c/a-Verhältnis.

In dem strukturverwandten Ti_2O_3, in dem das Verhältnis c/a klein ist, liegt dagegen das bindende a_{1g}-Band tiefer als das bindende e_g^π-Band. Im Ti_2O_3, wo das Ti^{3+}-Ion noch ein Valenzelektron besitzt, ist das untere a_{1g}-Band voll gefüllt. Die verbotene Zone wird durch die Aufspaltung des a_{1g}- und des e_g^π-Bandes gebildet. Nach diesem Modell wird das anormal kleine c/a-Verhältnis dadurch hervorgerufen, daß entlang der c-Achse eine Kationen-Kationen-Bindung existiert, während in der Basisebene diese Bindung fehlt. Die thermische Anregung des Elektrons vom a_{1g}-Band in das $e_g^{\pi *}$-Band führt im Ti_2O_3 zur Entstehung der Kationen-Kationen-Bindung in der Basisebene. Infolgedessen wächst das c/a-Verhältnis mit der Temperatur. Dadurch werden die a_{1g}- und $e_g^{\pi *}$-Bänder energetisch gleich. Diese Überlappung der Bänder führt zum Phasenübergang im Ti_2O_3. Im V_2O_3 sind noch zwei Valenzelektronen pro V^{3+}, die sich im unteren bindenden $e_g^{\pi *}$-Band befinden, was zu einem großen c/a-Verhältnis bei Raumtemperatur führt.

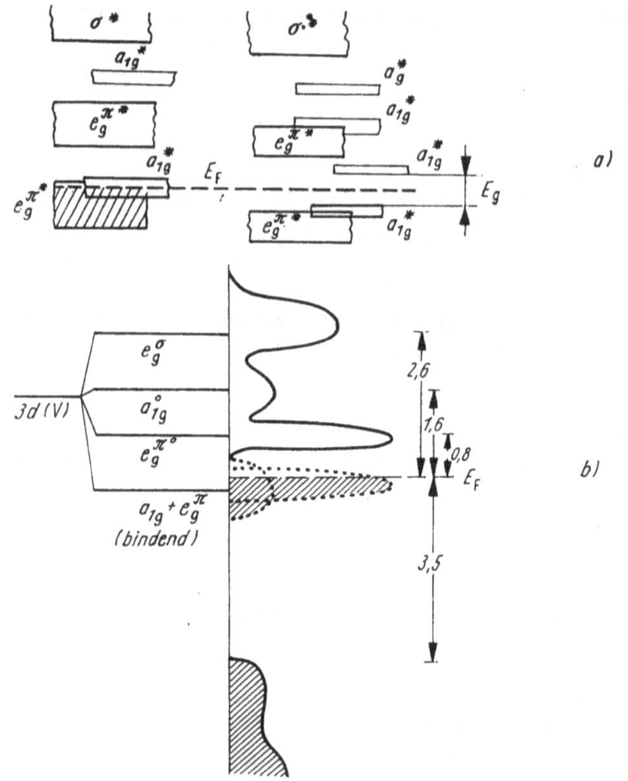

Abb. 66. Bandschema von V_2O_3; a) nach [206]; b) empirisch nach [200], in eV

Das Bandschema von GOODENOUGH stimmt gut mit theoretischen Bandberechnungen überein [208]. In Abbildung 66 ist ein qualitatives Bandschema von BALBERG [200] nach experimentellen Daten angegeben. Die Interpretation der optischen Übergänge ist in Tabelle 17 zusammengefaßt [199]. Die Breite des $3d$-t_{2g}-Bandes beträgt nach [200] 1,6 eV. Die Übergänge zwischen den $2p$- und $3d$-Bändern erhält man aufgrund optischer Messungen bei Energien >3,75 eV. Die Berechnungen des Bandschemas durch ASHKENAZI und WEGER [209] stimmen gut mit den experimentellen Angaben von SHUKERS und YACOBY [199] überein. In der antiferromagnetischen mono-

Tabelle 17. Interpretation der optischen Übergänge am V_2O_3 (nach [199])

Thermoreflexionsdaten eV	Art des Überganges
0,95	Plasmafrequenz
1,45	$e_\pi - a_1$
1,90	$e_\pi - e$
2,20	$e_\pi - a_1$
2,5 – 2,8	Breite des $3d$-t_{2g}-Bandes

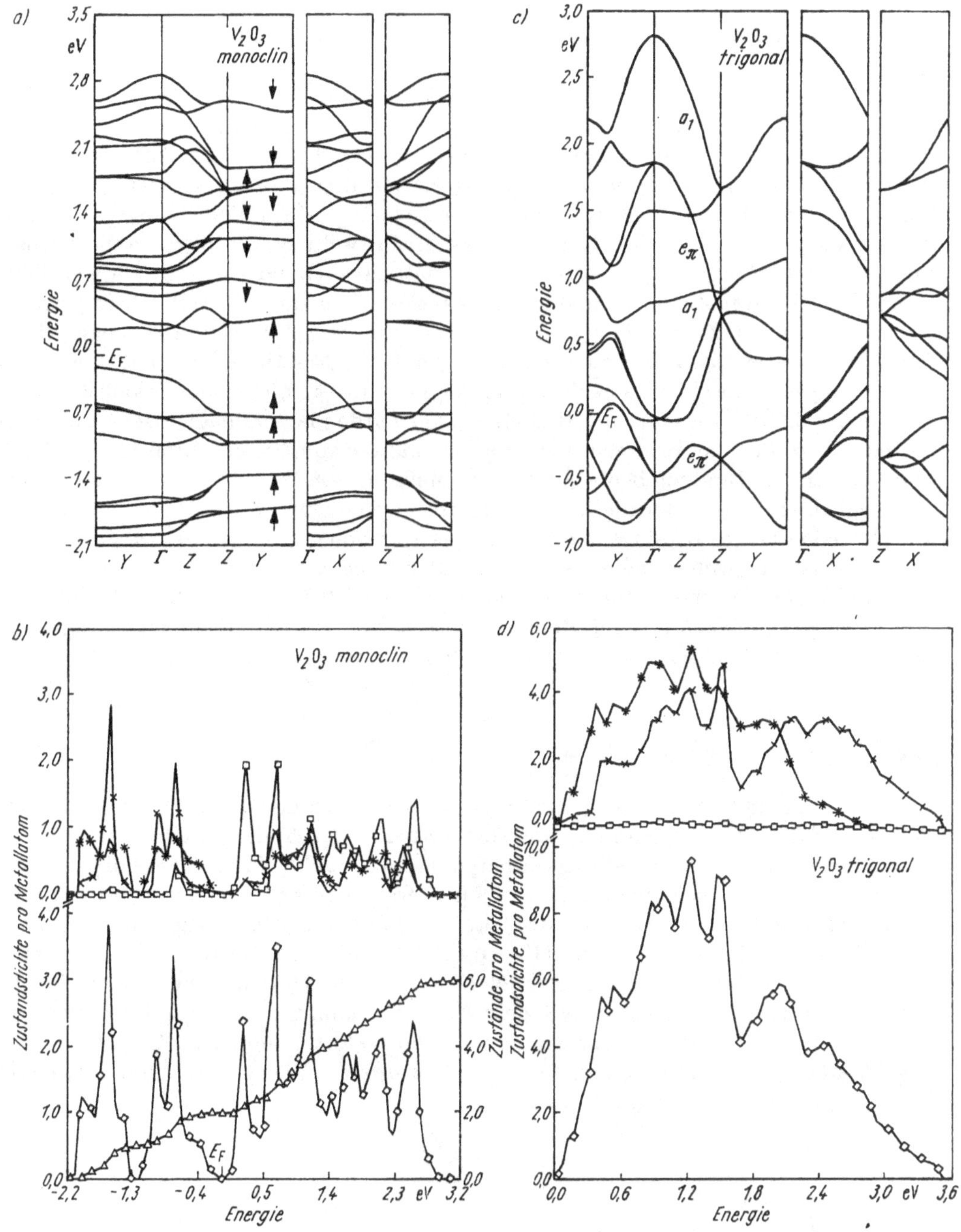

Abb. 67. Bandschema und Zustandsdichte von V_2O_3; a) Struktur der t_{2g}-Bänder bei $T < T_t$, die Pfeile zeigen die Richtung des magnetischen Moments; b) Zustandsdichte bei $T < T_t$; ◇—◇ total, □—□ a_1, ×—× e_1, ∗—∗ e_2, △—△ integral; c) Struktur der t_{2g}-Bänder im metallischen V_2O_3 ($T > T_t$); d) Zustandsdichte bei $T > T_t$; ◇—◇ total, ×—× $a_1 - e_\pi$, ∗—∗ $e_\pi - e_\pi$, □—□ $a_1 - a_1$ (nach [209])

klinen Phase des V_2O_3 wird das e_π-Band in zwei nichtentartete Bänder e_1 und e_2 aufgespalten, wovon das untere mit Elektronen besetzt ist. Unterhalb T_t wurden nur wenige optische Messungen durchgeführt.

Am Modell von [206] kann man unterhalb T_t die Größe des magnetischen Moments von 1,2 μ_B/V^{3+} gut erklären. Theoretisch ergibt sich bei Annahme einer vollständigen Lokalisierung zunächst ein magnetisches Moment von 2,8 μ_B. Nach NEBENZAHL und WEGER [207] ist die Größe von 1,2 μ_B dadurch bedingt, daß im V_2O_3 ein Band existiert, das fast keinen Beitrag zum magnetischen Moment liefert, und außerdem besitzt V_2O_3 ein lokalisiertes magnetisches Niveau, welches das magnetische Verhalten bestimmt. Nach [210] kann man sagen, daß das a_1-Band zwei Zustände enthält, einen „molekularen Zustand" und einen lokalisierten Zustand. Der erste liefert keinen Beitrag zum magnetischen Moment, während der Beitrag des zweiten 1 μ_B entspricht. Das Moment von 0,3 μ_B kommt nach [210] von den e_π-Elektronen, die teilweise durch die Austauschwechselwirkungen zwischen den a_1- und e_π-Elektronen lokalisiert sind. In der Arbeit von GOSSARD und REMEIKA [211] wurde die kernmagnetische Resonanz an mit ^{17}O dotiertem V_2O_3 gemessen und ein starker kovalenter Anteil an der Vanadium-Sauerstoff-Bindung beobachtet. Nach Meinung von [211] liefert eines der beiden $3d$-Elektronen keinen Beitrag zum magnetischen Moment, während sich gleichzeitig durch die kovalente Ladungsübertragung das Spinmoment des anderen Elektrons auf 1,2 μ_B erhöht. In Abbildung 67 ist in einem Bandschema auch die Zustandsdichte des t_{2g}-Bandes für die rhomboedrische und monokline Phase des V_2O_3 nach [208] bis [210] angegeben. Nach unserer Meinung müssen die bei den Berechnungen angenommenen Voraussetzungen noch experimentell gesichert werden.

3.3.1.4. Thermische Eigenschaften

In Abbildung 68 sind die Wärmekapazitätsangaben bei konstantem Druck nach BARROS u. a. [212], JAFFRAY und LYAND [213], ANDERSON [295] dargestellt. Der sicherste Wert für die Phasenumwandlungsenthalpie beträgt nach [212] 2000 J mol^{-1} und die Phasenumwandlungsentropie 11,7 J mol^{-1} K^{-1}, was in guter Übereinstimmung mit der Größe von 10,9 J mol^{-1} K^{-1} ist, die man nach CLAUSIUS-CLAPEYRON mit $dT_t/dp =$ $= 3{,}78 \cdot 10^{-8}$ K Pa^{-1} [193] und $\Delta V = 0{,}42 \cdot 10^{-6}$ m^3 mol^{-1} [110] erhält. Anomalien in der Wärmeleitfähigkeit zwischen 300 K und 500 K wurden bisher nur in der Arbeit von JAFFRAY und LYAND [213] gefunden, was wahrscheinlich auf das verwendete Untersuchungsmaterial zurückzuführen ist. Die DEBEY-Temperatur für V_2O_3 beträgt 580 K [214, 215]. Von ANDREJEW u. a. [216] wurde die Wärmeleitfähigkeit von V_2O_3

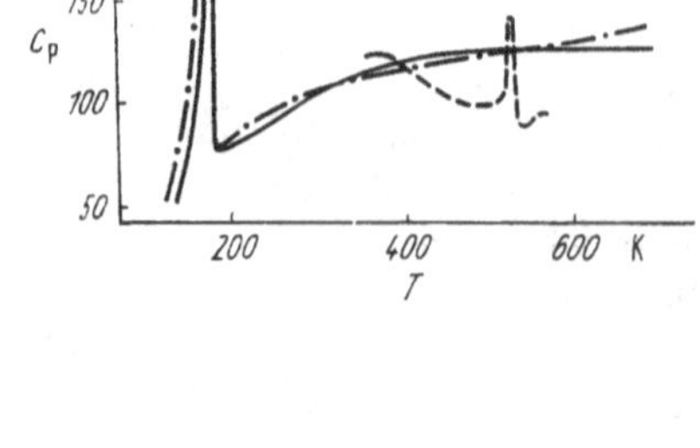

Abb. 68. Wärmekapazität von V_2O_3; ——— [212], – – – [213], –·– [295]

unterhalb und oberhalb T_t untersucht. Die Ergebnisse sind in Abbildung 69 gemeinsam mit denen für V_3O_5 und VO_2 dargestellt. Es ergeben sich folgende Besonderheiten:

- Die Wärmeleitfähigkeit unterhalb T_t verkleinert sich stark mit Erhöhung der Temperatur, was für die drei Phononstreuprozesse charakteristisch ist.
- Oberhalb T_t hängt die Wärmeleitfähigkeit schwach von der Temperatur ab und ist im Absolutwert klein, wie es z. B. für amorphe Stoffe gefunden wird (amorphes Si). Trotzdem sind die betrachteten Substanzen im metallischen Zustand gut kristallisiert.

Die Erklärung dieser Besonderheiten muß man in dem spezifischen Charakter des Elektronensverhalten in der metallischen Phase suchen. Es ist zu vermuten, daß der Mechanismus für eine solche starke Streuung der akustischen Phononen durch die Lokalisierung der Elektronen bzw. durch die Bildung der magnetischen oder dielektrischen Polaronen verursacht wird.

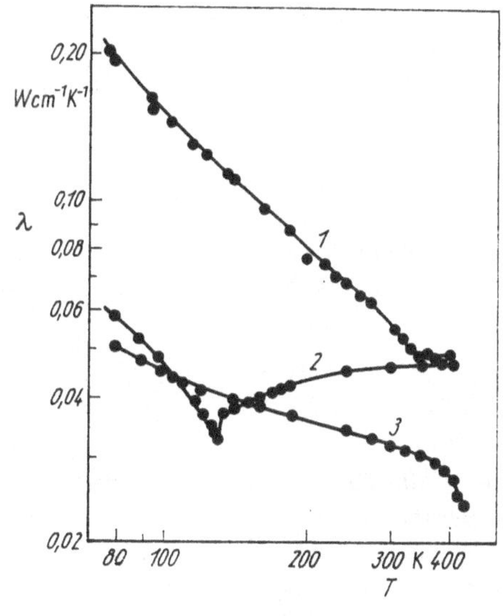

Abb. 69. Wärmeleitfähigkeit von VO_2 (1) V_2O_3 (2) und V_3O_5 (3) (nach [216])

3.3.1.5. Metallische Phase

Die metallische Phase des V_2O_3 unterscheidet sich in ihrem Verhalten von normalen Metallen in zwei wesentlichen Punkten:

1. Die magnetische Suszeptibilität zeigt kein Verhalten nach Pauli, wie es für paramagnetische Metalle typisch ist, sondern hat einen Verlauf, der zwischen einer Curie-Weiss-Abhängigkeit und einer Pauli-Abhängigkeit liegt (Abb. 70).
2. Die Messungen der Wärmekapazität bei tiefen Temperaturen haben gezeigt [217] bis [219], daß das metallische V_2O_3 einen großen elektronischen Beitrag zur Wärmekapazität besitzt ($\gamma = 4 \cdot 10^{-2}$ J K^{-2} mol^{-1}). Diese Messungen sind durch die Stabilisierung des metallischen Zustandes von V_2O_3 unter dem Einfluß von Druck ($p = 25 \cdot 10^8$ Pa) oder durch Dotierung mit 5% Ti möglich. Ähnlich große Beiträge

von γT werden in Supraleitern vom V_3Si-Typ und in Ferromagnetika vom $ZrZn_2$-Typ sowie bei Ce-Legierungen beobachtet. Die Autoren stellten fest, daß das Produkt γT_t für V_2O_3 ($T_t = 150$ K) 11,3 J mol^{-1} K^{-1} beträgt und dem Wert für die Phasenumwandlungsentropie $\Delta S_t = 11$ bis 11,7 J mol^{-1} K^{-1} nahekommt. Das spricht dafür, daß die Elektronen einen wesentlichen Beitrag zur Entropieänderung beim Phasenübergang liefern.

In den Arbeiten [220] bis [223] finden sich nach Messung des HALL-Effekts im metallischen Zustand gut übereinstimmende Werte. Die HALL-Konstante bewegt sich zwischen 2,3 und $3{,}5 \cdot 10^{-10}$ m^3 A^{-1} s^{-1} und ist zwischen T_t und 650 K temperaturabhängig und bis $35 \cdot 10^8$ Pa druckunabhängig. Die HALL-Beweglichkeit im metallischen Zustand liegt zwischen 5 und $6 \cdot 10^{-6}$ m^2 V^{-1} s^{-1}, was einer mittleren freien Weglänge in der Größe der Atomabstände entspricht. In einer Arbeit von MCWHAN

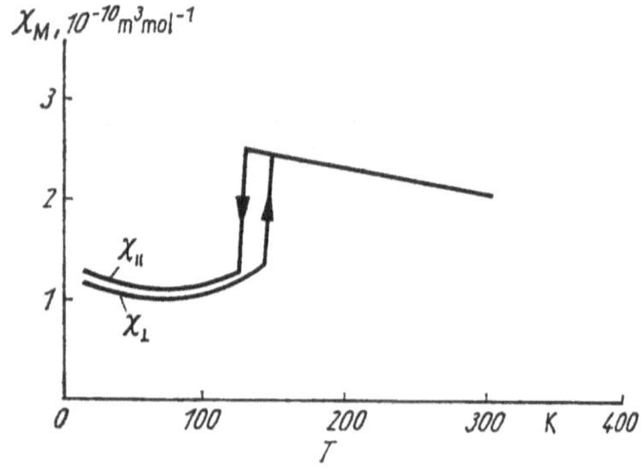

Abb. 70. Temperaturabhängigkeit der magnetischen Suszeptibilität von V_2O_3 (nach [46, 262, 296])

und RICE [224] wurde bei Druckexperimenten ($p > 20 \cdot 10^8$ Pa) eine T^2-Abhängigkeit der spezifischen Leitfähigkeit bei tiefen Temperaturen beobachtet, während bei 300 K eine Art Sättigung gefunden wurde, was nach MOTT einer Elektron–Elektron-Streuung (BARBER-Streuung) mit niedriger Entartungstemperatur zugeschrieben werden kann [146]. Die tiefe Entartungstemperatur kann nach MOTT mit einer großen effektiven Masse der Ladungsträger und durch Bildung kleiner Polaronen erklärt werden. Der Widerstand im metallischen Zustand wird stark durch Dotierung beeinflußt. Von MCWHAN u. a. [222] wurde festgestellt, daß die Restwiderstandsbeiträge von Cr-, Ti- und Zr-dotiertem V_2O_3 mit 140, 35 und 1000 $\mu\Omega$ cm/At-% sehr groß sind.

BRINKMAN und RICE [151] entwickelten ein theoretisches Modell, in dem die metallische Phase als Zustand des stark korrelierten Elektronengases beschrieben wird, wobei die theoretischen Berechnungen nach GUTZWILLER durchgeführt wurden. In guter Übereinstimmung mit den Experimenten wird gezeigt, daß ein solches Gas große Beiträge für die magnetische Suszeptibilität χ und den Koeffizienten γ bekommen kann, wobei das χ/γ-Verhältnis von 1 einem experimentell ermittelten von 1,8 gegenübersteht. Wie bekannt, kann das HUBBARD-Modell den metallischen Zustand nicht richtig wiedergeben, weil am FERMI-Niveau die Zustandsdichte 0 ist [155]. Das BRINKMAN-RICE-Modell beschreibt dagegen die isolierende Phase schlechter als die metallische. Im Fall $n = 1$ ergibt sich für die Wahrscheinlichkeit, an einer Stelle zwei Elektronen mit antiparallelem Spin zu finden, das heißt, für die Anzahl der Paare ν

$$\nu = \frac{1}{4}\left(1 - \frac{U}{C_0}\right). \tag{71}$$

Sie fällt also linear mit Erhöhung des COULOMBschen Abstoßungspotentials U ab. Dabei ist $C_0 = -8\bar{E}$ ($\bar{E}$ — mittlere Energie in der Größenordnung der Bandbreite W). Bei $U = C_0$ folgt $\nu = 0$, und der Phasenübergang findet statt. Das bedeutet, daß im metallischen Zustand die Anzahl der lokalisierten Elektronen nicht gleich 0 ist. Die Anzahl der Paare erreicht nicht sofort den Wert $\nu = (n/2)^2$, der für die freien Elektronen typisch ist. Eine solche Mischung aus lokalisierten und nichtlokalisierten Ladungsträgern nennt man ein stark korreliertes Elektronengas. Gleiche Effekte kann man in den fast ferromagnetischen FERMI-Flüssigkeiten beobachten. Zur Klärung der Transporteigenschaften im Rahmen des GUTZWILLER-Modells haben BRINKMAN und RICE die Theorie der FERMI-Flüssigkeit von LANDAU verwendet. Sie berechneten eine Erhöhung der effektiven Masse der Ladungsträger, der magnetischen Suszeptibilität und der Abschirmungskonstanten in der Nähe des Phasenüberganges. Trotzdem ist es schwierig, mit diesem Modell die hohen Restwiderstände und die Druckunabhängigkeit der HALL-Konstante zu erklären [151].

In den Arbeiten [15], [225] bis [230] wird gezeigt, daß auch Stöchiometrieabweichungen zur Stabilisierung der metallischen Phasen beitragen können. Für ein V_2O_{3+x} mit $x > 0{,}04$, bleibt der metallische Zustand bis $T = 0$ K erhalten. Der absolute Wert von γ für $x > 0{,}04$ beträgt $5{,}4 \cdot 10^{-2}$ J K^{-2} mol^{-1}. Bei Erhöhung von x verringern sich die Gitterparameter, d. h., die Stöchiometrieabweichung ist in ihrer Wirkung mit der des hydrostatischen Druckes gleichzusetzen. In [231] sind die magnetischen Eigenschaften von V_2O_{3+x} untersucht, die Ergebnisse sind in Abbildung 71 dargestellt. Bei $x \approx 0{,}035$ verschwindet der Phasenübergang. Die Messungen der magnetischen Suszeptibilität zeigen, daß bei $x \approx 0{,}035$ ein Phasenübergang aus einem metallisch antiferromagnetischen Zustand in einen metallisch paramagnetischen Zustand beobachtet wird.

MÖSSBAUER-Untersuchungen mit ^{57}Fe-dotiertem V_2O_{3+x} ($0{,}035 \leqq x \leqq 0{,}08$) zeigen das Verhalten eines antiferromagnetischen Metalls im Temperaturgebiet von 0 bis 10 K. Bei Stabilisierung des metallischen Zustandes durch Druck oder Dotierung mit Ti wird ein derartiger magnetischer Phasenübergang nicht beobachtet.

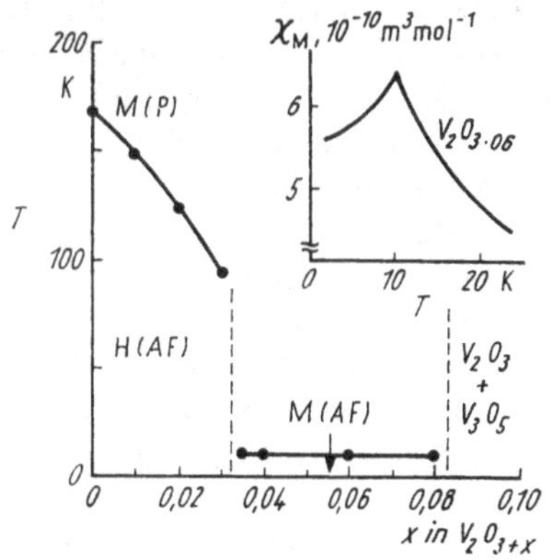

Abb. 71. Phasendiagramm von V_2O_{3+x}. Teilbild: magnetische Suszeptibilität von $V_2O_{3.06}$; AF — antiferromagnetisch, P — paramagnetisch (nach [231])

3.3.1.6. Die Natur des Phasenübergangs Metall–Halbleiter

Die Analyse der experimentellen Ergebnisse zeigt deutlich, daß die Möglichkeit eines reinen MOTT-Übergangs in diesem Fall ausgeschlossen ist. Bei der Erklärung des Phasenübergangs muß die Verzerrung des Gitters berücksichtigt werden. Eine vollständige Erklärung durch das ADLER-BROOKS-Modell gelingt nicht [164]. Die kritische Konzentration der Ladungsträger x_K bei T_t ist für dieses Modell nach Formel (61) gegeben.

Wenn man für die Konstante der Elektron–Phonon-Wechselwirkung $g \approx 1$ eV annimmt, was typisch für solche Verbindungen ist, erhält man $n_K = 1{,}5 \cdot 10^{-2}$. Daraus folgt, daß der Konzentrationssprung der Ladungsträger am Phasenübergang etwa zwei Zehnerpotenzen betragen kann. Das bedeutet, daß der experimentell beobachtete Leitfähigkeitssprung von 10 Zehnerpotenzen einem Beweglichkeitssprung von 8 Zehnerpotenzen entsprechen muß. Wie bekannt, beträgt die Beweglichkeit im metallischen Zustand $5 \cdot 10^{-6}\, m^2\, V^{-1}\, s^{-1}$. Wie in Abschnitt 3.5.1.2. gezeigt wird, müßte dann die Beweglichkeit im halbleitenden Zustand $\approx 10^{-14}\, m^2\, V^{-1}\, s^{-1}$ sein (98). Experimentell findet man im Temperaturbereich von 100 K bis 150 K eine exponentielle Abhängigkeit des spezifischen Widerstands. Das spricht gegen die Anwendbarkeit dieses Leitfähigkeitsmechanismus.

Auf die große Rolle der Elektron–Phonon-Wechselwirkung wird in einer Arbeit von KENNEDY und MACKENZIE [121] hingewiesen, nach der V_2O_3-Schichten mit der Methode des reaktiven Sputterns bei konstanter Substrattemperatur hergestellt wurden. Wenn die Substrattemperatur unterhalb T_t lag, zeigten die Schichten eine amorphe Struktur mit metallischer Leitfähigkeit. Bei Temperaturen oberhalb T_t erhielt man halbleitende Schichten. Nach einer Temperung bei 600 °C in Argon zeigten die ursprünglich amorphen Schichten einen Phasenübergang AFH $\rightleftarrows$ M. Nach Meinung der Autoren spricht dies dafür, daß die Zerstörung der Fernordnung zur Unterdrükkung des Phasenübergangs führt. Daraus kann man schlußfolgern, daß, wenn im System eine Gitterverzerrung fehlt, auch kein Phasenübergang AFH $\rightleftarrows$ M auftritt.

Nach ADLER u. a. sowie MOTT [146, 164] hat auch ein magnetischer Beitrag Einfluß auf den Phasenübergang. Es wird angenommen, daß magnetoelastische Kräfte Ursache für die Gitterverzerrung sind, wie aus theoretischen Voraussagen auf der Grundlage eines Bändermodelles [232] hervorgeht. Von ANDREJEW u. a. [233] wurde der Einfluß starker magnetischer Impulsfelder bis 24 T auf T_t untersucht. Dabei wurde festgestellt, daß T_t mit einer Genauigkeit von ± 1 K konstant bleibt, was in [202] unter Einwirkung konstanter Felder bis 10 T bestätigt wird. Wir meinen deshalb, daß magnetoelastische Kräfte nur eine geringe Rolle für die Gitterverzerrung spielen.

Ein gutes Beispiel der Erklärung des Phasenübergangs im Rahmen des Bandmodelles geben ASHKENAZI und WEGER in [210], sie gehen von einem Zweibandmodell mit a_{1g}- und e_π-Bändern aus. Der Übergang wird dadurch erklärt, daß die Änderung der Gitterparameter zur Änderung des bindenden a_{1g}-Bandes vom molekularen, (delokalisierten) metallischen in den atomaren, (lokalisierten) halbleitenden, antiferromagnetischen Zustand führt. Mit anderen Worten, der Phasenübergang geschieht durch Aufbruch der bindenden Molekülorbitale. Das Aufbrechen dieser Bindung bestimmt auch die Energieänderung beim Phasenübergang. Die Leitfähigkeitsänderung wird hauptsächlich dem e_π-Band zugeschrieben. Infolge der Austauschwechselwirkung der a_1- und e_π-Elektronen werden die letzteren lokalisiert oder teilweise lokalisiert, was zum Leitfähigkeitssprung führt. Dieses Modell beschreibt gut die magnetischen Eigenschaften und den Einfluß der Chromdotierung. Nach [210] wird der metallische Zustand durch die zwei „Atommoleküle", die durch die a_1-Elektronen gebildet werden, bestimmt. Die Dotierung führt zum Aufbrechen dieser Bindungen und zur Lokalisierung der Elektronen, welche andererseits zur Lokalisierung der e-Elektronen in der Nähe der Fremdatome und zur Bildung der verbotenen Zone führt. Dieses Modell erklärt die KNIGHT-Verschiebung und die Isomerieverschiebung im V_2O_3. Die Erklärung berücksichtigt auch den experimentellen Fakt, daß der Lokalisierungsgrad der kovalenten Bindung O–V verändert wird.

Durch Messungen der Positronenannihilation [234] in V_2O_3 wurde die Voraussage von ASHKENAZI und WEGER [210] über die Änderung der Ionenbindung beim Phasenübergang bestätigt. Die Eigenschaften, die mit der konkreten Struktur des a_{1g}- und e_π-Bandes verbunden sind, wie genaue Atomlage im antiferromagnetischen Zustand, die Änderungen in der Ebene senkrecht zur **c**-Achse in dieser Phase, die große Isotropie der Leitfähigkeit und die Natur der Besonderheiten in der metallischen Phase kann dieses Modell nicht erklären. Eine Weiterentwicklung des Modelles von ASHKENAZI und WEGER [210] ist von CAPELLMAN [235] gegeben, bei der man die Wechselwirkung zwischen zwei Bändern berücksichtigt hat. Im Rahmen dieser Betrachtungen gelingt es qualitativ, einen Phasenübergang bei tiefen Temperaturen, von einem magnetischen Isolator ausgehend, zu einem korrelierten Metall bei mittleren Temperaturen und bei hohen Temperaturen zu einem Exzitonenisolator zu erklären.

Das ARONOW-KUDINOW-Modell [165] ist nach unserer Meinung am besten für die Beschreibung des Phasenübergangs AFH $\rightleftarrows$ M geeignet, weil es die Gitterverzerrung und den MOTT-Beitrag in der verbotenen Zone berücksichtigt (s. 3.1.2.).

In den Arbeiten von ANDREJEW u. a. [233, 236, 237] ist der Einfluß von starken elektrischen Feldern auf den Phasenübergang untersucht. Im Temperaturintervall von 4,2 K bis 130 K ergaben Leitfähigkeitsuntersuchungen (Abb. 72), daß bei 4,2 K ein starker Anstieg für $\lg \sigma(E)$ bis zur Feldstärke 0,40 kV m^{-1} auftritt. Bei höheren Temperaturen wird der Anstieg flacher. Dieser Kurventeil kann durch $\lg \sigma \sim E^{1/2}$ beschrieben werden, anschließend folgt ein linearer Kurventeil mit temperaturabhängiger Neigung. Bei $T > 60$ K ergibt sich eine lineare Abhängigkeit für alle untersuchten Feldstärken mit einer Neigung $1/T$. Beim Überschreiten einer kritischen Feldstärke E_K wird die Probe niederohmig. In Abbildung 73 sind die Temperaturabhängigkeit der Leitfähigkeit σ_0 und die kritische Leitfähigkeit σ_K angegeben. Es zeigt sich eine exponentielle Abhängigkeit für $\sigma_K(1/T)$ im Bereich 100 K bis 150 K, wobei sich die Aktivierungsenergien für σ_0 und σ_K unterscheiden. In Abbildung 74 ist die Abhängigkeit der Phasenumwandlungstemperaturen von der Feldstärke angegeben. Es zeigt sich eine ähnliche Abhängigkeit wie im Phasendiagramm $T_t(p)$ (s. 3.3.2.).

Versuche, den Einfluß des elektrischen Feldes auf den Phasenübergang AFH $\rightleftarrows$ M über die JOULEsche Erwärmung [238] zu erklären, sind nach unserer Meinung unkorrekt. Im V_2O_3 wird praktisch eine volle Übereinstimmung der Strom–Spannung-Kennlinie beobachtet, die man unter konstantem Strom und mit einzelnen Impulsen von einigen ms aufgenommen hat. Außerdem sind die Strom–Spannung-Kurven im Bereich von 0,1 bis 5 kHz unabhängig von der Frequenz.

Gegen eine Erwärmung während des Impulses spricht auch der horizontale Teil des Strom–Spannung-Impulses bis zur kritischen Feldstärke. Deshalb müßten alle nichtstationären Prozesse, die zur Erwärmung führen, schon innerhalb der Abschalt-

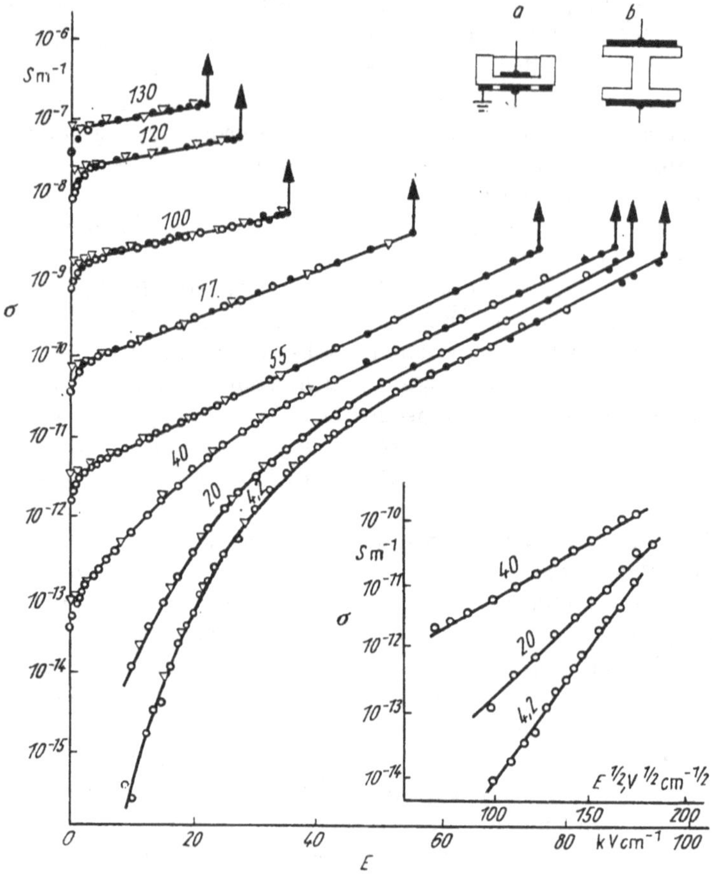

Abb. 72. Abhängigkeit der Leitfähigkeit von der Feldstärke; ○ Messung bei konstantem Strom, Probenform a; ● Messung mit Mikroimpulsen, Probenform a; ▽ Messung bei konstantem Strom und Mikroimpulsen, Probenform b; Teilbild: lg $\sigma = f(E^{1/2})$, Temperatur in K (nach [233])

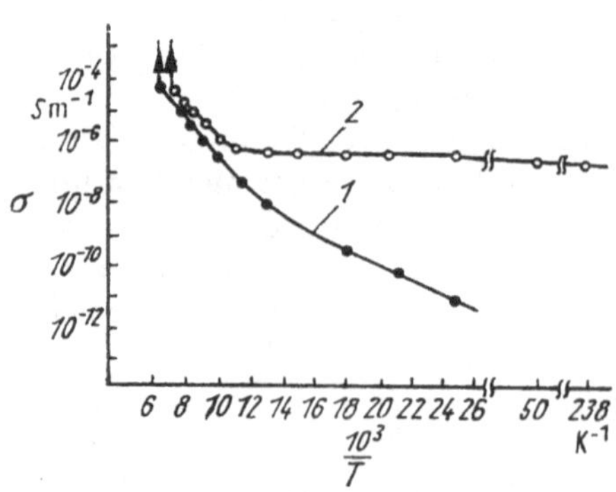

Abb. 73. Temperaturabhängigkeit der Leitfähigkeit bei Feldstärke Null (1) und im kritischen Feld (2) (nach [233])

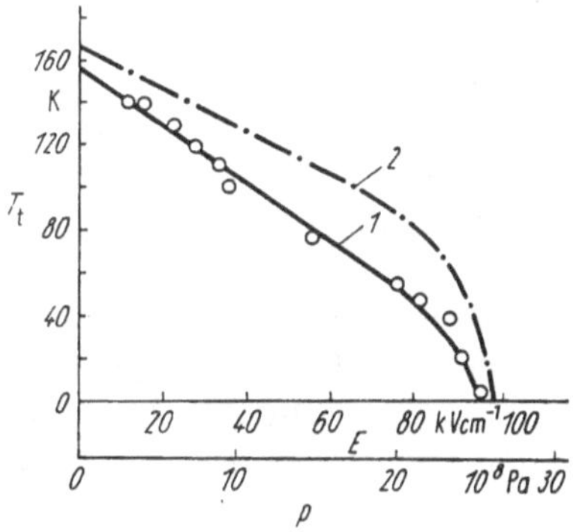

Abb. 74. Abhängigkeit der Sprungtemperatur des V_2O_3 von der Feldstärke (Kurve 1, nach [233]) und vom Druck (Kurve 2. nach [110])

zeit von etwa 1 μs abgeschlossen sein. In [227] wird gezeigt, daß es ein thermisches Modell gibt, das den Einfluß starker elektrischer Felder auf den Phasenübergang erklären kann. Ähnliche Effekte kann man im Rahmen des elektrothermischen Modells beobachten [239]. Die Analyse der experimentellen Daten mit diesem Modell hat ergeben, daß bei $T < 70$ K der elektrothermische Schaltprozeß in V_2O_3 nicht existieren kann. Oberhalb 70 K ist das Modell anwendbar, wobei man jedoch eine Änderung des Schaltmechanismus erwarten müßte, die nach [212] aber nicht auftritt.

Der stärkste Beweis für die nichtthermische Natur des Einflusses starker elektrischer Felder auf den Phasenübergang sind die Experimente mit Cr-dotiertem V_2O_3. In Abbildung 75 ist das Phasendiagramm $T_t(E)$ für $(V_{0,91}Cr_{0,09})_2O_3$ dargestellt. Die Kurve kann in drei Abschnitte unterteilt werden. Von 55 bis 145 K hängt T_t linear von E ab mit einer Neigung von $8 \cdot 10^{-5}$ kV cm^{-1} K^{-1}. Von 145 K bis 170 K verdoppelt sich anfangs die Neigung, um dann steil anzusteigen und oberhalb 170 K feldunabhängig zu werden. In Abbildung 75 ist gleichzeitig auch die Kurve für einen reinen V_2O_3-Einkristall angegeben. Im Bereich 55 K bis 145 K unterscheiden sich beide Kurven nur in der kritischen Feldstärke, die für das dotierte V_2O_3 um $3 \cdot 10^{-3}$ kV cm^{-1} größer ist. Um eine derartig dotierte Probe in den metallischen Zustand zu überführen, braucht

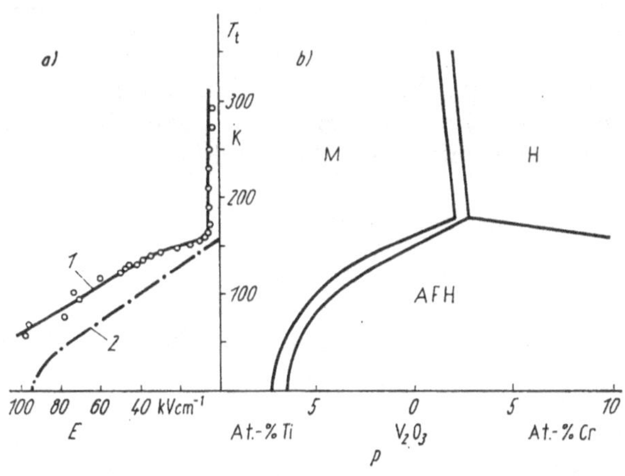

Abb. 75. a) Abhängigkeit der Sprungtemperatur von der Feldstärke für V_2O_3 mit 9% Cr (Kurve 1) und reines V_2O_3 (Kurve 2) (nach [233]); b) Phasendiagramm von V_2O_3 mit Cr und Ti dotiert (nach [110])

man bei 150 K einen Druck von $32 \cdot 10^8$ Pa gegenüber reinem V_2O_3. Daraus folgt die Ähnlichkeit der Funktionen $T_t(E)$ und $T_t(p)$, die auch oberhalb 170 K erhalten bleibt.

Für eine derartige dotierte Probe zeigt das Phasendiagramm (3.3.2.), daß nur ein Phasenübergang AFH $\rightleftarrows$ M möglich ist, was die Erklärung des Einflusses des elektrischen Feldes auf den Phasenübergang nach thermischen Gesichtspunkten ausschließt. Eine Ursache für die Ähnlichkeit $T_t(E)$ und $T_t(p)$ kann ein Piezoeffekt sein, der wegen der Abwesenheit eines Inversionszentrums in der antiferromagnetischen Halbleiterphase des V_2O_3 möglich ist. Wie bekannt, besteht in den Aktivierungsenergien für $\sigma_0(1/T)$ und $\sigma_K(1/T)$ ein Unterschied, der mit dem Modell der Instabilität der Ladungsträger, z. B. ADLER-BROOKS-Modell, nicht erklärt werden kann. Andererseits ist die exponentielle Abhängigkeit $\sigma_K(1/T)$ von V_2O_3 mit diesem Modell schlecht verträglich.

Im Modell von ARONOW und KUDINOW ist die Instabilität mit den Wechselwirkungen der FRENKEL-Exzitonen verbunden. Aus diesem Modell folgen die Beziehungen für die Konzentrationen der Ladungsträger $\bar{n}_p$ und der FRENKEL-Exzitonen $\bar{n}_{ex}$:

$$\bar{n}_p = \exp\left(-\frac{E_g - g\bar{n}_{ex} - \alpha E}{2Tk}\right), \tag{72}$$

$$\bar{n}_{ex} = \exp\left(-\frac{E_{ex} - g_e\bar{n}_{ex} - \alpha_{ex}E}{Tk}\right). \tag{73}$$

α_{ex} charakterisiert die Verschiebung der Übergangstemperaturen im elektrischen Feld, α die Änderung der Aktivierungsenergie im elektrischen Feld.

Betrachten wir zuerst die Verschiebung der Übergangstemperatur beim Phasenübergang; wo $\mathrm{d}\bar{n}_{ex}/\mathrm{d}T|_{T=T_t}$ ist, gilt

$$\bar{n}_{ex}(T_t) = \frac{T_t}{g_{ex}}, \tag{74}$$

wobei T_t nach

$$\alpha_{ex}E = E_{ex} - T_t\left(1 - \ln\frac{T_t}{g_{ex}}\right) \tag{75}$$

mit der Breite des Exzitonenbandes E_{ex}, der Exzitonenkopplungskonstante g_{ex} und dem elektrischen Feld E verknüpft ist. Aus (75) ergibt sich, daß für $E \to 0$ $T_t \to T_{t_0}$ folgt (T_{t_0} = kristische Temperatur beim äußeren Feld 0). Für α_{ex} ergibt sich

$$\alpha_{ex} = \left.\frac{\mathrm{d}T_t}{\mathrm{d}E}\right|_{E\to 0} = \frac{\alpha_{ex}}{\ln\left(\frac{T_{t_0}}{g_{ex}}\right)}. \tag{76}$$

Aus (74) und (75) erhält man mit der Definition $\gamma = \alpha/\alpha_{ex} = \sigma_K/g_{ex}$ bei $T = T_t(E)$ für die Ladungsträgerkonzentration

$$\bar{n}_p(E_K) = \left(\frac{T_t}{g_{ex}}\right)^{\gamma/2} \exp\left(-\frac{E_g - \gamma E_{ex}}{2T_t}\right). \tag{77}$$

Für $\gamma \approx 1$ muß $\sigma_K(1/T_t)$ die Neigung von $(E_g - \gamma E_{ex})/2$ haben im Unterschied zum Anstieg $E_g/2$ bei der Feldstärke 0.

Die Betrachtungen zeigen, daß mit diesem Modell die wichtigsten experimentellen Daten gut erklärt werden können: der Unterschied der Aktivierungsenergien bei σ_0 und σ_K, die exponentielle Abhängigkeit der Leitfähigkeit von der Feldstärke und die lineare Abhängigkeit von T_t bei Temperaturen > 100 K von der Feldstärke. Aus (75) folgt, daß das elektrische Feld bei $T_t \to 0$ durch

$$E_0 = \frac{\Delta}{\alpha} \tag{78}$$

gegeben ist, wobei Δ der Unterschied in den Aktivierungsenergien $\sigma_K(1/T)$ und $\sigma_0(1/T)$ ist. Beim Einsetzen der experimentellen Werte in (78) findet man eine gute Übereinstimmung zwischen dem aus (78) erhaltenen E_0 und dem aus der Extrapolation $T_t \to 0$ gewonnenen. Dieser Test gestattet die Prüfung der Ausgangsannahmen, daß T_t aus der Anregung im Exzitonensystem resultiert und der Einfluß des elektrischen Feldes auf T_t sowie die Leitfähigkeit die gleiche Ursache haben. Als weiterer Beweis, daß nicht die Ladungsträger das Phasendiagramm $T_t(E)$ bestimmen, kann der Vergleich der Funktionen $T_t(E)$ in Abbildung 74 und $\sigma_K(1/T)$ in Abbildung 73 angesehen werden. Weil σ proportional der Ladungsträgerkonzentration n_K bei T_t ist, müßte beim Phasenübergang, der mit einer Instabilität der Ladungsträger verbunden ist, eine Anomalie in der Temperaturabhängigkeit der kritischen Leitfähigkeit σ_K und der Phasenumwandlungstemperatur $T_t(E)$ im Gegensatz zu den Aussagen der Abbildungen 73 und 74 zu beobachten sein. Daraus ergibt sich die Frage nach einer Elektronen- oder Phononennatur des Exzitonensystems. Nach [233] wird eine Elektronennatur für den Phasenübergang angenommen, die höchstwahrscheinlich mit der Existenz von Frenkel-Exzitonen verbunden ist.

In [194] sind die Ergebnisse der optischen Absorption an der direkten Absorptionskante für Einkristalle dargestellt. An diesen Kristallen wurde auch der Einfluß starker elektrischer Felder untersucht. Dabei wurden zwei Absorptionspeaks mit 0,2 eV und 0,32 eV beobachtet (Abb. 63). Der Peak bei 0,32 eV hängt von der Stöchiometrie der Proben ab und ist wahrscheinlich mit Sauerstoffleerstellen verbunden. Der Peak bei 0,2 eV wird von der Stöchiometrie nicht beeinflußt, ebenso nicht von der Absorption durch freie Ladungsträger, die mit dem Gitter wechselwirken, wie beim TiO_2 [240] beobachtet wurde. Im Temperaturgebiet von 90 K bis 135 K ändert sich die Leitfähigkeit von V_2O_3 um drei Zehnerpotenzen, wobei die Absorption konstant bleibt. Die Breite des Peaks von 0,14 eV, die etwa gleich der Anregungsenergie 0,2 eV ist, gestattet nicht, diesen Peak im Rahmen der schwachen Elektronenwechselwirkungen zu beschreiben. Daraus folgt, daß eine Erklärung über Frenkel-Exzitonen sehr wahrscheinlich ist. Zur Beschreibung der Absorption von solchen Exzitonen kann man eine Absorptionstheorie für lokalisierte Zentren verwenden [241]. Unter Verwendung der Absorptionsformel für solche Zentren [242] kann man die Exzitonenparameter berechnen, die man mit denen von Andrejew u. a. [233] vergleichen kann. Der Vergleich der auf diesem Wege bestimmten optischen Parameter mit den aus den elektrischen Messungen folgenden ist in Tabelle 18 vorgenommen. Daraus folgt, daß das Aronow-Kudinow-Modell den Phasenübergang AFH $\rightleftarrows$ M sehr gut beschreibt.

Tabelle 18. Exzitonenparameter, Vergleich

Parameter	nach [233]	nach [194]
Thermische Aktivierungsenergie des Exzitons	0,06 eV	0,06 – 0,08 eV
Polaronenverschiebung	0,3 eV	0,21 – 0,28 eV
Phononenenergie, die nach dem Phononenspektrum gemittelt ist	$6 \cdot 10^{-2}$ eV	$3 - 3{,}5 \cdot 10^{-2}$ eV
Dimensionslose Konstante der Elektron–Phonon–Wechselwirkung	5	6 – 9

3.3.2. Das Phasendiagramm

Dotierungen von V_2O_3 mit Cr, Al und Ti haben gezeigt, daß zusätzlich zu der bekannten antiferromagnetischen Halbleiterphase auch eine paramagnetische Halbleiterphase gebildet werden kann, wobei Cr^{3+} und Al^{3+} zu einer Aufweitung des Gitters führen. Röntgenographische Untersuchungen [192] ergaben, daß bei der Chromdotierung eine Vergrößerung der Atomabstände auftritt, die Gittersymmetrie jedoch erhalten bleibt. Die Gitterkonstante a_H vergrößert sich um ca. 1%, was zu einer Vergrößerung des Elementarzellenvolumens von ca. 1,5% führt. Trotz der Verkleinerung der Gitterkonstanten c_H von 1,4003 nm auf 1,3912 nm wird eine Vergrößerung des Abstandes (Abb. 61) zwischen den V' und V'' Metallatompaaren entlang der $\mathbf{c}_H$-Achse von 0,2697 auf 0,2746 nm beobachtet. Der Kationenabstand senkrecht zur gemeinsamen Kante der Sauerstoffoktaeder erhöht sich auch um etwa 1,2% (von 2,882 auf 2,918 nm). Die Chromdotierung führt zur Verzerrung der Sauerstoffoktaeder. Der Abstand zwischen den Sauerstoffatomen in den durch gemeinsame Flächen verbundenen Oktaedern vergrößert sich, während sich der in den durch Kanten verbundenen verkleinert (Abb. 61). Das führt zu einer schirmartigen Verzerrung der Sauerstoffoktaeder. Diese Verzerrung bei gleichzeitiger Vergrößerung der Abstände V′–V″ und V′–V‴ führt dazu, daß die Kationen–Anionen-Abstände praktisch konstant bleiben. In Abbildung 76 ist das Phasendiagramm für chromdotiertes V_2O_3 mit verschiedener Konzentration

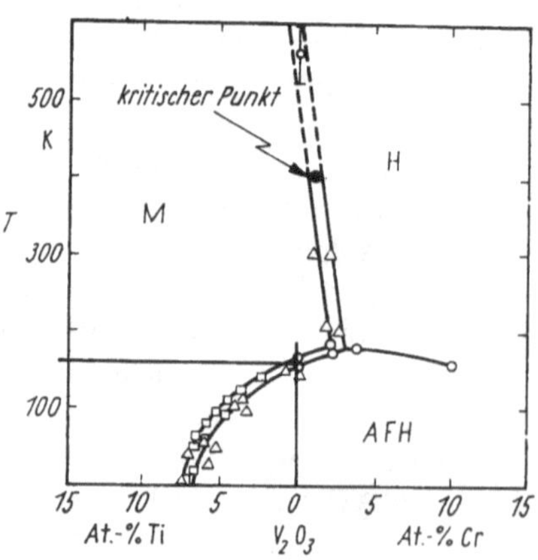

Abb. 76. Phasendiagramm von V_2O_3 nach [110], kritischer Punkt nach [254]

dargestellt [110, 190], [217] bis [219]. Dabei beobachtet man bei $x = 0{,}04$ einen Phasenübergang AFH $\rightleftarrows$ H bei $T = 180$ K. Bei $x = 0{,}01$ treten mehrere Phasenübergänge in der Reihenfolge H $\rightleftarrows$ M $\rightleftarrows$ AFH auf.

Beim Phasenübergang AFH $\rightleftarrows$ H zeigt sich eine monokline Verzerrung der Struktur, die ähnlich der in reinem V_2O_3 beim Übergang AFH $\rightleftarrows$ M, aber im Unterschied zu diesem mit einer wesentlich kleineren Volumenänderung von 0,1% verbunden ist. Beim Phasenübergang M $\rightleftarrows$ H vergrößert sich die Elementarzelle. In Abbildung 77 ist die Widerstandsabhängigkeit vom Druck bei Raumtemperatur für $(V_{0,96}Cr_{0,04})_2O_3$ gezeigt. Bei $p = 10^9$ Pa wird ein Phasenübergang beobachtet, bei dem sich der Widerstand um den Faktor 150 verkleinert. Bei Abkühlung dieser Proben tritt unter einem Druck von $10^9 < p < 4 \cdot 10^9$ Pa der Phasenübergang M $\rightleftarrows$ AFH auf, bei höheren Drücken bleibt die Verbindung bis Heliumtemperatur metallisch.

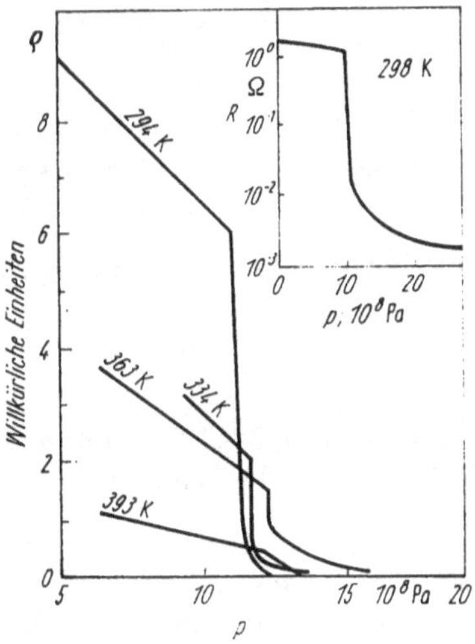

Abb. 77. Druckabhängigkeit des Widerstandes von $(V_{0,96}Cr_{0,04})_2O_3$ (nach [254])

Der Vergleich der experimentellen Ergebnisse hat gezeigt, daß die Dotierung mit Cr und Al einem negativen Druck (Zug) entspricht. In den Arbeiten [110, 222, 226, 243 bis 249] wird festgestellt, daß die Dotierung mit Ti^{3+} die Sprungtemperatur T_t zu tieferen Temperaturen verschiebt. Der Phasenübergang verschwindet bei $x > 0{,}055$. Dieses Verhalten entspricht völlig dem unter Druck, so daß $3{,}6 \cdot 10^8$ Pa/At.-% als Proportionalitätsfaktor ermittelt worden ist.

Die Wirkung der Ti-Dotierung auf die elektrischen Eigenschaften von V_2O_3 zeigt Abbildung 78. Man erkennt eine schwache Änderung des Widerstandes im metallischen Zustand und die starke Änderung von T_t bei $x = 0{,}055$, wobei offen bleibt, ob diese Konzentration ein kritischer Punkt ist.

Abbildung 79 zeigt das Verschwinden des M $\rightleftarrows$ H-Phasenüberganges durch Ti-Dotierung bei $x = 0{,}05$. Von besonderem Interesse ist der an chrom- bzw. aluminiumdotiertem V_2O_3 beobachtete Phasenübergang M $\rightleftarrows$ H. Über dieses Phasendiagramm wurde viel diskutiert, weil dabei im Gegensatz zum Phasenübergang AFH $\rightleftarrows$ M keine Symmetrieänderung, sondern nur eine Volumenänderung beobachtet wird. Das Volumen der halbleitenden Phase ist größer als das der metallischen.

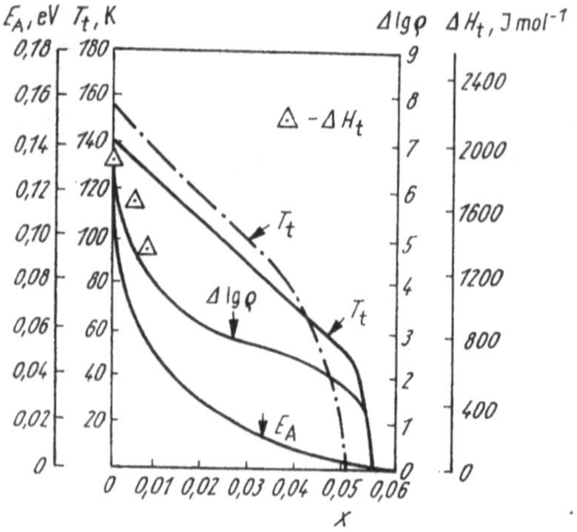

Abb. 78

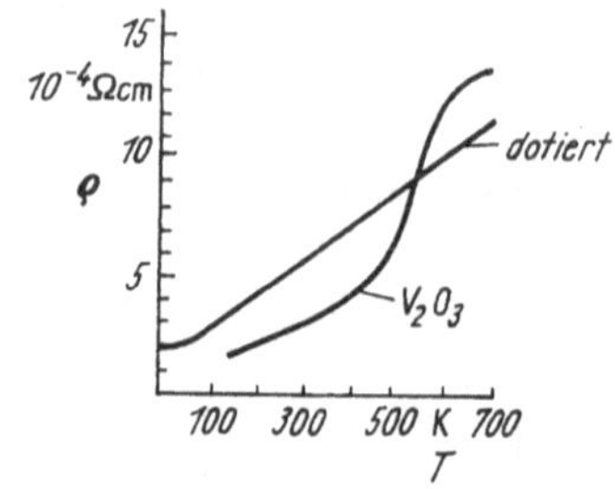

Abb. 79

Abb. 78. Aktivierungsenergie E_A, T_t, $\Delta\varrho$, ΔH_t in Abhängigkeit von x im System $(V_{1-x}Ti_x)_2O_3$ (nach [249], Kurve –.–.– für T_t nach [222])

Abb. 79. Temperaturabhängigkeit des spezifischen Widerstandes bei hohen Temperaturen in V_2O_3 und $(V_{1,9}Ti_{0,1})_2O_3$

Auf Grund dieser Ergebnisse wird in einigen Arbeiten [110, 190, 224] angenommen, daß hier erstmals ein MOTT-Phasenübergang an einem Festkörper beobachtet worden wäre. Folgende Argumente sind als Beweis angegeben:

1. Aus der Neigung der Phasengrenze Metall–Halbleiter ist zu sehen, daß die Entropie in der halbleitenden Phase größer ist als in der metallischen, was auf einen Entropiebeitrag der ungeordneten lokalisierten Ladungsträger in der halbleitenden Phase zurückzuführen ist.
2. Durch MÖSSBAUER-Messungen [250] wurde in V_2O_3 und $(V_{0,96}Cr_{0,04})_2O_3$ gezeigt, daß sich die Wertigkeit des ^{57}Fe mit Erhöhung der Temperatur ändert, was mit einer Änderung des Verhaltens der Leitungselektronen, die bei tiefen Temperaturen ein kollektives, bei höheren Temperaturen ein lokalisiertes Verhalten zeigen, erklärt wird. Wie bekannt, kann die metallische Phase des V_2O_3 durch Druck bis zu tiefsten Temperaturen stabilisiert werden. Wenn man annimmt, daß in der metallischen Phase lokalisierte Momente existieren, so muß diese Phase bei sehr tiefen Temperaturen in einen magnetisch geordneten Zustand übergehen. Im Gegensatz dazu haben die NMR-Untersuchungen gezeigt, daß im metallischen Zustand nur eine relativ kleine Frequenzverschiebung bei 4,2 K auftritt.
3. Weil beim Übergang in den magnetisch geordneten Zustand das NMR-Signal verschwindet, kann man annehmen, daß im metallischen Zustand die Momente nicht lokalisiert sind. Wie von JONES [251] gezeigt, besteht die KNIGHT-Verschiebung K aus zwei Teilen: $K(T) = \alpha_d\chi_d(T) + \beta\chi_{VV}$. Dabei ist χ_d der temperaturabhängige Beitrag der magnetischen Suszeptibilität der d-Elektronen und χ_{VV} der VAN-VLECK-Beitrag, wobei α_d und β Konstanten sind. Die resultierende Änderung

von K beim Phasenübergang M $\rightleftarrows$ H ist klein, was man auf eine gegenseitige Kompensation von α_d und χ_d zurückführen kann.

Diese Experimente wurden von den Autoren [252, 253] als wichtiger Beweis für die Änderung des Verhaltens der Elektronen beim Phasenübergang M $\rightleftarrows$ H angesehen.

Honig und Van Zandt [238] meinen dagegen, daß die Daten der magnetischen Suszeptibilität und der Knight-Verschiebung zeigen, daß sich die metallische und die halbleitende Phase nur sehr wenig unterscheiden. Das Phasendiagramm hat einen kritischen Punkt (Abb. 76). Die Existenz eines solchen kritischen Punktes stimmt mit dem Fehlen einer Symmetrieänderung beim Phasenübergang M $\rightleftarrows$ H überein. Von Jayagaman u. a. [254] wurde das p-T-Phasendiagramm an $(V_{1-x}Cr_x)_2O_3$ angegeben. Der kritische Punkt ergibt sich danach bei $p_K = (-15 \pm 0{,}2) \cdot 10^8$ Pa mit T_K von (474 ± 5) K. Die Existenz des kritischen Gebietes wird in dieser Arbeit auch durch Strukturuntersuchungen bestätigt. Die Volumenänderung ΔV beim Phasenübergang M $\rightleftarrows$ H verkleinert sich allmählich und verschwindet bei $x = 0{,}005$. Den gleichen kritischen Punkt beobachtet man bei metallischem Cerium bei der γ–α-Phasenumwandlung [255], die viel Gemeinsames mit dem M $\rightleftarrows$ H-Phasenübergang im V_2O_3 hat. Der Phasenübergang in Cerium hat elektronischen Charakter mit lokalisiertem Verhalten in der Hochtemperaturphase (γ) und nichtlokalisiertem in der Tieftemperaturphase (α). Wie Abbildung 76 zeigt, liegen die beobachteten Anomalien bei 500 K bis 600 K, also außerhalb des kritischen Gebietes.

Wichtige experimentelle Argumente gegen den Mott-Charakter des Phasenüberganges M $\rightleftarrows$ H in V_2O_3 sind in den Arbeiten [256, 257] angegeben. Darin wird gezeigt, daß der Widerstandssprung im $(V_{1-x}Cr_x)_2O_3$ mit der Koexistenz von zwei Phasen (α- und β-Korund) verbunden ist. Nach Überschreiten dieses Koexistenzgebietes hat der Widerstand den gleichen bzw. einen niedrigeren Wert als im Ausgangszustand. Die Größe des Widerstandssprunges hängt von der thermischen Vorgeschichte der Proben und der Geschwindigkeit des Überschreitens des Zweiphasengebietes ab. In diesen Arbeiten wird dargelegt, daß die Hysterese des Phasenüberganges (M $\rightleftarrows$ H bzw. $\alpha \rightleftarrows \beta$) etwa 50 K beträgt. Im Gebiet des Phasenüberganges beobachtet man eine sprunghafte Änderung des Widerstandes mit der Temperatur und mehrere DTA-Peaks. Diese Besonderheit wird unabhängig von der Präparationsmethode beobachtet, und man kann sie mit der α-β-Korundumwandlung erklären. Gegen den Mott-Charakter des Phasenüberganges M $\rightleftarrows$ H sprechen nach Honig folgende Fakten:

1. Die Phasenumwandlungsentropie beträgt 0,66 J mol^{-1} K^{-1}, was für einen reinen Mott-Übergang (d. h. für einen Ordnung–Unordnung-Übergang im Spinsystem) zu niedrig ist.
2. Oberhalb und unterhalb des Phasenüberganges ist der Widerstandswert fast gleich, was bedeuten würde, daß ein Mott-Isolator den gleichen Widerstand wie ein Metall hat.

In der Arbeit von McWhan u. a. [258] wird jedoch entgegengehalten, daß alle Argumente gegen einen Mott-Übergang auf Messungen der Temperaturabhängigkeit der thermodynamischen und kinetischen Größen begründet sind. Aus Abbildung 76 wird deutlich, daß die Neigung der Phasengrenze M $\rightleftarrows$ H sehr steil ist, was einen beträchtlichen Einfluß der Koexistenzgebiete bei der Messung der Temperaturabhängigkeit bedingt. Wenn dagegen die Druckabhängigkeit gemessen wird, spielen diese Effekte nur eine geringe Rolle [110, 190, 224]. Als weiteres Argument gegen den MOTT-Charakter kann nach unserer Meinung auch das Ergebnis von TSCHUDNOWSKI [259] angesehen werden. Der MOTT-Übergang ist eine Instabilität im Ladungsträgersystem, deshalb muß die Temperaturabhängigkeit der Leitfähigkeit eine Potenzfunktion sein [233]. Aus dem in Abbildung 80 angegebenen Kurvenverlauf folgt, daß der Phasenübergang M $\rightleftarrows$ H in $(V_{1-x}Cr_x)_2O_3$ nicht mit einer Instabilität im Ladungsträgersystem verbunden ist. Wir bezweifeln deshalb, daß dieser Phasenübergang rein elektronischen Charakter hat. ZEIGER [260] schlägt ein Bandüberlappungsmodell, das keine

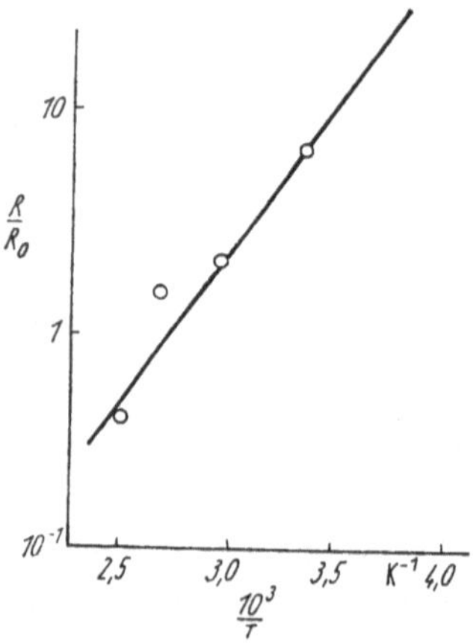

Abb. 80. Temperaturabhängigkeit des Widerstandsverhältnisses von Cr-dotiertem V_2O_3 (R — Widerstand in halbleitender Phase bei T_t) zu reinem V_2O_3 (R_0 — Widerstand in halbleitender Phase bei T_t) beim Phasenübergang (nach Daten aus [254])

MOTT-HUBBARD-Effekte berücksichtigen muß, vor. Dabei wird angenommen, daß zwei hybridisierte d-Bänder (e_g und a_{1g}) verschiedene Konfigurationen in Ti_2O_3 und V_2O_3 haben, die sich bei Temperaturerhöhung in entgegengesetzter Richtung bewegen. In V_2O_3 befinden sich unterhalb T_t alle Elektronen im e_g-Band, das halbgefüllt ist. Bei Temperaturerhöhung kommt es zu einer Bandüberlappung, d. h., es erhöht sich sowohl die Elektronenkorrelationsenergie als auch die Entropie der Bandelektronen. Mit diesem Modell kann man viele Besonderheiten der magnetischen, thermodynamischen und anderer Eigenschaften von V_2O_3 bei höheren Temperaturen und auch den Phasenübergang in Cr- und Al-dotiertem V_2O_3 erklären, desgleichen die Ultraschallexperimente in [261].

Zur Zeit kann noch keine eindeutige Entscheidung für ein bestimmtes Modell getroffen werden.

3.3.3. Hochtemperaturanomalie

In reinem V_2O_3 wird im Temperaturintervall 300 K bis 600 K eine kontinuierliche Änderung der Leitfähigkeit, des c/a-Verhältnisses, der magnetischen Suszeptibilität und anderer Eigenschaften beobachtet. Die Angaben von verschiedenen Autoren stimmen schlecht überein. So wird in den Arbeiten [188, 229, 258] im Temperaturverlauf des spezifischen Widerstandes im Gebiet 525 K bis 550 K ein Maximum festgestellt, während in den Arbeiten [193, 221] eine kontinuierliche Änderung des Widerstandes bis 800 K zu finden ist.

In der Temperaturabhängigkeit der magnetischen Suszeptibilität zeigt sich ein Wendepunkt im Kurvenverlauf ([262], Abb. 70). Die Größe des effektiven magnetischen Moments unterhalb 300 K beträgt 2,37 μ_B und oberhalb 500 K 2,63 μ_B. Mit Erhöhung der Temperatur vergrößert sich das magnetische Moment und nähert sich dem Wert 2,83 μ_B, der charakteristisch für freie V^{3+}-Ionen ist.

Bei Wärmekapazitätsmessungen [212] wurde gezeigt, daß im Gebiet 300 K bis 650 K keine Anomalie auftritt, was früheren Angaben über einen Extremwert bei 530 K widerspricht. HALL-Messungen [220, 221] zeigten ebenfalls keine Anomalie in diesem Temperaturgebiet. Bei der Untersuchung der diffusen Kleinwinkelneutronenstreuung beobachtet man eine sprunghafte Intensitätsänderung des Neutronenstromes bei $T \approx 518$ K. Dieses Ergebnis wurde von PARETTE u. a. [263] als Folge extrem großer Cluster im Temperaturgebiet von 500 K bis 570 K bis 60 nm Ausdehnung mit korrelierten Spins erklärt. Später wurden Messungen der Temperaturabhängigkeit der magnetischen Suszeptibilität im Temperaturgebiet 300 K bis 600 K vorgenommen, wobei eine gute Temperaturstabilität die Messung kleiner Änderungen im Gebiet von 518 K ermöglichte [264]. Außerdem wurde von BELBÉOCH u. a. [265] ein scharfes Minimum des Gitterparameters a_R bei 518 K zusätzlich zu der aus der Literatur [110, 266] bekannten Änderung des c/a-Verhältnisses gefunden. Die Erklärung dafür wurde in der Abstandsänderung zwischen den übernächsten Vanadiumnachbaratomen gesucht.

Von ANDRIANOW u. a. [261] sind Ultraschalluntersuchungen an V_2O_3 im Temperaturgebiet 250 K bis 550 K beschrieben. Bei den Untersuchungen wurde eine starke Anomalie der Schallgeschwindigkeit im Bereich von 520 K gefunden.

Diese Besonderheiten im Verhalten des V_2O_3 bei höheren Temperaturen interpretiert man häufig mit der Existenz des kritischen Gebietes im Phasendiagramm (Abb. 76), die mit dem Phasenübergang $M \rightleftarrows H$ im $(V_{1-x}Cr_x)_2O_3$ verglichen werden können. Nach Meinung von HONIG [256] ist dies in reinem V_2O_3 mit dem α-β-Übergang der Korundmodifikation verbunden, wie auch aus Strukturuntersuchungen folgt [257]. Die Existenz des Zweiphasengebietes wurde auch durch NMR-Untersuchungen und Messungen der kernmagnetischen Relaxation bestätigt [267]. Dagegen wurde von ROBINSON und RICE [266, 268] an den von HONIG verwendeten Proben zwar α-β-Phasenübergang festgestellt, ohne jedoch ein Zweiphasengebiet zu erhalten. Eine einphasige Korundstruktur wurde zwischen 165 K und 1100 K ermittelt [265]. Eine weitere Möglichkeit der Erklärung dieses Phänomens kann in der tatsächlichen Stöchiometrie der reinen bzw. dotierten V_2O_3-Proben gesucht werden. Nach MCWHAN u. a. [222] ist die Hochtemperaturanomalie in reinem V_2O_3 mit dem Phasenübergang $M \rightleftarrows H$ in $(V_{1-x}Cr_x)_2O_3$ gleichzusetzen. Diese Hochtemperaturanaomalie in reinem V_2O_3 verschwindet mit wachsender Nichtstöchiometrie oder durch Ti-Dotierung [245].

3.4. Physikalische Eigenschaften der MAGNÉLI-Phasen des Vanadiums

Vanadium mit der Elektronenstruktur [Ar] $3d^3\,4s^2$ bildet in seinen Oxiden VO, V_2O_3, VO_2 und V_2O_5 die formalen Wertigkeitsstufen 2, 3, 4 und 5 aus. Zwischen V_2O_3 und V_2O_5 liegt eine Reihe von Oxiden mit gemischter Wertigkeit, denen die allgemeinen Formeln V_nO_{2n-1} bzw. V_nO_{2n+1} zugeschrieben werden. In diesen Oxiden treten gleichzeitig zwei verschiedene Wertigkeitsstufen des Vanadiums auf. Die Oxide der allgemeinen Formel V_nO_{2n-1} ($3 \leqq n \leqq 8$) werden als MAGNÉLI-Phasen bezeichnet. In diesen Phasen wird mit Ausnahme des V_7O_{13} ein Phasenübergang M $\rightleftarrows$ H beobachtet. Angefangen von KLEMM 1963 [86], liegt eine Vielzahl von Untersuchungen an diesen Oxiden vor. Die überwiegende Anzahl der experimentellen Daten wurde an Proben gewonnen, die, nach der Sintertechnologie hergestellt, als Pulver vorlagen, was die Frage der Phasenreinheit aufwirft. Gesicherte Ergebnisse erhielt man, als es gelang, einkristallines Material zu untersuchen [16, 20]. In den Übersichtsarbeiten der letzten Jahre werden hauptsächlich Ergebnisse verwendet, die an einkristallinem Material erhalten wurden [14, 15, 269]. Die Ergebnisse dieser Arbeiten sind in diesem Abschnitt besonders berücksichtigt, darüberhinaus aber auch die Ergebnisse der neueren Orginalarbeiten.

Das Ziel dieses Abschnittes ist, die experimentellen Daten in Tabellenform anzugeben, Gemeinsamkeiten der Phasenübergänge aufzuzeigen und auf Schwierigkeiten bei der Deutung der physikalischen Eigenschaften und deren Lösung hinzuweisen. Das heißt, wir wollen keine vollständige Wiedergabe der Literaturergebnisse bringen, der Interessierte kann in den Übersichtsarbeiten von RAO und SUBBA RAO [270] und HONIG und VAN ZANDT [238] nachschlagen.

3.4.1. Struktur

Außer Vanadium bilden auch andere Übergangsmetalle wie Ti, Nb, Mo und W Oxide mit gemischter Wertigkeit, die bei Abweichungen von der stöchiometrischen Zusammensetzung Punktdefekte aufweisen. Die allgemeine Struktur der Übergangsmetalloxide besteht aus Sauerstoffoktaedern, in deren Zentrum das Metallatom sitzt. Beim Auftreten von O_2-Defizit wird die Struktur derart verändert, daß in einigen Kristallebenen die Oktaeder enger zusammenrücken. So können z. B. ursprünglich über gemeinsame Ecken gebundene Oktaeder dieses Defizit dadurch ausgleichen, daß sie über gemeinsame Kanten oder Flächen gebunden werden. Nach WADSLEY [271] bilden diese Ebenen die Planardefekte, die die Abweichungen von der stöchiometrischen Zusammensetzung kompensieren, indem sie sogenannte Scherebenen ausbilden [271, 272]. Wenn die Anzahl dieser Ebenen anwächst, wachsen auch die Wechselwirkungen zwischen ihnen, was zu einer bestimmten Ordnung führt. Es wird eine Überstruktur gebildet, die Blöcke der „Mutterphase" enthält; diese sind durch die Scherebenen voneinander getrennt. Auf diese Weise entsteht eine homologe Reihe, die durch die allgemeinen Formeln Me_nO_{2n-1}, Me_nO_{3n-1}, Me_nO_{3n-2} mit $n = 1, 2, 3 \ldots$ beschrieben werden kann. Erstmals wurde der Begriff dieser homologen Reihen von MAGNÉLI [273] bei der Beschreibung der Molybdänoxide benutzt. Heute kennen wir solche MAGNÉLI-Reihen auch von den Oxiden des Vanadiums, des Titaniums, des Niobiums und Wolframs. Die Existenz der entsprechenden Vanadiumoxide wurde erstmals in den Arbeiten [86, 87] erwähnt, während die erste nähere Charakterisierung durch Röntgenuntersuchungen von ANDERSSON [88] vorgenommen wurde.

Die Struktur der MAGNÉLI-Phasen des Vanadiums enthält Blöcke von Oktaedern, die über Ecken und Kanten verbunden sind, wie es in der VO_2-Struktur (Rutil) beobachtet wird. Diese Rutilblöcke sind untereinander über gemeinsame Flächen verbunden. Beispiel dafür ist V_2O_3 (Korund). Entsprechend [274, 275] sind die Gitterparameter der MAGNÉLI-Phasen mit den Parametern der Rutilstruktur (Mutterstruktur) durch die folgenden Beziehungen verknüpft:

$$\begin{aligned} \boldsymbol{a}_M &= -\boldsymbol{a}_R + \boldsymbol{c}_R , \\ \boldsymbol{b}_M &= \boldsymbol{a}_R + \boldsymbol{b}_R + \boldsymbol{c}_R , \\ \boldsymbol{c}_M &= \tfrac{1}{2} (2n - 1) (\boldsymbol{b}_R + \boldsymbol{c}_R) . \end{aligned} \tag{79}$$

Es zeigt sich, daß die Länge der $\boldsymbol{c}_M$-Achse eine Funktion von n, entsprechend der allgemeinen Formel V_nO_{2n-1} $(3 \leqq n < 8)$, ist. Alle Phasen zeigen eine trikline Symmetrie (Raumgruppe $P\bar{1}$), mit Ausnahme von V_3O_5, das eine monokline Symmetrie (Raumgruppe $P2_1/m$) aufweist. Nach HORIUCHI u. a. [274] ist jedoch auch V_3O_5 mit einer triklinen Symmetrie zu beschreiben. Der Übergang vom monoklinen zum triklinen Gitter ergibt sich nach

$$\begin{aligned} x_T &= y_M + 1 , \\ y_T &= -2x_M + 2y_M + z_M + 2 , \\ z_T &= x_M + y_M - z_M - \tfrac{1}{2} , \end{aligned} \tag{80}$$

wobei x_M, y_M und z_M die Atomkoordinaten des monoklinen und x_T, y_T und z_T die des triklinen Gitters sind. Das Sauerstoffgitter dieser Oxide ist eine verzerrte hexagonal dichteste Kugelpackung. In der homologen Reihe wird das Sauerstoffuntergitter nur gering verzerrt, die größere Änderung tritt in der Lage der Vanadiumatome auf. Die Bildung der Oxide kann durch Besetzung der Oktaederplätze mit Vanadiumatomen, die eine bestimmte Richtung einnehmen, erklärt werden. Die Struktur wird so gebildet, daß die Rutilblöcke in zwei Raumrichtungen gleichmäßig den Kristall durchsetzen, während in der dritten Richtung jeweils n Oktaeder eine Schicht bilden. Dies kann wie folgt formuliert werden: $V_nO_{2n-1} = V_2O_3 + (n-2)VO_2$ für $3 \leqq n \leqq 8$. Die Reihenfolge der Rutilblöcke, die durch die sogenannten Scherebenen voneinander getrennt sind, bildet eine Überstruktur.

Als Beispiel für diese Strukturen soll hier V_5O_9 dienen. Für den Vergleich sind in Abbildung 81a) die hexagonalen Elementarzellen der Korundstruktur (V_2O_3) in Richtung der c-Ebene projiziert, während in Abbildung 81c) die tetragonale Rutilzelle (VO_2) in $\boldsymbol{c}_R$-Richtung dargestellt ist. In der Struktur des V_5O_9 (Abb. 81b)) zeigen die Gebiete zwischen den strichpunktierten Linien eine Rutilstruktur. Die Elementarzelle der Rutilstruktur ist durch die Vollinie gekennzeichnet. Die Richtungen $\boldsymbol{a}_R$, $\boldsymbol{b}_R$ und $\boldsymbol{c}_R$ sind die gleichen wie in Abbildung 81c). Die Oktaeder V1, V3, V5, V3, V1, die in Abbildung 81b) mit den Ziffern 1,3 bzw. 5 bezeichnet sind, sind miteinander durch Kanten verbunden und bilden eine Kette in $\boldsymbol{c}_R$-Richtung. Die Oktaeder V2, V4, V5, V4, V2, die in Abbildung 81b) nicht gekennzeichnet sind, liegen oberhalb der Zeichenebene im Abstand $\frac{1}{2} b_M$ entlang der Achse $\boldsymbol{b}_M$ von den Oktaedern V1, V3, V5, V3, V1 getrennt.

Wie aus Abbildung 81b) ersichtlich, sind die Rutilblöcke gegeneinander um $\boldsymbol{c}/(2n-1)$ verschoben und bilden eine kristallographische Scherebene. Die Analyse der V_nO_{2n-1}-Struktur zeigt, daß drei verschiedene Arten von Oktaederketten vorliegen. Zwei davon sind Zickzackketten, die über gemeinsame Flächen verbunden sind, bei

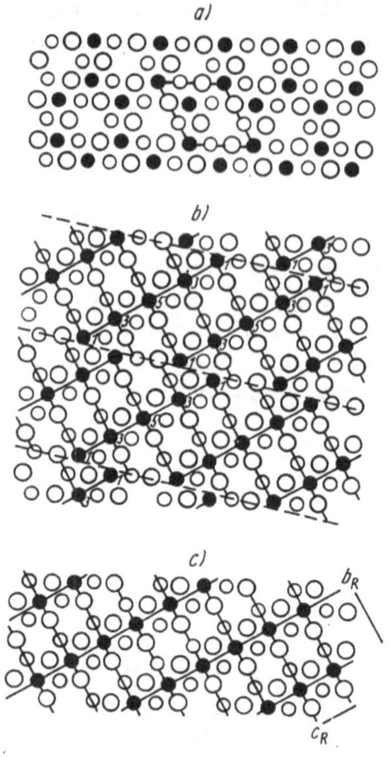

Abb. 81. Strukturschemata von a) V_2O_3; b) V_5O_9; c) VO_2; ● Vanadiumatome, ○ Sauerstoffatome

V_5O_9 sind das V5, V3, V1, V1, V3, V5 und V6, V4, V2, V2, V4, V6. Die dritte Art der Oktaederketten stellt unendliche Doppelketten dar, die mit Flächen und Kanten verbunden sind (V1, V1, V2, V2, V1 ...). Diese unendlichen Ketten sind typisch für die Struktur von V_2O_3. Im Unterschied zu anderen MAGNÉLI-Phasen enthält V_3O_5 nur einen Rutilblock zwischen zwei Scherebenen, der aus zwei endlichen Zickzackketten mit drei Atomen besteht (V1, V3, V1 und V2, V4, V2).

Interessante Strukturabhängigkeiten kann man in den MAGNÉLI-Phasen feststellen, wenn man die V–V-, V–O- und O–O-Abstände vergleicht, wie es in der Arbeit [274] gezeigt wird (Tab. 19 und 20). Wie aus Tabelle 20 ersichtlich, ist der größte Abstand zwischen den Vanadiumatomen entlang der Scherebenen im V_3O_5 zu beobachten, deshalb findet man in dieser Verbindung die größten Sauerstoffoktaeder. In Tabelle 19 sind die mittleren Vanadium–Sauerstoff-Abstände bzw. Sauerstoff–Sauerstoff-Abstände im Vergleich mit VO_2 angegeben. Die mittleren Abstände der Vanadium–Vanadium-Paare in den Oktaedern V1–V2; V3–V4; V5–V6; V7–V8 sind mit Oktaeder 1, 2, 3 und 4 bezeichnet. Wie man sieht, ist der mittlere Abstand V–O und O–O im Oktaeder 2 relativ groß und wird in den anderen allmählich kleiner. Trotzdem sind die Abstände in den MAGNÉLI-Phasen wesentlich größer als im VO_2. Der mittlere Abstand V–O und O–O verkleinert sich mit dem Oktaedervolumen. Deshalb ist die Größe $V_n/2n - 1$; wo V_n das Volumen der Elementarzelle darstellt, in MAGNÉLI-Phasen mit kleinerem n größer, weil dort die Oktaeder 1 und 2 den größten Anteil an der Struktur haben. Die Oktaederkonfiguration der Sauerstoffatome hängt stark von

Tabelle 19. Mittlere Abstände V–O und O–O (nach [274])

Struktur		V_2O_3	V_3O_5	V_4O_7	V_5O_9	V_6O_{11}	V_7O_{13}	VO_2	
		in 10^{-1} nm						$T < T_t$	$T > T_t$
V–O mittlerer Abstand	Okt1	2,010	1,999	1,977	1,969	1,964	1,964		
	Okt2		2,018	1,974	1,969	1,967	1,959		
	Okt3				1,951	1,955	1,942		
	Okt4						1,947		
								1,937	1,925
O–O mittlerer Abstand	Okt1	2,832	2,794	2,765	2,752	2,743	2,744		
	Okt2		2,849	2,786	2,776	2,774	2,757		
	Okt3				2,755	2,762	2,744		
	Okt4						2,753		
								2,728	2,721
S_{V-O}	Okt1	2,2	5,6	5,8	6,2	6,9	6,9		
	Okt2		2,1	3,2	4,2	4,5	5,0		
	Okt3				1,0	2,2	2,5		
	Okt4						1,2		
								5,9	0,3
S_{O-O}	Okt1	3,9	5,9	5,4	5,2	5,4	5,1		
	Okt2		4,1	3,4	3,5	3,8	3,5		
	Okt3				2,9	2,8	2,8		
	Okt4						2,8		
								3,0	3,1
S_{O-V-O}	Okt1	6,6	11,7	11,5	11,4	11,7	11,7		
	Okt2		5,2	5,4	6,7	6,6	6,5		
	Okt3				3,5	3,9	4,3		
	Okt4						3,5		
								6,8	4,0

S — Standardabweichung, Verzerrung
Okt — Oktaeder

Tabelle 20. Abstände V–V in V_nO_{2n-1}(nach [274])

Struktur	Abstand V–V	V_2O_3	V_3O_5	V_4O_7	V_5O_8	V_6O_{11}	V_7O_{13}	mittlerer Abstand
		in 10^{-1} nm						
Oktaeder über die Flächen verbunden								
	V1–V2	2,795	2,795	2,786	2,786	2,774	2,780	2,780
Okt1	V1–V4	3,250	3,250	3,202	3,208	3,161	3,206	3,217
	V2–V2	3,250	3,250	3,189	3,190	3,229	3,220	
Okt1–Okt2	V1–V3	3,040	2,998	3,930	2,947	2,944	2,943	3,005
	V1–V3	2,973	2,983	3,009	3,039	3,040	3,054	
Oktaeder über die Kanten verbunden								
	V2–V4	2,973	2,983	2,964	2,958	2,966	2,923	
	V2–V4	3,040	2,998	3,066	3,096	3,133	3,119	
Okt2–Okt3	V3–V5				2,878	2,937	2,899	2,868
	V4–V6				2,823	2,828	2,838	
Okt3–Okt4	V5–V7						2,798	2,810
	V6–V8						2,821	

Okt — Oktaeder

der Wechselwirkung der Vanadiumatome in den Scherebenen ab, wofür in [274] eine quantitative Beschreibung angegeben ist:

$$S_{O-O} = \frac{100}{\bar{A}}\left[\sum_{i=1}^{12}\frac{(A_i - \bar{A})^2}{11}\right]^{1/2},$$

$$S_{V-O} = \frac{100}{\bar{B}}\left[\sum_{i=1}^{6}\frac{(B_i - \bar{B})^2}{5}\right]^{1/2}, \tag{81}$$

$$S_{O-V-O} = \frac{100}{90}\left[\sum_{i=1}^{12}\frac{(C_i - 90)^2}{11}\right]^{1/2},$$

wobei A_i, B_i und C_i den O–O-Abstand, den V–O-Abstand und den O–V–O-Winkel darstellen, während $\bar{A}$ und $\bar{B}$ die mittleren Abstände sind. S_{O-O}, S_{V-O} und S_{O-V-O} stellen die Standardabweichung von der Idealstruktur dar, was den entsprechenden Verzerrungen gleichkommt. Aus Tabelle 19 ist zu sehen, daß die größten Änderungen der Standardabweichungen im Oktaeder 1 auftreten, die in der Scherebene liegen. Deshalb ist bei großem Anteil von Rutilblöcken z. B. in V_6O_{11} oder V_7O_{13} nur eine geringe Verzerrung der Sauerstoffoktaeder, aber eine große Verschiebung der Vanadiumpositionen zu beobachten. Aus der Gegenüberstellung V_3O_5 (S_{O-O} groß, S_{V-O} klein) und V_7O_{13} (S_{O-O} klein, S_{V-O} groß) zeigt sich, daß im V_3O_5 die Vanadiumatome am besten zentriert sind. In der Arbeit von MAREZIO u. a. [276] ist gezeigt, daß eine direkte Beziehung zwischen den Vanadiumpaaren und der Verschiebung der Vanadiumatome aus den Oktaederzentren existiert. Je größer die Paarung, desto größer ist die Verschiebung. Das folgt auch aus einfachen elektrostatischen Betrachtungen, die PAULING für Ionenkristalle angab. Entsprechend dieser Betrachtungen erwartet man im V_3O_5 keine Paare, was durchaus den experimentellen Befunden entspricht [137].

Ausführliche Strukturuntersuchungen im Bereich des Phasenüberganges sind bisher nur an den Oxiden V_4O_7 [276, 277] und V_5O_9 [278] durchgeführt worden. In den Abbildungen 82 und 83 sind schematisch strukturelle Einzelheiten von V_4O_7 und V_5O_9 dargestellt. Betrachtet sind in den Teilbildern a) und b) die endlichen VO_6-Oktaederketten K_n und ihre Verkopplung zwischen benachbarten Rutilscheiben und in dem Teilbild c) die unendlichen Ketten K in den Scherebenen. Die Oktaeder werden durch die Bezeichnung der zentralen Vanadiumatome unterschieden, die mit der von HORIUCHI u. a. [274] gewählten übereinstimmt. (Die Zuordnung zur Bezeichnung von MAREZIO u. a. [276] ist Tabelle 21 zu entnehmen.) Die Numerierung berücksichtigt

Tabelle 21. Zuordnung der Bezeichnung der V-Atome von HORIUCHI [274] u. a. und MAREZIO u. a. [276] bis [278]

V_4O_7		V_5O_9	
HORIUCHI [274]	MAREZIO [276, 277]	HORIUCHI [274]	MAREZIO [278]
V1	V4	V1	V6
V2	V3	V2	V5
V3	V2	V3	V4
V4	V1	V4	V3
		V5	V2
		V6	V1

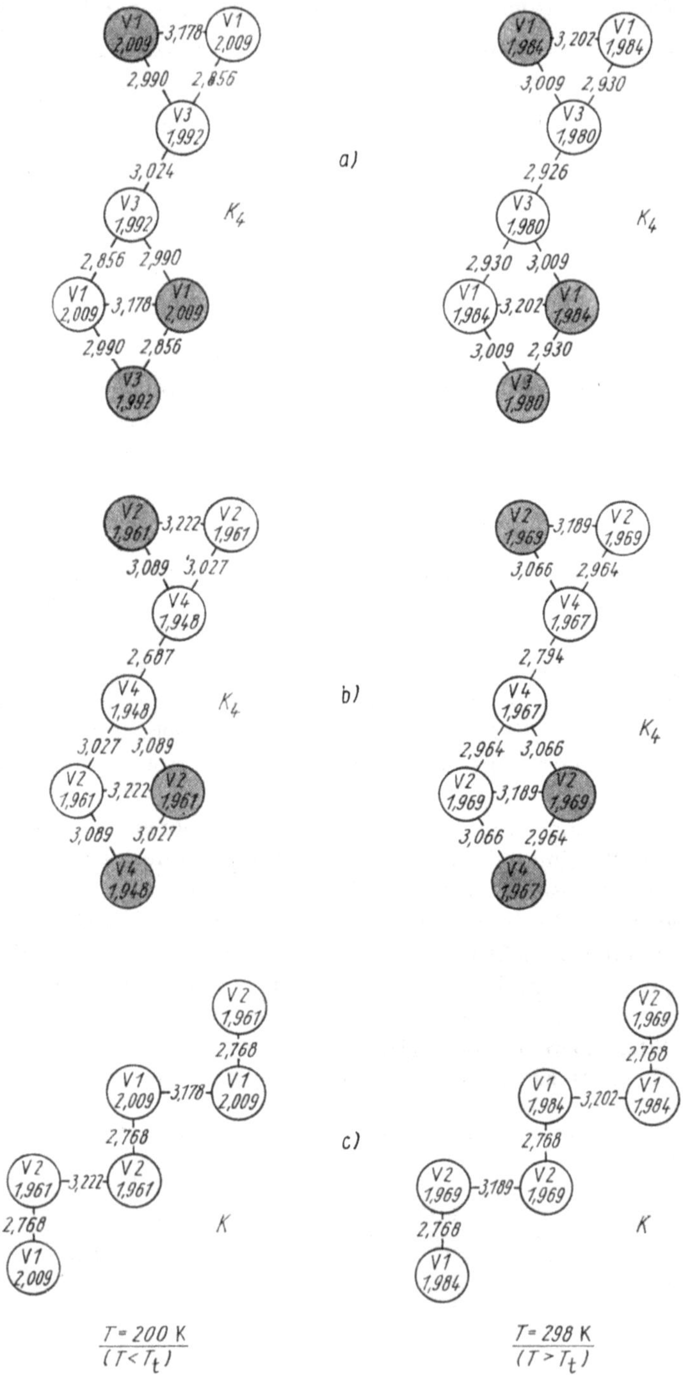

Abb. 82. Strukturelle Daten der Ketten K_4 (a), b)) und K (c)) für V_4O_7 bei 200 K ($T < T_t$) und 298 K ($T > T_t$); Atomabstände in 10^{-1} nm

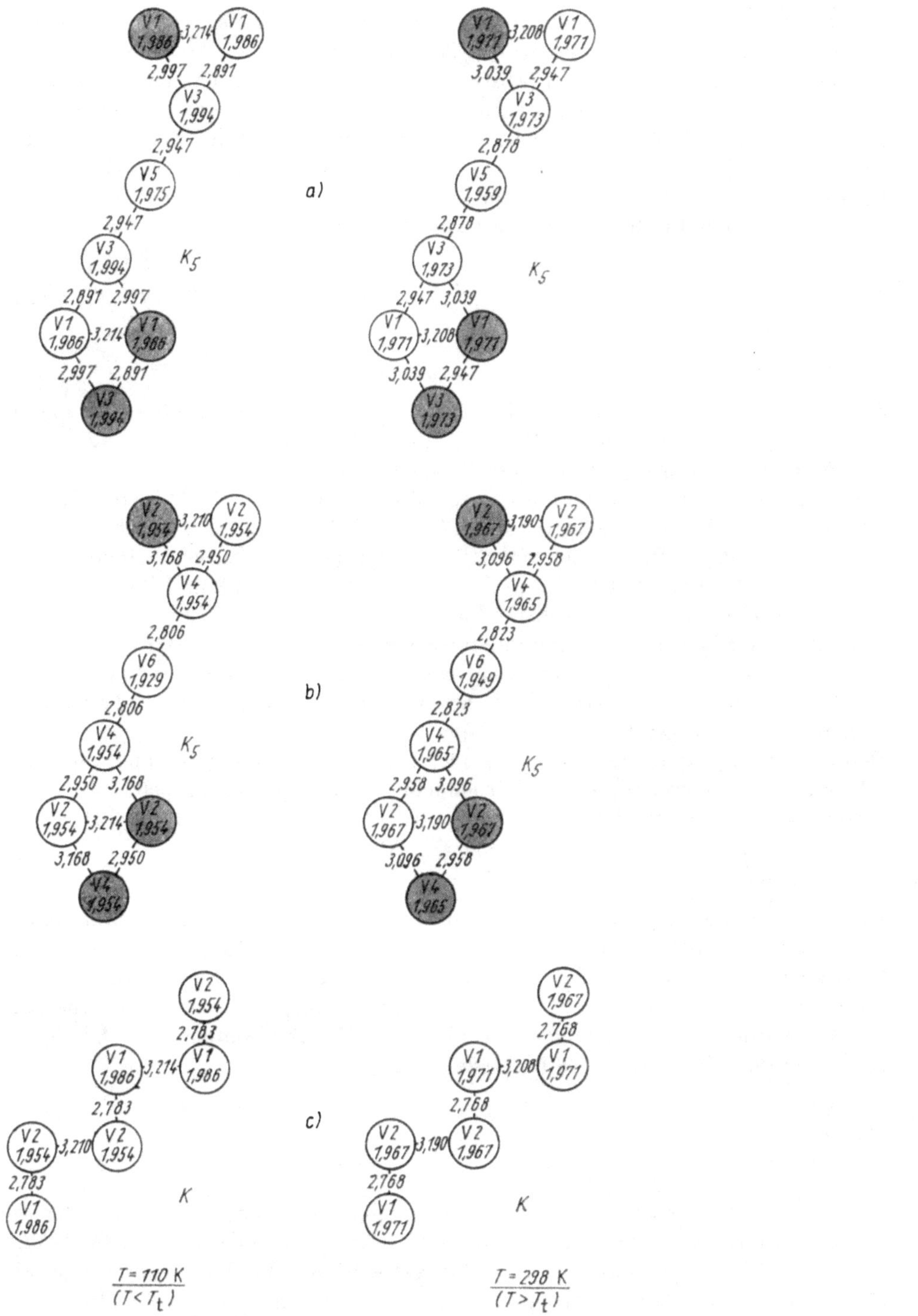

Abb. 83. Strukturelle Daten der Ketten K_5 (a), b)) und K (c)) für V_5O_9 bei 110 K ($T < T_t$) und 298 K ($T > T_t$); Atomabstände in 10^{-1} nm

das Symmetriezentrum in der Mitte der Ketten. Die V-Atome mit den nachgestellten ungeraden/geraden Zahlen besitzen in der triklinen Zelle (a_n, b_n, c_n) die Basiskoordinate in $\boldsymbol{b}_n$-Richtung $y \approx 0{,}05$. Die V–V-Abstände sind zwischen den Kreisen eingetragen und liefern eine Aussage über Ionenpaarungen. Die in den Kreisen angegebenen mittleren V–O-Abstände d (V–O) eines Oktaeders sind ein Maß für den Ladungszustand der V-Ionen. MAREZIO u. a. [276] geben $d(V^{3+}\text{-O}) = 0{,}201$ nm, $d(V^{4+}\text{-O}) =$ $= 0{,}194$ nm und $d(V^{3,5+}\text{-O}) = 0{,}197$ nm an. Betrachtet werden die Strukturen von V_4O_7 und V_5O_9 bei 200 K bzw. 110 K in den halbleitenden Phasen.

Charakteristische strukturelle Aspekte des Metall–Halbleiter-Überganges von V_4O_7 *und* V_5O_9 *sind folgende:*

1. V_4O_7 (MAREZIO u. a. [276], Abb. 82, $T_t = 250$ K)

- Starke Paarung der V4–V4-Ionen in der halbleitenden Phase, die auch im metallischen Zustand in reduzierter Form erhalten bleibt; geringere Paarung V1–V3 bei 200 K, bei Raumtemperatur verschwindet diese Paarung.
- Weitestgehende Ladungsordnung in der halbleitenden Phase: V^{3+} in den Ketten V1–V3–V3–V1, V^{4+} in den Ketten V2–V4–V4–V2. Für die Plätze V1 und V4 wurden mit $d(\text{V1–O}) = 0{,}2009$ nm und $d(\text{V4–O}) = 0{,}1948$ nm die oben angegebenen Werte für V^{3+}- bzw. V^{4+}-Oktaeder erhalten. Für die Plätze V2 und V3 scheint die Ladungsordnung nicht ganz vollständig zu sein.
- Aufhebung der Ladungsordung im metallischen Zustand. Mit $d(\text{V–O}) = 0{,}1967$ bis $0{,}1984$ liegen die Werte in der Nähe des auf Grund der mittleren Wertigkeit $V^{3,5+}$ erwarteten $d(V^{3,5+}\text{–O}) = 0{,}197$ nm. Die Abweichungen weisen auf eine Restordnung der Ladungen hin.
- Beim Leitfähigkeitsübergang tritt keine Abstandsänderung (Paarung) zwischen V1 und V2 auf, deren Oktaeder über gemeinsame Flächen verkoppelt sind.
- Unterhalb T_t Fortschreiten der Ladungsordnung mit sinkender Temperatur.

2. V_5O_9 (MAREZIO u. a. [278], Abb. 83, $T_t = 135$ K)

- Die V–V-Abstände ergeben — verglichen mit V_4O_7 (s. o.) und VO_2 — kein klares Paarungsbild. NMR-Untersuchungen von GOSSARD u. a. [137] und Suszeptibilitätsmessungen von KACHI u. a. [269] zeigen für $T < T_t$ eine Spinpaarung an.
- Weitgehende Ladungsordnung beim Phasenübergang bleibt erhalten. Aus den d(V–O) wurden als Änderungen der mittleren V-Wertigkeiten beim Übergang Halbleiter–Metall (110 K—298 K) abgeschätzt:

  V1: 3,3—3,5, V2: 3,8—3,6,
  V3: 3,2—3,5, V4: 3,8—3,6,
  V5: 3,5—3,7, V6: 4,1—3,8.

  Für $T > T_t$ existieren für sämtliche Plätze nur geringe Abweichungen vom theoretischen Mittelwert 3,6($V^{3+}:V^{4+} = 2:3$). Für $T < T_t$ ist in der Kette V2–V4–V6–V4–V2 die Wertigkeit praktisch 4, in der Kette V1–V3–V5–V3–V1 muß dann als Mittelwert 3,2 verbleiben. Abweichungen der einzelnen Atome vom Mittelwert existieren.
- Keine starken Abstandsänderungen der kürzesten V–V-Abstände V1–V2.

Die beobachtete Reihenfolge von 2 Korundschichten mit $(n-2)$ Rutilschichten in den MAGNÉLI-Phasen gestattet die Annahme, daß die Vanadiumatome in diesen Oxiden in 2 Oxydationsstufen (V^{3+} und V^{4+}) vorliegen, die entsprechend in den Korund- bzw. Rutilschichten lokalisiert sind. Gemäß der Formulierung $V_nO_{2n-1} = V_2O_3 + (n-2)VO_2$ ist das Verhältnis von V^{3+}/V^{4+} in den Oxiden V_3O_5 und V_4O_7 2 bzw. 1. Die Untersuchungen der MAGNÉLI-Phasen mittels NMR [46, 137, 259, 276], EPR [279] und Röntgenspektren [280] bestätigen die Existenz dieser zwei Oxydationsstufen in den Oxiden. Nach Vorstellungen von GOSSARD u. a. [137] wird der Mechanismus des Phasenüberganges bei den MAGNÉLI-Phasen wesentlich durch die V^{3+} und V^{4+}-Ionen bestimmt. Die Tendenz zum Ladungsausgleich in der metallischen Phase, der über schnelle Ladungsfluktuation erfolgen soll, und das verschiedene Verhalten der V^{3+} und V^{4+} in der Halbleiterphase stellen die treibende Kraft für den Phasenübergang dar. Die mit dem Auftreten gemischter Wertigkeit zusammenhängende Ladungslokalisierung verursacht eine Änderung der V–O-Gitterabstände und erzeugt die selbstkonsistente Aufspaltung der d-Niveaus. Aber auch die interatomaren COULOMB-Wechselwirkungen sind eine wichtige Triebkraft für den Phasenübergang. Eine nähere Analyse dieser Zusammenhänge wird am Beispiel des V_3O_5 (s. 3.4.9.) gegeben.

3.4.2. Elektrische Eigenschaften

Ein Vergleich der elektrischen Daten aus früheren Arbeiten zeigt eine relativ große Streuung der Ergebnisse, was unserer Meinung nach auf nicht genügend gut definiertes Untersuchungsmaterial zurückzuführen sein könnte, da sich Fremdphasen und Dotierungen auf die elektrischen Eigenschaften stark auswirken. Es soll deshalb hier im wesentlichen auf Ergebnisse eingegangen werden, die an Einkristallen erhalten wurden [14, 15, 75, 269]. Die Untersuchungen der Temperaturabhängigkeit der Leitfähigkeit zeigen, daß alle MAGNÉLI-Phasen außer V_7O_{13} einen Phasenübergang $M \rightleftarrows H$ zeigen (Abb. 84). Es wird stets eine Hysterese und eine Gitteränderung beobachtet, d. h.,

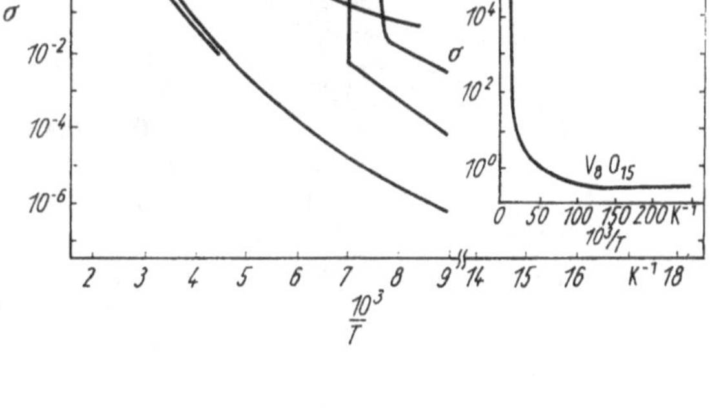

Abb. 84. Temperaturabhängigkeit der Leitfähigkeit der V_nO_{2n-1} $(3 \leq n \leq 8)$ und der Oxide V_2O_3 und VO_2 (nach [75, 269])

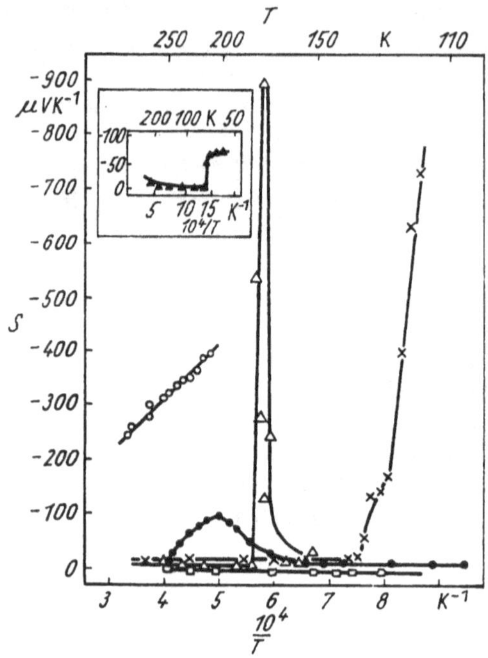

Abb. 85. Temperaturabhängigkeit der Thermokraft der V_nO_{2n-1} ($3 \leqq n \leqq 8$); ○ V_3O_5, ● V_4O_7, × V_5O_9, △ V_6O_{11}, □ V_7O_{13}, ▲ V_8O_{15} (nach [269])

es liegt ein Phasenübergang erster Art vor. Abbildung 84 zeigt, daß sich die Aktivierungsenergie der Leitfähigkeit von V_3O_5, V_4O_7 und V_8O_{15} mit sinkender Temperatur verringert. In Abbildung 85 ist bemerkenswert, daß oberhalb T_t die Thermokraft für alle MAGNÉLI-Oxide negativ ist und einen absoluten Wert von 10 bis 20 μV/K aufweist, der typisch für Metalle ist. Unterhalb T_t zeigt die Thermokraft einen komplizierten Verlauf, der sich von Probe zu Probe unterscheidet, was nach unserer Mei-

Tabelle 22. Elektrische Eigenschaften der MAGNÉLI-Phasen (nach [269])

V_nO_{2n-1}	Leitfähigkeitscharakter	T_t in K	Sprunghöhe des spezifischen Widerstandes bei T_t	Charakteristischer Wert des spezifischen Widerstandes, $T > T_t$, in Ω m	Charakteristischer Wert der Thermospannung, $T > T_t$, in μV K⁻¹	E_A in eV
V_3O_5	M ⇄ H	430	10^1	10^{-4}	−20	0,3
V_4O_7	M ⇄ H	250	10^3	10^{-4}	−10	0,08−0,1
V_5O_9	M ⇄ H	135	10^6	10^{-4}	−20	0,1−0,2
V_6O_{11}	M ⇄ H	170	10^4	10^{-4}	−10	0,12
V_7O_{13}	metallisch	—	—	10^{-5}	0	—
V_8O_{15}	M ⇄ H	70	10^1	10^{-5}	−20	0,13

V_3O_5 nach [289]

nung durch Stöchiometrieabweichungen oder Dotierungen verursacht sein kann. In Tabelle 22 sind die wesentlichen Angaben über Thermokraft und Leitfähigkeit zusammengefaßt.

3.4.3. Magnetische Eigenschaften

Auch die magnetischen Eigenschaften der MAGNÉLI-Phasen ändern sich beim Phasenübergang. Dies betrifft sowohl die absolute Größe der Suszeptibilität als auch deren Temperaturabhängigkeit. In Abbildung 86 ist die Suszeptibilität im Gebiet von 4,2 K bis 400 K dargestellt. Es zeigt sich, daß die Suszeptibilitätsänderung einem Übergang paramagnetisch ⇄ antiferromagnetisch ähnelt. Trotzdem ist die beim Phasenübergang beobachtete Anomalie nicht mit einer magnetischen Ordnung verbunden. Wie Kernresonanzuntersuchungen und MÖSSBAUER-Messungen zeigen, sind alle Vanadiumoxide bei sehr tiefen Temperaturen antiferromagnetisch. Das ist ein Hinweis darauf, daß der Phasenübergang M ⇄ H bei diesen Oxiden nicht mit einer Änderung der magnetischen Ordnung verbunden ist. In Abbildung 87 ist die Phasenübergangstemperatur und die NÉEL-Temperatur in Abhängigkeit von der Stöchiometriezahl dargestellt.

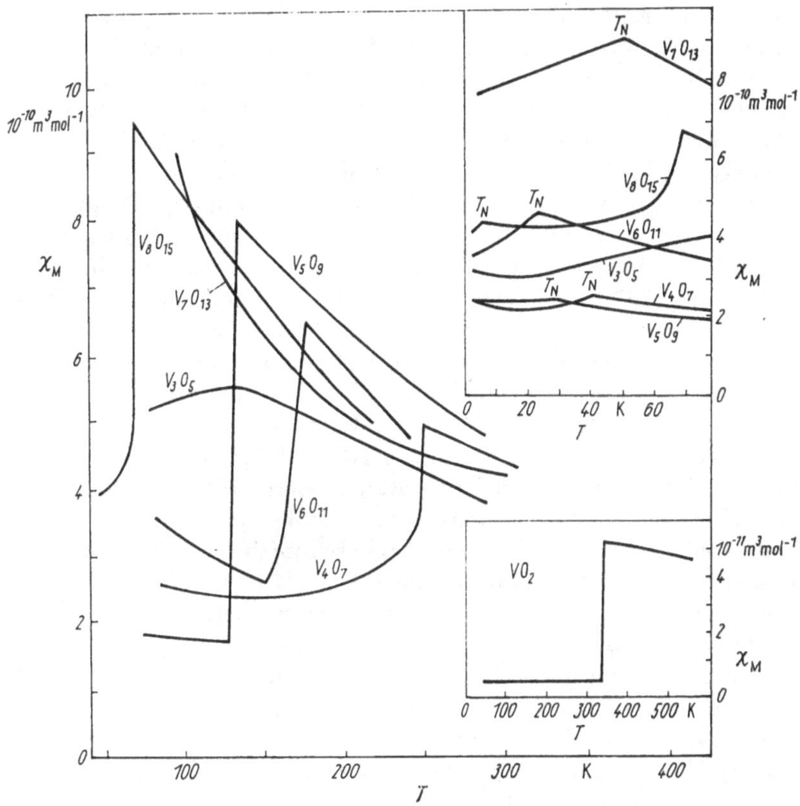

Abb. 86. Temperaturabhängigkeit der magnetischen Suszeptibilität der V_nO_{2n-1} ($3 \leqq n \leqq 8$) (nach [269])

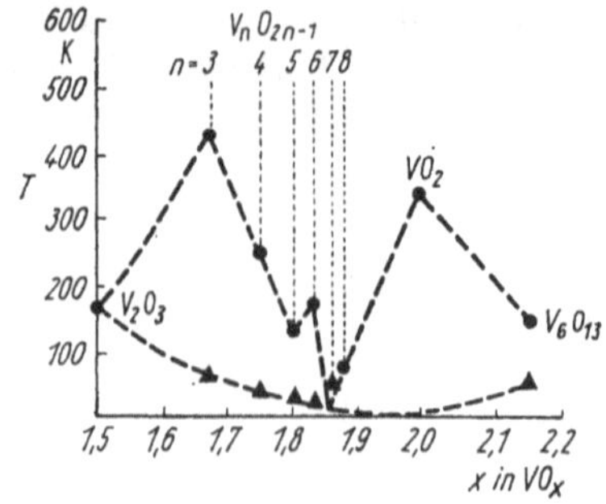

Abb. 87. Phasenumwandlungstemperatur T_t (●) und Néel-Temperatur T_N (▲) in Abhängigkeit vom Oxydationsgrad für V_nO_{2n-1} ($3 \leqq n \leqq 8$), VO_2, V_2O_3 und V_6O_{13}

Es zeigt sich, daß T_N mit steigendem x ein Minimum bei etwa $x = 2$ durchläuft. Eine mögliche Erklärung dafür wäre, daß, ausgehend von der dargestellten Struktur, zwischen den magnetisch geordneten V_2O_3-Schichten mit steigendem x immer mehr unmagnetische VO_2-Schichten eingebaut werden. Einer solchen einfachen Erklärung widersprechen jedoch die am V_4O_7 erhaltenen röntgenographischen Ergebnisse [276, 277].

Abbildung 86 zeigt ein breites Maximum der magnetischen Suszeptibilität für V_3O_5 bei $T_{max} = 125 \pm 5$ K, was wesentlich oberhalb der Néel-Temperatur ($T_N = 75{,}5$ K) liegt. Unterhalb T_N ordnen sich die magnetischen Momente der Vanadiumionen antiferromagnetisch [269]. Die dem V^{3+} und V^{4+} zugeordneten Hyperfeinfelder am Kernort wurden durch NMR-Messungen bei 4,2 K zu 17,2 T bzw. 6,0 T ermittelt [137] bzw. durch inelastische Spin-Flip-Streuung von Neutronen für $T \to 0$ mit 16,6 T und 6,9 T gefunden [281]. Die Ursache für das breite Maximum im Temperaturverlauf der magnetischen Suszeptibilität ist noch nicht erklärbar. Möglicherweise hängt es mit einer V^{3+}–V^{4+}-Paarbildung zusammen, es wurden bisher jedoch entsprechend den NMR-Daten [137] noch keine Paare nachgewiesen. Eine weitere mögliche Erklärung wäre die Existenz einer magnetischen Nahordnung zwischen den Vanadiumatomen auch oberhalb der Néel-Temperatur [282]. Der große Unterschied von 50 K zwischen T_N und T_{max} korreliert auch mit der kleinen Entropieänderung bei der Néel-Temperatur von $\Delta S = 0{,}29$ J mol^{-1} K^{-1} [283], was etwa 1,3% der Gesamtentropieänderung am magnetischen Phasenübergang $\Delta S = R \ln (2s + 1)$ entspricht. Für das Weiterbestehen der magnetischen Nahordnung oberhalb der Néel-Temperatur kann man zwei Ursachen angeben. Einmal wäre das die Erniedrigung der dreidimensionalen Ordnung eines normalen Antiferromagneten in eine ein-zwei-dimensionale oder ein-ein-dimensionale. Dieser Fall ist von Griffing u. a. [284] ausführlich analysiert worden, wobei oberhalb T_N eine eindimensionale magnetische Ordnung angenommen wurde. Die zweite Ursache ist die Existenz der gemischten Wertigkeit im V_3O_5. Die Frage des Einflusses der gemischten Wertigkeit auf die magnetische Nahordnung ist bisher kaum untersucht. V_3O_5 ist nicht die einzige Substanz, an der ein entsprechendes Maximum im Temperaturverlauf der magnetischen Suszeptibilität beobachtet wurde. Auch V_4O_7 ($T_{max} = 35$ K) und V_6O_{11} ($T_{max} = 27$ K) zeigen diese Erscheinung, jedoch mit dem Unterschied, daß bei diesen Oxiden die Differenz zwischen T_N und T_{max} sehr klein ist und deshalb der Effekt nicht so deutlich zum Ausdruck kommt.

Tabelle 23. Magnetische Eigenschaften der Vanadiumoxide (nach [269])

Phase	$T > T_t$								$T_t > T > T_N$	
	T_t K	T_N K	C_{exp}	C_{ber}	μ_{eff} μ_B	θ K	$\chi_0 \cdot 10^{10}$ $m^3\,mol^{-1}$	$N(E_F)$ eV^{-1}	C_{exp}	μ_{eff} μ_B
V_2O_3	168	168	0,82	0,98	2,96	−600	4020	9,8	—	—
V_3O_5	—	70	0,78	0,77	2,51	− 97	1070	—	—	—
V_4O_7	250	40	0,57	0,67	2,14	− 21	3460	8,6	0,057	0,699
V_5O_9	135	30	0,57	0,61	2,13	− 18	3650	9,0	0,056	0,674
V_6O_{11}	170	23	0,53	0,58	2,06	− 33	3600	8,8	0,24	1,364
V_7O_{13}	—	43	0,52	0,55	2,04	− 38	2040	5,0	—	—
V_8O_{15}	70	7	—	—	—	—	—	—	—	—
VO_2	340	—	0,68	0,37	2,33	−629	768	1,9	—	—

C_{exp} — Curie-Konstante, gemessen
C_{ber} — Curie-Konstante, berechnet für lokalisierte V^{3+}- und V^{4+}-Ionen
$N(E_F)$ — Zustandsdichte der Elektronen am Fermi-Niveau, berechnet für Pauli-Paramagnetismus

Anormales Verhalten der magnetischen Suszeptibilität bei $T < T_t$ wird auch an V_8O_{15}-Einkristallen beobachtet. Von SHOICHI u. a. [282] wird gezeigt, daß im Gebiet von 6,1 bis 6,8 K keine Temperaturabhängigkeit für χ beobachtet wird. Wenn man annimmt, daß der Übergang antiferromagnetisch $\rightleftarrows$ paramagnetisch bei 6,1 K analog zu anderen MAGNÉLI-Phasen stattfindet, dann ist die kleine Änderung der magnetischen Entropie von V_8O_{15} ($\Delta S = 0{,}03$ J mol^{-1} K^{-1}) durch eine anormal starke Paarbildung der Vanadiumatome oberhalb T_N zu erklären. Abschätzungen zeigen, daß 0,5% aller Vanadiumatome ein magnetisches Moment besitzen. Dieses Ergebnis steht im Widerspruch zu Messungen der spezifischen Wärme [283], wobei aus Abschätzungen des Kernbeitrages gezeigt wird, daß etwa 50% der Vanadiumatome ein magnetisches Moment besitzen sollten. Die Messungen der Suszeptibilität bei $T < 6{,}1$ K ergaben, daß $\chi(T)$ von der Qualität und der thermischen Vorgeschichte der Proben abhängt. Dieses Verhalten kann man nicht mit einem normalen Antiferromagnetismus erklären. Darauf wird auch von TERUKOW u. a. [285] hingewiesen, die ein anormales Verhalten der Magnetisierung in starken magnetischen Feldern bei $T < T_t$ beobachtet haben, dessen Ursache aber nicht klar ist. Oberhalb T_t gilt für die Suszeptibilität der MAGNÉLI-Phasen

$$\chi(T) = \chi_d + \chi_{VV} + \chi_{dia} \,. \tag{82}$$

Dabei bedeuten χ_{dia} diamagnetischer Beitrag, χ_{VV} temperaturunabhängiges VAN-VLECK-Glied, $\chi_d = C/(T-\theta)$ temperaturabhängiges Glied nach CURIE-WEISS, C CURIE-Konstante, θ Molekularfeldkonstante.

Die Werte der magnetischen Konstanten, die sich aus Messungen der Suszeptibilität ergeben haben, sind in Tabelle 23 angegeben. Die erhaltenen Daten stimmen gut mit den berechneten Werten überein, bei denen man mit lokalisierten V^{3+} und V^{4+} im entsprechenden Verhältnis rechnet. Besonders gut ist die Übereinstimmung für Oxide mit kleinem n, wo die Anzahl der Rutilblöcke klein ist. Bei Vergrößerung von n werden wahrscheinlich die Wechselwirkungen zwischen den Vanadiumkernen, die sich in den Rutilschichten bzw. Korundschichten befinden, geändert. Es ist bemerkenswert, daß der Anteil, den man aus dem PAULI-Paramagnetismus berechnet, sehr groß ist. Ein magnetischer Übergang (paramagnetisch $\rightleftarrows$ antiferromagnetisch) wird auch in dem bei allen Temperaturen metallischen V_7O_{13} beobachtet.

3.4.4. Thermische Eigenschaften

Wie bereits erwähnt, ist der Phasenübergang in den MAGNÉLI-Phasen erster Art, wobei sich das Gitter ändert, eine Hysterese der physikalischen Eigenschaften auftritt und eine latente Wärme beobachtet wird. In Tabelle 24 sind Angaben über die Phasenumwandlungsentropie und -enthalpie enthalten. Es zeigt sich, daß die Umwandlungsentropie mit steigendem n größer wird. Wie bekannt, besteht die Umwandlungsentropie aus einem Gitteranteil und einem Elektronenanteil. Beim VO_2 beträgt der Elektronenanteil nach groben Schätzungen [75] etwa 17% des Gesamtentropieanteils, was bedeutet, daß der Gitteranteil überwiegt. Bei den MAGNÉLI-Phasen kann auch ein magnetischer Anteil an der Phasenumwandlungsentropie angenommen werden. Abgesehen davon, daß beim Phasenübergang keine magnetische Umwandlung beobachtet wird, stellt man bei allen Oxiden eine Paarbildung der Vanadiumionen in der halblei-

Tabelle 24. Thermodynamische Daten zum Phasenübergang der Vanadiumoxide (nach [269])

Oxid	Molekularformel	Phasenumwandlungsenthalpie J mol⁻¹	T_t K	Phasenumwandlungsentropie J mol⁻¹ K⁻¹
V_2O_3	$VO_{1,50}$	890	168	5,1
V_3O_5	$VO_{1,66}$	—	—	—
V_4O_7	$VO_{1,75}$	610	250	2,39
V_5O_9	$VO_{1,80}$	920	135	6,65
V_6O_{11}	$VO_{1,833}$	950	170	5,48
V_7O_{13}	$VO_{1,857}$	—	—	—
VO_2	VO_2	4340	340	12,5

tenden Phase fest. Eine grobe Abschätzung des magnetischen Anteils der Phasenumwandlungsentropie für V_4O_7, ausgehend von kristallographischen Daten, ergab $\Delta S = \frac{1}{4} R \ln 2 \doteq 1{,}4 \text{ J mol}^{-1} \text{K}^{-1}$. Wenn man diesen Wert mit der Gesamtentropieänderung für V_4O_7 beim Phasenübergang vergleicht, zeigt sich, daß die magnetische Entropieänderung einen wesentlichen Beitrag liefert, was in den Modellen berücksichtigt werden muß. Von einer Reihe von Autoren werden Messungen der spezifischen Wärmekapazität von V_4O_7, V_7O_{13} und V_2O_3 angegeben [218, 227, 229, 286]. Sie sind in Abbildung 88 gezeigt. Man erkennt keinen großen linearen Term in der Darstellung

$$\frac{C_{\text{ges}}}{T} = \gamma + \beta T^2 . \qquad (83)$$

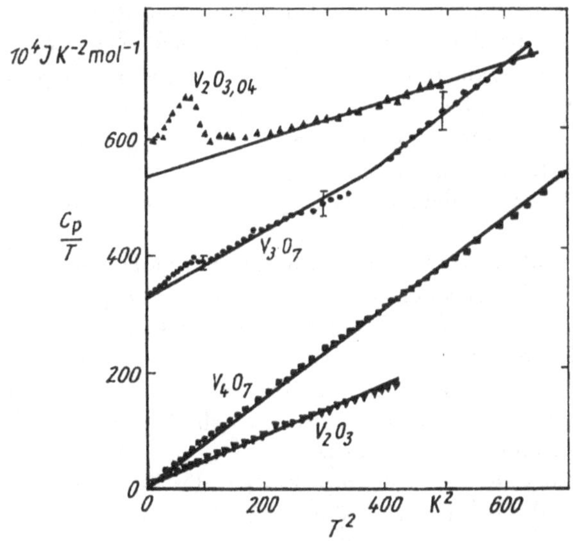

Abb. 88. Spezifische Wärme für einige Vanadiumoxide (nach [218]) (statt V_3O_7 lies V_7O_{13})

C_{ges} enthält einen Elektronenbeitrag und einen Gitterbeitrag:

$$C_{ges} = C_{Gitter} + C_{Elektronen} = \beta T^3 + \gamma T\ . \tag{84}$$

Dabei stellen β und γ Konstanten dar. Für V_7O_{13} beträgt γ $3{,}35 \cdot 10^{-2}$ J mol^{-1} K^{-2}, während für $V_2O_{3,04}$ $5{,}45 \cdot 10^{-2}$ J mol^{-1} K^{-2} beobachtet wird. Derartige Werte für γ sind etwa um eine Größenordnung höher als für normale Metalle ($\gamma \approx$ $\approx 2 \cdot 10^{-3}$ J mol^{-1} K^{-2}). Das spricht für einen großen Elektronenbeitrag der Wärmekapazität dieser Verbindungen.

Ausführliche Untersuchungen der spezifischen Wärme im Temperaturintervall von 0,4 bis 50 K wurden von Khattak u. a. [283] durchgeführt. Bei $T < 1$K wird der Hauptbeitrag zur spezifischen Wärme von den Atomkernen geliefert. Die Abschätzung dieser Größe bestätigt in der halbleitenden Phase die Existenz von gepaarten und lokalisierten V^{3+} und V^{4+}, was in Übereinstimmung mit röntgenographischen und neutronographischen sowie NMR-Daten steht. Am Néel-Punkt hat die spezifische Wärme aller Magnéli-Phasen mit Ausnahme von V_3O_5 und V_7O_{13} einen Verlauf nach dem λ-Typ. Der Übergangscharakter (λ-Typ) und die Temperaturabhängigkeit bei $T < T_N/2$ ist typisch für die normalen dreidimensionalen Antiferromagnete. Die Entropieänderung bei T_N beträgt jedoch nur 20% des berechneten Wertes. Oberhalb T_N liegt die spezifische Wärme über dem durch das Gitter bestimmten Wert. Die Auswertung der experimentellen Ergebnisse nach der Formel

$$C_{ges} = AT^n + BT^3 \tag{85}$$

für die Fälle $n = -2$, 1/2, 1, 3/2 und 2 ist in [283] vorgenommen (A, B-Konstante). Die beste Übereinstimmung mit den Experimenten wurde für $n = 1/2$ und 1 beobachtet, was der ferromagnetischen Wechselwirkung in eindimensionalen Ketten bzw. einer antiferromagnetischen Wechselwirkung entspricht. Dieser zusätzliche Beitrag der spezifischen Wärme bei $T > T_N$ und auch die schwache Änderung der magnetischen Entropie bei T_N sprechen für die Aufrechterhaltung einer gewissen magnetischen Ordnung oberhalb T_N. Nach Bonner und Fischer [287] enthält das Magnonenspektrum solcher Systeme ein lineares Glied in der spezifischen Wärme oberhalb T_N. Bei T_N geht die dreidimensionale in eine zweidimensionale Ordnung über. Unterhalb T_N geben die Magnonen einen Beitrag zu C_{ges}, der proportional T^3 ist. Im Rahmen dieses Modells ist auch die kleine Änderung der magnetischen Entropie verständlich.

Die Struktur der Magnéli-Phasen schließt eine solche Annahme nicht aus, denn man beobachtet Ketten von V^{3+} und V^{4+}, die parallel zur Pseudorutilachse (c_R) stehen. Die magnetischen Wechselwirkungen in den V–O–V-Ketten hängen stark von dem Abstand zwischen den Ionen ab. Entsprechend den röntgenographischen Strukturdaten für V_4O_7 und V_5O_9 ist der Abstand zwischen den Ionen in benachbarten Ketten um etwa 15% größer als in den Ketten selbst. Das kann eine Ursache für die Bildung der antiferromagnetischen zweidimensionalen Ordnung sein. Dieses Modell steht im Widerspruch zu dem Verhalten der magnetischen Suszeptibilität, die bei $T \sim (J/k)$ ein Maximum zeigen muß. Dabei ist J die magnetische Wechselwirkung innerhalb der Ketten. Bei Erniedrigung der Temperatur bis T_N muß sich die Suszeptibilität verkleinern, was den experimentellen Befunden widerspricht (Abb. 86).

3.4.5. Einfluß der Dotierungen auf den Phasenübergang der MAGNÉLI-Phasen

Die Untersuchung des Dotierungseinflusses gestattet, die Änderung der physikalischen Eigenschaften dieser Oxide im Rahmen einer gleichen kristallographischen Struktur zu untersuchen. Das erlaubt ein tieferes Eindringen in die Natur der Phasenübergänge, und außerdem können einige Schlußfolgerungen für technische Anwendungen gewonnen werden. Trotzdem liegt bisher nur wenig Untersuchungsmaterial auf diesem Gebiet vor. Für viele Phasen wurde eine Eisendotierung untersucht, da ein ^{57}Fe-Gehalt für MÖSSBAUER-Untersuchungen nötig ist. In diesen Fällen wurde immer eine Erniedrigung von T_t beobachtet. Der Einfluß von Ti-Dotierungen auf V_4O_7 ist in [288] untersucht und ebenfalls eine Erniedrigung von T_t festgestellt worden. Mit steigender Ti-Dotierung wird der Phasenübergang verschmiert, und die Größe des Sprunges in der magnetischen Suszeptibilität verkleinert sich. Am stärksten wurde der Einfluß von Dotierungen auf die Eigenschaften des V_3O_5 untersucht [98, 290]. Die Analyse der Ergebnisse zeigt, daß eine Dotierung in allen Fällen zur Erniedrigung der Sprungtemperatur führt und daß diejenigen Dotanten, welche die Gesamtelektronenzahl des Systems erhöhen (Mo, W, Mn), den stärksten Einfluß ausüben ($\Delta T_t \approx$ (10 bis 15) K/At.-%). Diejenigen Dotanten, welche die Gesamtelektronenzahl nicht erhöhen, wirken nur schwach (Ga, Zn, Ti, Nb).

In allen Fällen wird eine kritische Konzentration, bei der der Phasenübergang verschwindet, beobachtet. Alle Ergebnisse der Dotierungsuntersuchungen an den MAGNÉLI-Phasen zeigen, daß im Unterschied zu V_2O_3 und VO_2, wo sowohl eine Erhöhung als auch eine Erniedrigung von T_t durch Dotierung erreicht werden kann, bei diesen Phasen stets eine Erniedrigung von T_t unabhängig von der Art und der Konzentration des Dotanten auftritt. Ähnlich wirken Dotierungen auf Fe_3O_4 [291], bei dem ebenfalls das Eisen in zwei Wertigkeitsstufen vorliegt. Indirekt sprechen diese Ergebnisse dafür, daß man die Ursache für den Phasenübergang in den MAGNÉLI-Phasen in ihrer Besonderheit, der Anwesenheit von Kationen in zwei verschiedenen Wertigkeitsstufen, suchen sollte.

3.4.6. Einfluß der ^{18}O-Substitution auf den Phasenübergang der Vanadiumoxide

Obwohl die Ursache des Phasenüberganges noch nicht klar ist, steht fest, daß beim Phasenübergang die Änderung der Phononenfrequenzen, die zur Gitteränderung führt, eine wesentliche Rolle spielt. Ein wichtiger Beweis dafür ist die Verschiebung der Sprungtemperatur bei der ^{18}O-Substitution, die in den Arbeiten [292] bis [294] näher untersucht worden ist. Die wichtigsten Ergebnisse dieser Untersuchungen sind in Tabelle 25 zusammengefaßt. In allen untersuchten Fällen wird durch ^{18}O-Substitution eine Erhöhung der Sprungtemperatur beobachtet ($\Delta T_t > 0$). Wie bekannt, wird der Phasenübergang M $\rightleftarrows$ H durch eine Erniedrigung der Phononenfrequenz, wie aus der Beziehung für die Freie Energie der Phononen

$$F_{\text{Ph}} = kT \ln\left[1 - \exp\left(-\frac{\hbar\bar{\omega}}{kT}\right)\right] \tag{86}$$

folgt, begünstigt ($\bar{\omega}$ = mittlere Phononenfrequenz). Derartige Frequenzerniedrigungen und das Auftreten von weichen Moden [142, 297, 298] unterstreichen die Rolle

Tabelle 25. Präparationsbedingungen und Eigenschaften

Oxide	$^{18}O = y$ At.-%	T_t K	ΔT_t K	$10^2 \cdot (\Delta T_t/y)$ K/At.-%
V_6O_{13} b, e	22,7	150	1	4,40
VO_2 a, d	21	340	0,8	3,8
VO_2 b, e	18,7	340	0,6	3,2
V_4O_7 b, e	17,9	250	3,5	19,50
V_3O_5 a, d	14	427	0,4	2,86
V_3O_5 b, e	20	427	1,5	7,50
V_2O_3 a, f	11	168	2,3	20,9
V_2O_3 b, f	21,3	168	3,4	15,96
Fe_3O_4 c	43	119	6,1	14,9

a aus $H_2{}^{18}O$
b aus ^{18}O-Gas
c aus $FeCl_3 + H_2{}^{18}O$
d Sintertechnologie
e chemischer Transport mit $TeCl_4$
f Reduktion von V_2O_5, Pulverprobe

des Gitters für den Phasenübergang. Andererseits zeigt die Analyse der theoretischen Modelle für den Phasenübergang [165, 299, 300], in denen die Gitterverzerrung allein als Ursache für den Phasenübergang angenommen wird, daß die Sprungtemperatur T_t nur von der Konstante der Elektronen-Phononen-Wechselwirkung abhängt: $T_t \sim g \sim (M\overline{\omega}^2)^{-1}$. In der harmonischen Näherung ist $M\overline{\omega}^2$ unabhängig von der Ionenmasse und nur der Wechselwirkungskonstanten g proportional, die durch die Elektronenstruktur und nicht durch die Kernmasse M bestimmt ist. Deshalb ist die Interpretation des Isotopieeffektes in der Arbeit von Owtschinnikow [300] nicht korrekt. Dieses Argument gilt nur für einatomige Kristalle, nicht aber für Verbindungen. Von Ihle [301] wurde das bei der Interpretation des Isotopieeffektes im Fe_3O_4 korrekt berücksichtigt. Allerdings kann in diesem Modell, in Abhängigkeit von den Massenverhältnissen und dem Charakter der weichen Mode, die Änderung von T_t, im Unterschied zum Experiment, negativ werden.

Daher wird im folgenden angenommen, daß der Phasenübergang $M \rightleftarrows H$ vom Elektronensystem verursacht wird, dessen Eigenschaften aber durch das Gitter stark beeinflußt werden. Dann kann man den Isotopieeffekt qualitativ folgendermaßen erklären: Die Differenz der Freien Energien der beiden Phasen ist durch

$$F^0_H(T) - F^0_M(T) = \Delta S(T - T^0_t) \tag{87}$$

gegeben. Dabei stellen $F^0_H(T)$ bzw. $F^0_M(T)$ die Freien Energien der halbleitenden bzw. metallischen Phase dar. Für die Entropieänderung beim Phasenübergang gilt

$$\Delta S = \Delta S_e + S^M_{Ph} - S^H_{Ph} > 0\,, \tag{88}$$

wobei ΔS_e die Änderung des Elektronenanteils und S^M_{Ph} bzw. S^H_{Ph} den Phononenanteil der Entropie in der metallischen bzw. halbleitenden Phase bedeuten. Eine Änderung der Masse M bei einem Isotopenaustausch führt nun zu zwei Effekten:

1. Die Elektronen–Phononen-Wechselwirkung gibt einen Beitrag zur freien Energie in der metallischen Phase, der proportional $-(g^2/M)$ ist (g = Elektronen–Phononen-Wechselwirkungskonstante). Dieser Teil der freien Energie ändert sich im metallischen Zustand proportional $g^2 \Delta M/M^2$, er entsteht durch die dynamischen Aspekte der gewöhnlichen Elektronen–Phononen-Wechselwirkung (Anregung virtueller Phononen). Der diskutierte Energiebeitrag ist daher nicht identisch mit früher erwähnten Elektronen–Phononen-Wechselwirkungsenergien (s. 3.1.2.). Deshalb verschwindet er auch im halbleitenden Zustand wegen der Energielücke.
2. Da sich beim Phasenübergang die charakteristische Phononenfrequenz für $\Delta M > 0$ verringert, ist auch eine Änderung der Phononenentropie anzunehmen. Dieser Effekt ist wegen der Differenz in (88) klein. Falls, wie beim VO_2, eine weiche Mode im metallischen Zustand auftritt, muß, wie der folgende Ausdruck zeigt, der unter 1. genannte Effekt überwiegen. Unter Berücksichtigung beider Effekte erhält man für die Änderung der Sprungtemperatur

$$\Delta S \, \Delta T_t = \frac{g^2 \Delta M}{M^2} - \left(\frac{\partial S_{\mathrm{Ph}}^{\mathrm{M}}}{\partial M} - \frac{\partial S_{\mathrm{Ph}}^{\mathrm{H}}}{\partial M} \right) \Delta M \,. \tag{89}$$

Die Größe und das Vorzeichen der zweiten Summanden ist für die Vanadiumoxide im allgemeinen nicht bekannt. Eine Ausnahme ist das VO_2, in dem weiche Moden im metallischen Zustand experimentell beobachtet worden sind. Aufgrund dieser Ergebnisse kann man für das VO_2 ein Überwiegen des ersten Summanden annehmen. Für die übrigen Oxide wird ebenfalls ein starker Beitrag von der Elektronen–Phononen-Wechselwirkung erwartet, da sich die Entropien zwar ändern, in ΔT_t aber nur die Differenz der Änderung eingeht. Damit sollen aber nicht solche Fälle ausgeschlossen werden, in denen die Gitteränderung Ursache des Phasenüberganges ist, der dann immer eine Änderung des Elektronensystems zur Folge hat.

3.4.7. Einfluß des hydrostatischen Druckes auf den Phasenübergang der MAGNÉLI-Phasen

Der Einfluß des hydrostatischen Druckes wurde in mehreren Arbeiten [302] bis [304] bei Drücken von $10-12 \cdot 10^8$ Pa untersucht. Die wichtigsten Ergebnisse dieser Messungen sind in Tabelle 26 zusammengefaßt. Daraus wird deutlich, daß mit Druck-

Tabelle 26. Abhängigkeit der Phasenübergangstemperatur der Vanadiumoxide vom hydrostatischen Druck

Oxid	T_t K	dT_t/dp K Pa^{-1}	ΔS J mol^{-1} K^{-1}	Literatur
V_2O_3	168	$-3,78 \cdot 10^{-8}$	5,1	[193]
V_3O_5	430	$-2,1 \cdot 10^{-8}$	2,1	[302]
V_4O_7	250	$-0,65 \cdot 10^{-8}$	2,39	[303]
V_5O_9	135	$-0,87 \cdot 10^{-8}$	6,65	[304]
V_6O_{11}	170	$-2,4 \cdot 10^{-8}$	5,48	[304]
VO_2	340	$+0,82 \cdot 10^{-8}$	12,5	[373]

erhöhung bei allen Phasen eine Erniedrigung von T_t erfolgt. Die experimentell ermittelte Abhängigkeit dT_t/dp ist für alle Phasen in guter Übereinstimmung mit den nach CLAUSIUS-CLAPAYRON gemäß

$$\frac{dT_t}{dp} = \frac{\Delta V}{\Delta S_t} \tag{90}$$

berechneten Werten (ΔV = Volumenänderung beim Phasenübergang, ΔS_t = Phasenumwandlungsentropie). Die Abweichungen zwischen den berechneten und den gemessenen Werten resultieren im wesentlichen aus Ungenauigkeiten bei der Bestimmung der Phasenumwandlungsentropie.

3.4.8. Einfluß starker magnetischer Felder auf den Phasenübergang der MAGNÉLI-Phasen

Von TERUKOW u. a. [285] wurde dieser Einfluß auf V_3O_5, V_8O_{15}, V_2O_3, VO_2 und $V_{0,989}Fe_{0,011}O_2$ bei Feldstärken bis zu 15 T untersucht. Die Orientierung der Proben im Feld war willkürlich. Die Genauigkeit der Temperaturmessung unter Einfluß des Feldes betrug ±0,5 K. Unter diesen Bedingungen wurde bis 15 T kein Einfluß des Feldes auf T_t gefunden. Diese Tatsache spricht für einen schwachen Beitrag des magnetischen Systems zum Phasenübergang. Von den Autoren [285] wurde auch die Magnetisierung von V_7O_{13} und V_8O_{15} untersucht. Abbildung 89 zeigt die Magnetisierungskurve für V_7O_{13} oberhalb und unterhalb T_N (43 K). Bei $T > T_N$ hängt die Magnetisierung linear vom Feld ab. Damit ist die magnetische Suszeptibilität feldunabhängig. Dieses Verhalten entspricht einem paramagnetischen Zustand. Unterhalb T_N zeigt sich ein

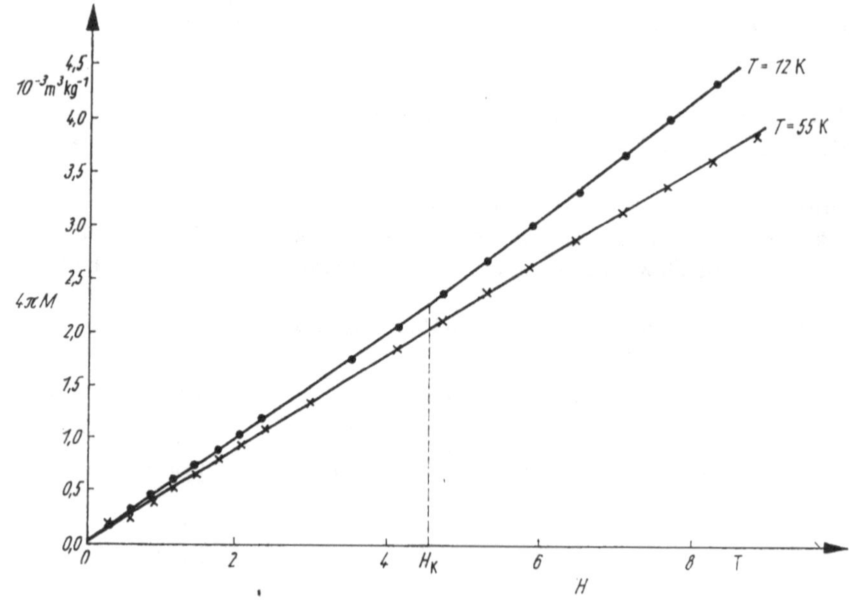

Abb. 89. Abhängigkeit der magnetischen Suszeptibilität von der Feldstärke für V_7O_{13}

antiferromagnetisches Verhalten, was sich in einer Neigungsänderung der Magnetisierungskurve beim Feld H_K ausdrückt. H_K wird bei Erhöhung der Temperatur gesenkt.

Ein ganz anderes Verhalten zeigt V_8O_{15} (Abb. 90). Die Magnetisierungskurve weist unterhalb T_N (7 K) eine Hysterese auf. Dieses Verhalten ist nicht ganz einleuchtend, weil nach früheren Ergebnissen [269] die NÉEL-Temperatur für V_8O_{15} bei 7 K liegen soll. Man kann es aber erklären, wenn man einen schwachen Ferromagnetismus annimmt, der bekanntlich [305] Begleiterscheinung des Antiferromagnetismus ist. Nach

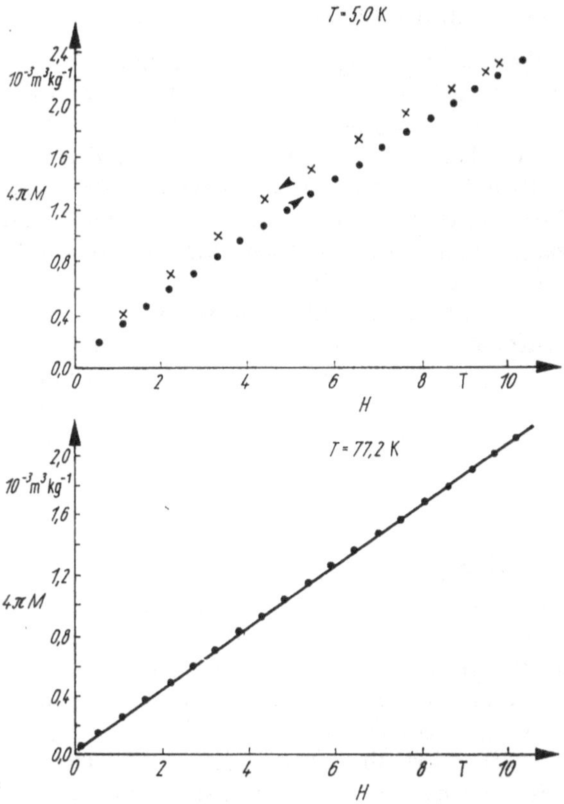

Abb. 90. Abhängigkeit der magnetischen Suszeptibilität von der Feldstärke für V_8O_{15} bei $T = 5$ K und $T = 77$ K

den Strukturangaben (3.4.1.) kann man sehen, daß im Temperaturintervall $T < T_t$ ein nichtlinearer Antiferromagnetismus, d. h. schwacher Ferromagnetismus, auftreten kann. Dabei ist interessant, daß dieser Ferromagnetismus auch bei $T > 7$ K erhalten bleibt und erst bei 70 K verschwindet, also erst, wenn die V^{3+}–V^{3+}- bzw. V^{4+}–V^{4+}-Bindungen zerstört werden und ein normaler Paramagnetismus beobachtet wird (Abb. 90). Der Vergleich des Magnetisierungsverhaltens von V_7O_{13} und V_8O_{15} gestattet die Annahme, daß der Grundzustand in der halbleitenden Phase der MAGNÉLI-Oxide ferromagnetische Anteile enthalten kann.

3.4.9. Physikalische Eigenschaften des V_3O_5

Die Analyse der experimentellen Ergebnisse, die an den MAGNÉLI-Phasen erhalten wurden, gestattet, folgende Gemeinsamkeiten zu formulieren:

- In allen Phasen existiert das Vanadium in zwei Wertigkeitsstufen.
- Beim Phasenübergang treten nur geringe Änderungen der Gitterparameter auf, ohne daß eine Symmetrieänderung beobachtet wird.
- In der metallischen und der halbleitenden Phase wird eine starke Lokalisierung der Ladungsträger beobachtet.
- Beim Phasenübergang wird die magnetische Ordnung nicht geändert.
- Die NÉEL-Temperatur liegt stets unterhalb der Phasenumwandlungstemperatur.

Alle diese Erscheinungen müssen bei der Ausarbeitung von Modellen zum Phasenübergang berücksichtigt werden. Davon ausgehend, kann man annehmen, daß der Phasenübergang nicht mit der Ausbildung einer magnetischen Fernordnung verbunden ist. Auch das MOTT-HUBBARD-Modell scheint ungeeignet zur Erklärung des Phasenüberganges. Die wahrscheinlichste Ursache für den Phasenübergang ist im Vorliegen von Vanadiumionen in zwei Wertigkeitsstufen zu suchen. Im Rahmen dieser Betrachtungen kann der Phasenübergang in den MAGNÉLI-Phasen mit der Differenzierung der Ladungsträger in der räumlichen Anordnung der unterschiedlichen Ionen, d. h. in einer sogenannten „WIGNER-Kristallisation" der „überschüssigen" Elektronen, erklärt werden. Am ausführlichsten wurden die Argumente am V_3O_5 überprüft [98, 289], [727] bis [729], weshalb diese Problematik noch etwas ausführlicher dargestellt werden soll.

3.4.9.1. Kinetische Transporteigenschaften

In Abbildung 91 ist eine typische Kurve der Temperaturabhängigkeit des elektrischen Widerstandes und der Thermokraft von V_3O_5-Einkristallen gezeigt. Bei 430 K wird eine sprunghafte Änderung des Widerstandes um den Faktor 10 bis 20 beobachtet. Oberhalb T_t beträgt die Aktivierungsenergie $E_A = 0{,}13$ eV. Für V_3O_5 der oberen Phasengrenze ist die Thermokraft bei Raumtemperatur positiv, was im Gegensatz zu den von OKINAKA u. a. [720] gefundenen Ergebnissen steht. Am Phasenübergang ändert sich das Vorzeichen der Thermokraft, oberhalb T_t wird eine negative Thermokraft beobachtet. Der absolute Wert der Thermokraft bei Raumtemperatur liegt für verschiedene Proben zwischen 450 und 700 μV/K. Unmittelbar nach dem Phasenübergang beträgt die Thermokraft $-5\,\mu$V/K, und bei 480 K wird ein Wert von $-15\,\mu$V/K gemessen. Die Erhöhung des Beitrages der Thermokraft mit der Temperatur und auch der absolute Wert bei $T > T_t$ ist charakteristisch für eine metallische Leitfähigkeit. Eine weitere Erhöhung der Temperatur nach dem Phasenübergang führt zu einer Verringerung der Aktivierungsenergie der Leitfähigkeit, um schließlich bei $T > 470$ K metallisches Verhalten zu zeigen [307]. Wie aus Abbildung 91 ersichtlich, erniedrigt sich die Thermokraft bei Senkung der Temperatur unterhalb 270 K. In diesem Gebiet bleibt die Aktivierungsenergie praktisch konstant und beträgt 0,3 eV. Die Verkleinerung der Aktivierungsenergie beginnt bei wesentlich niedrigeren Temperaturen als die Erniedrigung der Thermokraft. Der Kurvenverlauf bei tiefen

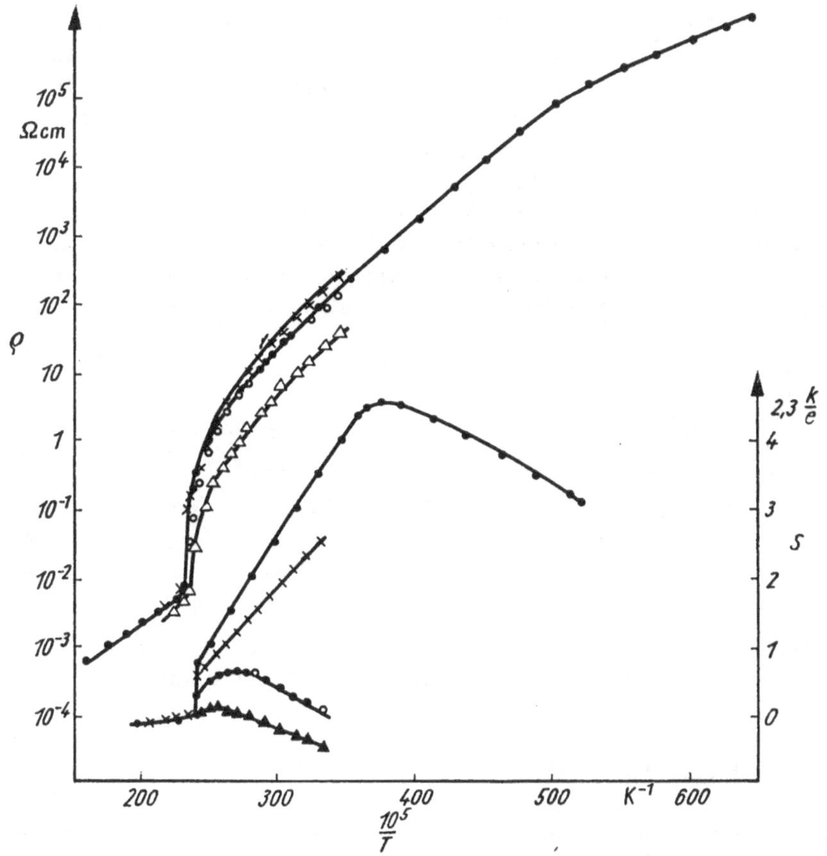

Abb. 91. Temperaturabhängigkeit des spezifischen Widerstandes und der Thermokraft von stöchiometrischem und Mo-dotiertem V_3O_5; ● V_3O_5, × mit 0,02% Mo, ○ mit 0,04% Mo, △ mit 0,61% Mo

Temperaturen kann durch den Übergang von Eigenhalbleitung zu Störstellenhalbleitung erklärt werden. Tatsächlich ist die Verringerung der Thermokraft mit sinkender Temperatur nur durch einen wachsenden Einfluß von Elektronen verständlich zu machen. In Abbildung 91 sind außerdem die Kurven für molybdändotiertes V_3O_5 angegeben. Die Dotierung führt zu einer deutlichen Senkung der Sprungtemperatur auf 418 K bei einer Mo-Konzentration von 0,61 At.-%. Die Erhöhung der Dotierungskonzentration hat eine Verkleinerung des spezifischen Widerstandes bei Raumtemperatur zur Folge, zeigt jedoch keinen wesentlichen Einfluß auf die Aktivierungsenergie. Andererseits wirkt die Dotierung stark auf die Thermokraft in der halbleitenden Phase. Mit steigender Dotierungskonzentration erniedrigt sich der Absolutwert der Thermokraft bei Raumtemperatur, und das Maximum verschiebt sich zu höheren Temperaturen. Für die Probe mit 0,61 At.-% Mo ist die Thermokraft bei Raumtemperatur negativ, trotzdem wird noch ein Phasenübergang beobachtet. Dieses Ergebnis kann als Erklärung für die Angaben von OKINAKA u. a. [720] dienen, wo an „reinem" V_3O_5 eine negative Thermokraft und kein Phasenübergang beobachtet worden ist, was auf einen relativ hohen Dotierungsgrad hindeutet.

Oberhalb T_t zeigen die Mo-dotierten Proben gleiches Verhalten wie reines V_3O_5. HALL-Messungen haben ergeben, daß das Vorzeichen der Ladungsträger bei Raumtemperatur im V_3O_5 in Übereinstimmung mit den Thermokraftmessungen positiv ist. Dabei wurde eine HALL-Beweglichkeit $\mu_H \approx 0{,}43 \cdot 10^{-4}\ m^2/Vs$ beobachtet. Bei Annäherung an den Phasenübergang zeigt V_3O_5, ähnlich wie VO_2, V_4O_7 und V_8O_{15}, eine kontinuierliche Änderung der Neigung $(\lg \sigma\,(1/T))$, was bisher unverstanden ist. Diese Erscheinung wird oft mit der Existenz von Störstellenniveaus in der verbotenen Zone erklärt. Dann müßten zwei Aktivierungsenergien nachweisbar sein. Nach unserer Meinung ist dies mit einer Änderung der Aktivierungsenergie bei Annäherung an den Phasenübergang zu erklären. Wenn man die Abhängigkeit der Aktivierungsenergie der Leitfähigkeit

$$\varrho = \varrho \exp\left(\frac{E_A(T)}{kT}\right) \tag{91}$$

berücksichtigt, findet man

$$\frac{d \ln \varrho}{d\left(\frac{1}{T}\right)} = E_A(T) - \frac{T\, dE_A(T)}{dT}. \tag{92}$$

Daraus ist ersichtlich, daß, wenn sich $E_A(T)$ bei $T \to T_t$ verringert, $\lg \sigma\,(1/T)$ bei $T \to T_t$ ein Verhalten, wie in Abbildung 84 dargestellt ist, haben kann.

3.4.9.2. Magnetische Eigenschaften

Die magnetischen Eigenschaften der MAGNÉLI-Phasen einschließlich V_3O_5 sind in den Arbeiten [308, 309] untersucht. Durch MÖSSBAUER-Untersuchungen konnte gezeigt werden, daß V_3O_5 unterhalb 70 K antiferromagnetisch ist. Die magnetische Suszeptibilität von V_3O_5 bildet im Gebiet von 130 K ein flaches Maximum, oberhalb dieser Temperatur ist V_3O_5 paramagnetisch. In diesem Gebiet kann die Suszeptibilität gut nach Formel (82) beschrieben werden. Da im V_3O_5 keine Paarbildung beobachtet wird [137], läßt sich der VAN-VLECK-Beitrag für die freien Vanadiumionen unter Anwendung von NMR-Daten für VO_2 und V_2O_3 [251, 310] aus dem Verhältnis $V^{2+}/V^{4+} = 2$ abschätzen. Wir erhielten $\chi_{VV} = 6{,}2 \cdot 10^{-8}\ m^3\ kg^{-1}$. Unter Vernachlässigung von χ_{dia} und der Annahme, daß sich der VAN-VLECK-Beitrag beim Phasenübergang nicht ändert, kann man den Wert der magnetischen Suszeptibilität $\chi_d(T)$ abschätzen. Mit dieser Abschätzung und den gemessenen Werten $\chi(T)$ erhält man das in Abbildung 92 dargestellte Ergebnis für das Temperaturgebiet 300 bis 500 K. Die dargestellte Kurve befolgt in diesem Temperaturgebiet gut das CURIE-WEISS-Gesetz. Beim Phasenübergang wird ein kleiner Sprung der magnetischen Suszeptibilität von $(2{,}50 \pm 0{,}2) \cdot 10^{-9}\ m^3\ kg^{-1}$ beobachtet. Aus dem Wert für C ergibt sich $\mu_{eff} = 2{,}84 \sqrt{C}\ \mu_B$. Bei $T < T_t$ folgt $\mu_{eff} = 2{,}26\ \mu_B$ und bei $T > T_t$ $\mu_{eff} = 2{,}06\ \mu_B$. Wenn man annimmt, daß alle Vanadiumionen in einem lokalisierten paramagnetischen Zustand sind, kann man das theoretisch zu erwartende μ_{eff} abschätzen, man erhält für V_3O_5 $\mu_{eff} = 2{,}46\ \mu_B$. Dieser Wert kommt dem experimentell in beiden Phasen gefundenen Wert nahe, was für eine starke Lokalisierung der Elektronen an Vanadium-

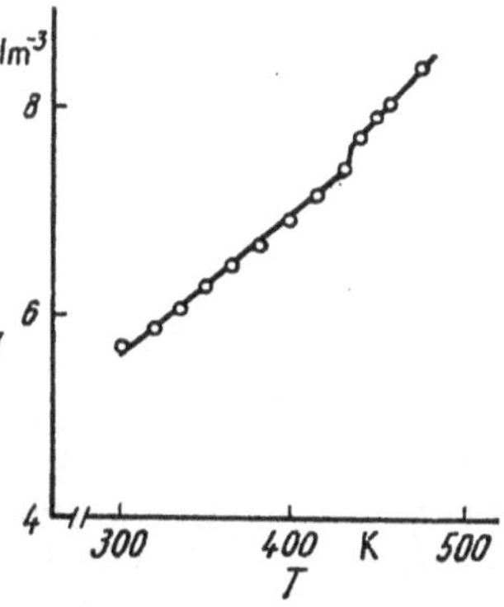

Abb. 92. Abhängigkeit des reziproken d-Elektronenparamagnetismus von V_3O_5

ionen in beiden Phasen und gegen eine Paarbildung spricht, nach der ein wesentlich kleinerer Wert für μ_{eff} zu erwarten wäre. Die beobachtete Verkleinerung des Wertes für μ_{eff} in der metallischen Phase ist nach unserer Meinung der Delokalisierung der d-Elektronen zuzuschreiben.

3.4.9.3. Optische Eigenschaften

Die in Abbildung 93 dargestellten Messungen wurden bei zwei Temperaturen (296 K und 460 K) vor und nach dem Phasenübergang durchgeführt. Die Abbildung zeigt unterhalb und oberhalb des Phasenüberganges ein typisches Halbleiterspektrum. Zur Bestimmung der verbotenen Zone wurde es unter Verwendung der Oszillatormethode [307] auf Absorptionswerte umgerechnet. Die Bandkante wurde nach $[\alpha(\omega)\,\hbar\omega]^2 = A(\hbar\omega - E_g)$ gewonnen. Die Extrapolation des linearen Teiles der Kurve gibt einen Näherungswert für die verbotene Zone von V_3O_5 mit 0,62 eV. Das stimmt mit dem aus der Temperaturabhängigkeit des spezifischen Widerstandes erhaltenen Wert gut überein. Für $\hbar\omega > E_g$ wird in der halbleitenden Phase eine Erhöhung der

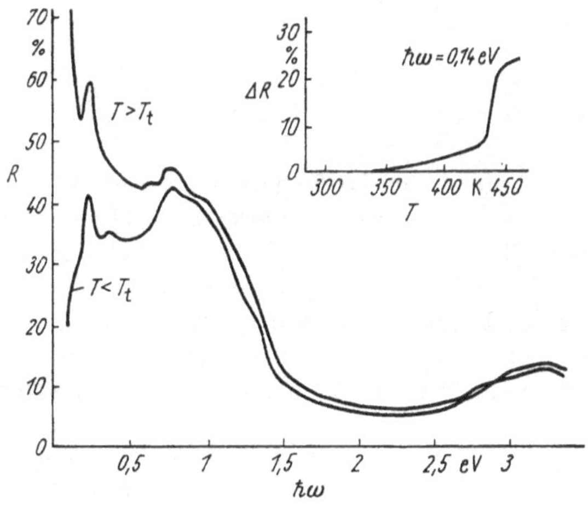

Abb. 93. Reflexionsspektren von V_3O_5-Einkristallen bei $T \gtrless T_t$. Teilbild: Temperaturabhängigkeit des Reflexionskoeffizienten bei $\hbar\,\omega = 0{,}14$ eV

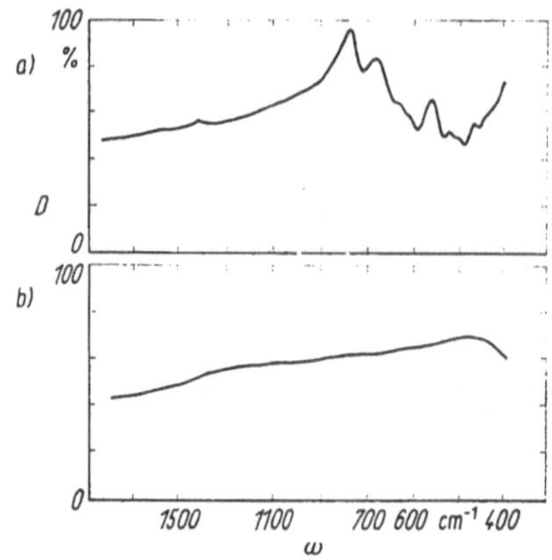

Abb. 94. IR-Spektren von V_3O_5 vor und nach dem Phasenübergang; a) 25 °C, b) 175 °C; D – Durchlässigkeit

Reflexion beobachtet, was man mit Übergängen zwischen den Bändern erklären kann. Für $\hbar\omega < E_g$ wird im Reflexionsspektrum eine Verschmierung der Bandkante gemessen, die mit der Bildung von Störniveaus in der verbotenen Zone im Zusammenhang steht. Eine Besonderheit des Spektrums sind die Peaks bei $\hbar\omega \approx 0{,}24$ eV und 0,38 eV. Bei $T > T_t$ verschwindet nur der Peak bei 0,38 eV. Die Natur der beiden Peaks ist bisher unklar und kann mit Dotierung oder Exzitonenniveaus verbunden sein. Bei Erhöhung der Temperatur beobachtet man für $\hbar\omega > 1$ eV eine kontinuierliche Erhöhung der Reflexion, die mit einer Erhöhung der Ladungsträgerkonzentration verbunden ist. Im Teilbild der Abbildung 93 ist auch der Temperaturverlauf des Reflexionskoeffizienten bei $\hbar\omega = 0{,}14$ eV dargestellt. Es zeigt sich eine deutliche Änderung des Reflexionskoeffizienten beim Phasenübergang.

In Abbildung 94 wird bei den IR-Spektren von V_3O_5 deutlich, daß oberhalb T_t die Phononenstruktur des Spektrums verschwindet. Dies kann man mit einer Abschirmung der Gitterschwingungen durch die freien Elektronen erklären. Tatsächlich zeigt die Auswertung der Reflexionsspektren bei $T > T_t$ nach der Drude-Theorie, daß das berechnete Spektrum mit einer Genauigkeit von 6% mit dem experimentellen übereinstimmt, wenn man für die Plasmafrequenz $\hbar\omega_p = 1$ eV annimmt und für die Stoßfrequenz $\nu = 0{,}8 \cdot 10^{15}\,\mathrm{s}^{-1}$. Mit Hilfe von

$$\omega_p = \left(\frac{4\pi n e^2}{m^* \varepsilon_0 \varepsilon_\infty}\right)^{1/2} \tag{93}$$

erhält man das Verhältnis der Konzentration der freien Ladungsträger zur effektiven Masse n/m^* zu $2{,}94 \cdot 10^{48}\,\mathrm{cm^{-3}\,kg^{-1}}$. Dabei ist $\varepsilon_\infty = 3{,}3$ aus den Reflexionsspektren der halbleitenden Phase entnommen. Ausgehend von dem Wert der Beweglichkeit bei Raumtemperatur und unter Annahme, daß die Änderung des spezifischen Widerstandes mit der Temperatur durch die Änderung der Ladungsträgerkonzentration bestimmt wird, kann man nach $\sigma = en\mu$ die Ladungsträgerkonzentration n im metallischen Zustand berechnen. Sie beträgt $n = 6 \cdot 10^{21}\,\mathrm{cm}^{-3}$. Unter Verwendung dieses Wertes erhält man für die Hochtemperaturphase eine effektive Masse $m^* = 2\,m_e$. Mit den aus optischen Daten gewonnenen Stoßfrequenzen kann man für $T > T_t$ die Beweglichkeit der Ladungsträger nach $\mu = e\tau/m^*$ erhalten. Es ergibt sich $\mu \approx 1 \cdot 10^{-4}\,\mathrm{m^2/Vs}$, was dem Wert bei $T < T_t$ nahekommt. Es erscheint uns jedoch vernünftiger, in der metallischen Phase die Anzahl der freien Elektronen gleich der Gesamtzahl der d-Elektronen, d. h. $n = 1{,}2 \cdot 10^{22}\ \mathrm{cm}^{-3}$, zu setzen. In diesem Fall erhält man aus n und σ eine Beweglichkeit $\mu \approx 0{,}2 \cdot 10^{-4}\ \mathrm{m^2/Vs}$, die etwas niedriger ist als der Wert in der halbleitenden Phase. Die Verkleinerung der Beweglichkeit in der metallischen Phase stimmt gut mit der Vorstellung vom Phasenübergang in solchen Systemen überein. Unter diesen Bedingungen ergibt sich $m^* = 10\ m_e$, woraus man die mittlere freie Weglänge l nach $l \approx \hbar\tau/am^*$ erhält; dabei liegt a etwa in der Größenordnung der Gitterkonstanten. Je nachdem, welchen Wert für m^* man verwendet, erhält man für l Werte zwischen 0,05 und 0,25 nm, d. h., $l \approx a$. Daraus folgt, daß man die DRUDE-Theorie nicht streng anwenden kann, doch eine gute Näherung zu erhalten ist.

3.4.9.4. Strukturänderungen beim Phasenübergang

Der Einfluß der Temperatur auf das monokline Kristallgitter wurde von KARTENKO u. a. [311] und BRÜCKNER u. a. [312] untersucht. Es zeigt sich, daß beim Phasenübergang keine Symmetrieänderung auftritt. LAUE-Aufnahmen ergeben die Symmetrie $P2_1/m$. In Abbildung 95 sind die Parameter der Elementarzelle in Abhängigkeit von der Temperatur dargestellt. Beim Phasenübergang wird eine sprunghafte Änderung aller vier Gitterparameter beobachtet, die Volumenverkleinerung beträgt dabei $\approx 0{,}23\%$. In Abbildung 96 ist eine Analyse der Struktur der halbleitenden Phase dargestellt. Es wurden Strukturdaten von HORIUCHI u. a. [275] zugrunde gelegt. Wie die Abbildung zeigt, ist im Unterschied zu V_4O_7 und V_5O_9 (Abb. 82 und 83) keine deutliche V–V-Paarung zu erkennen. Die geringsten V–V-Abstände über Oktaederkanten sind $V1_2$–$V3_2$ = $V2_2$–$V4_2$ = 0,293 nm. Damit werden die für klare Paarungen gefundenen Werte von 0,2687 nm bei V_4O_7 (s. Abb. 82) und 0,265 nm für VO_2 bei weitem nicht erreicht. Hinsichtlich der mittleren V–O-Abstände existieren Unterschiede, die auf Ladungsordnungen schließen lassen. Zwei Drittel der Tetraeder besitzen den größeren Wert d(V–O) = 0,201 – 0,202 nm, und ein Drittel hat den kleineren Wert d(V–O) = 0,199 nm. Da das Mengenverhältnis der größeren V^{3+}-Ionen zu den kleineren V^{4+}-Ionen ebenfalls 2:1 beträgt, könnte man den Oktaedern mit dem größeren d(V–O) dreiwertiges Vanadium und den kleineren Oktaedern vierwertiges zuordnen. Das größere d(V–O) = 0,201 bis 0,202 nm stimmt gut mit dem oben angegebenen Wert $d(V^{3+}$–O) = 2,01 nm überein. Das kleinere d(V–O) = 1,99 nm weicht klar von dem $d(V^{4+}$–O) = 1,94 nm ab. Man muß aber beachten, daß die Betrachtung recht pauschaler mittlerer Bindungsabstände auch nur eine Näherung darstellt. Auf jeden Fall zeigen die Abstandsverhältnisse Ladungsunterschiede der V-Ionen an. Wie bereits ausgeführt, ist aus einigen Literaturergebnissen zu schließen, daß tatsächlich V^{3+}- und V^{4+}-Ionen vorliegen. Folgende Ladungsordnungsschemas würde man dann der Abbildung 96 entnehmen: In den Ketten $V1_1$–$V3_1$–$V1_1$ und $V2_1$–$V4_1$–$V2_1$ ist ausschließlich V^{3+} vorhanden. Für die Ketten $V1_2$–$V3_2$–$V1_2$ und $V2_2$–$V4_2$–$V2_2$ befindet sich V^{3+} in den zentralen Oktaedern, während in den Scherebenen V^{4+} vorliegt. Das heißt, sämtliche Atome zwischen den Scherebenen sind V^{3+}. In den Scherebenen wechseln sich aufeinanderfolgend (Differenzvektor $\boldsymbol{a}_3$) Ketten K mit V^{3+}-Ionen und V^{4+}-Ionen ab. Dieses Wechseln ist die Ursache für die Verdopplung der triklinen Elementarzelle in $\boldsymbol{a}_3$-Richtung. Die auf Grund von Analogiebetrachtungen der Strukturelemente von VO_2, V_2O_3 und der MAGNÉLI-Phasen erwartete

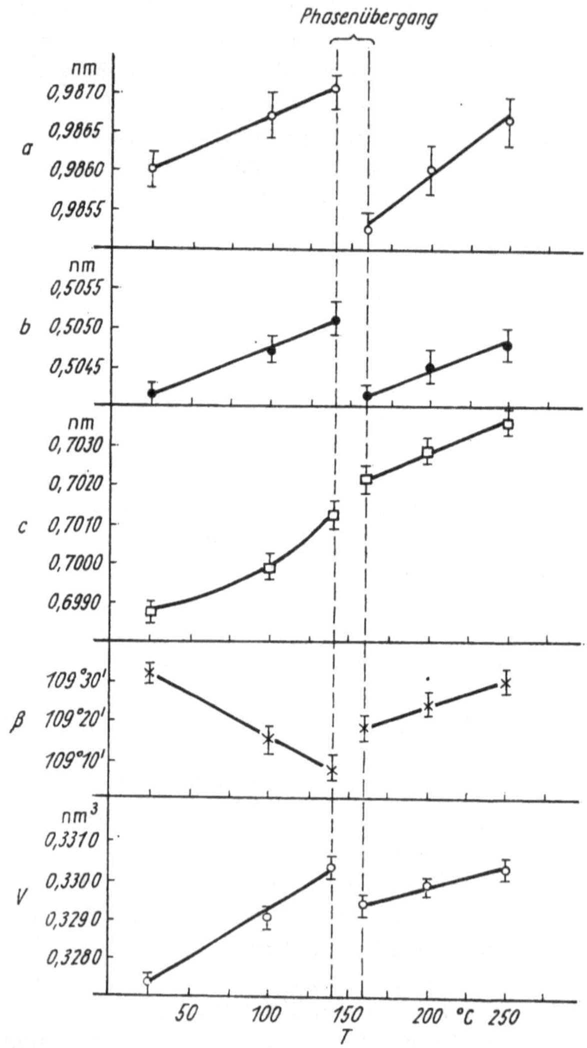

Abb. 95. Temperaturabhängigkeit der Gitterparameter von V_3O_5 (nach [311])

Lage der V^{4+}-Ionen zwischen den Scherebenen und der V^{3+}-Ionen in den Scherebenen ist im V_3O_5, V_4O_7 und V_5O_9 nicht realisiert.

Die Messung der Phasenumwandlungsenthalpie ergibt einen Wert von $\Delta H_t = 910$ J mol^{-1} [108, 311], woraus eine Phasenumwandlungsentropie ΔS_t von 2 J mol^{-1} K^{-1} folgt.

Die wichtigsten Daten sind in Tabelle 27 zusammengefaßt.

3.4.9.5. Diskussion der experimentellen Ergebnisse

Die Natur der Hochtemperaturphase ist wesentlich zur Charakterisierung des Phasenüberganges. Während aufgrund früherer Ergebnisse der Phasenübergang als

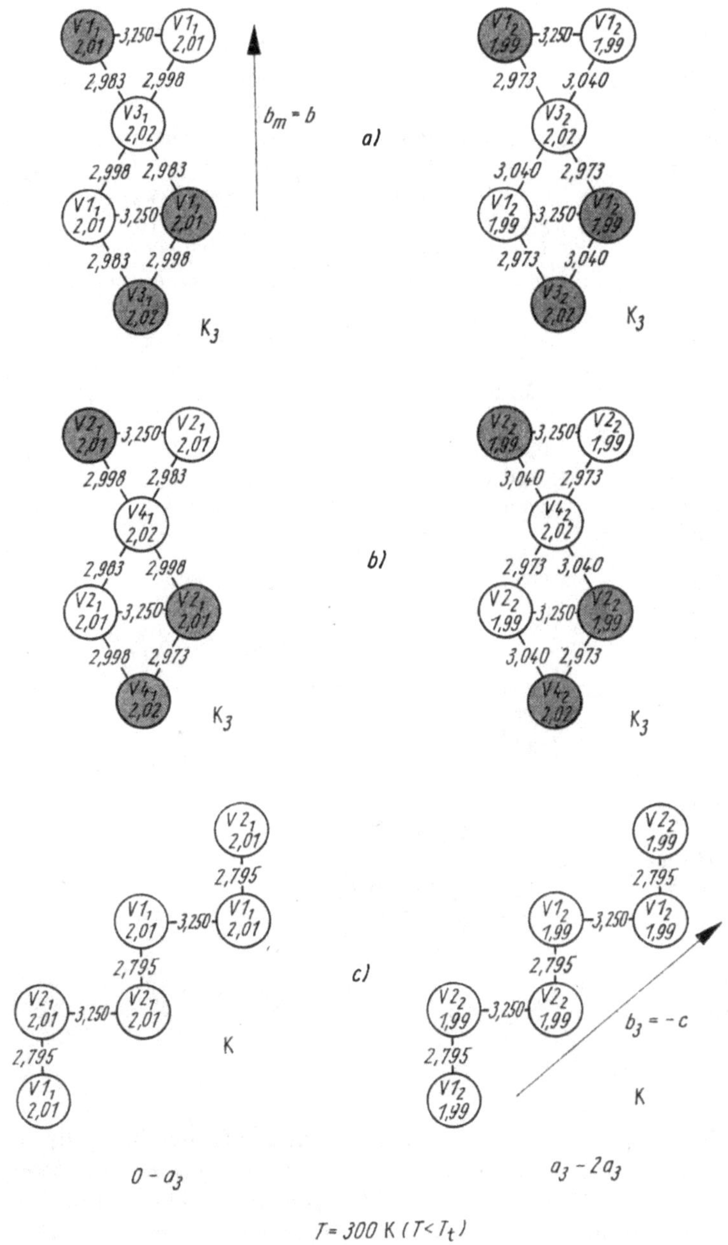

Abb. 96. Strukturelle Daten der Ketten K_3 (a), b)) und K (c)) für V_3O_5 bei Raumtemperatur ($T < T_t$), Atomabstände in 10^{-1} nm

Tabelle 27. Physikalische Eigenschaften von V_3O_5

Eigenschaft	Wert bei	
	$T < T_t$	$T > T_t$
Struktur	monoklin a = 0,9870 nm b = 0,5052 nm c = 0,7012 nm β = 103° 6′ V = 0,33 nm³	monoklin a = 0,985 nm b = 0,5042 nm c = 0,7022 nm β = 109° 18′ V = 0,3292 nm³
magnetische Ordnung	paramagnetisch	paramagnetisch
effektives magnetisches Moment	2,26 μ_B	2,06 μ_B
CURIE-WEISS-Konstante	0,64	0,53
Molekularfeldkonstante	−338 K	−256 K
Aktivierungsenergie der elektrischen Leitfähigkeit	0,3 eV	0,13 eV
Absolutwert der Thermokraft	(400 bis 700) μV K⁻¹	(10 bis 15) μV K⁻¹
Vorzeichen der Thermokraft	plus	minus
Breite der verbotenen Zone aus optischen Daten	0,62 eV	
HALL-Beweglichkeit bei Raumtemperatur	10^{-4} m² V⁻¹ s⁻¹	
effektive Masse		(2 bis 10)m_e
Homogenitätsgebiet	$VO_{1,666}$ bis $VO_{1,668 \pm 0,002}$	
Phasenumwandlungstemperatur T_t	430 K	
NÉEL-Temperatur T_N	70 K [269]	
Größe des Widerstandssprunges bei T_t	10- bis 20mal	
Größe der Suszeptibilitätsänderung bei T_t	$(2{,}5 \pm 0{,}25) \cdot 10^{-3}$ m³ kg⁻¹	
Phasenumwandlungsentropie	2,1 J mol⁻¹ K⁻¹	
Volumenänderung bei T_t	0,3%	
Druckabhängigkeit der Phasenumwandlungstemperatur	$-2{,}1 \cdot 10^{-8}$ K Pa⁻¹	
Hysteresebreite	0,5 K	

Halbleiter–Halbleiter-Übergang betrachtet wurde, sind wir heute der Meinung, es handelt sich um einen Metall–Halbleiter-Phasenübergang. Damit lassen sich die Temperaturabhängigkeit, der absolute Wert und die Unabhängigkeit der Thermokraft bei Temperaturen $> T_t$ gut erklären. Für diese Annahme sprechen auch der Verlauf der elektrischen Leitfähigkeit und die optischen Eigenschaften bei Temperaturen oberhalb T_t. Für die Beschreibung der Metall–Halbleiter-Phasenübergänge speziell in den MAGNÉLI-Phasen wurden viele Modelle vorgeschlagen [313]. Davon können solche, die auf einer Erniedrigung der Gittersymmetrie basieren, ausgeschlossen werden, da keine derartige Symmetrieänderung beobachtet wurde. Auch die Herausbildung einer magnetischen Fernordnung scheidet aus, da T_N mit 70 K wesentlich tiefer liegt als T_t (430 K). Eine Anwendung des MOTT-HUBBARD-Modells ist ebenfalls nicht ohne weiteres möglich, da zwar starke COULOMB-Wechselwirkungen vom MOTT-HUBBARD-Typ eine Rolle spielen, jedoch folgt aus magnetischen Messungen (schwache Änderung für $\chi(T)$ und Erhalten der Lokalisierung der magnetischen Momente bei $T > T_t$), daß starke Elektron–Elektron-Wechselwirkungen in der metallischen Phase bestehen bleiben. Wie aus NMR-Daten [137] folgt, wird keine Paarbildung beim Phasenübergang beobachtet.

Unserer Meinung nach ist der Phasenübergang durch das Vorliegen von Vanadiumionen in zwei Wertigkeitsstufen und deren räumliche Differenzierung bedingt, das heißt, er ist ein Phasenübergang vom WIGNER-Typ, wie es bereits in [137] angenommen worden ist. Ähnliches Verhalten zeigt der Phasenübergang des Fe_3O_4 bei T_t 120 K [238, 314] in der Leitfähigkeit, der Thermokraft und den optischen Eigenschaften. Dabei tritt beim Phasenübergang des Fe_3O_4 die metallische Leitfähigkeit erst bei Temperaturen $\gtrsim 3\ T_t$ auf, während die Thermokraft ihr Vorzeichen beim Phasenübergang ändert und gleich einen kleinen Absolutwert annimmt. Ähnliche Phasenübergänge werden auch bei anderen MAGNÉLI-Oxiden beobachtet [137].

Die Hochtemperaturphase ist in diesem Modell durch einen schnellen Wechsel der V^{3+}- und V^{4+}-Wertigkeitszustände gekennzeichnet, d. h. mit einem schnellen Übergang der „überschüssigen" Elektronen von Atom zu Atom. Diese Eigenschaften sind charakteristisch für ein Metall mit mittlerer freier Weglänge in der Größenordnung der Gitterabstände und einer Leitfähigkeit vom Diffusionstyp ($\mu \lesssim 10^{-4}$ m^2 V^{-1} s^{-1}), was auch experimentell beobachtet wird. Die starke Elektronenkorrelation, die auch bei $T > T_t$ erhalten bleibt, und auch die starken Elektron–Phonon-Wechselwirkungen können qualitativ die Erhöhung der Leitfähigkeit mit wachsender Temperatur in diesen Verbindungen erklären. Die metallische Phase kann dabei die Eigenschaften eines ungeordneten Systems haben. Die Interpretation, die den halbleitenden Verlauf mit der Unordnung im System verbindet, stimmt gut mit dem analogen Verhalten anderer Oxide überein, bei denen die Leitfähigkeit mit der Temperatur nur dann anwächst, wenn der absolute Werte der Leitfähigkeit nach dem Phasenübergang etwas kleiner ist als die minimale metallische Leitfähigkeit für die Übergangsmetalloxide ($\sigma_{min} \approx 10^{-3}\ \Omega^{-1}$ cm^{-1}) [146]. In ähnlichen Systemen wird oft die Situation beobachtet, daß die Thermokraft schon metallisches Verhalten zeigt, während der elektrische Widerstand noch halbleitendes Verhalten aufweist, was wahrscheinlich mit der Besonderheit des ungeordneten Systems in der Nähe der Perkulationsgrenze zusammenhängt [238], [314] bis [316].

Die räumliche Anordnung der Elektronen kann durch zwei Mechanismen hervorgerufen werden, einmal durch eine direkte COULOMB-Abstoßung der Elektronen auf verschiedenen Ionen, zum anderen durch Elektron–Phonon-Wechselwirkungen (Polaroneneffekte). Die absolute Wirkung der einzelnen Anteile ist noch unklar. Die Analyse der magnetischen Eigenschaften des V_3O_5 gestattet Aussagen über den Elektronenzustand. Sie zeigt wie bei allen MAGNÉLI-Oxiden eine Lokalisierung der magnetischen Momente auch in der metallischen Phase. Dafür spricht der Verlauf der Suszeptibilität nach CURIE-WEISS mit einer CURIE-WEISS-Konstanten, die dem gesamten Spinmoment für die lokalisierten Spins entspricht [309]. Es ist zunächst überraschend, daß die MAGNÉLI-Oxide einen stärkeren CURIE-WEISS-Beitrag besitzen als V_2O_3 und VO_2.

Qualitativ kann man ein solches Verhalten so verstehen, daß in Oxiden mit nur einer Wertigkeitsstufe die Metallionen, wie beim MOTT-HUBBARD-Übergang, zwangsweise neue Quasiteilchen (Paare bzw. Löcher) bilden. Im einfachen Fall des nicht entarteten Bandes führt das zum Verschwinden eines Teiles der lokalisierten magnetischen Momente. Deshalb wird die magnetische Suszeptibilität dieser Stoffe in der metallischen Phase durch die Elektron-Elektron-Wechselwirkung wesentlich bestimmt (54). In Verbindungen mit gemischter Wertigkeit kommt auf ein Ion eine gebrochene Anzahl von Elektronen, z. B. beim V_3O_5 5/3 Elektronen pro V-Atom. In dieser Situation kann unter Beibehaltung der starken Elektronenkorrelation an einem Atom durch die starke Lokalisierung der magnetischen Momente eine Leitfähigkeit bei Bewegung der Ladungsträger durch die Leerstellen realisiert werden, ohne daß dabei zusätzliche Löcher oder Paare gebildet werden müssen, die die Lokalisierung der Elektronen verringern würden. Deshalb kann auch bei sehr starker Abstoßung des Elektrons an einem Ion bei $n \neq 1$ ein Metall mit stark lokalisiertem Moment existieren, ein sogenanntes MOTT-HUBBARD-Metall. Wahrscheinlich gehören die MAGNÉLI-Phasen im Hochtemperaturzustand auch zu diesen Stoffen. Dabei entsteht die Frage, warum in diesen Stoffen die Elektronenkorrelation stärker ist als in Oxiden mit einer „ganzen" Anzahl von Elektronen. Eine Ursache können die verschiedenen Positionen der Ionen in diesen Stoffen sein, die bei $T < T_t$ erhalten bleibt und somit zur effektiven Verkleinerung der Bandbreite führt [137]. Wie bekannt, ist das Kriterium für die Lokalisierung der Elektronen im MOTT-HUBBARD-Modell dadurch gegeben, daß die COULOMB-Abstoßung U der Elektronen an einem Atom größer als deren kinetische Energie ist ($U/W > 1$, wobei W die Breite des d-Bandes charakterisiert). Ein genaues Maß für die kinetische Energie der Elektronen ist die FERMI-Energie E_F. Sie liegt zwar in der Größenordnung von W, kann aber bei nur teilweiser Besetzung des Bandes ($n < 1$) kleiner sein ($E_F \approx \approx nW < W$). Deshalb kann als Kriterium für die Elektronenlokalisierung die Beziehung $U/E_F \approx U/nW < 1$ angesetzt werden, wobei für ein nicht entartetes Band mit $n > 1$ die FERMI-Energie der Löcher durch $E_{F\,(\text{Löcher})} \approx W(1 - n) < W$ gegeben ist. Wenn sich die Werte für U und W nicht stark unterscheiden, was wahrscheinlich für alle Vanadiumoxide gilt, so werden die Oxide mit gebrochenem n durch einen höheren Lokalisierungsgrad charakterisiert.

Unter Anwendung des normalen HUBBARD-Modells mit teilweise gefülltem Band kann man mit Hilfe der Variationsmethode von GUTZWILLER zeigen, daß bei $n < 1$ die Anzahl der Paare sich mit dem Anwachsen von U/W schneller verkleinert als bei $n = 1$; d. h., der Korrelationsgrad der Elektronen wächst bei kleineren Werten U/W [153]. Der kritische Wert für U_K fällt mit Verkleinerung von n sogar schneller ab als der Wert $U_K = nW$, den man früher aus qualitativen Betrachtungen erhalten hat. Dies zeigt, daß trotz gleicher Werte für U und W die Elektronen in der metallischen Phase der MAGNÉLI-Oxide stärker lokalisiert sind als in VO_2 und V_2O_3. Eine analoge Situation wird in den Titaniumoxiden beobachtet, für die das Verhältnis U/W kleiner als bei den Vanadiumoxiden ist, was sie in ihren Eigenschaften näher zu den normalen Metallen bringt. In der Reihe Ti_nO_{2n-1} beobachtet man jedoch „stärkere magnetische" Eigenschaften als im Ti_2O_3 [238].

Eine Sonderfrage stellt, wie schon erwähnt [137], die Frage des antiferromagnetischen Charakters der Austauschwechselwirkungen in der metallischen Phase dar. Eine mögliche Erklärung ist die Beibehaltung der starken Nahordnung in der metallischen

Phase. Dazu können auch die Verkleinerung der Bandbreite und die starke Unterdrückung des ferromagnetischen Austausches durch die Polaroneneffekte beitragen, die jedoch auf den antiferromagnetischen Superaustausch keinen Einfluß haben [317].

3.5. Physikalische Eigenschaften von VO_2

Das Vandiumdioxid wurde nach dem Auffinden eines Leitfähigkeitsüberganges durch Morin [318] neben dem V_2O_3 das am umfassendsten untersuchte Vanadiumoxid. Der Metall–Halbleiter-Übergang findet bei der Umwandlungstemperatur $T_t = 340$ K mit einem Widerstandssprung von vier bis fünf Zehnerpotenzen statt (Abb. 97). Das große Interesse am VO_2 ist begründet

- in der für physikalische Untersuchungen und technische Anwendung günstigen Übergangstemperatur,
- im hohen Widerstandssprung und damit zusammenhängender starker sprunghafter Änderungen anderer, technisch wichtiger Eigenschaften (insbesondere optischer),
- im physikalisch komplizierten Verhalten des Gitter- und Elektronensystems in der halbleitenden und metallischen Phase und
- im sehr komplexen Verhalten des VO_2 bei nichtstöchiometrischer Zusammensetzung und Dotierung.

Die Eigenschaften des VO_2 sind in einer Reihe von Übersichtsarbeiten unter verschiedenen Gesichtspunkten mit dem jeweiligen experimentellen Kenntnisstand behandelt [146, 238], [319] bis [327]. An dieser Stelle sollen auf der Grundlage auch neuester experimenteller und theoretischer Untersuchungen die hauptsächlichen Eigenschaften des VO_2 unter besonderer Berücksichtigung der Änderungen am Phasen-

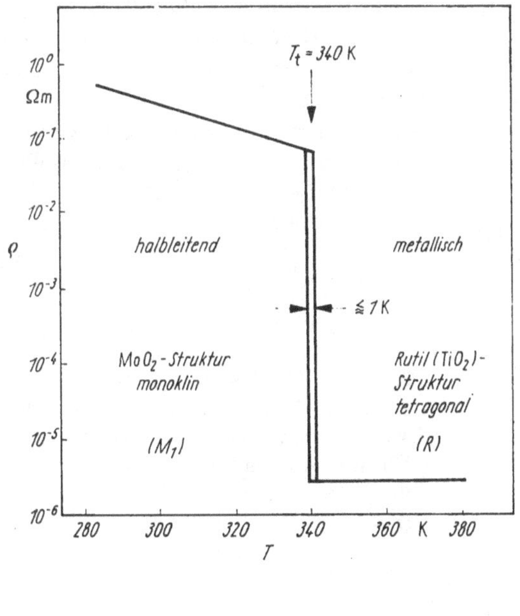

Abb. 97. Temperaturabhängigkeit des spezifischen Widerstandes für VO_2

übergang zusammengestellt und der Einfluß von Gittermodifizierungen durch Nichtstöchiometrie und Dotierungen auf das Eigenschaftsbild des VO_2 in einem möglichst einheitlichen Bild betrachtet werden.

3.5.1. Stöchiometrisches, undotiertes VO_2

VO_2 besitzt einen Homogenitätsbereich von $VO_{1,995\pm0,002}$ bis $VO_{2,002\pm0,002}$ ([49, 328], s. a. 3.5.2.). Bei vielen Eigenschaften führen bereits so kleine Abweichungen im Sauerstoffgehalt zu starken Änderungen. Drastische Eigenschaftsänderungen bis hin zu strukturellen Umwandlungen werden auch durch geringe Beimischungen (Dotierungen) von Fremdelementen bewirkt. Diese Empfindlichkeit gegenüber Modifizierungen des idealen VO_2 kann die häufig beobachteten Abweichungen von Untersuchungsergebnissen verschiedener Autoren insbesondere bei den typischen Halbleitereigenschaften erklären. Hier werden Ergebnisse zusammengestellt, die nach jetzigem Kenntnisstand wirklich dem stöchiometrischen, undotierten VO_2 zugeordnet werden können. Einflüsse nichtstöchiometrischer Zusammensetzung und von Dotierungen werden in den nachfolgenden Abschnitten behandelt.

3.5.1.1. Strukturelle Eigenschaften

Oberhalb der Phasenumwandlungstemperatur besitzt das VO_2 wie eine Reihe anderer Übergangsmetalldioxide (z. B. TiO_2, CrO_2, RuO_2) die Rutil(TiO_2)-Struktur mit der Raumgruppe $P4_2/mnm$ [329] (nachfolgend als Phase R bezeichnet). Die Gitterkonstanten für die tetragonale Elementarzelle dieser metallischen Hochtemperaturphase sind bei 346 K $a_R = (0{,}4551 \pm 0{,}0001)$ nm und $c_R = (0{,}2851 \pm 0{,}0001)$ nm ($V_{a,R} = 0{,}05905$ nm^3) [297, 330]. Diese Elementarzelle, die zwei Formeleinheiten VO_2 enthält, und deren charakteristische Atomabstände sind in Abbildung 98 dargestellt. Die Vanadiumatome sind oktaedrisch (mit geringer orthorhombischer Verzerrung) von Sauerstoffatomen umgeben. Die Oktaeder sind in c_R-Richtung mit gemeinsamen Oktaederkanten aufgereiht. In diesen VO_6-Oktaederketten treten über die Oktaederkanten auch die kürzesten V–V-Abstände mit $d_{V-V} = 0{,}2851$ nm auf.

In der halbleitenden Tieftemperaturphase ($T < T_t$) verzerrt sich die tetragonale Rutilstruktur bei Verdopplung der Größe der Elementarzelle zur monoklinen MoO_2-

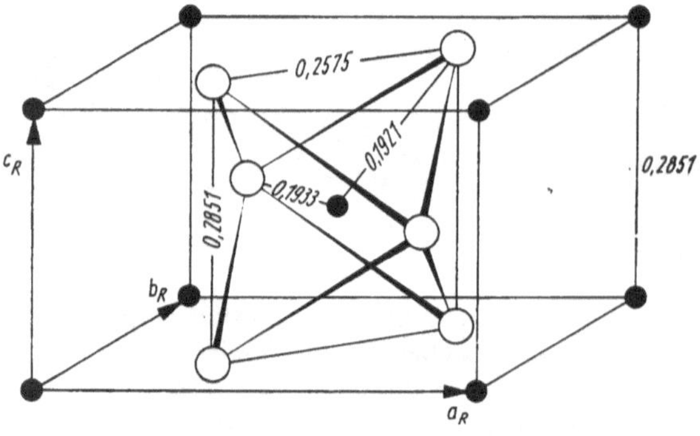

Abb. 98. Gitterstruktur für die metallische Hochtemperaturphase des VO_2 (tetragonale Rutilstruktur, R-Phase), Atomabstände bei 360 K in nm; ● Vanadium, ○ Sauerstoff (nach McWhan u. a. [297])

Struktur (Raumgruppe $P2_1/c$, als Phase M_1 bezeichnet) [88, 331]. Die charakteristischen Änderungen betreffen Verschiebungen der V-Atome. Die in der R-Phase vorhandene dichteste Packung der O-Atome bleibt in der M_1-Phase bis auf kleinere Atomverschiebungen erhalten. Die Vanadiumatome werden deutlich aus den Schwerpunktlagen der VO_6-Oktaeder herausgeschoben. Abbildung 99 zeigt bei Vergleich mit Abbildung 98 die wesentlichen strukturellen Änderungen beim Phasenübergang. Die tetragonale Elementarzelle der Hochtemperaturphase ist dünn eingezeichnet. Wegen der engen strukturellen Verwandtschaft werden strukturelle Zusammenhänge

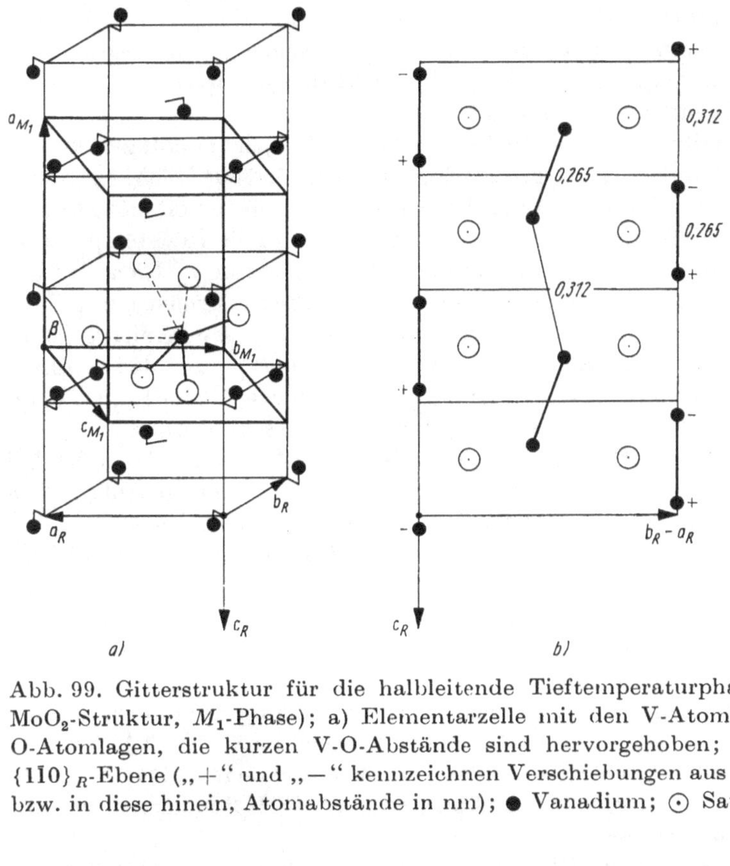

Abb. 99. Gitterstruktur für die halbleitende Tieftemperaturphase des VO_2 (monokline MoO_2-Struktur, M_1-Phase); a) Elementarzelle mit den V-Atomlagen und ausgewählten O-Atomlagen, die kurzen V-O-Abstände sind hervorgehoben; b) V-Atomlagen in der $\{1\bar{1}0\}_R$-Ebene („+“ und „−“ kennzeichnen Verschiebungen aus der Zeichenebene heraus bzw. in diese hinein, Atomabstände in nm); ● Vanadium; ⊙ Sauerstoff

in der verzerrten Form des Rutilgitters oft in einer Pseudorutilzelle betrachtet. Die monokline Elementarzelle ergibt sich aus der Rutilzelle durch die Transformation [332]

$$\begin{pmatrix} a \\ b \\ c \end{pmatrix}_{M_1} \approx \begin{pmatrix} 0 & 0 & -2 \\ -1 & 0 & 0 \\ 0 & 1 & 1 \end{pmatrix} \begin{pmatrix} a \\ b \\ c \end{pmatrix}_R . \quad (94)$$

Bei 321 K betragen die Gitterkonstanten $a_{M_1} = (0{,}5754 \pm 0{,}0005)$ nm, $b_{M_1} = (0{,}4525 \pm 0{,}0005)$ nm, $c_{M_1} = (0{,}5378 \pm 0{,}0005)$ nm, $\beta_{M_1} = (122{,}60 \pm 0{,}05)°$, $V_{a,M_1} = 0{,}11797$ nm³ [330].

Aus den bezüglich der Atomlagen gleichabständigen und gestreckten V-Ketten parallel zur $\boldsymbol{c}_R$-Richtung in der metallischen Phase werden beim Übergang in die halbleitende Phase nichtgleichabständige Zickzackketten mit abwechselnden V–V-Abständen von 0,265 nm und 0,312 nm. Die Verschiebungskomponente senkrecht zur $\boldsymbol{c}_R$-Richtung („tilting") wird gelegentlich als ferroelektrische Verzerrungskomponente bezeichnet.

Die Bildung der für die M_1-Phase charakteristischen gepaarten Zickzackketten und damit die Verschiebung aus den Oktaederschwerpunktlagen führt zu einem sehr kurzen V–O-Abstand $d_{\text{V-O}} = 0{,}176$ nm etwa senkrecht zur $\boldsymbol{c}_R$-Richtung. Die anderen V–O-Abstände betragen 0,186 nm und 0,187 nm zwischen den gepaarten V-Atomen und 0,201, 0,203 und 0,205 nm für die auf Grund der Verschiebungen vergrößerten V–O-Abstände [181, 333, 334]. In Abbildung 99b) sind die Atompositionen der V-Atome in der $\{1\bar{1}0\}$-Ebene herausgezeichnet.

Mit der Phasenumwandlung sind deutliche, anisotrope Längenänderungen in einkristallinen Proben verbunden. Vorliegende Ergebnisse [325, 330], [335] bis [337] und insbesondere genaue röntgenographische Messungen von Kucharczyk und Niklewski [338] zeigen, daß die Einkristalle beim Übergang in die Hochtemperaturphase in $\boldsymbol{c}_R$-Richtung um etwa 1,0% schrumpfen, während sie in $\boldsymbol{a}_R$-Richtung um etwa 0,6% länger werden. Die diesem gleichbedeutende starke c/a-Erniedrigung steht mit den starken metallischen Bindungen in den V-Ketten im Zusammenhang [339]. Die Volumenänderung beim Phasenübergang zwischen der M_1- und der R-Phase allerdings erweist sich mit $\Delta V/V = (0{,}1 \pm 0{,}3)\%$ [330]; 0,044% [338] als klein. Die Längenänderungen sind die Ursache dafür, daß beim Phasenübergang in Einkristallen starke Rißbildungen auftreten und die Kristalle zerbrechen. Dies stört bei experimentellen Untersuchungen häufig sehr stark und kann leicht zu fehlerhaften Ergebnissen z. B. bei elektrischen Transporteigenschaften führen. Es stellt einen entscheidenden Nachteil des VO_2 bei technischen Anwendungen dar. In Dünnschichtanordnungen allerdings lassen sich die Rißbildungen weitgehend vermeiden. Starke Signale akustischer Emission während und nach dem Phasenübergang zeigen aber auch hier die Gitterstrukturänderungen und starkes anisotropes Ausdehnungsverhalten in der metallischen Phase an ([340], s. **3.5.1.4.**).

Die strukturellen Änderungen bei T_t spiegeln sich in der Mikrosymmetrie um die Metallionengitterplätze wider. Diese Änderungen wurden durch ^{51}V–NMR-Untersuchungen [341] bis [343], durch ^{51}Fe-Mössbauer-Untersuchungen [344] bis [350] und durch Messungen der gestörten Winkelkorrelation an ^{181}Hf-Sondenkernen [351, 352] nachgewiesen und beschrieben.

Die Symmetrieerniedrigung beim Übergang von der metallischen Hochtemperaturphase in die halbleitende Tieftemperaturphase führt zur Zwillingsdomänenbildung, denn die $\boldsymbol{a}_R$- und $\boldsymbol{b}_R$-Achsen sind in positiver und negativer Richtung für das Entstehen der $\boldsymbol{b}_{M_1}$-Achse prinzipiell gleichberechtigt. Symmetriebetrachtungen zeigen für die Domänenbildung eine 4-zählige Schraubenachse parallel zu $\boldsymbol{c}_R$ [353]. Die Domänen lassen sich während der Phasenumwandlung lichtoptisch gut beobachten [354] bis [358] und konnten röntgenographisch [337] und in Elektronenspinresonanzexperimenten [359] nachgewiesen werden.

Die Mikrohärte des VO_2 wurde in der Umgebung des Phasenumwandlungspunktes zu etwa $6{,}9 \cdot 10^9$ N m^{-2} gemessen. Sie verringert sich beim M_1-R-Übergang nur ganz gering [360].

Für reines VO_2 wurde durch Reduktion aus V_2O_5 bei nicht zu hohen Temperaturen eine andere monokline Phase gefunden, das metastabile VO_2(b) [70], auf das wegen seiner strukturellen Verwandtschaft mit dem V_6O_{13} genauer im Abschnitt 3.6.1. eingegangen wird. FUJIYOSHI u. a. [361] berichten über eine weitere VO_2-Scherstruktur.

3.5.1.2. Elektrische Eigenschaften

Die Angaben zur elektrischen Leitfähigkeit in VO_2 differieren in der Literatur bei verschiedenen Autoren teilweise ziemlich stark [55, 56, 59, 80, 90, 91, 93, 97], [318] bis [321], [328, 335, 336, 344, 354], [362] bis [380]. Der spezifische Widerstand bei Raumtemperatur wurde zwischen einigen $10^{-3}\,\Omega$m und einigen Ωm gefunden, bei 370 K in der metallischen Hochtemperaturphase liegen Meßergebnisse zwischen $10^{-4}\,\Omega$m und $10^{-6}\,\Omega$m. Ursachen für die deutlichen Differenzen sind

- für den halbleitenden Zustand hauptsächlich die starke Abhängigkeit der elektrischen Eigenschaften von Abweichungen von der stöchiometrischen Zusammensetzung (s. 3.5.2.) und von chemischen Verunreinigungen oder Dotierungen (s. 3.5.3.) und
- für den metallischen Zustand das Vorhandensein von Rissen.

Abbildung 100 zeigt die für reines, stöchiometrisches VO_2 etwa zutreffende Temperaturabhängigkeit des spezifischen Widerstandes $\varrho(T)$. Für $T < T_t$ kann man sie durch das für Halbleiter typische exponentielle Gesetz beschreiben. Im Bereich von 300 K bis 340 K findet man für die Aktivierungsenergie E_A Werte von 0,3 eV bis nahe 0,5 eV. Welcher Wert wirklich für das stöchiometrische VO_2 zutrifft, ist nicht zu sagen, weil insbesondere auch der Einfluß von Löchern bei geringem Sauerstoffüberschuß bisher noch nicht untersucht wurde (s. 3.5.2.). Die Abnahme der effektiven

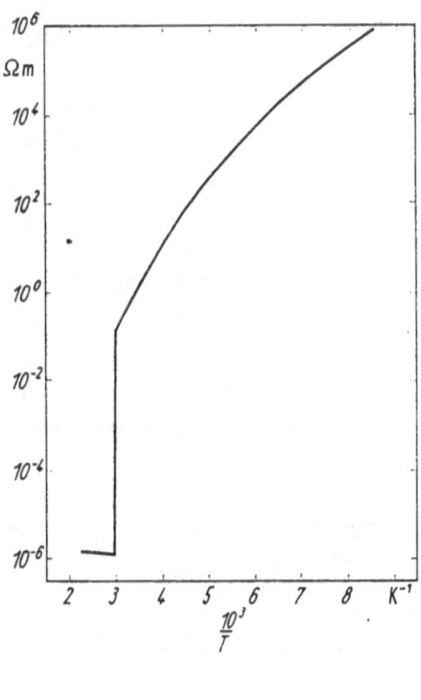

Abb. 100. Temperaturabhängigkeit des spezifischen elektrischen Widerstandes für VO_2 (nach LADD und PAUL [372])

Aktivierungsenergie mit abnehmender Temperatur hängt wahrscheinlich mit Hoppingleitungsbeiträgen zusammen [322]. Im metallischen Zustand tritt bei einem spezifischen Widerstand von einigen $10^{-6}\,\Omega$m ein metalltypischer geringer negativer Temperaturkoeffizient auf (vgl. auch [315]). Die Hysterese δT_t bei der Phasenumwandlung (Übergangstemperaturdifferenz im Aufheiz- und Abkühlzyklus) liegt bei oder unter 1 K.

Eine klare Anisotropie besitzt der elektrische Widerstand des VO_2 nicht. Untersuchungen verschiedener Autoren führten sowohl im halbleitenden als auch im metallischen Zustand zu Ergebnissen $\sigma_{\perp c_R} \lesseqgtr \sigma_{\parallel c_R}$ [344, 354, 364, 368, 370, 371, 389]. Dies ist sicherlich durch Rißbildungen beim Phasenübergang und durch unterschiedliche Kristallqualität stark beeinflußt. Das Fehlen einer deutlichen Anisotropie im metallischen Zustand fordert das Vorhandensein mindestens zweier sich überlappender d-Teilbänder an der Fermi-Grenze (vgl. 3.5.1.5.: $d_{\parallel}$- und π^*-Band), was auch durch optische Messungen belegt wird [320, 382].

Die elektrischen Eigenschaften des VO_2 werden durch hydrostatischen Druck nur gering beeinflußt [80, 335, 362, 372, 373, 376]. Im Druckbereich bis etwa 3 MPa bis 4 MPa nehmen mit zunehmendem Druck der Raumtemperaturwiderstand und die Aktivierungsenergie in der halbleitenden Phase etwas ab:
$\mathrm{d}\ln R/\mathrm{d}p = -0{,}15 \cdot 10^{-9}\,\mathrm{Pa}^{-1}$ [372] bzw. $-0{,}4 \cdot 10^{-9}\,\mathrm{Pa}^{-1}$ [80, 376]; $\mathrm{d}E_A/\mathrm{d}p = -0{,}01 \cdot 10^{-9}\,\mathrm{eV\,Pa}^{-1}$ [373]. Der Widerstand in der metallischen Phase reduziert sich geringfügig [362, 372]. Der Druckeinfluß erhöht die Übergangstemperatur: $\mathrm{d}T_t/\mathrm{d}p = (0{,}82 \pm 0{,}05) \cdot 10^{-9}\,\mathrm{K\,Pa}^{-1}$ [373] bzw. $0{,}6 \cdot 10^{-9}\,\mathrm{K\,Pa}^{-1}$ [372], d. h., etwa 1,5 MPa verschieben die Übergangstemperatur um 1 K. Diese experimentellen Werte werden durch Auswertung der Clausius-Clapeyron-Gleichung

$$\frac{\Delta T_t}{\Delta p} = T_t \frac{\Delta V_t}{\Delta H_t} \tag{95}$$

bestätigt. Mit der Änderung des molaren Volumens $\Delta V = 0{,}44 \cdot 10^{-3}\,V = 0{,}78 \cdot 10^{-8}\,\mathrm{m^3\,mol^{-1}}$ [338] und der molaren Umwandlungsenthalpie $\Delta H_t = 4{,}69 \cdot 10^3\,\mathrm{J\,mol^{-1}}$ [89] ergibt sich $\Delta T_t/\Delta p = 0{,}56 \cdot 10^{-9}\,\mathrm{K\,Pa}^{-1}$.

Einachsiger Druck kann im VO_2 neben einer Übergangstemperaturerhöhung zum Auftreten neuer halbleitender Phasen führen. Bei Druckanwendung in $\langle 110\rangle_R$-Richtung wurden die für Me^{3+}-dotiertes VO_2 typischen halbleitenden Phasen T und M_2 beobachtet [383].

Bei Substitution des Sauerstoffs ^{16}O durch ein Isotopengemisch ($0{,}2\ ^{18}O + 0{,}8\ ^{16}O$) erhöhte sich die Übergangstemperatur um $(0{,}8 \pm 0{,}1)$ K [292, 293]. Das beweist einerseits die Bedeutung von Elektron–Phonon-Kopplungen beim Phasenübergang und andererseits die Existenz eines Kovalenzbeitrages in der V–O-Bindung.

Durch Anlegen eines starken elektrischen Feldes an das VO_2 konnten sowohl unterhalb als auch oberhalb T_t Phasenübergänge induziert und durch Elektroreflektanzmessungen nachgewiesen werden [384, 385].

Den Einfluß eines äußeren Magnetfeldes auf den Phasenübergang betrachten Klein [386] und Terukow u. a. [285]. Das Fehlen des Einflusses eines äußeren Magnetfeldes bis 15 T zeigt die geringe Rolle magnetischer Einflüsse beim Phasenübergang.

Die negative Thermokraft weist das VO_2 unterhalb T_t als n-Halbleiter aus [91, 320, 322, 328, 364, 376], [386] bis [388]. Hinsichtlich der absoluten Werte gibt es bei den Untersuchungen ähnliche Schwierigkeiten wie bei den Widerstandsmessungen (Nichtstöchiometrie- und Verunreinigungseinfluß, die beide zur Erniedrigung des Absolutwertes der Thermokraft für $T < T_t$ führen). Die Werte bei Raumtemperatur streuen zwischen $S = -50\,\mu\text{V K}^{-1}$ und über $-1000\,\mu\text{V K}^{-1}$. Die Meßkurve in Abbildung 101 sollte typisch für reines stöchiometrisches VO_2 sein. In der Thermokraft

$$S = \frac{\sigma_n}{\sigma} S_n + \frac{\sigma_p}{\sigma} S_p \tag{96}$$

kann wegen seines geringen Leitfähigkeitsanteils (s. u.) der Beitrag der Löcher gegenüber dem Elektronenbeitrag vernachlässigt werden. Deshalb gilt

$$S = -\frac{k}{e}\left(\beta + \frac{E_A}{kT}\right) \tag{97}$$

(β — vom Elektronenstreumechanismus abhängige Konstante, E_A — Energieabstand des Fermi-Niveaus von der Leitfähigkeitsbandkante = Aktivierungsenergie der Leitfähigkeit). Die Gleichheit der Aktivierungsenergie in der Leitfähigkeit und des Energiewertes E_A in der Thermokraft wurde für VO_2 wiederholt nachgewiesen [91, 322, 328]. In der metallischen Phase wurde als Thermokraft bei 348 K

$$S_{\parallel c_R} = -(21{,}2 \pm 0{,}2)\,\mu\text{V K}^{-1}$$

und

$$S_{\perp c_R} = -(23{,}1 \pm 0{,}2)\,\mu\text{V K}^{-1}$$

gemessen [320].

Rosevear und Paul [389] haben Leitfähigkeitsmessungen mit Hall-Effekt-Messungen gekoppelt und daraus bei dominierendem Elektronentransportanteil über die Beziehungen

$$\sigma = en\mu_H\,, \tag{98}$$

$$R_H = -\frac{1}{ne} \tag{99}$$

separat die Trägerkonzentration n und die Hall-Beweglichkeit μ_H ermittelt (Abb. 102). Nahezu die gesamte Temperaturabhängigkeit der Leitfähigkeit wird im

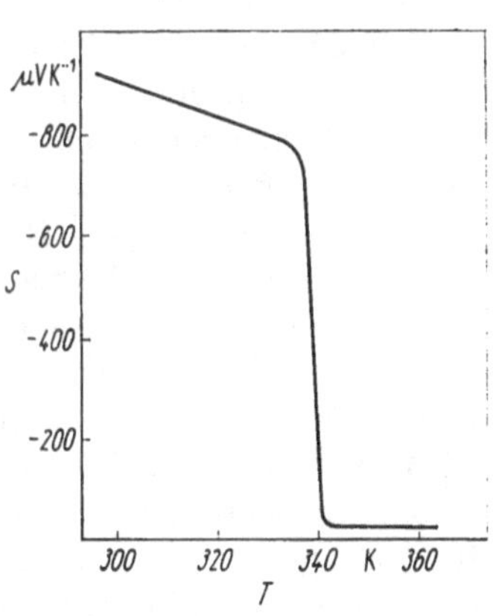

Abb. 101. Thermokraft–Temperatur-Abhängigkeit für VO_2 (nach Brückner u. a. [328])

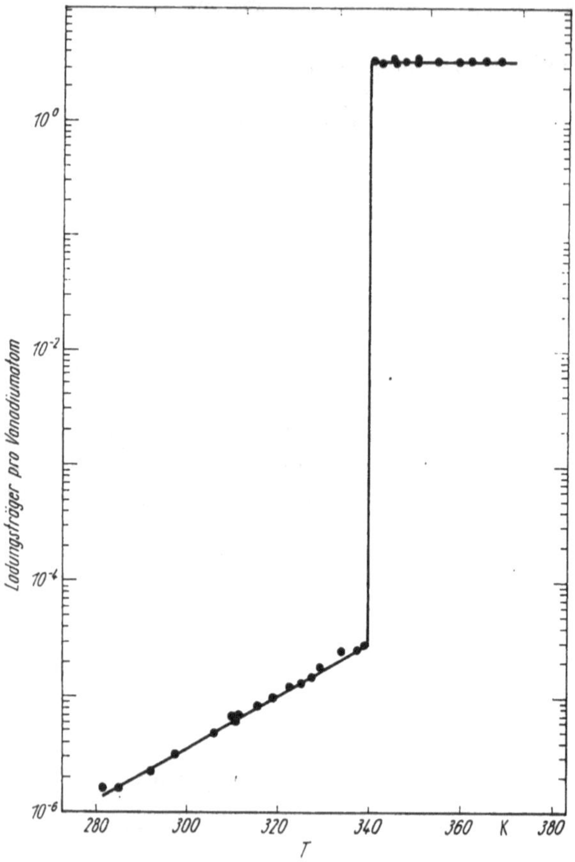

Abb. 102 a)

untersuchten Temperaturbereich durch die Trägerkonzentration bestimmt. Eine thermisch aktivierte Beweglichkeit tritt in der halbleitenden Phase oberhalb Raumtemperatur nicht auf. Die HALL-Beweglichkeit beträgt bei 300 K $\mu_H = (0,53 \pm 0,05) \cdot$ $\cdot\, 10^{-4}$ m² V^{-1} s^{-1}. Sie verringert sich bis zur Übergangstemperatur mit einem Temperaturkoeffizienten $\Delta\mu_H/(\mu_H \cdot \Delta T)$ von etwa $-5 \cdot 10^{-3}$ K^{-1}. Bei T_t tritt eine sprunghafte Abnahme um etwa 12% auf. Bei 353 K findet man $\mu_H = (0,35 \pm 0,10) \cdot 10^{-4}$ m² V^{-1} s^{-1} (Temperaturkoeffizient $-6 \cdot 10^{-3}$ K^{-1}). Die Ladungsträgerkonzentration im metallischen Zustand entspricht 3,3 Elektronen/V-Atom bei vereinfachender Beschreibung in einem Einbandmodell mit sphärischer FERMI-Fläche. Das kann damit zusammenhängen, daß Elektronen und Löcher zur Leitfähigkeit in den überlappenden d-Bändern beitragen [322, 389]. Elektronen- und Löcheranteile am FERMI-Körper wurden in den Bandberechnungen [298, 390] für die metallische Phase nachgewiesen.

Weitere HALL-Effekt-Messungen an VO_2-Kristallen und an Schichten mit maximalem Halbleiterwiderstand (d. h. etwa stöchiometrischer Zusammensetzung) ergaben bei Raumtemperatur $\mu_H = 0,6 \cdot 10^{-4}$ m² V^{-1} s^{-1} [354] bzw. $0,4 \cdot 10^{-4}$ m² V^{-1} s^{-1} [504], während an Pulverproben und an Schichten mit erniedrigtem Halbleiterwiderstand $0,12 \cdot 10^{-4}$ m² V^{-1} s^{-1} [365] bzw. $0,1 \cdot 10^{-4}$ m² V^{-1} s^{-1} [388, 504] gemessen wurden. Aus der HALL-Beweglichkeit von $0,5 \cdot 10^{-4}$ m² V^{-1} s^{-1} ergibt sich im halbleitenden

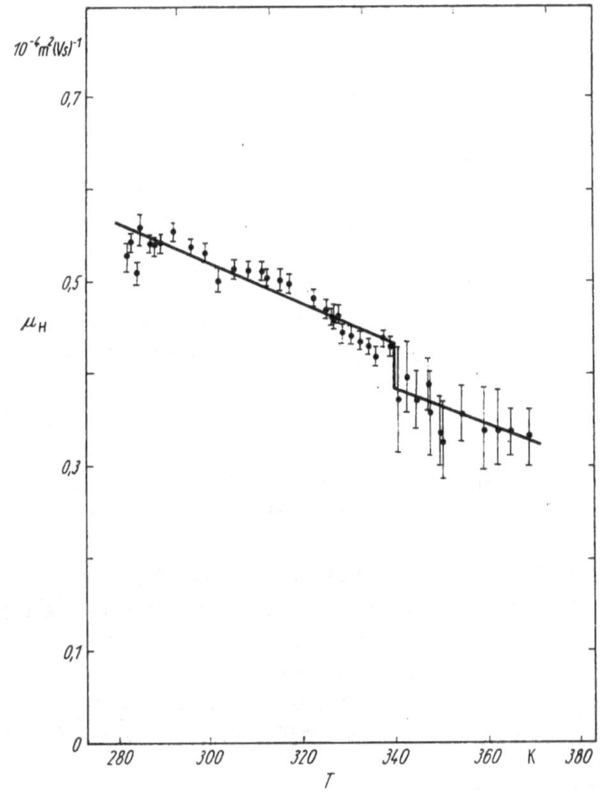

b).

Abb. 102. Trägerkonzentration (a)) und HALL-Beweglichkeit (b)) für VO_2. Die V-Atomdichte beträgt $3{,}39 \cdot 10^{28}\ m^{-3}$ (nach ROSEVEAR und PAUL [389])

Bereich bei Annahme einer effektiven Ladungsträgermasse $m^* \doteq 60\ m_e$ eine mittlere freie Weglänge von 0,27 nm [322]. Mit diesem Wert in der Größenordnung eines Atomabstandes befindet man sich hart an der Grenze zwischen Bandleitungs- und Hoppingleitungsverhalten. Das Fehlen einer thermisch aktivierten Beweglichkeit oberhalb Raumtemperatur zeigt hier das überwiegende Bandverhalten der Ladungsträger an, während unterhalb Raumtemperatur das Hoppingverhalten an relativer Bedeutung gewinnt.

Durch gleichzeitige Messungen von Leitfähigkeit und Thermokraft in Me^{3+}-dotiertem VO_2 konnte die Löcherbeweglichkeit im Valenzband des halbleitenden VO_2 grob zu $\mu_p = 10^{-8}\ m^2\ V^{-1}\ s^{-1}$ abgeschätzt wegen [391]. Sie ist damit um mehr als drei Zehnerpotenzen niedriger (sehr unbewegliche kleine Polaronen) als die Elektronenbeweglichkeit und erklärt den dominierenden Elektronenleitungsanteil.

So ist, insgesamt gesehen, VO_2 unterhalb T_t ein Eigenhalbleiter mit einem Energieabstand zwischen FERMI-Niveau und Leitfähigkeitsbandkante von $E_A = (0{,}3$ bis $0{,}5)$ eV (Unsicherheit durch Ungenauigkeiten in der V–O-Zusammensetzung). Da Unterschiede der effektiven Massen der Elektronen im Leitfähigkeitsband und der Löcher im Valenzband zu erwarten sind, wird die Aktivierungsenergie von der Hälfte der Größe des Energiespaltes E_g abweichen (aus optischen Messungen $E_g = (0{,}4$ bis $0{,}65)$ eV bei Raumtemperatur, s. 3.5.1.6.; durch Auswertung elektrischer Messungen $E_g = 0{,}61$ eV, [322]).

ZYLBERSZTEJN und MOTT [322] schlußfolgerten aus magnetischen Messungen an Nb-dotiertem VO_2, daß die Elektronen im Leitfähigkeitsband des halbleitenden VO_2 magnetische Polaronen (Polarisation der Spins eines V–V-Paares durch ein Leitfähigkeitselektron) bilden, und schätzen als effektive Masse für diese Ladungsträger $m^* = 60\, m_e$ ab. Die Allgemeingültigkeit dieses Verhaltens ist noch nicht belegt (s. 3.5.3.1.).

Ein magnetfeldabhängiger Widerstand (Magnetowiderstand) war bisher im VO_2 nicht zu beobachten. Das erklärt sich aus der sehr niedrigen Elektronenbeweglichkeit. Für den Magnetowiderstand gilt in der Einbandnäherung (nahezu freie Elektronen)

$$\frac{\Delta R}{R} = C \cdot (\mu B)^2 \qquad (100)$$

($C = -0{,}38 \ldots 2{,}15$, abhängig vom Streumechanismus). Mit der Beweglichkeit μ gleich der oben angegebenen HALL-Beweglichkeit von $\mu_H = 0{,}5 \cdot 10^{-4}\ \mathrm{m^2\, V^{-1}\, s^{-1}}$ und $C \approx 1$ folgt für ein Magnetfeld $B = 1$ T: $\Delta R/R = 2 \cdot 10^{-9}$.

Bei tieferen Temperaturen konnte im halbleitenden VO_2 eine Fotoleitfähigkeit nachgewiesen werden [392, 393]. Nach KAMINSKY u. a. [393] zeigt das Fotoleitfähigkeitsspektrum bei 150 K eine Feinstruktur mit charakteristischen Energien von 0,58 eV, 0,72 eV, 0,92 eV und 1,22 eV. Als Breite des Energiespaltes wurden etwa 0,5 eV ermittelt. Dies ist in besserer Übereinstimmung mit den optischen Ergebnissen (vgl. 3.5.1.6.) als der Wert von VON SCHULTHESS und WACHTER [392] ($E_g = (0{,}95 \pm 0{,}05)$ eV bei 5 K).

Die Frequenzabhängigkeit der Wechselstromleitfähigkeit gibt Aufschlüsse darüber, ob Bandleitungs- oder Hoppingleitungsverhalten vorliegt. Abbildung 103 zeigt

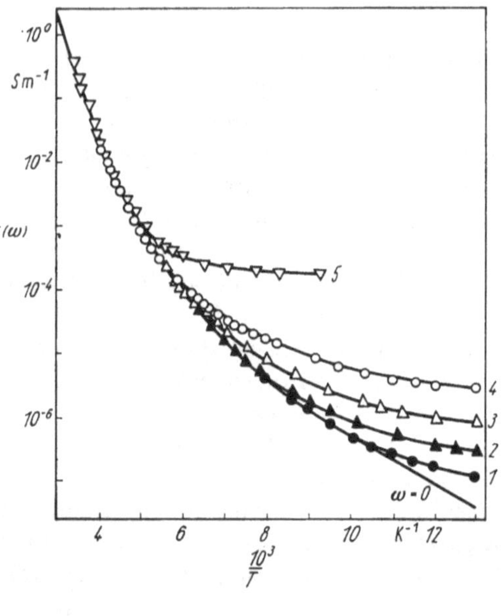

Abb. 103. Temperaturabhängigkeit der Wechselstromleitfähigkeit von VO_2 für verschiedene Frequenzen: 1 – 100 Hz, 2 – 1 kHz, 3 – 10 kHz, 4 – 100 kHz, 5 – 2 MHz (nach MANSINGH u. a. [396])

Leitfähigkeits–Temperatur-Kurven für VO_2 im halbleitenden Zustand. Bei Raumtemperatur beginnt der frequenzbedingte Leitfähigkeitsanstieg bei etwa 10^8 Hz. Bei tieferen Temperaturen ($T < 200$ K) wurde ein komplexes Verhalten der Temperatur- und Frequenzabhängigkeit der Leitfähigkeit gefunden, das auf die Beteiligung verschiedener Hoppingprozesse schließen läßt [91], [394] bis [396]. In der halbleitenden Phase treten somit insbesondere bei tiefen Temperaturen deutliche Beiträge der Hoppingleitfähigkeit und damit Abweichungen von der reinen Bandleitung auf. Dies drückt sich in der Abnahme der effektiven Aktivierungsenergie E_A der Leitfähigkeit aus (s. Abb. 100).

Im Zusammenhang mit den Wechselstromleitfähigkeiten wurden auch temperatur- und frequenzabhängige Dielektrizitätskonstanten bestimmt [91, 396]. Abbildung 104 gibt Ergebnisse von Mansingh u. a. [396] wieder. Als statische Dielektrizitätskonstante bei Raumtemperatur extrapolierten diese Autoren $\varepsilon_s \approx 105$. Aus Impulsmessungen im Pikosekundenbereich wurde für das halbleitende VO_2 bei 300 K $\varepsilon_{\| c_R} = 18{,}3$ und $\varepsilon_{\perp c_R} = 39$ gefunden [397]. Ein Oszillatorfit optischer Daten von Barker u. a. [354] ergab als Raumtemperaturwerte für $\boldsymbol{E} \| \boldsymbol{c}_R$ und $\boldsymbol{E} \perp \boldsymbol{c}_R$ $\varepsilon_\infty = 10{,}0$, $\varepsilon_s = 40{,}6$ bzw. $\varepsilon_\infty = 9{,}7$ und $\varepsilon_s = 25{,}9$ für das Hoch- und Niederfrequenzende des Infrarotspektrums.

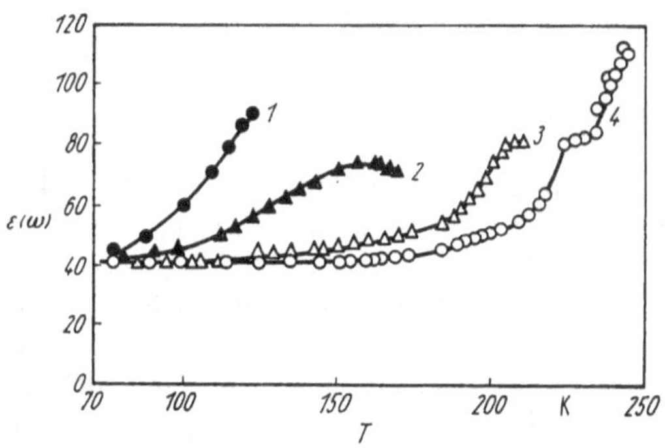

Abb. 104. Temperaturabhängigkeit der Dielektrizitätskonstanten von VO_2 für verschiedene Frequenzen: 1 — 100 Hz, 2 — 1 kHz, 3 — 10 kHz, 4 — 100 kHz (nach Mansingh u. a. [396])

Kristalline VO_2-Schichten zeigen, abgesehen von meist reduzierten Widerstandssprüngen durch zusätzliche Gitterstörungen, ebenfalls den Metall–Halbleiter-Übergang [119, 130, 234, 388], [398] bis [410]. Aus experimentellen Ergebnissen kann man schlußfolgern, daß in „amorphen“ VO_2-Schichten dagegen kein Leitfähigkeitsübergang und entsprechend keine sprunghaften Änderungen anderer physikalischer Eigenschaften auftreten [121, 131], [411] bis [418], was jedoch noch nicht als endgültig geklärt angesehen werden kann (s. u.). Die amorphen Schichten wurden durch Ionenzerstäubung unter bestimmten Bedingungen (insbesondere Aufstäuben auf kalte Substrate) oder durch Ionenbeschuß kristalliner Schichten hergestellt. Bei teilweiser Amorphisierung ist die Übergangstemperatur bei vergrößerter Hysterese erniedrigt und die Höhe des Widerstandssprunges reduziert. So ist beim Beschuß mit 10^{18} m^{-2} 40 kV-Ar-Ionen die Übergangstemperatur bei Übergang aus der halbleitenden Phase auf 326 K und bei Übergang aus der metallischen Phase auf 311 K erniedrigt. Bei einer Dosis von 10^{19} m^{-2} wurde kein Phasenübergang mehr beobachtet [413]. Durch thermische Behandlung läßt sich die Amorphisierung ausheilen, und der Phasenübergang tritt wieder auf. Das Verhalten für geringe Ionendosen ähnelt dem des nichtstöchiometrischen VO_2 (s. 3.5.2.), das mit V-Zwischengitteratomen eine gewisse Unordnung besitzt und dessen elektronisches Verhalten durch die erhöhte Konzentration beweglicher Ladungsträger bestimmt wird.

Das Problem des Phasenüberganges in amorphen VO_2-Schichten ist unter dem Aspekt der Rolle der Fernordnung und der Elektron–Phonon-Wechselwirkung interessant. Es gibt zwei extreme Meinungen. KENNEDY und MACKENZIE [121] schlußfolgern, daß bei fehlender Fernordnung kein Phasenübergang auftritt, während BEGISCHEW u. a. [416] behaupten, daß in amorphen Schichten ein Phasenübergang existiert. Die Diskrepanzen beruhen möglicherweise auf experimenteller Unvollkommenheit. Im Fall von KENNEDY und MACKENZIE [121] fehlen für die auf eine kalte Unterlage gestäubten Schichten Untersuchungen der chemischen Zusammensetzung im Ausgangs- und im getemperten Zustand, so daß die wirkliche VO_2-Zusammensetzung der abgeschiedenen Schicht nicht nachgewiesen ist und Stöchiometrieänderungen beim Tempern (Übergang amorph—kristallin) nicht ausgeschlossen sind. Die Herstellungsmöglichkeit amorpher Schichten durch Ionenbeschuß führt nach AMIRKHANOW u. a. [419] zu Stöchiometrieänderungen in Richtung V_2O_3. So ist der wirkliche Beitrag der Amorphisierung und möglicher Stöchiometrieänderungen beim Verschwinden des Phasenüberganges im amorphen VO_2 noch nicht klar.

3.5.1.3. Magnetische Eigenschaften

Das Vanadiumdioxid verhält sich bei allen Temperaturen paramagnetisch. Auch für die halbleitende Phase wurde keinerlei magnetische Ordnung und damit auch kein Antiferromagnetismus, wie es für die meisten anderen Vanadiumoxide typisch ist, nachgewiesen. Das belegen Kernresonanzuntersuchungen [341, 420] und MÖSSBAUER-Effekt-Messungen [344] bis [346], [348] bis [350], [421].

Die Kurve der Temperaturabhängigkeit der spezifischen magnetischen Suszeptibilität χ [55, 56, 90, 97, 319, 322, 328, 336, 344, 354, 370], [422] bis [426] entspricht dem polykristallinen Mittelwert (Abb. 105). Die Richtungsabhängigkeit der magnetischen Eigenschaften in VO_2-Kristallen ist gering [320].

Für die halbleitende Phase wird ein temperaturunabhängiger Wert $\chi = 0{,}94 \cdot 10^{-8}\,m^3\,kg^{-1}$ gefunden. Gelegentlich beobachtetes Anwachsen der Suszeptibilität unterhalb 40 K wird durch Verunreinigungen erklärt [426, 427]. Da das V^{4+}-Ion im VO_2 noch ein $3d$-Elektron besitzt, könnte ein temperaturabhängiger CURIE-WEISS-Paramagnetismus erwartet werden, und der temperaturunabhängige Wert überrascht. Man muß sich vorstellen, daß sich in den gepaarten Zickzackketten (vgl. 3.5.1.1.) die magnetischen Momente der V-Ionen in den V-Paaren jeweils antiparallel stellen und damit kompensieren (vereinfachte Vorstellung einer homöopolaren Bindung, entsprechend [428]). Diese Vorstellung gilt unabhängig davon, ob man das Valenzband mit den $3d$-Elektronen als bindendes Teilband nach der Gitterverzerrung oder als unteres MOTT-HUBBARD-Band (vgl. 3.5.1.7.) beschreibt. Der vorhandene Paramagnetismus läßt sich durch einen VAN-VLECK-Beitrag quantitativ richtig wiedergeben (vgl. [319]). Dieser Beitrag ist temperaturunabhängig, läßt sich nur quantenmechanisch verstehen und entsteht, falls ein Grundzustand ohne Gesamtmoment energetisch nur gering von einem angeregten Zustand mit einem magnetischen Ge-

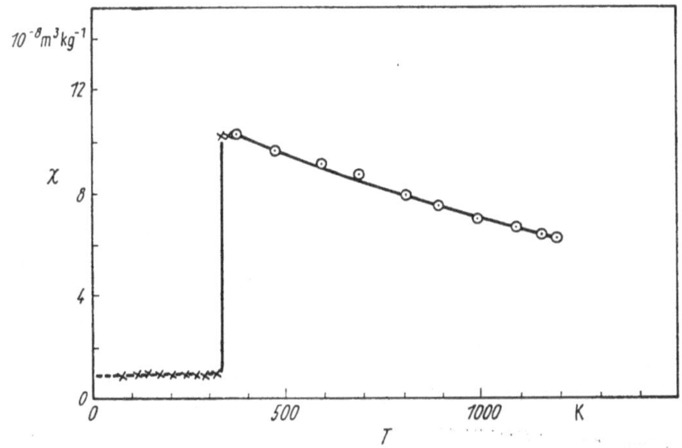

Abb. 105. Temperaturabhängigkeit der spezifischen magnetischen Suszeptibilität für VO_2; × BRÜCKNER u. a. [328], ⊙ BAYARD in [322]

samtmoment getrennt ist. Als entgegengerichteter, aber sehr geringer Beitrag tritt natürlich noch der Rumpfdiamagnetismus auf.

Im metallischen Zustand überwiegt der für Leitungselektronen typische PAULI-Paramagnetismus χ_d als wesentlichster Beitrag. Überraschend sind allerdings die sehr hohen Suszeptibilitäten (z. B. $\chi_{373K} = 10{,}1 \cdot 10^{-8}$ m³ kg⁻¹), die nur mit einem Erhöhungsmechanismus gegenüber dem Fall freier Elektronen erklärt werden können. Neben diesem Spinbeitrag existiert noch der übliche, sehr geringe diamagnetische Beitrag χ_{dia} und ein temperaturunabhängiger Paramagnetismus χ_0 durch Bahnbeiträge der Leitungselektronen (analog VAN-VLECK-Beitrag für gebundene Elektronen, [429]). Durch Kombination von Suszeptibilitäts- und KNIGHT-Verschiebung-Messungen lassen sich die Beiträge einzeln bestimmen: $\chi_0 = (1{,}63 \pm 0{,}11) \cdot 10^{-8}\,\mathrm{m^3\,kg^{-1}}$, $\chi_d = (9{,}41 \pm 0{,}11) \cdot 10^{-8}\,\mathrm{m^3\,kg^{-1}}$ bei 341 K [430]; $\chi_0 = 0{,}98 \cdot 10^{-8}\,\mathrm{m^3\,kg^{-1}}$, $\chi_d = 9{,}2 \cdot 10^{-8}\,\mathrm{m^3\,kg^{-1}}$, $\chi_{dia} = -0{,}47 \cdot 10^{-8}\,\mathrm{m^3\,kg^{-1}}$ [323, 426]. Dies zeigt auch quantitativ die Hauptrolle des Spinbeitrages. Über den Erhöhungsmechanismus besteht zur Zeit noch keine völlige Klarheit. Diskutiert werden sowohl Spinfluktuationen in dem als stark korreliert angenommenen Elektronengas entsprechend den Vorstellungen von BRINKMAN und RICE [151, 218] als auch eine STONER-Erhöhung durch Austauschwechselwirkung [322, 431]. ZYLBERSZTEJN und MOTT [322] beschreiben die temperaturabhängige Suszeptibilität als das 3,2fache der PAULI-Suszeptibilität eines Elektronengases mit 0,7 Elektronen/V-Atom und einer $d_{||}$-Bandzustandsdichte (vgl. 3.5.1.5.) von $N_{||} = 5{,}25$ Zustände/Elektronenvolt.

3.5.1.4. Thermische Eigenschaften, Gitterdynamik

Bei der Temperaturabhängigkeit der spezifischen Wärme [320, 336], [432] bis [435] von VO_2 (Abb. 106) läßt sich der $C_p(T)$-Verlauf in der halbleitenden Phase im Temperaturbereich 150 K bis 300 K in gewöhnlicher DEBYEscher Näherung mit einer DEBYE-

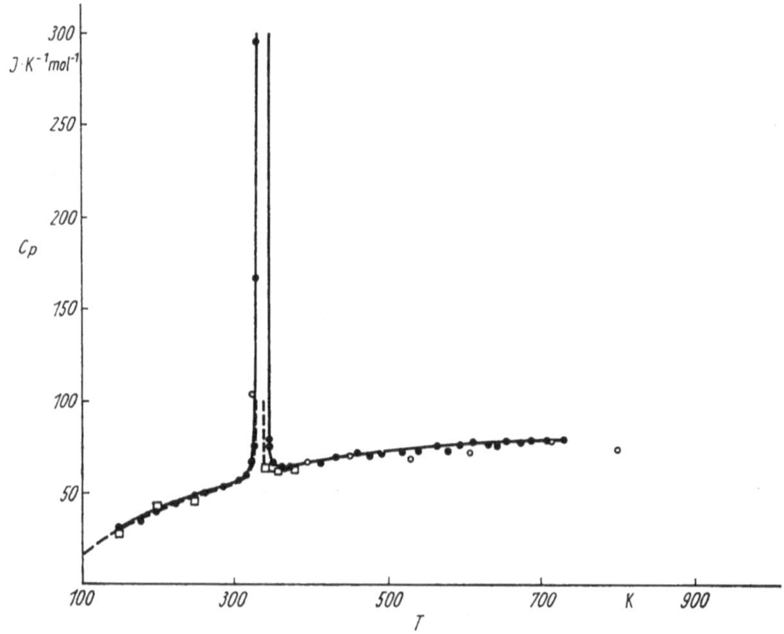

Abb. 106. Temperaturabhängigkeit der Molwärme für VO_2; ● Chandrashekhar u. a. [433], ○ Cook [432], □ Ryder (zitiert in [433])

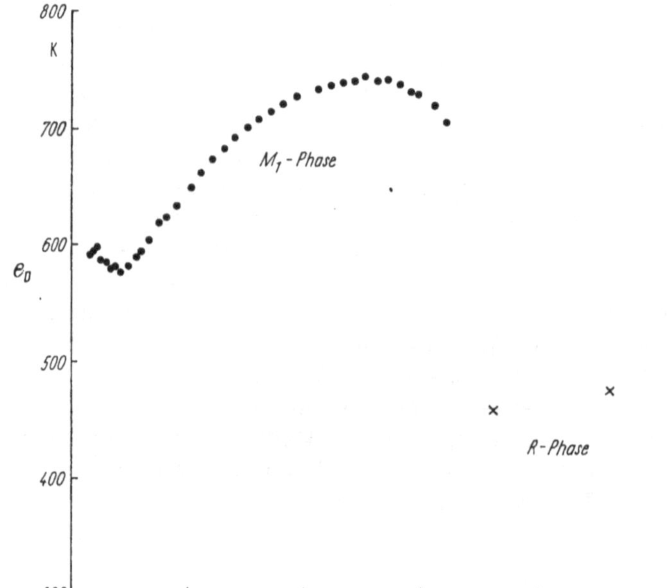

Abb. 107. Temperaturabhängigkeit der effektiven Debye-Temperatur für VO_2, für $T < T_t$ (...) ($T_t = 340$ K), aus Wärmekapazitätsmessungen bestimmt, und für $T > T_t$ (×××) aus Debye-Waller-Faktoren (nach [297])

Temperatur $\theta_D = (750 \pm 20)$ K beschreiben [433]. Aus Wärmekapazitätsmessungen von RYDER (zitiert in [297]) ergibt sich die für $T < T_t$ in Abbildung 107 dargestellte Temperaturabhängigkeit einer effektiven DEBYE-Temperatur.

In der metallischen Phase ist eine gute Beschreibung im einfachen DEBYE-Modell und damit die Angabe einer zuverlässigen DEBYE-Temperatur nicht möglich. Nach Abschätzung von CHANDRASHEKHAR u. a. [433] liegt sie im Temperaturbereich 350 K bis 380 K um etwa 50 K bis 80 K niedriger als in der halbleitenden Phase. Aus Untersuchungen des Temperatureinflusses auf Röntgenintensitäten (DEBYE-WALLER-Faktor) wurde oberhalb T_t eine um etwa 120 K niedrigere DEBYE-Temperatur bestimmt ([297, 320], in Abb. 107 für die Hochtemperaturphase mit Kreuzen eingetragene Punkte). Das ist ein deutlicher Hinweis auf niedrig liegende Schwingungsmoden in der metallischen Phase.

Die Ergebnisse bezüglich der Umwandlungsenthalpie ΔH_t schwanken zwischen $3{,}1 \cdot 10^3$ J mol^{-1} und $5{,}1 \cdot 10^3$ J mol^{-1} [320, 336], [432] bis [434], [436] bis [440]. Am sichersten erscheinen die Einkristallergebnisse $\Delta H_t = (4{,}27 \pm 0{,}02) \cdot 10^3$ J mol^{-1} [320] und $4{,}69 \cdot 10^3$ J mol^{-1} [433]. Als molare Umwandlungsentropie

$$\Delta S_t = \frac{\Delta H_t}{T_t} \tag{101}$$

ergibt sich daraus der beachtlich große Wert von $\Delta S_t = 12{,}6$ J mol^{-1} K^{-1} bzw. $13{,}8$ J mol^{-1} K^{-1}. Diese Umwandlungsentropie ist im VO_2 vielfach diskutiert worden, weil durch die Aufteilung dieses Wertes in einen Gitter- und einen Elektronenanteil Rückschlüsse über die treibende Kraft für den Leitfähigkeitsübergang und damit über den Übergangsmechanismus gezogen werden können (vgl. 3.5.1.7.).

Zum Verhalten der thermischen Ausdehnung liegen für die halbleitende VO_2-Phase neben groben Messungen der Temperaturabhängigkeit der Gitterkonstanten [335, 364] aus genaueren röntgenographischen Messungen von KUCHARZYK und NIKLEWSKI [338] folgende Werte vor:

$\alpha_{a_{M_1}} = 12{,}11 \cdot 10^{-6}$ K^{-1}, $\alpha_{b_{M_1}} = 1{,}22 \cdot 10^{-6}$ K^{-1} und $\alpha_{c_{M_1}} = 2{,}57 \cdot 10^{-6}$ K^{-1} (Temperaturbereich 298 K bis 334 K). Von großem Interesse ist der Ausdehnungskoeffizient α in der metallischen Phase wegen eines anormal großen Wertes in der c_R-Richtung. Unmittelbar oberhalb T_t betragen in der Rutilphase nach sehr genauen röntgenographischen Messungen $\alpha_{a_R} = 4{,}87 \cdot 10^{-6}$ K^{-1} und $\alpha_{c_R} = 30{,}48 \cdot 10^{-6}$ K^{-1} [338]; $\alpha_{a_R} = 5 \cdot 10^{-6}$ K^{-1} und $\alpha_{c_R} = 28 \cdot 10^{-6}$ K^{-1} [441] bzw. $\alpha_{a_R} = 4 \cdot 10^{-6}$ K^{-1} und $\alpha_{c_R} = 26 \cdot 10^{-6}$ K^{-1} [297]. Dieses stark anisotrope, in c_R-Richtung extreme Verhalten ist innerhalb der Gruppe der Übergangsmetalloxide mit Rutilstruktur nur für das VO_2 typisch [442, 443]. Das Ergebnis unterstützt die Vorstellung weichwerdender und damit stark temperaturabhängiger Moden in der metallischen Phase und zeichnet für die Schwingungsrichtung der Atome dieser Moden die Richtung der vierzähligen Achse, die c_R-Richtung, aus.

Außer der beschriebenen DEBYE-Temperaturerniedrigung und dem hohen Ausdehnungskoeffizienten in c_R-Richtung gibt es noch eine Reihe weiterer Ergebnisse, die das Weichwerden von Phononenmoden im metallischen VO_2 bestätigen. Diese sollen im folgenden zusammengestellt werden.

In der metallischen Phase treten bei Auswertung von Röntgenbeugungsdiagrammen anormal große DEBYE-WALLER-Faktoren (d. h. anormal große mittlere Schwingungsamplituden der Atome) für die c_R-Richtung auf ([297], für die Rutilphase im Cr-dotierten VO_2 [444]).

Im RAMAN-Spektrum wurden in der metallischen Phase gegenüber der halbleitenden Phase stark verbreiterte Linien beobachtet [142, 147, 203]. Dieser Dämpfungseffekt ist mit dem Einsetzen einer sehr starken Elektron–Phonon-Kopplung zu erklären, für die wiederum das Weichwerden der Phononen verantwortlich ist [204, 445].

Oberhalb der Phasenumwandlung konnte eine nahe T_t deutlich temperaturabhängige diffuse Röntgenstreuung für die Umgebung des reziproken Gitterpunktes $(\frac{1}{2}, 0, -\frac{3}{2})$ nachgewiesen werden [446]. Diese Streuung ist mit einer Gitterinstabilität am R-Punkt der BRILLOUIN-Zone (s. 3.5.1.5.) zu erklären. Der zugehörige Wellenvektor liegt parallel der ⟨101⟩-Richtung und die Polarisationsrichtung des entsprechenden Phonons parallel zu c_R. Auch die Untersuchung der Ultraschalldämpfung und -phasengeschwindigkeit in VO_2-Einkristallen liefert einen weiteren Beweis für das Weichwerden einer Phononenmode am R-Punkt [447].

Inelastische Neutronenstreuung ist in Einkristallen die unmittelbare Meßmethode für das Phononenspektrum. Sie bereitet in VO_2 wegen des sehr hohen inkohärenten Streuanteils von Vanadium große Schwierigkeiten. An einer polykristallinen Probe allerdings wurde unmittelbar oberhalb T_t eine bemerkenswerte Zunahme der Phononenzustandsdichte bei niedrigen Frequenzen festgestellt [448]. Welche Mode weich wird, gestattet das über alle Richtungen gemittelte Meßergebnis nicht auszusagen.

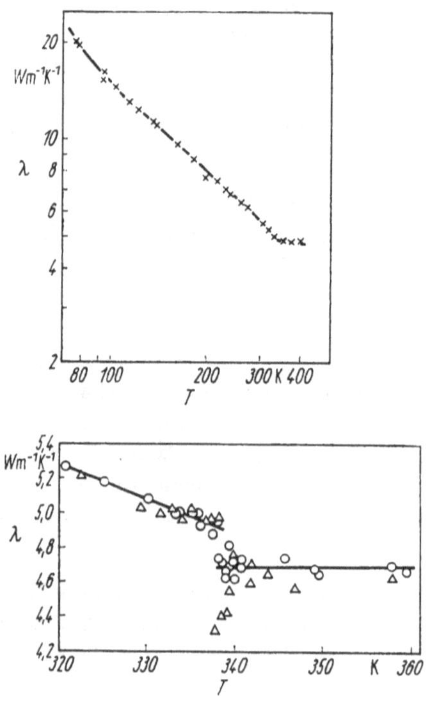

Abb. 108. Temperaturabhängigkeit der thermischen Leitfähigkeit für VO_2 (nach ANDREJEW u. a. [216])

Die beobachtete bemerkenswerte Phononenzustandsdichteänderung läßt vermuten, daß davon sogar mehrere Phononenmoden betroffen sind.

Die dargestellten Ergebnisse belegen, daß in der metallischen Phase in der Nähe des Phasenüberganges Phononen mit dem Wellenvektor $\boldsymbol{q} = \langle 1/2, 0, 1/2 \rangle$ und der Polarisationsrichtung (d. h. Schwingungsrichtung der Atome) parallel zur tetragonalen $\boldsymbol{c}_R$-Achse weich werden (kondensieren). Die angegebene Richtung der Gitterinstabilität ermöglicht nach gruppentheoretischer Analyse gerade auch die Umwandlung zwischen den Raumgruppen der Hoch- und der Tieftemperaturphase [353]. Das Weichwerden von Phononenmoden spielt bei der Diskussion des Mechanismus des Phasenüberganges eine wesentliche Rolle (vgl. 3.5.1.7.).

Die temperaturabhängige thermische Leitfähigkeit des VO_2 [216, 320] (Abb. 108) nimmt am Umwandlungspunkt um 0,2 W m^{-1} K^{-1} ab. Die Zerlegung in den Gitter- und den Elektronenanteil zeigt, daß der beim Übergang in den metallischen Zustand sich erhöhende Elektronenanteil durch eine Erniedrigung des Gitteranteils um etwa 1,3 W m^{-1} K^{-1} weitgehend kompensiert wird [216]. Das steht in Übereinstimmung mit dem Ergebnis von Berglund und Guggenheim [320], die bei Fehlen eines Sprungs im Bereich von 298 K bis 353 K probenabhängige, aber temperaturunabhängige Wärmeleitfähigkeiten zwischen $\lambda = 4$ W m^{-1} K^{-1} und 7 W m^{-1} K^{-1} gemessen haben. Die Abnahme des Gitteranteils am Umwandlungspunkt korreliert mit der Abnahme der Debye-Temperatur (s. o.). Bemerkenswert sind im metallischen VO_2 der niedrige Wert und die schwache Temperaturabhängigkeit des Gitteranteils der Wärmeleitfähigkeit [48].

3.5.1.5. Bandstruktur

Goodenough [161, 181, 428, 449] hat auf der Basis von Molekülbahnvorstellungen und auf Grund von Betrachtungen der Kristallfelder und chemischen Bindungen für das VO_2 ein Energiebandschema vorgeschlagen, das das Wesentliche des elektronischen Verhaltens richtig wiedergibt. Im metallischen Zustand (Abb. 109) führen die starken

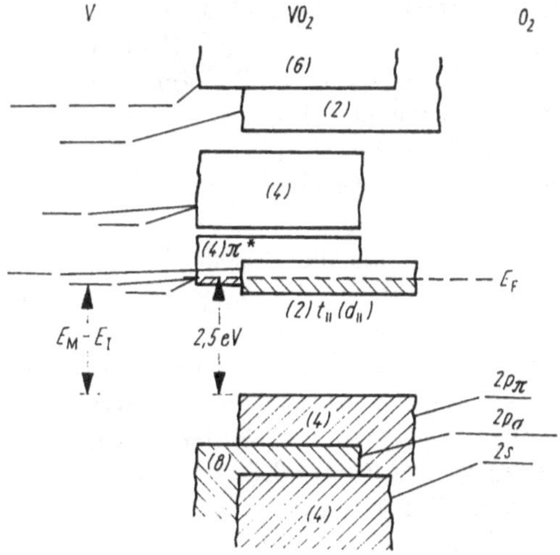

Abb. 109. Energiebandschema für metallisches VO_2. Zahlen in Klammern geben die Anzahl der Bandorbitale pro Formeleinheit VO_2 an (nach Goodenough [449])

Überlappungen der Wellenfunktionen zwischen den V-Atomen entlang der tetragonalen $\boldsymbol{c}_R$-Achse zu einem schmalen $t_{||}$-Band. Dies ist von einem breiteren π^*-Band überlagert, das die antibindenden V–d- und O–p_π-Zustände enthält. Dieser Bandkomplex ist mit dem einen $3d$-Elektron der V^{4+} ($3d^1$)-Ionen aufgefüllt. Die weitgehende Isotropie der Leitfähigkeit spricht dafür, daß die FERMI-Energie durch beide Teilbänder läuft. Der genannte Bandkomplex korreliert mit den durch orthorhombische V-Platzsymmetrie entarteten atomaren t_{2g}-Zuständen in oktaedrischer Umgebung. Darüber liegen die aus den e_g-Zuständen hervorgegangenen Bänder. Von den $3d$-Bändern abgesetzt sind nach oben die $4s$- und $4p$-Bänder des Vanadiums und nach unten die $2s$- und $2p$-Bänder des Sauerstoffs (etwa 2,5 eV unterhalb vom FERMI-Niveau).

Der Übergang in die halbleitende monokline Phase ist durch das Anheben des π^*-Bandes und durch die Aufspaltung des $t_{||}$-Bandes gekennzeichnet (Abb. 110).

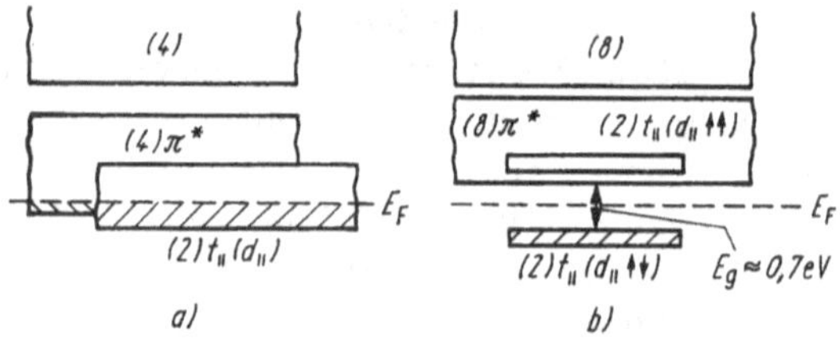

Abb. 110. $3d$-Bänder a) für metallisches tetragonales VO_2 ($T > T_t$) und b) für halbleitendes monoklines V_2O_4 ($T < T_t$). Zahlen in Klammern wie bei Abb. 109 (nach GOODENOUGH [449])

Beides läßt sich aus den kristallographischen Änderungen beim Phasenübergang zwischen der R- und der M_1-Phase verstehen. Die π^*-Bandanhebung über das FERMI-Niveau hinaus entsteht durch starke Vanadium-d–Sauerstoff-$2p$-Wechselwirkung, die wegen der beachtlichen Verkürzung eines V–O-Abstandes senkrecht zur $\boldsymbol{c}_R$-Richtung entsteht (vgl. 3.5.1.1.). Das $t_{||}$-Band spaltet wegen der Paarung der V-Atome entlang $\boldsymbol{c}_R$ auf (Verdopplung der Elementarzellengröße in $\boldsymbol{c}_R$-Richtung). Das eine Metallelektron im metallischen π^*-$t_{||}$-Band-Komplex besetzt unterhalb T_t das dann vollbesetzte untere $t_{||}$-Teilband und benötigt eine Anregungsenergie von etwa 0,7 eV bis zum Leitfähigkeitsband mit π^*-Charakter im unteren Teil.

Ein ähnliches Energiebandschema schlagen ZYLBERSZTEJN und MOTT [322] vor. Vom GOODENOUGH-Modell unterscheidet es sich aber wesentlich in der Erklärung des Entstehens der Aufspaltung des $d_{||}(t_{||})$-Bandes. (Das $d_{||}$-Band von ZYLBERSZTEJN und MOTT [322] entspricht dem $t_{||}$-Band von GOODENOUGH (s. Abb. 109 und Abb. 110)). Im Gegensatz zum verzerrungsbedingten Aufspalten von GOODENOUGH wird die Aufspaltung im wesentlichen durch Elektronenkorrelationseffekte bewirkt. Die $d_{||}$-Teilbänder sind dann das obere und untere HUBBARD-Band (vgl. 3.5.1.7.).

Aus der Reihe der Bandstrukturberechnungen für das metallische Rutiltyp-VO_2 [298, 390], [450] bis [453] sind die zuverlässigsten Bandstrukturangaben durch die APW-LCAO-Rechnungen von CARUTHERS u. a. [390] und durch die Rechnungen von GUPTA u. a. [298] mit einer LCAO-DVM-Methode zu erwarten. Die Ergebnisse sind in Abbildung 111 dargestellt. Im Teilbild b) sind in der BRILLOUIN-Zone der Rutiltypphase die charakteristischen Symmetriepunkte bezeichnet. Aus der angegebenen Bandstruktur folgt die in Abbildung 112 dargestellte Zustandsdichte. Das FERMI-Niveau liegt 0,49 eV über der unteren Leitfähigkeitsbandkante. Die Zustandsdichte pro V-Atom an der FERMI-Grenze beträgt 5,3 Zustände pro Elektronenvolt. Der

a)

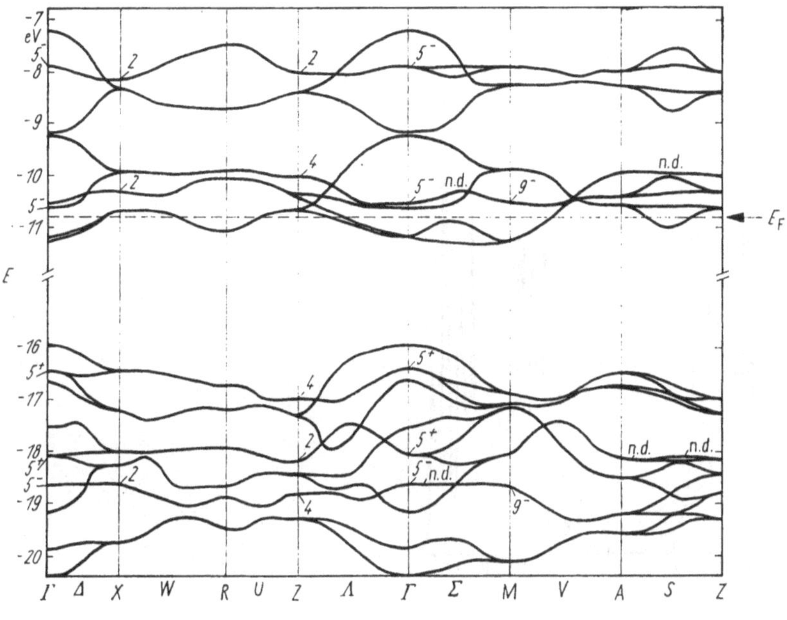

b)

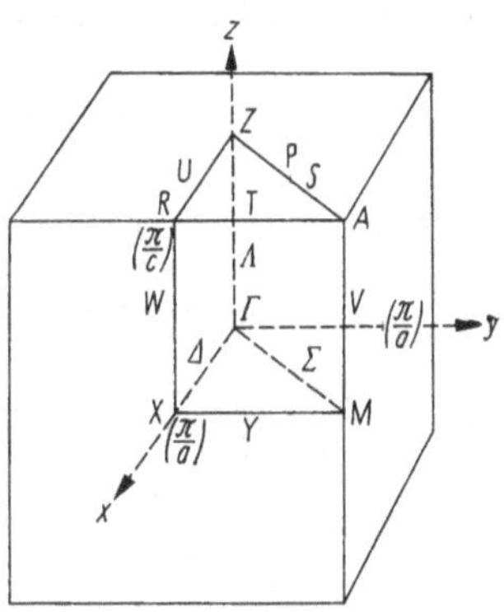

Abb. 111. a) O-2p- und V-3d-Bänder für metallisches tetragonales VO_2 entlang einiger hochsymmetrischer Richtungen; n. d. — near degeneracies; b) BRILLOUIN-Zone für die tetragonale Phase des VO_2 (nach GUPTA u. a. [298])

FERMI-Körper ist in Abbildung 113 gezeichnet. Besonders bemerkenswert ist, daß es nach den Rechnungen von GUPTA u. a. [298] Teile der FERMI-Fläche gibt, die durch einen Wellenvektor $\boldsymbol{q} \approx \overrightarrow{\Gamma R}$ ineinander übergeführt werden können („nesting“) und die deshalb die Ursache für Instabilitäten und für einen Ladungsdichtewellenübergang sein können (s. 3.5.1.7.).

ALTANHAN und HYLAND [453] ermittelten aus einer tight-binding-Rechnung als FERMI-Energie 0,56 eV (gemessen von der Unterkante des Leitfähigkeitsbandes) und als Zustandsdichte an der FERMI-Fläche 2,89 Zustände pro Elektronenvolt.

Die Bandstrukturberechnungen bestätigen im wesentlichen die empirische Bandstruktur von GOODENOUGH für das metallische VO_2 (s. Abb. 109).

Die Magnetisierungsdichteverteilung (räumliche Verteilung der an der FERMI-Grenze liegenden 3d-Elektronen) wurde für metallisches VO_2 mittels Streuung polarisierter Neutronen gemessen [454]. Die Auswertung der Symmetrie der Verteilung um

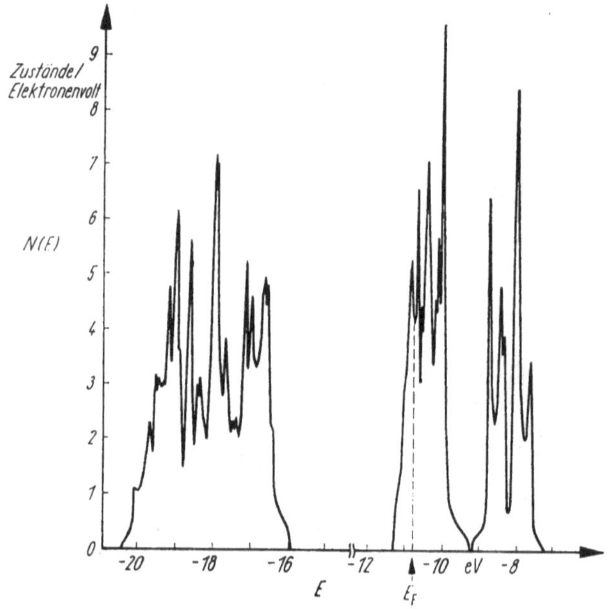

Abb. 112. Zustandsdichte pro Kation für die Valenz- und Leitfähigkeitsbänder von metallischem VO_2 (nach GUPTA u. a. [298])

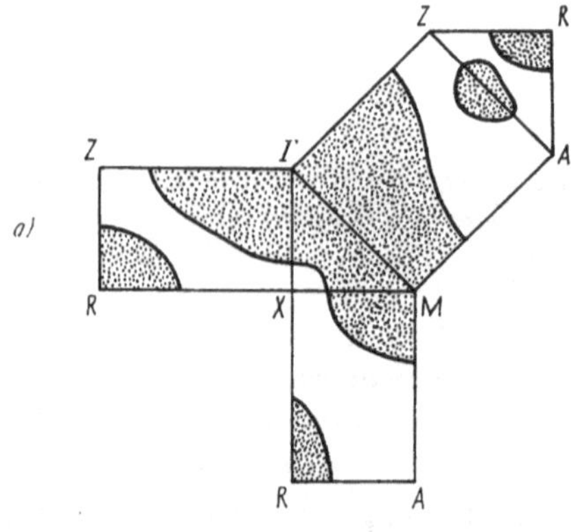

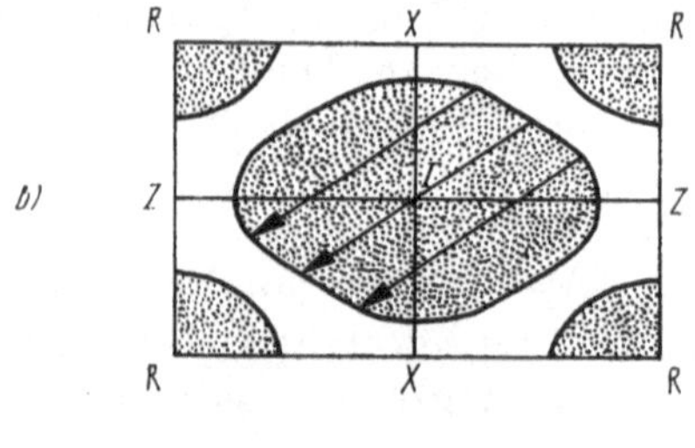

Abb. 113. a) Schnitte durch den FERMI-Körper für das untere V-3d-Teilband in hochsymmetrischen Ebenen. Gepunktet sind die besetzten Bandbereiche eingetragen. b) Schnitt durch den FERMI-Körper in der $\{\Gamma Z R\}$-Ebene. Die Pfeile zeigen die „nesting"-Vektoren $\boldsymbol{q} \approx -\overrightarrow{\Gamma R}$ (nach GUPTA u. a. [298])

die V-Atome mit Ausbuchtungen zu den Sauerstoffnachbarn in ⟨110⟩-Richtung zeigt, daß die FERMI-Fläche durch sämtliche t_{2g}-Teilbänder laufen muß. Dies wird allerdings nicht durch die Bandstruktur von GUPTA u. a. [298] wiedergegeben.

Schwieriger als für die tetragonale Rutilphase mit den zwei Formeleinheiten pro Elementarzelle sind die Bandstrukturberechnungen für die monokline halbleitende Phase mit vier Formeleinheiten pro Elementarzelle. Dafür gibt es bisher nur eine „tight binding"-LCAO-Rechnung mit Parameteranpassungen [455]. Wegen möglicher starker Elektronenkorrelation [322] ist es allerdings fraglich, ob das Vernachlässigen dieser Korrelationseffekte in der Einelektronbetrachtung zu einer realistischen Bandstruktur führen kann.

Um dennoch einen Überblick über die Effekte durch die Gitterverzerrungen und die Elektronenkorrelation zu erhalten, wurden für die charakteristischen VO_6-Oktaeder und V_2O_{10}-Doppeloktaeder in der metallischen bzw. halbleitenden Phase Clusterrechnungen durchgeführt [456] bis [461]. SOMMERS u. a. [456] und LAZUKOWA und GUBANOW [459] berechneten unter Benutzung der selbstkonsistenten X_α-Methode mit Mehrfachstreuung nach SLATER und JOHNSON [462] bzw. einer halbempirischen MO–LCAO-Methode die Aufspaltung der Vanadium-t_{2g}-Niveaus mit den Symmetrien $x^2 - y^2$, zx und zy für verschiedene Verzerrungsfälle, um so den Einfluß der antiferroelektrischen Verzerrungskomponente und der Paarung an der Bandverschiebung und -aufspaltung untersuchen zu können. Ergebnisse sind in Abbildung 114 dargestellt. Die räumliche Anordnung der betrachteten $3d$-Orbitale ist in Abbildung 115 skizziert.

Die beiden genannten Autorengruppen finden im halbleitenden VO_2 einen energetischen Abstand von $\approx 0{,}5$ eV zwischen dem höchsten besetzten Niveau und dem untersten unbesetzten. Betrachtet man die Clusterniveaus als Schwerpunktslagen der Teilbänder im Kristall, so ist bei den zu erwartenden Bandbreiten von ≈ 1 eV die

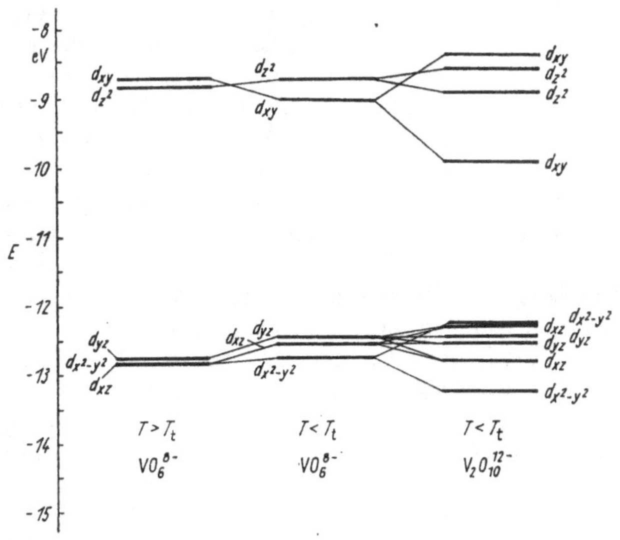

Abb. 114. Energetische Lagen der $3d$-Energieniveaus in VO_6-Oktaeder- und V_2O_{10}-Doppeloktaeder-Clustern (nach Berechnungen von LAZUKOVA und GUBANOV [459])

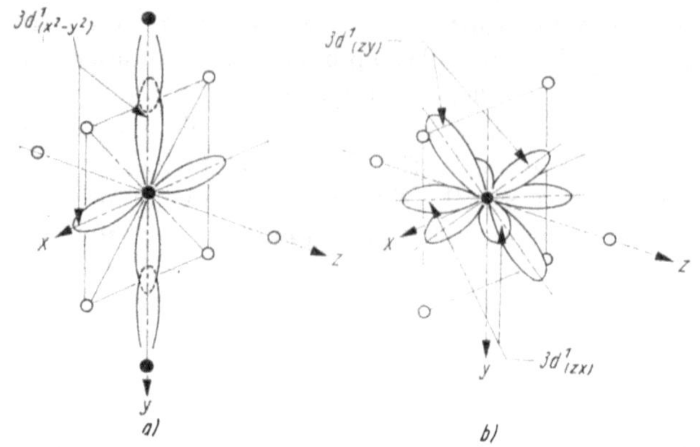

Abb. 115. Räumliche Ausdehnung der V-$d(t_{2g})$-Orbitale (vgl. ZYLBERSZTEJN und MOTT [322])

durch Verzerrung hervorgerufene Energieaufspaltung nicht ausreichend, um den Halbleiterenergiespalt von $E_g \approx 0{,}6$ eV zu erklären [322, 456, 457]. Elektronenkorrelationseffekte können dann den entscheidenden Beitrag liefern (s. 3.5.1.7.).

3.5.1.6. Optische Eigenschaften, Elektronen- und Röntgenspektroskopie

Die Untersuchungen der optischen Eigenschaften sowie elektronen- und röntgenspektroskopische Untersuchungen bieten die prinzipielle Möglichkeit zur Überprüfung der Bandstrukturberechnungen.

Die Vielzahl der optischen Untersuchungen des VO_2 wurde sowohl über einen weiten Energiebereich ausgedehnt, um Aussagen über die Bandstruktur und elektronische Eigenschaften im halbleitenden und im metallischen Zustand zu gewinnen [354, 372, 377, 382], [463] bis [469], als auch in einem begrenzten Energiebereich oder bei einer Energie durchgeführt, um durch Ermittlung der Änderung der optischen Eigenschaften (einschließlich Millimeterwelleneigenschaften) beim Phasenübergang die Brauchbarkeit von VO_2 für vielfältige optische und Millimeterwellenanwendungen zu testen [414], [470] bis [482]. Während für die erstgenannten Untersuchungen die Anwendung von Einkristallen und häufig von polarisierter Strahlung charakteristisch ist, werden die mehr anwendungsorientierten Untersuchungen gewöhnlich an Dünnschichtelementen vorgenommen.

Transmissions- und Reflexionsmessungen im infraroten, sichtbaren und ultravioletten Bereich (0,25 eV bis 5 eV) wurden von VERLEUR u. a. [382] umfassend an Einkristallen und Schichten durchgeführt. Abbildung 116 zeigt Ergebnisse von Reflexionsmessungen an Einkristallen für die Polarisationsrichtung parallel und senkrecht zur c_R-Achse unterhalb (300 K) und oberhalb (355 K) der Phasenumwandlung. Die Meßpunkte wurden durch eine Anpassung mit klassischen Oszillatoren entsprechend der üblichen Dispersionsbeziehung

$$\varepsilon(\omega) = \varepsilon_\infty - \frac{\omega_n^2}{\omega^2 + i\omega_c\omega} + \sum_{i=1}^{n} \frac{f_i}{1 - \frac{\omega^2}{\omega_i^2} - i\Gamma_i \frac{\omega}{\omega_i}} \tag{102}$$

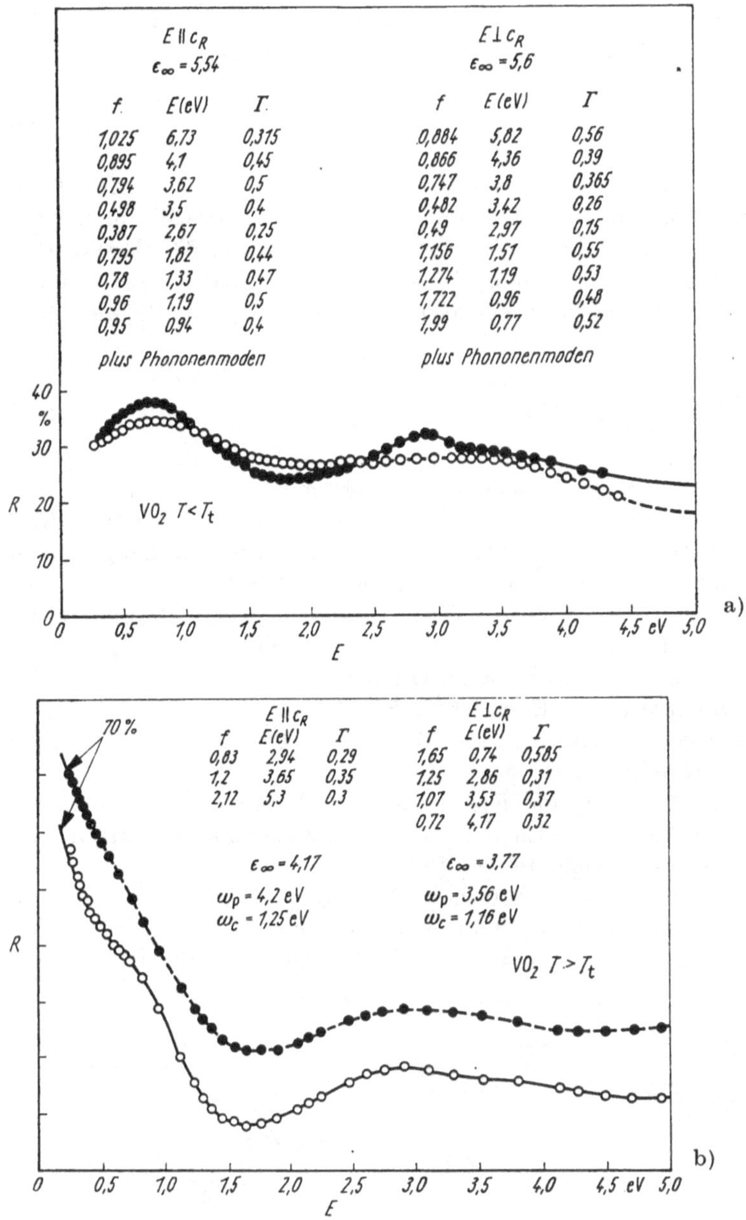

Abb. 116. Energieabhängigkeit des Reflexionskoeffizienten und charakteristische Anpassungsparameter für VO_2-Einkristalle bei 300 K (a)) und 355 K (b)) und für zwei Polarisationsrichtungen; ——— $\boldsymbol{E} \perp \boldsymbol{c}_R$, - - - - - $\boldsymbol{E} \parallel \boldsymbol{c}_R$ (nach VERLEUR u. a., [382]) (statt ω_p lies ω_n)

beschrieben. Der erste Term in dieser Dispersionsrelation der komplexen Dielektrizitätskonstanten enthält den Beitrag hochfrequenter Elektronenübergänge. Das zweite Glied berücksichtigt den Betrag der freien Elektronen. Dabei sind der Ladungsträgerdichteparameter ω_n (korreliert mit der Plasmafrequenz ω_p, vgl. Gleichung (93)) und die reziproke Relaxationszeit ω_c nach folgenden Beziehungen gegeben:

$$\omega_n = \left(\frac{4\pi n e^2}{m^*}\right)^{1/2}, \qquad \omega_c = \frac{e}{\mu_{opt} m^*} \tag{103}$$

(μ_{opt}, m^* — optische Beweglichkeit bzw. effektive Elektronenmasse). Der dritte Term in $\varepsilon(\omega)$ beschreibt die Interbandübergänge gebundener Elektronen (Oszillatorstärke f_i bei der Frequenz ω_i und der Linienbreite Γ_i) und ist somit für die Bandstrukturbetrachtungen von hauptsächlichem Interesse. Zwischen der Dielektrizitätskonstanten und dem Reflexionsvermögen besteht für senkrechten Strahlungseinfall die Beziehung

$$R(\omega) = \left|\frac{\sqrt{\varepsilon(\omega)} - 1}{\sqrt{\varepsilon(\omega)} + 1}\right|^2. \tag{104}$$

Die bei einer solchen Anpassung erhaltenen Parameter sind in Abbildung 116 mit eingetragen. Aus den Reflexionsmeßergebnissen wurden im wesentlichen als Imaginärteil der Dielektrizitätskonstanten die in Abbildung 117 gezeichneten Abhängigkeiten der Absorptionskoeffizienten von der Energie errechnet (vgl. [382]).

Eine detaillierte Zuordnung der einzelnen Resonanzstellen in den $\varepsilon(\omega) = \varepsilon(E/\hbar)$-Abhängigkeiten zu genauen Teilbandübergängen ist bisher noch nicht gelungen. Klar ist, daß die Linien bei Energien $\lessapprox 2$ eV Bandübergängen innerhalb der $3d$-Bänder entsprechen, während die Linien mit Energien $\gtrapprox 2{,}5$ eV von Interbandübergängen zwischen den $2p$-$3d$-Bandkomplexen herrühren [382, 464, 466]. Bei 9,6 eV wurden auch $3d$–$4p$-Übergänge beobachtet [464].

Zwischen Dünnschichtergebnissen und Ergebnissen an Einkristallen ergaben sich zwar Unterschiede in den Absolutwerten der Dielektrizitätskonstanten, deren Frequenzabhängigkeit ist aber weitgehend ähnlich [382].

Der Anstieg im Reflexionsvermögen unterhalb 2 eV, der bei Energien $\leqq 0{,}8$ eV besonders stark und deutlich ist, und der damit gekoppelte stark erhöhte Anstieg des Absorptionskoeffizienten ist der Beitrag der Metallelektronen. Das führt dazu, daß

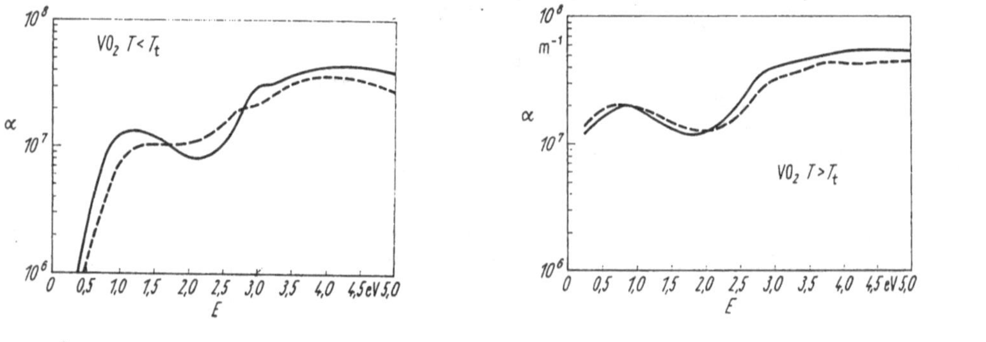

Abb. 117. Energieabhängigkeit des Absorptionskoeffizienten für VO_2 bei 300 K (a)) und 355 K (b)) und für zwei Polarisationsrichtungen ——— $\boldsymbol{E} \perp \boldsymbol{c}_R$, - - - - $\boldsymbol{E} \parallel \boldsymbol{c}_R$ (nach Verleur u. a., [382])

man am langwelligen Rand des sichtbaren Bereiches und im Infraroten große Reflexions- und Transmissionsunterschiede zwischen halbleitendem und metallischem Zustand hat. Der Metall–Halbleiter-Übergang wirkt sich damit in diesem Bereich in starken, sprunghaften Änderungen der optischen Eigenschaften aus und bietet sich deshalb für Anwendungen an (s. 4.3.). Bereits kurz vor Erreichen der Übergangstemperatur zeigen Irregularitäten der optischen Eigenschaften in der halbleitenden Phase die Bildung einzelner metallischer Tröpfchen [481, 483, 484].

Aus den Beiträgen der freien Elektronen im Leitfähigkeitsband lassen sich die effektiven Massen der Ladungsträger abschätzen. Für die metallische Phase ergaben sich nach unterschiedlichen Bestimmungsmethoden und bei verschiedenen Autoren 0,8 m_e und 2,5 m_e [377], 3,3 m_e [322] bzw. 0,5 m_e bei einer optischen Beweglichkeit von $2 \cdot 10^{-4}$ m² V⁻¹ s⁻¹ [354]. Für die halbleitende Phase wurde 4 m_e [354] abgeschätzt. Aus Elektroreflexionsmessungen wurde aus $2p$-$3d$-Interbandanregungen die optische effektive Masse von 0,12 m_e gefunden [464].

Aus der Diskussion der Energieabhängigkeit des Absorptionskoeffizienten unterhalb und oberhalb T_t schlußfolgerten Mokerow und Sarajkin [466], daß die Hybridisierung von $2p(O^{2-})$- und $3d(V^{4+})$-Elektronenzuständen in der metallischen Hochtemperaturphase gegenüber der halbleitenden Phase anwächst.

Im halbleitenden Zustand existiert im Energiebereich 0,03 eV bis 0,1 eV eine größere Anzahl von Peaks in den Reflektivitätskurven, die als Phononenbeiträge zu deuten sind [354].

Die Ermittlung der Größe des Energiespaltes in der halbleitenden Phase ist auf Schwierigkeiten gestoßen, weil der Absorptionskoeffizient α im entsprechenden Energiebereich keinen scharfen Knick, sondern nur einen ziemlich allmählichen Anstieg zeigt. Damit enthalten die ermittelten Spaltbreiten immer die Willkürlichkeit der Festlegung eines charakteristischen Punktes der Absorptionskurven zur Festlegung der Spaltbreiten E_g (z. B. $\alpha = 4 \cdot 10^5$ m⁻¹ [372] oder das Einsetzen von Abweichungen vom exponentiellen Verhalten $\alpha \sim \exp(E/E_0)$ [467]). Abbildung 118 zeigt die Energieabhängigkeit des Transmissionskoeffizienten bei verschiedenen Temperaturen

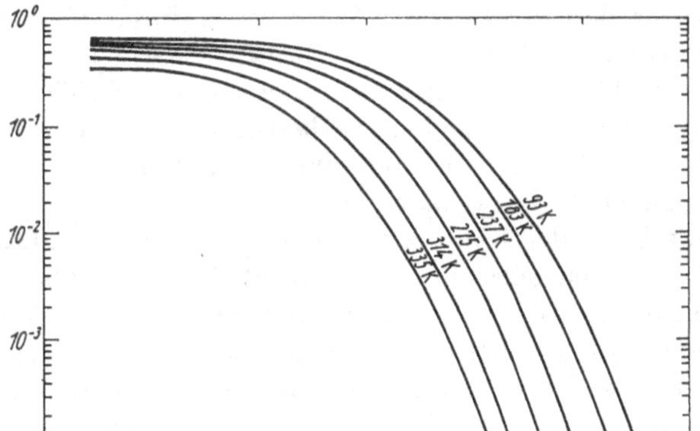

Abb. 118. Energieabhängigkeit des Transmissionsvermögens T bei Energien $E \approx E_g$ für verschiedene Temperaturen im halbleitenden VO_2 (nach Ladd und Paul [372])

[321, 372]. Die Form der Absorptionskante ändert sich offensichtlich nicht mit der Temperatur. Man kann schreiben

$$\alpha(E, T) = f(E - E_g(T)) . \tag{105}$$

Als Ursache für das Fehlen eines scharfen Übergangs in den Transmissionskurven werden das Vorhandensein hoher Defektdichten, der Einfluß starker $2p$-$3d$-Hybridisierung und das Vorhandensein teilweise verbotener oder indirekter Übergänge angenommen [321, 463, 464].

Die aus den $\alpha(E, T)$-Messungen ermittelte Temperaturabhängigkeit der Größe des Energiespaltes ist in Abbildung 119 wiedergegeben. Die optischen Ergebnisse für E_g differieren in der Literatur aus den genannten Gründen deutlich, z. B. bei 300 K zwischen 0,4 eV und 0,65 eV [372, 382, 463, 464] und bei 80 K zwischen 0,6 eV und 0,75 eV [464, 467]. Sie stimmen aber mit Werten, die mit Spaltbreiten aus elektrischen und thermoelektrischen Messungen abgeschätzt werden, gut überein.

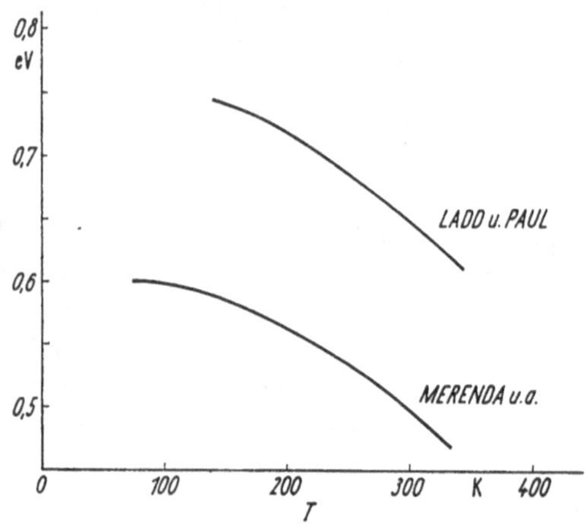

Abb. 119. Temperaturabhängigkeit der Energiespaltbreite von halbleitendem VO_2 (nach optischen Messungen von LADD und PAUL [372] und MERENDA u. a. [467])

Als wesentliche Charakteristika der Bandstruktur des VO_2 werden durch die optischen Untersuchungen der Bandspalt ($\approx$ 0,6 eV) und der Energieabstand zwischen den $2p$- und $3d$-Bandkomplexen ($\approx$ 2,5 eV) richtig wiedergegeben. Die Größe des Bandspaltes konnte auch aus Lumineszenzuntersuchungen bestimmt werden: $E_g =$ = 0,5 eV [485]. Charakteristische Linien des Katodolumineszenzspektrums bei 2,67 eV und 3,15 eV entstehen durch $3d$–$2p$-Übergänge.

Fotoelektronenspektroskopie mit UV- oder Röntgenstrahlanregung [486] bis [492], AUGER-Spektroskopie [492] und Röntgenemissions- und absorptionsspektroskopie [140, 460, 489, 493, 494] ergaben ebenfalls Energielücken von einigen Zehntel eV (0,3 eV bis 0,7 eV) für die halbleitende Phase bei Raumtemperatur. Die spektroskopischen Ergebnisse entsprechen im wesentlichen den Erwartungen der Bandstrukturberechnungen oder Clusterrechnungen, wie es eine Reihe detaillierter Vergleiche beweist [298, 458, 460, 461]. Durch die spektroskopischen Messungen wurden in Übereinstimmung mit Bandstrukturberechnungen für das metallische VO_2 Bandbreiten von $\approx$ 2 eV nachgewiesen. Dieser relativ große Wert zeigt, daß der Einfluß der Elektronenkorrelation nicht übermäßig stark sein kann [298, 322].

Positronenannihilationsmessungen [333, 495, 496], Elektronenenergieverlustanalysen [497] und Compton-Profilmessungen [473] konnten wegen der Kompliziertheit des Elektronenverhaltens nur geringe Beiträge zum Verständnis des VO_2 liefern. Eindeutig ist nur eine räumliche Umverteilung der V- und O-Elektronen beim Phasenübergang nachweisbar.

3.5.1.7. Mechanismus des Phasenübergangs

Eine stabile Phase zeichnet sich vor allen anderen durch minimale freie Enthalpie

$$G = U + pV - TS \tag{106}$$

aus. Die freie Enthalpie wird im Grundzustand ($T = 0$) durch den Anteil der inneren Energie U und den Term pV bestimmt. Ihre Temperaturabhängigkeit ist hauptsächlich durch den Entropieterm TS gegeben. Ein Phasenübergang erster Art bei Temperaturerhöhung findet dann statt, wenn es ab einer bestimmten Umwandlungstemperatur T_t eine neue Phase gibt, deren freie Enthalpie unter die der alten absinkt (Abb. 120). Voraussetzung für den Halbleiter–Metall-Übergang ist eine im Grundzu-

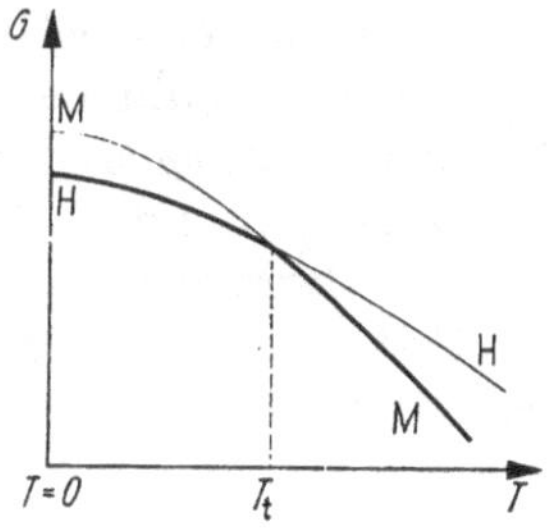

Abb. 120. Prinzipieller Verlauf der Temperaturabhängigkeit der freien Enthalpie für VO_2 mit dem Halbleiter–Metall-Übergang (H → M)

stand energetisch niedrig liegende Halbleiterphase und eine metallische Phase mit deutlichem Entropieüberschuß. In die Grundzustandsenergie und in die Entropie gehen Beiträge des Gitter- und des Elektronensystems ein. Es wäre prinzipiell falsch, die Ursache für den Phasenübergang nur in einem von beiden zu suchen. Trotzdem ist die Frage nach dem Hauptanteil des Entropieanstiegs am Umwandlungspunkt (d. h. an der Umwandlungsenthalpie) aufschlußreich im Sinne des Erkennens der wesentlichen Ursache des Entropiegewinns. Wegen der unmittelbaren Meßmöglichkeit der Umwandlungsentropie ΔS_t über die Umwandlungsenthalpie ΔH_t und die Umwandlungstemperatur T_t ist die Frage nach der „treibenden Kraft" oftmals untersucht worden. In einer anderen Form kann die Frage nach dem Hauptwirkmechanismus (treibende Kraft) — von der Seite der Hochtemperaturphase aus betrachtet — auch so gestellt werden: Wie erreicht man eine Erniedrigung der inneren Energie und bei damit verbundenem Entropieverlust eine niedrigere freie Enthalpie im Grundzustand?

Die Vielzahl bestehender theoretischer Vorstellungen über den Phasenübergang in VO_2 kann man entsprechend dem Gewicht, das dem Elektronen- bzw. Phononensystem zugeschrieben wird (nicht ganz willkürfrei), in folgende Gruppen einteilen:

1. Die Gitterverzerrung spielt die Hauptrolle und bewirkt durch die entsprechenden Änderungen im Gitter- und im Elektronensystem den Phasenübergang.

Das trifft voll auf das phänomenologische Modell von Goodenough (s. 3.5.1.5.) zu. Quantitativ wurde ein Gitterverzerrungsmodell insbesondere von Adler und Brooks behandelt [80, 164, 369, 376, 498]. In der verzerrten Phase nimmt danach die innere Energie durch den Verzerrungsenergiebeitrag zwar zu, die verzerrte Phase schafft aber durch die Verdopplung der Elementarzellengröße das Entstehen eines Energiespaltes und damit für die Elektronen energetisch günstige Zustände. Letzteres kann den Gitterenergieverlust gegenüber der metallischen Phase überkompensieren. Bei Elektronenanregung in das Leitfähigkeitsband bei $T > 0$ wird der elektronische Energiegewinn reduziert. Die Verzerrung und damit die Größe des Energiespaltes muß abnehmen. Es kommt bei genügend hoher Temperatur (genügend starker Ladungsträgeranregung) zu einem Phasenübergang.

Von einer Reihe weiterer Autoren wird das Weichwerden von Phononenmoden im metallischen Zustand als die wesentliche Ursache des Übergangs angesehen [299, 320, 321, 445, 498, 499]. Insbesondere sind die Arbeiten von Paul [321] und Hearn [445, 498] zu nennen. Nach Hearn entsteht das Weichwerden eines Phononenzweiges am R-Punkt der Brillouin-Zone durch Elektron–Phonon-Wechselwirkung, d. h. durch einen starken Einfluß der räumlichen Dichteverteilung der $3d$-Elektronen auf das Phononenspektrum und umgekehrt. Die Überschußphononenentropie der weichen Phononen ist die „treibende Kraft" für den Phasenübergang. Numerische eindimensionale Berechnungen [445] stützen diese Vorstellungen. Ausführlicher wird das Modell, das von der Existenz zweier Bänder ($d_{||}$, π^*) ausgeht und auch den Druck- und Dotierungseinfluß auf das Phasendiagramm zu erklären versucht, von Owtschinnikow und Kusmin [499] behandelt. Eine weitere Verbesserung dieses Modells [163] berücksichtigt die Elektronenkorrelation und die Anisotropie der Fermi-Fläche.

Die Einbeziehung der Elektron–Phonon-Wechselwirkung in die Diskussion zeigt die Problematik der „Entkopplung" des Gitter- und Elektronensystems bei der Mechanismusbetrachtung.

2. Vorgänge im Elektronensystem bewirken den Phasenübergang. Die Gitterverzerrungen sind eine sekundäre Begleiterscheinung.

Dieses Herangehen ist in den Modellen von Hyland [319, 500], Mott u. a. [179, 501] und Paquet und Leroux-Hugon [502] zu finden. Charakteristisch ist die Elektronenbeschreibung durch stark lokalisierte Zustände im Valenzband der halbleitenden Phase (Mott-Hubbard-Lokalisation) und durch Bandzustände mit Elektronenkorrelation im Leitfähigkeitsband.

Außer dem durch reine Korrelationseffekte bedingten Phasenübergangsmechanismus wurde noch die Möglichkeit einer Instabilität im wechselwirkungsfreien Elektronensystem betrachtet. Bandstrukturberechnungen von Gupta u. a. [298] ergaben parallel liegende Teile der Fermi-Fläche, die durch einen Wellenvektor parallel $\langle 101 \rangle$ ineinander übergeführt werden können (s. auch 3.5.1.5. und Abb. 113b)). Die Berechnung der verallgemeinerten Suszeptibilität zeigt eine daraus resultierende Existenz eines Minimums am Eckpunkt R der Brillouin-Zone. Deshalb kann die Bildung einer Ladungsdichtewelle mit dem Wellenvektor $\boldsymbol{q} \approx \overrightarrow{\Gamma R} = \langle \frac{1}{2}, 0, \frac{1}{2} \rangle$ und eine damit verbundene Gitterverzerrung möglich sein. Die folgende Kondensation von Phononen in dem genannten Symmetriepunkt kann dann die kristallographische Phasenumwandlung erklären. Instabilitäten im Elektronensystem bewirken also das Weichwerden der Phononen und führen zum Phasenübergang. Trotz äußerlich unterschiedlicher Herangehensweise ist der physikalische Inhalt der Untersuchungen von GUPTA u. a. [289] sehr ähnlich der unter 1. geschilderten Betrachtung des Weichwerdens von Phononenmoden.

3. Vorgänge im Elektronen- und im Gittersystem sind gleichermaßen notwendig, um den Phasenübergang hervorzurufen.

In ihrem Modell gehen ZYLBERSZTEJN und MOTT [322] davon aus, daß in der metallischen Hochtemperaturphase ein breiteres π^*-Band von einem bedeutend schmaleren $d_{||}$-Band überlagert ist und daß in beiden die FERMI-Grenze verläuft (vgl. auch Bandschema von GOODENOUGH, Abb. 109 und 110). Die auftretenden erhöhten effektiven Elektronenmassen sind eine Folge der schmalen Bänder und nicht primär durch Elektronenkorrelationseffekte bedingt. Die weniger lokalisierten π^*-Elektronen (breitere Bänder!) schirmen die Korrelation zwischen den $d_{||}$-Elektronen ab. Bei der Phasenumwandlung in die halbleitende Tieftemperaturphase wird durch die Gitterverzerrung das π^*-Band destabilisiert und nach oben über die FERMI-Energie hinausgeschoben. Damit kann die vorher abgeschirmte Elektronenkorrelation zwischen den $d_{||}$-Elektronen voll wirken. Die verzerrungsbedingte Aufspaltung des $d_{||}$-Bandes, die noch keinen klaren Energiespalt liefern würde, wird durch Elektronenkorrelationseffekte entscheidend verstärkt (Aufspaltung in zwei HUBBARD-Bänder). Die Ladungsträger werden wegen der MOTT-HUBBARD-Wechselwirkung mit einer Wechselwirkungsenergie U lokalisiert. Der Energiespalt entsteht zwischen dem unteren HUBBARD- und dem π^*-Band. Für die HUBBARD-Wechselwirkungsenergie schätzten SOMMERS u. a. [457] aus Clusterberechnungen $U = 1{,}22$ eV ab. Das Weichwerden der Phononenmode im metallischen Zustand kann durch die elektrostatische Abschirmung der Metallelektronen bedingt sein.

Zur Umwandlungsentropie tragen sowohl das Gitter- als auch das Elektronensystem bei. Von der gesamten Umwandlungsentropie von (12,6 bis 13,8) J mol^{-1} K^{-1} (s. 3.5.1.4.) wurden als Anteil des Elektronensystems von PAUL [321] 10%, von ZYLBERSZTEJN und MOTT [322] 36% und von PINTCHOVSKI u. a. [440] 60% abgeschätzt.

Zum Stand der theoretischen Beschreibung des VO_2-Phasenüberganges ist abschließend einzuschätzen, daß es noch nicht gelungen ist, ein allseitig akzeptiertes Bild zu erhalten. Fortgeschrittene Modelle werden durch ZYLBERSZTEJN und MOTT [322], HEARN [445] und GUPTA u. a. [298] und OWTSCHINNIKOW [163] repräsentiert. Das Verhalten von dotiertem VO_2 verkompliziert nochmals die Verhältnisse (s. 3.5.3., 3.5.4.).

3.5.2. Nichtstöchiometrisches VO_2

Nach einer Reihe differierender Angaben [46, 73, 79, 337, 424, 503] wurde von OPPERMANN u. a. [1, 49, 50] und BRÜCKNER u. a. [328] aus Einkristallmessungen für das VO_2 ein Homogenitätsbereich von $VO_{1,995 \pm 0,002}$ (untere Phasengrenze, u. P. G.) bis $VO_{2,002 \pm 0,002}$ (obere Phasengrenze, o. P. G.) ohne nachweisliche Temperaturabhängigkeit bei Kristallisationstemperaturen unterhalb 1480 K bestimmt (s. auch 1.2.4.2.2.). Im

Gegensatz zu anderen Ergebnissen sind diese Werte auch mit dem allgemeinen Modifizierungsverhalten des VO_2 konsistent (3,5.4.). Der Homogenitätsbereich ist hauptsächlich nach der sauerstoffarmen Seite ausgedehnt. Er macht sich in drastischen Eigenschaftsänderungen in der halbleitenden Phase bemerkbar. Die obere Phasengrenze fällt innerhalb der Fehlergrenze mit der stöchiometrischen Zusammensetzung zusammen. In den physikalischen Eigenschaften gibt es kaum Hinweise auf die Existenz von VO_2 mit geringem Sauerstoffüberschuß.

Im sauerstoffarmen VO_{2-y} $(y > 0)$ sind sehr wahrscheinlich interstitionelle V-Ionen vorhanden und keine Leerstellen im Sauerstoffteilgitter [122, 328, 504]. Dafür sprechen die Zunahme des Elementarzellenvolumens um etwa 0,1% ([328, 505], übereinstimmend mit [337] bezüglich Änderung zwischen u. P. G. und o. P. G.). Entsprechende Gitterlücken (Oktaederlücken) sind in genügender Größe und Anzahl vorhanden, weil im VO_2 nur die Hälfte der Oktaederlücken des Sauerstoffteilgitters durch Vanadium ausgefüllt ist. In den benachbarten MAGNÉLI-Phasen V_nO_{2n-1} sind diese Lücken in geordneter Weise besetzt [90, 507, 508]. Vorhandene Sauerstoffleerstellen würden sehr wahrscheinlich Elektronen einfangen. Diese trap-Zentren konnten durch EPR-Messungen nicht nachgewiesen werden. So wäre das sauerstoffarme VO_{2-y} besser als V-reiches $V_{1+y/2}O_2$ zu bezeichnen. Ob in V-reichem VO_2 eine geordnete Anordnung der interstitionellen V-Ionen auftritt, ist noch offen (Hinweise s. [508]).

Der Metall–Halbleiter-Übergang findet im VO_{2-y} wie im stöchiometrischen VO_2 zwischen der M_1- und der R-Phase statt. Die Übergangstemperatur verringert sich mit y. Es tritt eine deutliche thermische Hysterese zwischen den Übergangstemperaturen der Aufheiz- und Abkühlkurve $\delta T_t = T_t^{\uparrow} - T_t^{\downarrow}$ auf. Für die u. P. G. betragen $T_t^{\uparrow} = 331$ K und $\delta T_t = 10$ K.

Die durch die Nichtstöchiometrie bedingten Gitterfehler wirken sich in den Halbleitereigenschaften stark aus. In der metallischen Hochtemperaturphase dagegen konnten in den meisten Eigenschaften keine klaren Beeinflussungen festgestellt werden. Wie die Abbildungen 121 und 122 zeigen, reduziert sich der Widerstandssprung an der unteren Phasengrenze auf kanpp zwei Zehnerpotenzen. Die σ- (Abb. 121) und S-Kurven (Abb. 122) für $T < T_t$ zeigen, daß durch die Nichtstöchiometrie

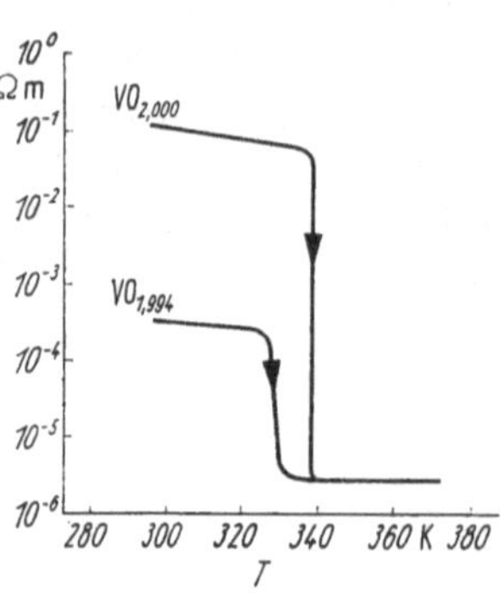

Abb. 121

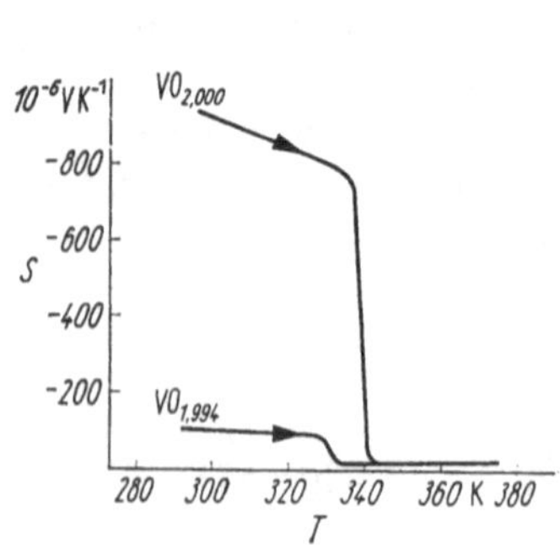

Abb. 122

Abb. 121. Temperaturabhängigkeit des spezifischen elektrischen Widerstandes für $VO_{2,000}$- und $VO_{1,994}$-Kristalle (nach BRÜCKNER u. a. [328])

Abb. 122. Temperaturabhängigkeit der Thermokraft für $VO_{2,000}$- und $VO_{1,994}$-Kristalle (nach BRÜCKNER u. a. [328])

Donatoren mit geringer Anregungsenergie geschaffen werden. Rechnet man kurz unterhalb des Phasenübergangs mit Störstellenerschöpfung, so kann man mittels

$$\varrho = \frac{1}{e n_e \mu_e}, \tag{107}$$

$$n_e = n_V \cdot \frac{y}{2} \cdot z_e \tag{108}$$

(n_e — Elektronenanzahl pro Volumeneinheit, n_V — Anzahl der V-Ionen pro Volumeneinheit, z_e — effektive Zahl beweglicher Elektronen pro überschüssiges V-Ion) aus $n_V = 3{,}3 \cdot 10^{28}\ m^{-3}$, $\mu_e = 0{,}5 \cdot 10^{-4}\ m^2\ V^{-1}\ s^{-1}$ [389] und ϱ (303 K) $= 5 \cdot 10^{-4}\ \Omega m$ den Wert $z_e = 2{,}5$ ausrechnen, d. h., es liegt eine effektive 2- bzw. 3fach-Ionisierung der V-Zwischengitteratome vor. Die Donatoren verschieben die FERMI-Energie in den Bereich der Unterkante des Leitfähigkeitsbandes, was eine starke Abnahme des Betrages der Thermokraft bewirkt.

An VO_2-Schichten und bei Reduktionsbehandlung von VO_2-Pulvern wurden die beschriebenen Änderungen im Homogenitätsbereich bezüglich elektrischem Widerstand, Thermokraft, Übergangstemperatur und Elementarzellenvolumen prinzipiell bestätigt [82, 122, 405, 504, 509]. Die HALL-Beweglichkeit wurde für sauerstoffarmes VO_{2-y} in guter Übereinstimmung mit Einkristallergebnissen an stöchiometrischem VO_2 nahezu y-unabhängig zu $\mu_H = 0{,}4 \cdot 10^{-4}\ m^2\ V^{-1}\ s^{-1}$ gemessen [504]. Dies rechtfertigt auch den in der obigen Abschätzung verwendeten μ_e-Wert. Deutliche Änderungen der optischen Eigenschaften von VO_{2-y} im Homogenitätsbereich wurden von BRÜCKNER u. a. [328] und von MOKEROW u. a. [509] beobachtet.

In der magnetischen Suszeptibilität des VO_{2-y} tritt in der halbleitenden Phase ein zusätzlicher CURIE-Beitrag auf (Abb. 123). Messungen der Feldstärke- und Temperaturabhängigkeit von χ bis $H = 4{,}8 \cdot 10^6\ A\ m^{-1}$ bzw. $T = 4{,}2$ K und das Fehlen eines EPR-Signales zeigen, daß der zusätzliche Suszeptibilitätsbeitrag nicht durch paramagnetische Zentren mit temperaturabhängigem oder temperaturunabhängigem Ionisierungszustand erklärt werden kann. Dagegen läßt sich das Verhalten als Bandparamagnetismus für $kT > E_F$ prinzipiell verstehen. Diese Bedingung ist im Gegensatz zu Metallen erfüllt, da die Elektronendichte, die E_F bestimmt, sehr klein ist [510].

Für die Existenz von sauerstoffreichem VO_{2-y} ($y < 0$) gibt es keine klaren experimentellen Beweise. Nach den analytischen Ergebnissen [49] könnte ein kleiner Überschuß bis $VO_{2,002 \pm 0,002}$ existieren. Die Genauigkeit der analytischen Untersuchungen

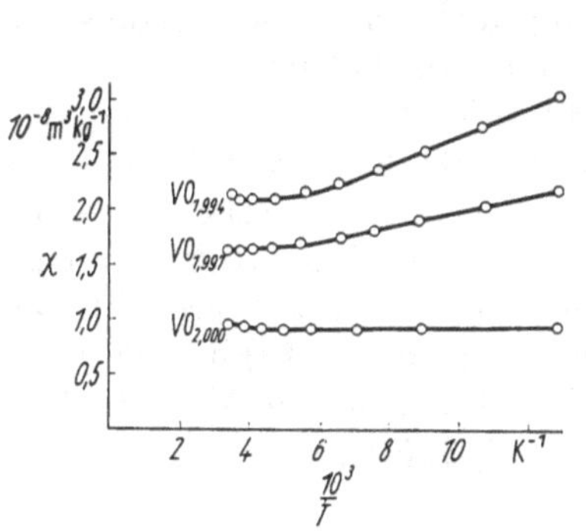

Abb. 123. Temperaturabhängigkeit der magnetischen Suszeptibilität der M_1-Phase für nichtstöchiometrisches VO_{2-y} (nach BRÜCKNER u. a. [328])

reicht wegen der geringen Sauerstoffunterschiede für eine eindeutige Unterscheidung zwischen stöchiometrischem VO_2 und VO_2 o. P. G. nicht aus. Die bei Sauerstoffüberschuß (Vanadiumdefizit) zu erwartenden Akzeptorstörstellen wirken sich wegen der extrem niedrigen Beweglichkeit der Löcher im VO_2 im elektrischen Verhalten kaum aus. Als einziges Anzeichen für einen geringen Akzeptoreinfluß kann folgendes experimentelles Ergebnis gewertet werden. Erhöht man beim chemischen Transport den Sauerstoffgehalt im Auflösungsraum deutlich über die stöchiometrische Zusammensetzung, erhöhen sich Halbleiterwiderstand und Aktivierungsenergie des abgeschiedenen VO_2 noch geringfügig (eigene, unveröffentlichte Messungen). Unter Hochdruckbedingungen konnte CHAMBERLAND [89] allerdings ein sauerstoffreiches VO_2 mit Leerstellen im V-Teilgitter und strukturellen Modifizierungen herstellen, die wahrscheinlich ähnlich dem Fall der Dotierungen mit Akzeptorcharakter sind (s. 3.5.3.2.). Die von KIMIZUKA u. a. [73, 337, 503] untersuchten Whisker mit der angegebenen Zusammensetzung $VO_{2,00}$ und $VO_{2,07}$ zeigen hinsichtlich elektrischem Widerstand und Gitterkonstanten ähnliches Verhalten, wie in diesem Abschnitt für VO_2 u. P. G. bzw. o. P. G. angegeben ist. Deshalb müssen die Analysenergebnisse für die Whisker und dabei insbesondere der sehr starke Sauerstoffüberschuß als sehr fraglich angesehen werden.

3.5.3. Dotiertes VO_2

Bei der Dotierung von VO_2 (Anionen- oder Kationenersetzungen von einigen Zehntel bis zu einigen At.-%) treten im wesentlichen zwei charakteristische Modifizierungsbilder auf. Nach umfangreichen Untersuchungen hat sich als wesentliches Kriterium für die Art der Modifizierung das elektronische Verhalten, d. h. der donator- oder akzeptorähnliche Charakter der gebildeten Störstellen, herausgestellt (zum Überblick s. [161, 323, 325, 328]). In den folgenden zwei Abschnitten werden zunächst die Fälle von Donator- und Akzeptorstörstellen behandelt. Die sich anschließende Betrachtung der Dotierung mit stabil 4-wertigen Ionen und der kombinierten Wirkung von Donator- und Akzeptorstörstellen bestätigen die entscheidende Rolle des elektronischen Störstellenverhaltens.

3.5.3.1. Dotierungen mit donatorähnlichem Charakter: Nb, Mo, W, Re, F

Kationendotierungen besitzen dann donatorähnlichen Charakter, wenn die substitutionell eingebauten Metallionen im halbleitenden Zustand eine höhere Wertigkeit als das V^{4+} besitzen (Me^{5+}, Me^{6+}). Als Dotierungselemente dieser Art wurden das Niob [57, 95, 323, 381, 426, 506], [512] bis [516], das Molybdän [55, 95, 378, 437, 517], das Wolfram [56], [91] bis [93], [95, 378, 511, 521] und das Rhenium [97] sehr umfassend untersucht. Diese Metalle bilden ebenfalls Dioxide, die mit dem VO_2 strukturell engstens verwandt sind. Anionendotierung mit donatorähnlichem Charakter erreicht man durch Fluorierung, d. h. Substitution des Sauerstoffs durch Fluor [518] bis [520].

Bei der substitutionellen Dotierung des VO_2 mit NbO_2 findet in den V-Ketten des VO_2 bei tiefen Temperaturen folgende „Reaktion“ statt [513, 516]:

$$V^{4+} + Nb^{4+} \rightarrow V^{3+} + Nb^{5+} . \tag{109}$$

Diese Elektronenumverteilung zeigt, daß das $4d$-Elektron des Nb^{4+} gegenüber dem $3d$-V-Elektron instabiler ist. Es bilden sich in den V^{4+}-Ketten des VO_2 einzelne V^{3+}-Ionen mit einem zusätzlichen, thermisch anregbaren Elektron. Formal kann man in allen in diesem Abschnitt betrachteten Dotierungsfällen $V_{1-x}Me_xO_2$ bzw. $VO_{2-x}F_x$ annehmen, daß eine analoge Elektronenumverteilung stattfindet und zur Bildung von V^{3+}-Ionen mit einem Anteil x' führt (z. B. bei Me^{5+}: $x' = x$, bei Me^{6+}: $x' = 2x$, [97]).

Für nicht zu hohe Konzentrationen tritt im donatordotierten VO_2 wie im reinen VO_2 ein Halbleiter–Metall-Übergang zwischen einer monoklinen Phase mit M_1-Struktur und der tetragonalen Phase R mit Rutilstruktur auf. Die Übergangstemperatur wird deutlich, etwa linear mit x, verringert. Die Hysterese δT_t bleibt im allgemeinen unter 2 bis 3 K [55, 56, 92, 97]. Nur bei höheren Re-Gehalten wurden höhere Werte angegeben (9 Mol-% ReO_2: $\delta T_t = 14$ K, [97]). Tabelle 28 gibt für den linearen $T_t(x)$-Teil die Änderung der Übergangstemperatur pro $\Delta x = 0{,}01$ und die Gültigkeitsgrenze x_{max} des linearen Zusammenhangs an. Sävborg und Nygren [97] schreiben der Umwandlung von 1% V^{4+} in V^{3+} in $V_{1-x}Me_xO_2$ eine T_t-Erniedrigung von etwa 12 K zu. Daraus resultieren die in Tabelle 28 angegebenen Dotantenwertigkeiten. Das Fluor paßt sich gut in dieses Bild ein.

Bei höheren Konzentrationen ($x \gtrless 0{,}1$) verschwindet in den weitgehend mischbaren Systemen VO_2–MeO_2 bzw. VO_2–VOF der Metall–Halbleiter-Übergang (z. B. [512, 520, 522, 523]). Teilweise treten modifizierte Phasen auf. Beispielsweise wurde

Tabelle 28. Änderung der Phasenübergangstemperatur von $V_{1-x}Me_xO_2$ mit der Dotierungskonzentration; x'-x-Zusammenhang entsprechend Sävborg und Nygren [97]

Dotierungs-element	$\Delta T_t/\Delta x$ K/At.-%	Literatur	x_{max}	x'-x-Zusammenhang
Nb	−11	[512]	0,08	$x' = x(V^{4+}_{1-2x}V^{3+}_xNb^{5+}_xO_2)$
	−10	[323]		
	− 9	[325]		
Mo	−10 ... −15	[517]	> 0,20	$x' = x(V^{4+}_{1-2x}V^{3+}_xMo^{5+}_xO_2)$ *)
	−11	[55]		
	−11	[325]		
W	−27	[521]	> 0,07	$x' = 2x(V^{4+}_{1-3x}V^{3+}_{2x}W^{6+}_xO_2)$
	−21	[93]		
	−26	[56]		
	−29	[325]		
	−24	[378]		
Re	−18	[97]	0,08	$x' = \frac{3}{2}x(V^{4+}_{1-5x/2}V^{3+}_{3x/2}Re^{5+}_{x/2}Re^{6+}_{x/2}O_2)$
F	−14	[518]	> 0,15	$x' = x(V^{4+}_{1-x}V^{3+}_xO^{2-}_{2-x}F^-_x)$
	−13	[519]		
	−13	[520]		

*) Die effektive 5-Wertigkeit des Mo wird auch durch Ergebnisse bei (Ga + Mo)-Dotierung angezeigt, s. (3.5.3.4.).

für $V_{0,9}Nb_{0,1}O_2$ als strukturelle Modifizierung der M_1-Phase eine nur zweidimensional geordnete Verzerrungsstruktur gefunden [515].

Aus Abbildung 124 folgt, daß die Gittervektoren $\boldsymbol{b}_{M_1}$ in der halbleitenden Phase und $\boldsymbol{a}_R$ in der metallischen Phase äquivalent sind (s. 3.5.1.1.). Der Pseudo-c_R/a_R-Wert wurde in der M_1-Phase aus $\frac{1}{2} \cdot (a^3_{M_1}/V_{a,M_1})^{1/2}$ berechnet. In der halbleitenden Phase nimmt das Pseudorutil-c_R/a_R für alle Dotierungselemente zunächst etwas zu und dann mit x' ab. In der Rutilphase steigt es bei Nb- und W-dotiertem VO_2 (und auch bei F-dotiertem VO_2 [518, 520]), während es bei Mo- und Re-Dotierung abfällt. In allen Fällen ergibt die Extrapolation zu $x' = 0$ den c_R/a_R-Wert für reines VO_2 kurz oberhalb der Phasenumwandlungstemperatur. Die ermittelten Atompositionen in Nb- und Mo-dotiertem VO_2 zeigen, daß sich die monokline Verzerrung des Rutilgitters in der M_1-Struktur (Paarung der V-Ionen, antiferroelektrische Verzerrung) mit stei-

a)

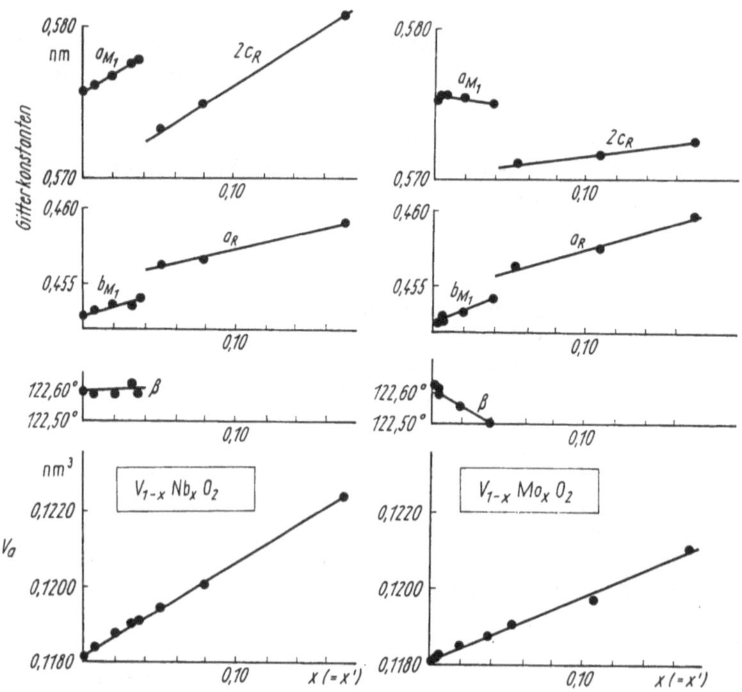

b)

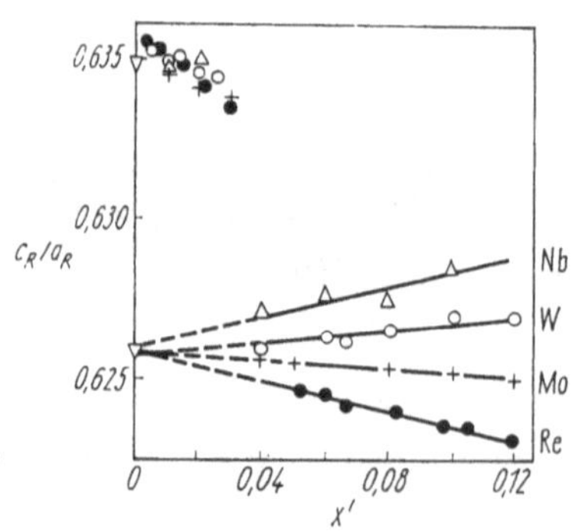

Abb. 124. a) Abhängigkeit der Gitterkonstanten für $V_{1-x}Nb_xO_2$ und $V_{1-x}Mo_xO_2$ von der Konzentration x bzw. der formalen V^{3+}-Konzentration x' (nach RITSCHEL u. a. [95]), b) x'-Abhängigkeit des c_R/a_R-Verhältnisses für die Pseudorutilzelle der M_1-Phase bzw. die Rutilzelle der R-Phase von $V_{1-x}Me_xO_2$ (nach SÄVBORG und NYGREN [97])

gender Dotierungskonzentration stetig verringert [95, 505]. Entsprechendes Verhalten wurde für fluoriertes VO_2 beobachtet [520].

Die Donatorstörstellen bewirken in jedem Fall eine Erniedrigung des Halbleiterwiderstandes. Für den metallischen Zustand konnten keine eindeutigen Beeinflussungen der elektrischen Leitfähigkeit festgestellt werden. Eine genauere Analyse des elektrischen und besonders des magnetischen Verhaltens der M_1-Phase zeigt Unterschiede zwischen dem Nb-, dem W- und dem F-dotierten VO_2 einerseits und dem Mo- sowie dem Re-dotierten VO_2 andererseits.

Als Beispiel für die erstgenannte Gruppe ist in Abbildung 125 das Leitfähigkeits-Temperatur-Verhalten für $V_{1-x}W_xO_2$ dargestellt. Unmittelbar unterhalb der Übergangstemperatur ergibt sich aus diesem Bild eine für $0{,}006 \leqq x \leqq 0{,}052$ praktisch

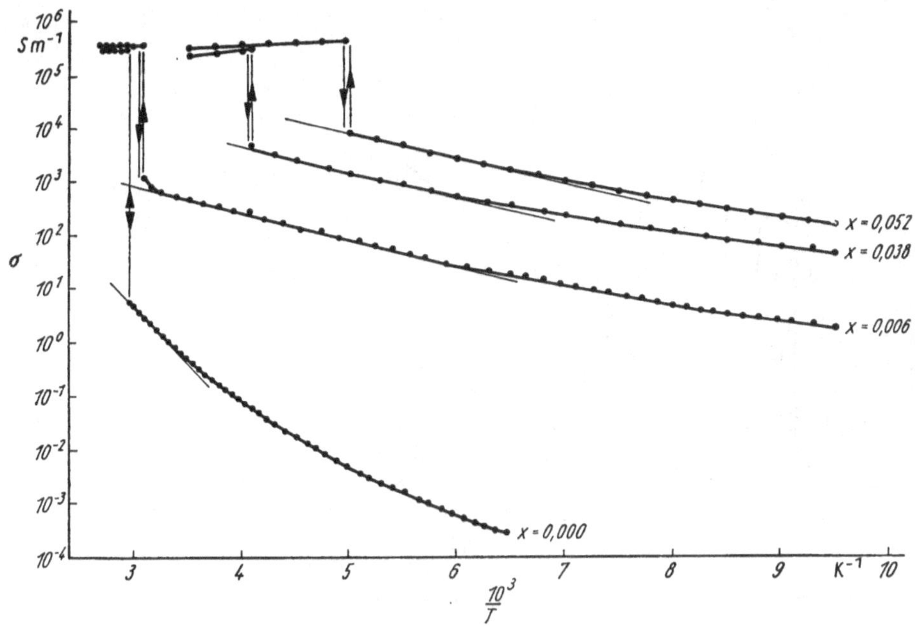

Abb. 125. Abhängigkeit der Leitfähigkeit für $V_{1-x}W_xO_2$ von der reziproken Temperatur (nach HÖRLIN u. a. [56])

konzentrationsunabhängige Aktivierungsenergie $E_A = 0{,}096$ eV (zum Vergleich: $E_A = 0{,}46$ eV für $x = 0$). REYES u. a. [92, 93] fanden für $V_{1-x}W_xO_2$ ($x \leqq 0{,}017$) $E_A = (0{,}05$ bis $0{,}06)$ eV und KLEINSCHMIDT [378] für $0{,}0005 \leqq x \leqq 0{,}005$ $E_A = (0{,}20$ bis $0{,}25)$ eV. Die Existenz einer nahezu konzentrationsunabhängigen Aktivierungsenergie in der halbleitenden Phase ist auch für die anderen Vertreter der erstgenannten Gruppe typisch: $V_{1-x}Nb_xO_2$, $0{,}04 < x < 0{,}1$: $E_A = (0{,}05$ bis $0{,}08)$ eV kurz unterhalb T_t (ein leichter Anstieg von E_A oberhalb $x = 0{,}02$ wird Einflüssen der ANDERSON-Lokalisierung zugeschrieben, [381]), $E_A = 0{,}10$ eV bei 125 K [512]; $VO_{2-x}F_x$, $0{,}005 < x < 0{,}07$: $E_A = (0{,}05$ bis $0{,}07)$ eV [519, 520]. Bei Thermokraftmessungen wurden mit E_A praktisch übereinstimmende Energieabstände FERMI-Niveau — Valenzbandkante gefunden [92, 95, 322, 381, 520]. Die angegebenen Aktivierungsenergien zeigen, daß kurz unterhalb der Umwandlungstemperatur ein wesentlicher Teil der V^{3+}-Ionen zu ($V^{4+} + e$) angeregt sein muß, d. h., daß die angegebene Reaktionsgleichung (109) das Verhalten nur bei tiefen Temperaturen beschreibt. Eine Frequenzabhängigkeit der Leitfähigkeit konnte für W-dotiertes VO_2 bei 77 K bis 10^5 Hz nicht nachgewiesen werden [91].

In der magnetischen Suszeptibilität tritt bei Nb-, bei W- und bei F-dotiertem VO_2 in der halbleitenden Phase ein zusätzlicher temperaturabhängiger Paramagnetismus auf (CURIE-Beitrag bei tiefen Temperaturen). In dem in Abbildung 126 als Beispiel angegebenen $V_{1-x}W_xO_2$ entspricht der CURIE-Beitrag einem effektiven magnetischen

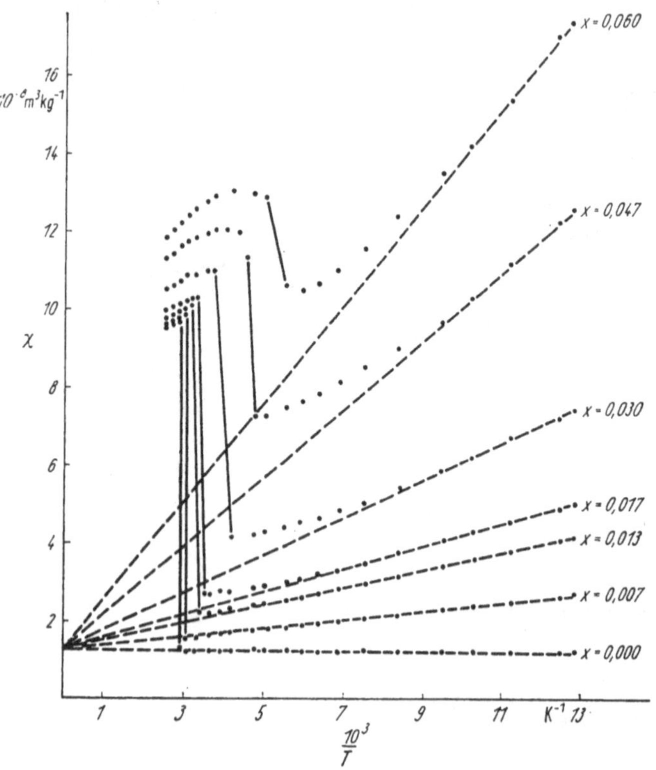

Abb. 126. Abhängigkeit der magnetischen Suszeptibilität für $V_{1-x}W_xO_2$ von der reziproken Temperatur. Durch die gestrichelten Linien wird der CURIE-Beitrag charakterisiert (nach HÖRLIN u. a. [56])

Moment von $\mu_{eff} = 3{,}0\ \mu_B$ pro zusätzliches W-Atom. Für Nb-dotiertes VO_2 wurde analog $\mu_{eff} = 2{,}5\ \mu_B$ gefunden [426]. In $V_{1-x}Nb_xO_2$ ist dieses magnetische Moment mit der Bildung von $V^{3+}(3d^2)$–$Nb^{5+}(3d^0)$-Paaren erklärbar [322]. In $V_{1-x}W_xO_2$ bilden sich möglicherweise $W^{6+}(5d^0)$–$V^{3+}(3d^2)$-Paare und in gleicher Zahl $V^{3+}(3d^2)$–$V^{4+}(3d^1)$-Paare [56]. Mit steigender Temperatur werden die Donatorelektronen in das Leitfähigkeitsband angeregt und verursachen den beim Nb- [426], beim W- [56] und beim F-dotierten [520] VO_2 deutlichen Suszeptibilitätsanstieg über den CURIE-

Beitrag hinaus. Eine genauere Analyse für $V_{1-x}Nb_xO_2$ führte ZYLBERSZTEJN und MOTT [322] zum Konzept der Bildung magnetischer Polaronen. Die in das Leitungsband der halbleitenden Phase angeregten Elektronen graben sich wie Polaronen — allerdings durch magnetische Wechselwirkungen — „ihre eigene Grube". Sie polarisieren die beiden Spins des jeweils angekoppelten V-Paares parallel zu ihren eigenen Spins (Abb. 127) und müssen in ihrer Bewegung bei elektrischen Transportvorgängen diese Spinwolke mit sich bewegen. Daraus resultiert eine hohe effektive Masse $m^* = (60 - 70)\, m_e$ ([322], vgl. auch [524, 571]). Der gleiche Wert wurde aus Leitfähigkeitsmessungen für W-dotiertes VO_2 abgeschätzt ($m^*/m_e = 65 \pm 10$, [92]).

Die magnetischen Eigenschaften im metallischen Zustand des $V_{1-x}Nb_xO_2$ sind ausführlich von POUGET u. a. [323] diskutiert worden.

Das Vorhandensein der V^{3+}-Ionen, das insbesondere aus den magnetischen Messungen geschlossen wurde [426, 513], konnte im Nb-dotierten VO_2 bei tiefen Temperaturen (4,2 K) durch EPR-Messungen bei extrem hohen Frequenzen (bis 310 GHz) direkt nachgewiesen werden [516].

Mo- und Re-dotiertes VO_2 zeigen ein etwas anderes elektrisches und magnetisches Verhalten (Beispiel s. Abb. 128 und 129). Die Aktivierungsenergien der Leitfähigkeit in der halbleitenden Phase nehmen kontinuierlich mit dem Dotierungsgehalt bis auf

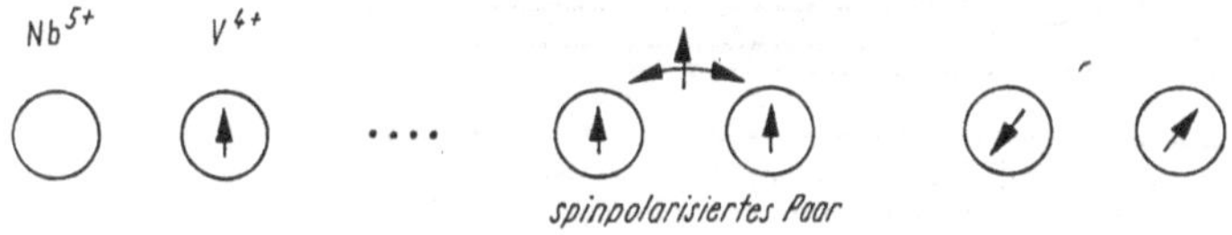

Abb. 127. Spinkonfiguration in der M_1-Phase von $V_{1-x}Nb_xO_2$. Bildung magnetischer Polaronen (nach ZYLBERSZTEJN und MOTT [322])

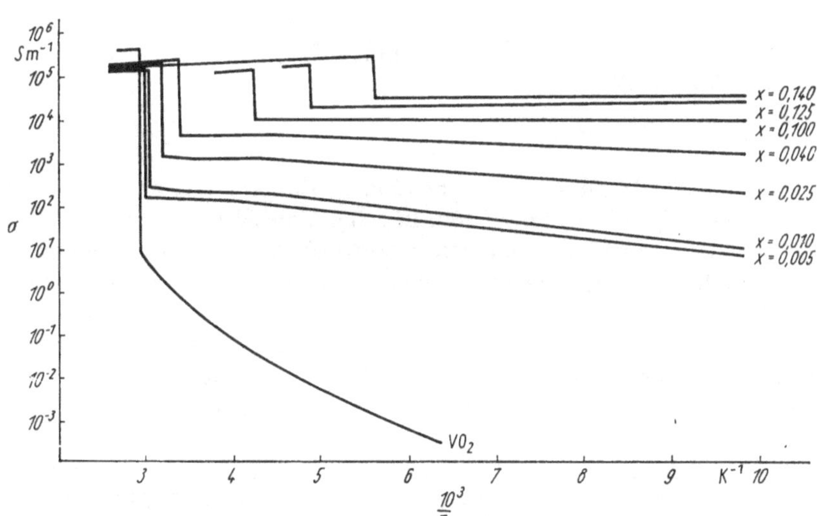

Abb. 128. Abhängigkeit der Leitfähigkeit für $V_{1-x}Mo_xO_2$ von der reziproken Temperatur (nach HÖRLIN u. a. [55])

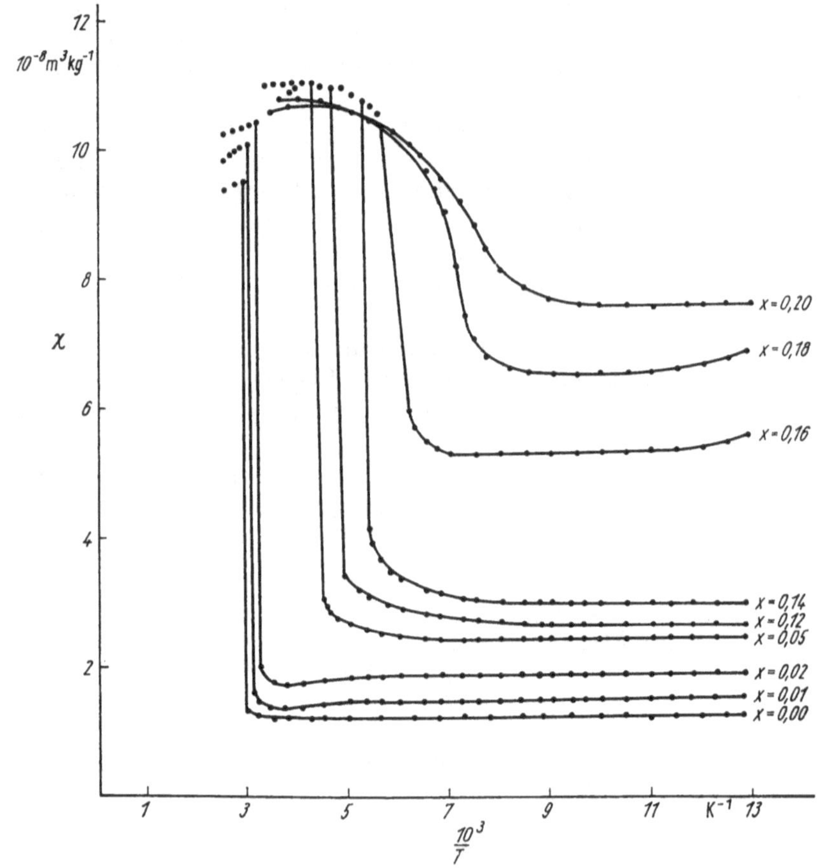

Abb. 129. Abhängigkeit der magnetischen Suszeptibilität für $V_{1-x}Mo_xO_2$ von der reziproken Temperatur (nach Hörlin u. a. [55])

praktisch Null ab [55, 95, 97]. In der magnetischen Suszeptibilität tritt nur ein zusätzlicher temperaturunabhängiger Beitrag auf [55, 95, 97]. Von Sävborg und Nygren [97] werden als Erklärungsmöglichkeiten Anderson-Lokalisierung mit thermisch aktiviertem Hopping oder ein enges Störstellenband, das sich mit zunehmendem x zum Leitfähigkeitsband hin verschiebt, betrachtet. Für die Bildung magnetischer Polaronen fehlen im $V_{1-x}Mo_xO_2$ und im $V_{1-x}Re_xO_2$ Hinweise (insbesondere auch entsprechende temperaturabhängige Beiträge), so daß die Allgemeingültigkeit der Bildung magnetischer Polaronen im Leitfähigkeitsband der M_1-Phase bestritten werden muß.

Charakteristisch ist bei Nb-, Mo-, W-, Re- und F-Dotierung eine starke Abnahme der Umwandlungsenthalpie für die M_1–R-Phasenumwandlung [97, 437, 517, 520]. Bei der Betrachtung der auf den V^{3+}-Gehalt bezogenen Konzentration ergibt sich für die Metalldotierungen $\Delta H_t/\Delta x' = (310 \pm 60)$ J mol^{-1} At.-%$^{-1}$ [97]. Für die Fluordotierung kann man einen ähnlichen Wert abschätzen [520].

Die mit zunehmendem Dotierungsgehalt beobachtete Erniedrigung der Übergangstemperatur, Abnahme der Umwandlungsenthalpie und Verringerung der monoklinen Verzerrung zeigen die Destabilisierung der halbleitenden Phase. Dies wird dadurch verursacht, daß bei aufgefülltem Valenzband die zusätzlichen Elektronen energetisch ungünstig im oder in der Nähe des Leitungsbandes eingebaut (Bandbeschreibung) bzw. in antibindende Zustände der V-Paare (molekulares Bild) gebracht werden müssen [161, 323, 513].

Durch Substitution von 14 Mol-% WO_2 läßt sich im VO_2 die *R*-Phase im Tieftemperaturbereich stabilisieren. Dann werden aus Messungen der Tieftemperaturanteile der spezifischen Wärme Aussagen zum Elektronensystem möglich. Für die charakteristischen Konstanten der Temperaturabhängigkeit der spezifischen Wärme nach Formel (83) wurden $\gamma = (330 \pm 20) \cdot 10^{-4}$ J mol^{-1} K^{-2} (Elektronenanteil) und $\beta = (0{,}53 \pm \pm 0{,}04)$ J mol^{-1} K^{-4} (Phononenanteil) für das $V_{0,86}W_{0,14}O_2$ bestimmt [218]. Die annähernde Gleichheit der aus dem Elektronenanteil der spezifischen Wärme und aus der magnetischen Suszeptibilität der 3*d*-Elektronen abgeschätzten Zustandsdichten führte zu der Erklärung, daß der hohe γ-Wert durch Spinfluktuationen in einem stark korrelierten Elektronengas [vgl. 151, 218] entsteht. Dies steht allerdings im Gegensatz zur Beschreibung des Elektronenverhaltens im metallischen Zustand durch Zylbersztejn und Mott [322], deren Interpretation der magnetischen Eigenschaften mittels einer Stoner-Erhöhung zu einem γ-Wert von $140 \cdot 10^{-4}$ J mol^{-1} K^{-2} führen würde und die die Übertragbarkeit der Ergebnisse vom stark W-dotierten VO_2 auf das reine VO_2 bezweifeln.

3.5.3.2. Dotierungen mit akzeptorähnlichem Charakter: Cr, Fe, Al, Ga

Dotierungen mit akzeptorähnlichem Charakter sind Metallionen mit einer geringeren Wertigkeit als V^{4+}, also insbesondere 3-wertige Ionen (Al^{3+}, Ga^{3+}, Cr^{3+}, Fe^{3+}). Dotierungsversuche mit den 2-wertigen Zn- und Mg-Ionen scheiterten an deren geringer Löslichkeit [325, 525]. Die augenfälligsten Beeinflussungen der VO_2-Eigenschaften durch die Me^{3+}-Dotierungen sind das Auftreten weiterer halbleitender Phasen und entsprechender Halbleiter–Halbleiter-Übergänge und die Erhöhung der Übergangstemperatur für den Metall–Halbleiter-Übergang. Nach anfänglichen Hinweisen auf diese Veränderungen [79, 344, 420, 514], [526] bis [529] wurden umfassende Untersuchungen am Cr-dotierten [359, 438, 444, 467], [530] bis [536], [546], am Fe-dotierten [94, 345], [347] bis [350], [379, 391, 435, 439, 525, 537], am Al-dotierten [91, 324, 391, 427, 525, 536], [538] bis [542] und am Ga-dotierten VO_2 [391, 543, 544] durchgeführt.

Analog zum Fall der Dotierungen mit donatorähnlichem Charakter, bei dem eine V^{3+}-Konzentration x' eingeführt worden ist, kann man bei der Dotierung mit akzeptorähnlichem Charakter empirisch eine formale V^{5+}-Konzentration x'' einführen: $V^{4+}_{1-2x}V^{5+}_xMe^{3+}_xO_2$, $x'' = x$. Die Bildung von V^{5+}-Ionen im halbleitenden Zustand ist ein unmittelbares Erfordernis der Ladungsneutralität.

3.5.3.2.1. Phasendiagramm und Struktur

Trotz einiger Diskrepanzen bei den Phasendiagrammen für Al- [92, 324, 427, 538, 540], Ga- [543, 544], Cr- [92, 444], [530] bis [532] und Fe-dotiertes VO_2 [94, 347, 379,

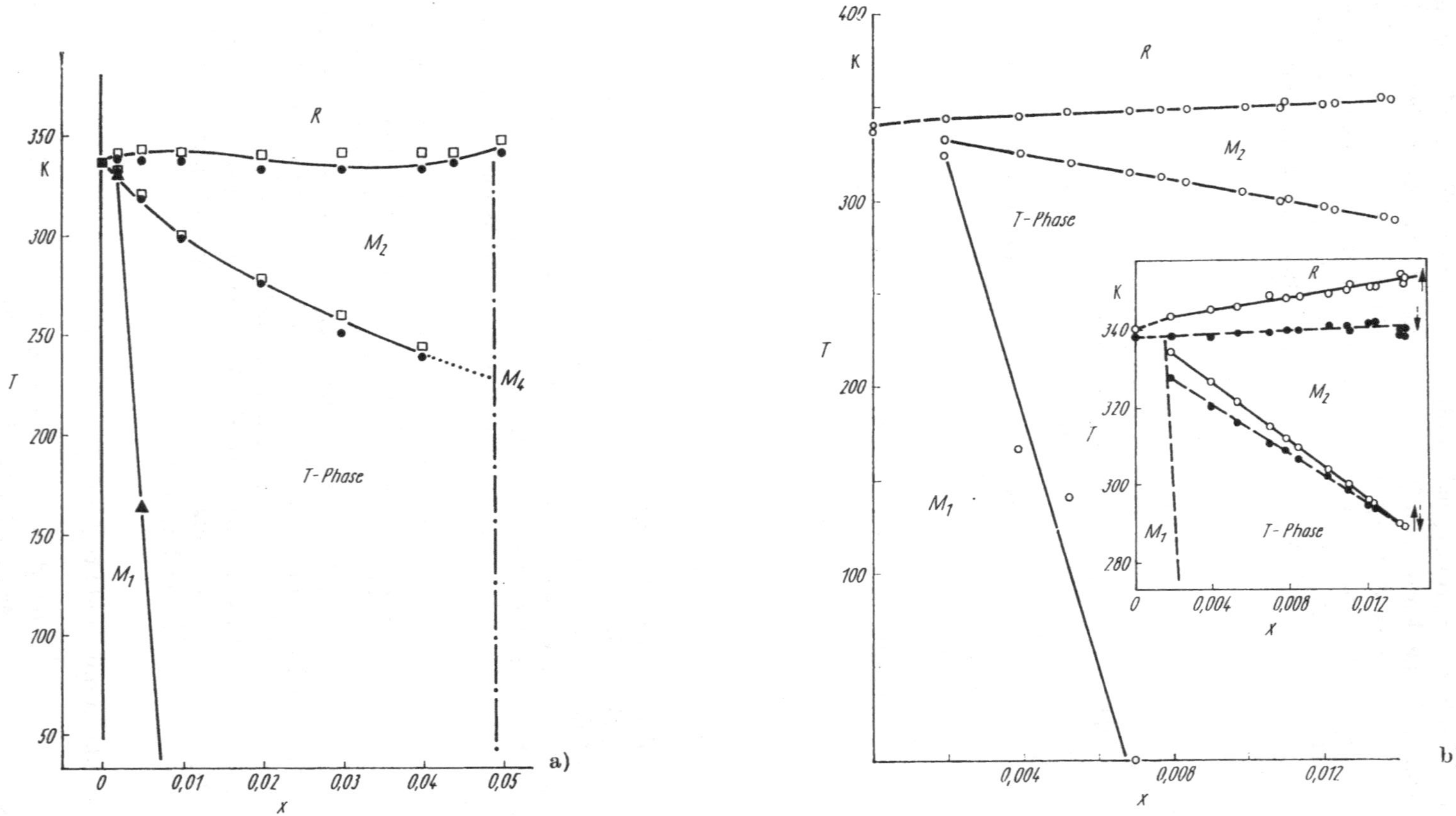

Abb. 130. a) Phasendiagramm von $V_{1-x}Fe_xO_2$; □, ▲ beim Erwärmen, ● beim Abkühlen (nach Kosuge und Kachi [439]); b) Phasendiagramm von $V_{1-x}Ga_xO_2$. Eingesetzt ist ein Ausschnitt des Phasendiagramms zur Darstellung der Hysterese δT_t; ○ beim Erwärmen, ● beim Abkühlen (nach Brückner u. a. [543, 544])

439, 525], die wahrscheinlich auf die starke Empfindlichkeit der Phasengrenzen von der Stöchiometrie und von Verunreinigungen sowie auf den Einfluß von Fremdphasen bei Pulverproben zurückgeführt werden müssen, ergeben insbesondere die Betrachtung der mittels Einkristallen bestimmten Diagramme weitgehende Übereinstimmung für alle Me^{3+}-Dotierungen [324]. In Abbildung 130 sind als Beispiel die Phasendiagramme für $V_{1-x}Fe_xO_2$ und $V_{1-x}Ga_xO_2$ gezeichnet. Mit zunehmendem x treten zwei zusätzliche halbleitende Phasen auf (trikline Phase T und monokline Phase M_2); die Phase M_1 wird mit zunehmendem x schnell instabil. Die genaue Gittersymmetrie der T-Phase wurde anfänglich insbesondere durch die auftretenden Zwillingstrukturen meist nicht richtig erkannt. Deshalb wurde diese Phase auch als monokline Phase M_3 oder als orthorhombische Phase O bezeichnet (s. z. B. [161, 444, 530, 545]). Tabelle 29 enthält die von verschiedenen Autoren bestimmten Steilheiten der Phasengrenzen M_1–T und T–M_2 zur Untermauerung der Ähnlichkeit der Phasendiagramme. Die thermische Hysterese δT_t (M_2–R) wächst für alle Systeme mit x auf maximal 10 bis 12 K an, während δT_t (T–M_2) mit zunehmendem x abnimmt (s. Einfügung in Abb. 130).

Die Löslichkeit von Ga^{3+}- und Al^{3+}-Ionen im VO_2 ist auf etwa $x = 0{,}010$ bis 0,015 beschränkt. Cr^{3+} [531, 532] und Fe^{3+} [439] lassen sich dagegen bis $x \approx 0{,}07$ bzw. 0,05 lösen, bevor weitere Modifizierungen auftreten.

Die Übergangstemperatur in die metallische Phase R läßt sich durch die Me^{3+}-Dotierung auf maximal 353 K erhöhen. Für gesinterte Pulver [543] und dünne Schichten [123, 127] wurden teilweise noch höhere Werte erreicht. Die Existenz stabiler Gleichgewichtszustände erscheint aber hier fraglich.

Hochdruckmessungen an $V_{0,976}Cr_{0,024}O_2$ [444] ergaben für den $M_2 \rightarrow R$-Übergang $dT_t/dp = (-0{,}9 \pm 0{,}1) \cdot 10^{-8}$ K Pa^{-1}. Die Gittervolumenänderung beträgt dabei $V_R - V_{M_2} = -0{,}11 \cdot 10^{-6}$ m^3 mol^{-1}. Die M_2-Phase wird durch den hydrostatischen Druck destabilisiert, bei etwa $25 \cdot 10^8$ Pa existiert sie nicht mehr. Für weitere

Tabelle 29. Anstiege der Phasengrenzen für $V_{1-x}Me_x^{3+}O_2$-Phasendiagramme

System	ΔT_t (in K) für $\Delta x = 0{,}01$			Literatur
	M_1-T	$T-M_2$	M_2-R	
$V_{1-x}Al_xO_2$	−660	−40	7	[324]
	(∞)	(−3)	(2)	[538]
$V_{1-x}Ga_xO_2$	−680	−37	8	[543, 544]
$V_{1-x}Fe_xO_2$	−450	−32	*)	[525]
	−570	−33	2	[94]
	−560	−33	*)	[439]
	−400	(−22) ... (−59)	4	[347]
$V_{1-x}Cr_xO_2$	−250	−34	1,7	[531]
	−160	−25	≈ 1	[532]
	−165	−23	2	[444]

*) Kurve mit einem Maximum bei $x \approx 0{,}01$

Tabelle 30. Druckabhängigkeit der Phasengrenzen in $V_{1-x}Me_x^{3+}O_2$-Phasen (nach TERUKOW u. a. [548])

Me^{3+}	x	dT_t/dp, 10^{-8} K Pa^{-1}	
		$T \to M_2$	$M_2 \to R$
Fe^{3+}	0,011	−1,21	3,97
	0,015	−1,15	3,75
	0,02	−0,90	3,47
Ga^{3+}	0,0073	−0,79	4,29
Al^{3+}	0,0075	−0,75	4,33
Cr^{3+}	0,024	−0,88	1,88

$V_{1-x}Me_x^{3+}O_2$-Phasen (Me = Ga, Al, Fe, Cr) wurden entsprechende Messungen von TERUKOW u. a. [547, 548] durchgeführt (Tab. 30) und die T–p-Phasendiagramme im Rahmen des Modells von OWTSCHINNIKOW und KUSMIN [499] diskutiert.

Strukturelle Einzelheiten (Gitterkonstanten, Gitterparameter und Atomabstände, Temperaturfaktoren) wurden in den verschiedenen Phasen am Cr-dotierten [438, 444, 531, 546] und Al-dotierten VO_2 [541, 542] genauer analysiert. Für die Rutilphasen von $V_{0,976}Cr_{0,024}O_2$ [444] und $V_{0,985}Al_{0,015}O_2$ [542] stimmen sie praktisch vollständig mit den Ergebnissen am reinen VO_2 überein (s. 3.5.1.1.).

Die beiden neu auftretenden Phasen M_2 und T sind wie die Phase M_1 Verzerrungsformen des Rutilgitters. Sie besitzen die monokline Raumgruppe $C2/m$ bzw. die trikline Raumgruppe $P\bar{1}$. Die M_2- und die T-Elementarzelle gehen aus der Rutilzelle durch die Transformation

$$\begin{pmatrix} a \\ b \\ c \end{pmatrix}_{M_2,\,T} \approx \begin{pmatrix} -2 & 0 & 0 \\ 0 & 0 & -2 \\ 0 & -1 & 0 \end{pmatrix} \begin{pmatrix} a \\ b \\ c \end{pmatrix}_R \tag{110}$$

hervor [332, 444, 542]. Als Beispiele sind die Gitterkonstanten von $V_{0,985}Al_{0,015}O_2$ in Tabelle 31 angegeben.

Die in der R-Phase parallel zu $\boldsymbol{c}_R$ verlaufenden gestreckten Ketten aus gleichabständigen V-Atomen sind in der M_1-Phase alle gleichermaßen zu gepaarten Zickzackketten modifiziert (s. 3.5.1.1.). In der M_2-Phase gibt es zwei Kettenarten. In gleicher Anzahl und in flächenzentrierter Anordnung der Durchstoßpunkte durch die Pseudorutilebene $\{001\}_R$ treten gestreckte V1-Ketten mit gepaarten V-Ionen und V2-Zickzackketten mit gleichabständigen V-Ionen auf. In Abbildung 131 sind die V-Positionen dargestellt und mit den Verhältnissen in der R- und M_1-Phase verglichen.

Die T-Phase ist kristallographisch eine Übergangsstruktur zwischen M_1 und M_2. Charakteristisch ist die einsetzende Paarung für die V2-Zickzackketten, die in der M_2-Phase gleichabständige V-Atome besitzen. Diese ist in der T-Phase stark temperaturabhängig, und sie verringert sich, je weiter die Temperatur abnimmt und sich gegebenenfalls der noch bei kleinen x vorhandenen Phasengrenze T–M_1 nähert. Die V2-Paarung bewirkt eine verstärkte Zickzackbildung in den in allen modifizierten Formen des Rutilgitters stark gepaarten V1-Ketten [438, 531, 542].

Tabelle 31. Gitterkonstanten und Elementarzellenvolumen für die verschiedenen Phasen des $V_{0,985}Al_{0,015}O_2$ (nach GHEDIRA u. a. [542])

Phase	T K	a_{T,M_2} $2a_R$ nm	b_{T,M_2} $2c_R$ nm	c_{T,M_2} nm	α_{T,M_2}	β_{T,M_2}	γ_{T,M_2}	V_{a,T,M_2} $4V_{a,R}$ nm^3
T	173	0,9065	0,57492	0,45212	90,00°	91,06°	89,78°	0,23559
T	295	0,9060	0,57721	0,45203	89,99°	91,40°	89,83°	0,23533
M_2	323	0,9060	0,58000	0,45217	90,00°	91,85°	90,00°	0,23748
R	373	0,91092	0,57056	—	—	—	—	0,23672

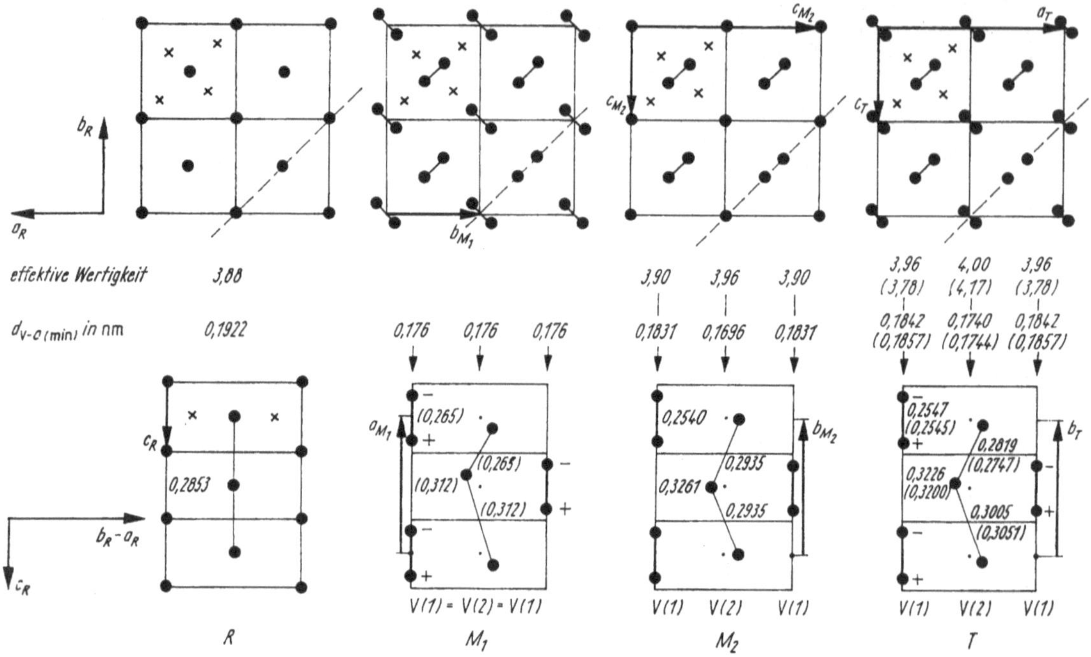

Abb. 131. Schematische Lage der V-Ionen bei Projektion auf die $\{001\}_R$-Ebene bzw. im $\{110\}_R$-Schnitt in den verschiedenen Phasen des $V_{1-x}Me_x^{3+}O_2$. Angaben der Atomabstände (in nm), der minimalen V-O-Abstände $d_{V-O,\,min}$ (in nm) und der effektiven V-Wertigkeiten für die R-, M_2- und T-Phase gelten für $V_{0,985}Al_{0,015}O_2$ bei 298 K (in Klammern: bei $T = 173$ K) (nach GHEDIRA u. a. [541, 542]). Für die bei dieser Zusammensetzung nicht stabile M_1-Phase sind als Vergleich die Werte von reinem VO_2 angegeben (vgl. Abb. 99); „+" und „−" kennzeichnen die Verschiebung aus der Zeichenebene heraus bzw. in diese hinein; × Sauerstofflagen

Genauere Betrachtungen der mittleren V–O-Abstände für die verschiedenen Ketten erlauben die Schlußfolgerung, daß die in der M_2- und R-Phase vorhandene 4-Wertigkeit aller V-Ionen bei genügender Paarung der V2-Ketten aufgehoben wird und sich die in Abbildung 131 mit eingetragenen effektiven Wertigkeiten ergeben. Die bei 173 K ausgeprägten Abweichungen bedeuten, daß sich etwa 20% der V^{4+}-Ionen in den V1-Ketten in V^{3+} und in den V2-Ketten in V^{5+} umwandeln. Die Ungleichwertigkeit der beiden Ketten könnte dann den T–M_1-Phasenübergang (bei genügend hohem x) unterdrücken [541, 542].

Zum Nachweis der ausgebildeten Phase eignet sich besonders die Aufspaltung des $(110)_R$-Röntgenbeugungsreflexes. Diese gibt auch sehr anschaulich die temperatur- und konzentrationsabhängige Verzerrung in der T-Phase wieder (Abb. 132 als Beispiel). Mit der Zunahme der Reflexaufspaltung in der T-Phase ist ein Anwachsen der Gitterkonstanten b_T und des Elementarzellenvolumens $V_{a,T}$ verbunden, das wahrscheinlich durch die Abnahme der Paarung der V2-Ketten in $\boldsymbol{c}_R(\approx \boldsymbol{b}_T/2)$-Richtung bedingt ist [542].

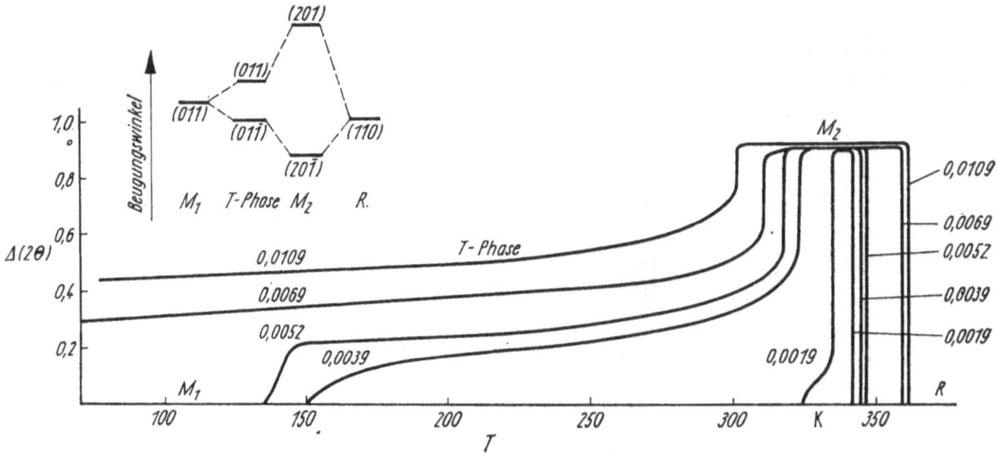

Abb. 132. Aufspaltung des Pseudorutil-(110)-Röntgenreflexes in $V_{1-x}Ga_xO_2$ (Parameter x) (nach BRÜCKNER u. a. [544])

3.5.3.2.2. Elektrische, magnetische, thermische und optische Eigenschaften

Sämtliche Verzerrungsformen der Rutilstruktur des VO_2 sind halbleitende Phasen. Der Metall–Halbleiter-Übergang findet beim Übergang in die Rutilphase statt. Durch die Dotierungen mit den 3-wertigen Ionen treten, verglichen mit dem reinen VO_2, keine wesentlichen Leitfähigkeitsänderungen ein [379, 444, 525, 527, 539, 543]. Der Widerstandssprung bei T_t bleibt für nicht zu große x in sämtlichen untersuchten Systemen bei vier bis fünf Zehnerpotenzen. Es wurden sogar gering erhöhte Halbleiterwiderstände und Aktivierungsenergien gemessen (z. B. [525]), die durch die Verschiebung des FERMI-Niveaus im n-leitenden VO_2 aufgrund der Gegendotierung bewirkt sind (Abb. 133 als Beispiel). Beim Phasenübergang $T \rightarrow M_2$ erhöht sich der spezifische Widerstand für $x \approx 0{,}002$ um einen Faktor von etwa 2. Mit zunehmendem x nimmt die Sprunghöhe dieses Halbleiter–Halbleiter-Übergangs ab. Der Phasenübergang M_1–T ist im $\rho(T)$-Verlauf und auch in allen anderen elektrischen Transporteigenschaften nicht nachweisbar (Phasenübergang erster oder zweiter Art ?). Für die Aktivierungsenergie von Me^{3+}-dotiertem VO_2 wurde im Temperaturbereich 295 K bis 335 K $E_A = (0{,}35$ bis $0{,}40)$ eV gefunden [322, 525, 539]. Unterschiede sind für die verschiedenen halbleitenden Phasen nicht nachweisbar. Die Leitfähigkeit zeigt für $T < T_t$ (M_2–R) eine geringe Anisotropie [391, 539] (z. B. $V_{0,994}Al_{0,006}O_2$: $\sigma_{\|c_R}/\sigma_{\perp c_R} = (1{,}7 \pm 0{,}2)$ [391].

Der akzeptorähnliche Charakter der Me^{3+}-Dotierungen führt zu Löchern im V-3d-Valenzband, die aber wegen der schmalen Bänder und infolge Polaronenbildung, verglichen mit der Elektronenbeweglichkeit im Leitfähigkeitsband ($\mu_e = 0{,}5 \cdot 10^{-4}$ m^2 V^{-1} s^{-1}, s. 3.5.1.3.), praktisch unbeweglich sind. Thermokraftmessungen [91, 391, 525, 530, 539, 543] liefern aber einen unmittelbaren Beweis für das Vorhandensein solcher Löcher. Beim $V_{1-x}Ga_xO_2$ z. B. (Abb. 134) ist bei Erhöhung des x eine zunehmende Verschiebung der Thermokraft zu positiven Werten hin nachgewiesen. Die deutliche Anisotropie entsteht durch bevorzugte Löcherbeweglichkeit μ_p in der $\boldsymbol{c}_R$-Rich-

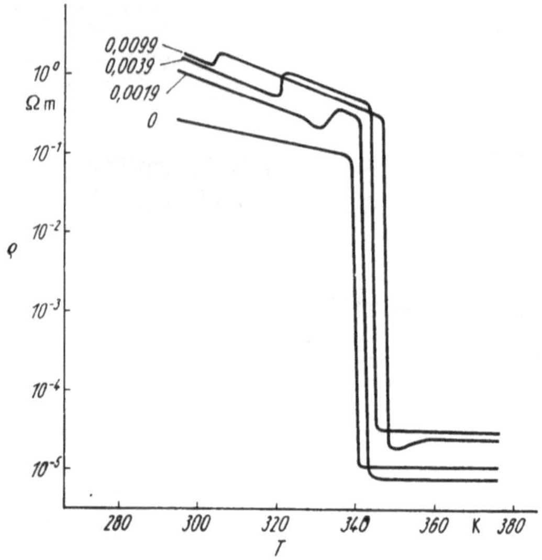

Abb. 133. Temperaturabhängigkeit des spezifischen elektrischen Widerstandes für $V_{1-x}Ga_xO_2$ (Parameter x) (nach BRÜCKNER u. a. [543])

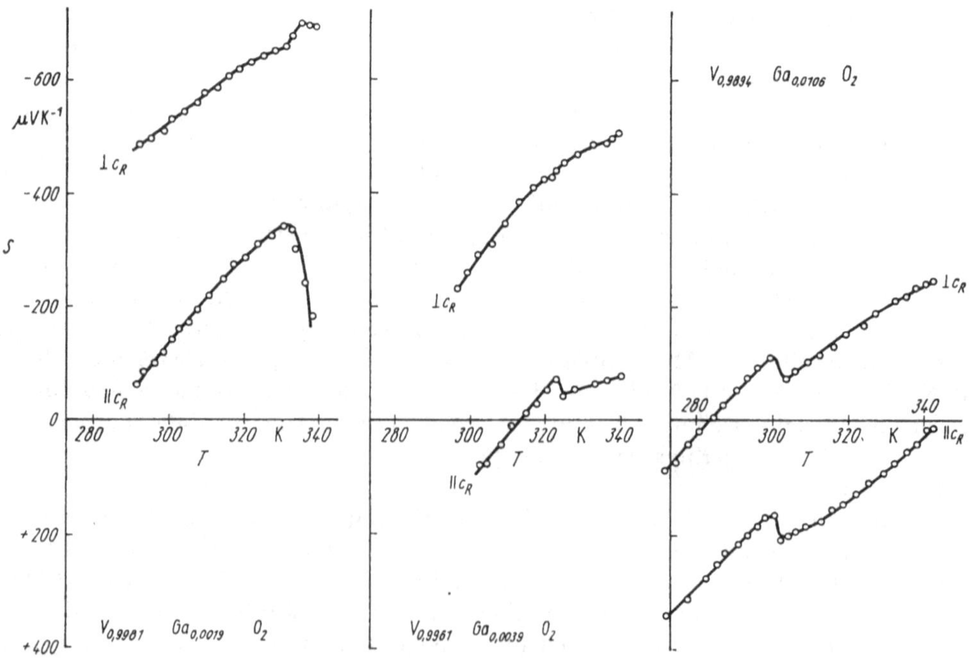

Abb. 134. Anisotrope Thermokraft in den halbleitenden Phasen von $V_{1-x}Ga_xO_2$ (nach BRÜCKNER und MOLDENHAUER [391])

tung, also in Richtung der V-Ketten und entsprechend dem $d_{||}$-Symmetriecharakter des Valenzbandes (vgl. 3.5.1.5.). Dies ist dann auch als Ursache der beschriebenen Leitfähigkeitsanisotropie anzusehen. BRÜCKNER u. a. [391] haben aus Thermokraft- und Leitfähigkeitsmessungen des $V_{1-x}Ga_xO_2$ $\mu_p \approx 10^{-8}\,m^2\,V^{-1}\,s^{-1}$ und $\mu_{p,\,||c_R}/\mu_{p,\,\perp c_R} \approx$ ≈ 3 abgeschätzt.

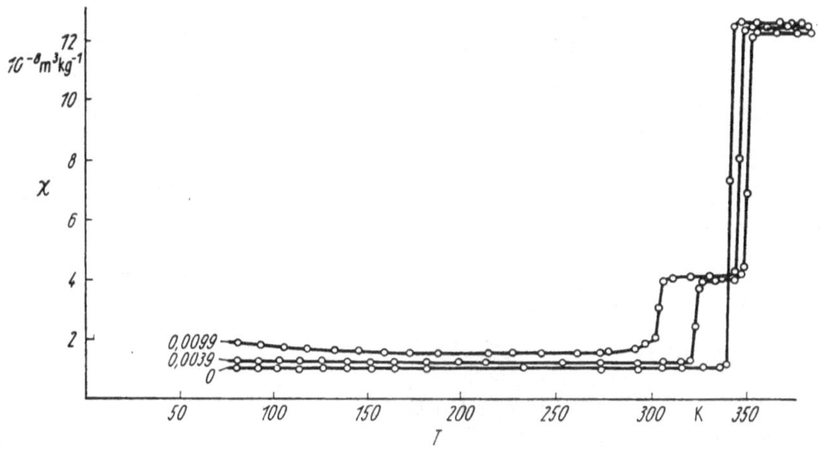

Abb. 135 a)

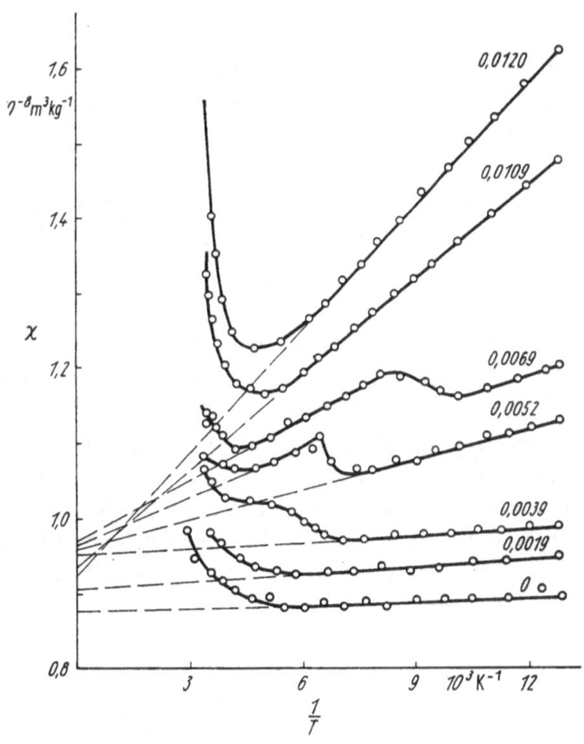

Abb. 135b)

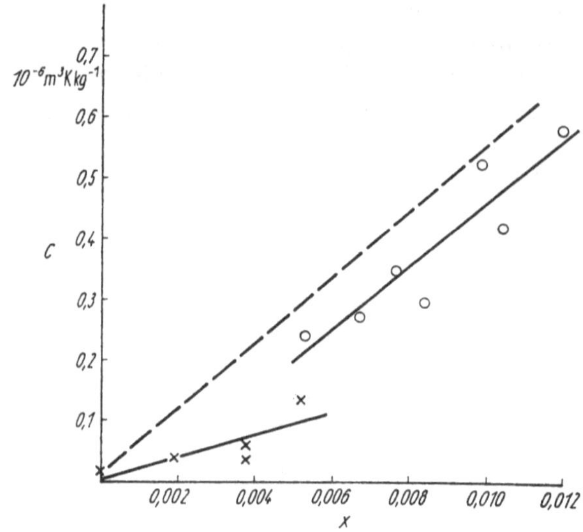

Abb. 135c)

Abb. 135. Magnetische Suszeptibilität für $V_{1-x}Ga_xO_2$; a) $\chi(T)$ mit den Übergängen T–M und M_2–R (für $x > 0$) (Parameter x); b) $\chi(10^3/T)$ mit dem M_1–T-Übergang (Parameter x); c) Konzentrationsabhängigkeit der Curie-Konstanten für die M_1- und die T-Phase; ×——× M_1, ○——○ T, die gestrichelte Gerade entspricht einem Anregungsgrad von 50% (nach Brückner u. a. [543, 544])

Substituiert man für V^{4+} ein Me^{3+}-Ion ohne eigenes magnetisches Moment, bilden sich in den halbleitenden Phasen neben den VO_2-typischen $V^{4+}(\uparrow)$-$V^{4+}(\downarrow)$-Paaren mit kompensierten Spins noch Me^{3+}-V^{5+}–Paare ohne magnetisches Moment (vgl. auch [359]). Bei thermisch oder elektrisch angeregter Löcherbewegung (hopping) entstehen Me^{3+}–$V^{4+}(\uparrow)$-Paare und in gleicher Anzahl V^{5+}–$V^{4+}(\uparrow)$-Paare mit jeweils einem Spin $S = \frac{1}{2}$. Dieser führt in den magnetischen Eigenschaften zu einem zusätzlichen Curie-Beitrag, der besonders ausgeprägt in der T-Phase des Ga-dotierten [543, 544] und Al-dotierten [525] VO_2 beobachtet wurde. Für das $V_{1-x}Ga_xO_2$ (Abb. 135c) läßt sich aus der (spezifischen) Curie-Konstanten

$$C = \frac{\Delta\chi}{\Delta T} \tag{111}$$

der Anregungsgrad in der T-Phase (d. h. die Anzahl von Ga^{3+}–V^{4+}-Paaren, bezogen auf die Gesamtanzahl von Ga^{3+}–V-Paaren) für den Temperaturbereich 80 K bis 170 K zu knapp 50% abschätzen (Anregung nur in einer der nichtgleichartigen V-Ketten ?). Der T–M_1-Phasenübergang äußert sich beim Ga-dotierten VO_2 in einer deutlichen Verringerung des Curie-Beitrages und damit des Anregungsgrades. In der M_1-Phase liegen also hauptsächlich Ga^{3+}–V^{5+}-Paare vor [544].

Der beschriebene Curie-Beitrag wird beim Cr-dotierten [438, 444, 530, 531] und beim Fe-dotierten VO_2 [94, 344, 350, 525, 571] (Abb. 136) durch einen Curie-(Weiss-) Beitrag des magnetischen Momentes des Cr^{3+} ($S = 3/2$) und Fe^{3+} ($S = 5/2$) überdeckt. Bestätigungen für die Dreiwertigkeit von Chrom und Eisen im VO_2 ergeben sich aus EPR-Messungen [359] bzw. durch Mössbauer-Effekt-Untersuchungen [345, 348,

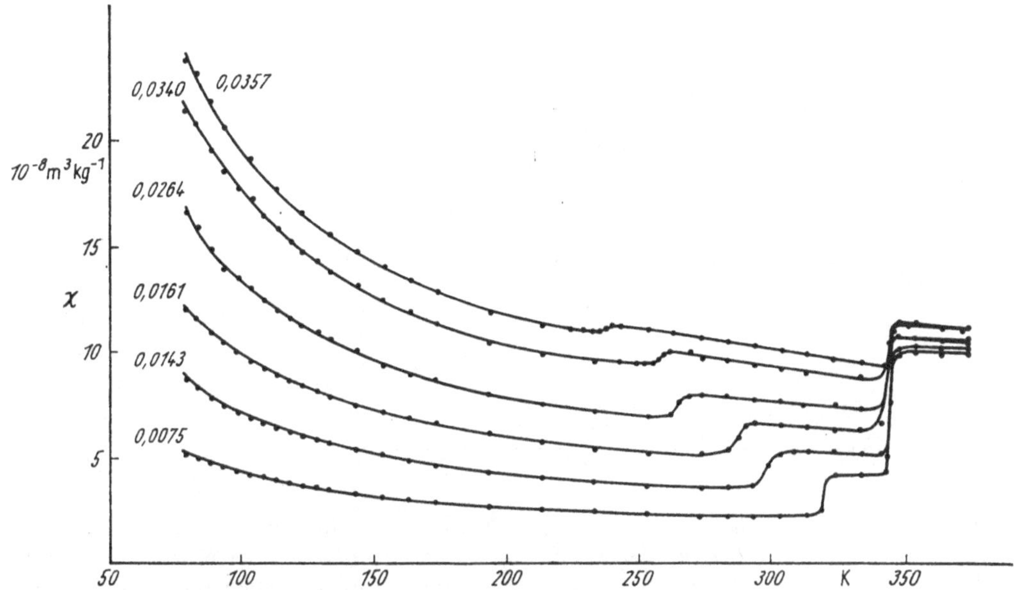

Abb. 136. Suszeptibilität–Temperatur-Kurven für $V_{1-x}Fe_xO_2$ (Parameter x) mit den Übergängen T–M_2 und M_2–R (nach BRÜCKNER u. a. [525])

349]. Eine genauere Auswertung des Paramagnetismus von $V_{1-x}Fe_xO_2$ für die T-Phase zeigt, daß die CURIE-Konstanten um etwa 30% niedriger liegen, als sie dem Fe^{3+}-Beitrag

$$C = \frac{g^2S(S+1)\,\mu_B^2}{3\rho_m k \mu_0}\, x \cdot n_V \tag{112}$$

(g — g-Faktor, S — Gesamtspin, ρ_m — Massendichte, n_V — Anzahl der V-Atome pro Volumeneinheit) entsprechen [94, 350, 525, 571]. (Ähnliches wurde auch für Cr-dotiertes VO_2 gefunden [444].) Zu dieser Abweichung tragen wahrscheinlich antiparallele Spinkopplungen zwischen Fe^{3+} und V^{4+} in den Paaren der V1-Ketten wesentlich bei und möglicherweise auch das Nichtberücksichtigen eines antiferromagnetischen WEISSschen Molekularfeldes (negative CURIE-WEISS-Temperatur, vgl. [524, 525, 571], auch im Zusammenhang mit der Beobachtung antiferromagnetischer Wechselwirkungen in schwach Sn-dotiertem VO_2, [424, 549, 550]). KOSUGE u. a. [350] diskutieren auf Grund magnetischer Messungen unterhalb 77 K antiferromagnetisch gekoppelte Fe^{3+}-Cluster.

Durch ^{51}V-NMR-Untersuchungen haben POUGET u. a. [323, 438] am $V_{1-x}Cr_xO_2$ nachgewiesen, daß sich in der M_2-Phase die Ionen der V1- und V2-Ketten völlig unterschiedlich verhalten. In den nur gepaarten V1-Ketten treten gebundene V-Paare mit Elektronenlokalisierung in diesen Bindungspaaren und Spinkompensation durch Austauschwechselwirkung wie in der M_1-Phase auf (gering positive KNIGHT-Verschiebung). In den Zickzack-V2-Ketten mit gleichabständigen Vanadiumionen dagegen wird durch eine negative KNIGHT-Verschiebung und eine große Linienbreite eine Valenzelektronenlokalisierung am einzelnen V^{4+} wie in einem Isolator angezeigt (MOTT-Lokalisierung durch Wirkung der Elektronenkorrelation [322, 323, 438]).

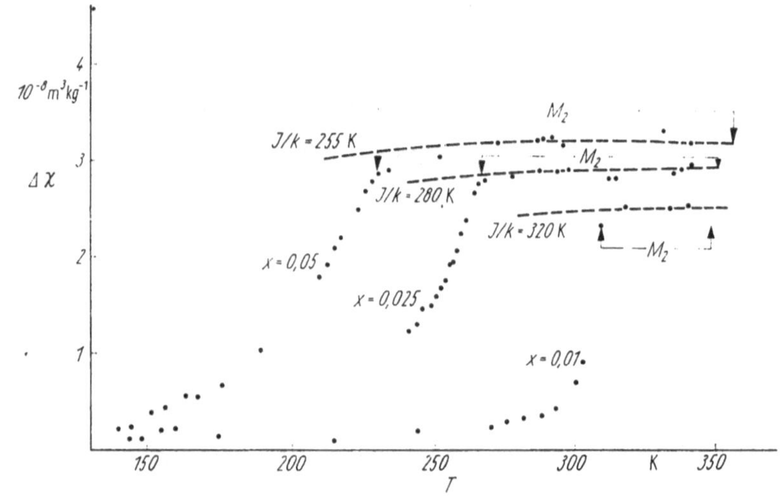

Abb. 137. Paramagnetischer Suszeptibilitätsbeitrag der linearen HEISENBERG-Ketten ($\Delta\chi = \chi - \chi_{VO_2} - C/(T + \theta)$) für $V_{1-x}Cr_xO_2$. Die gestrichelten Linien entsprechen für die M_2-Phase theoretischen Werten unter Verwendung der angegebenen Austauschkonstanten J (nach POUGET u. a. [438])

Der bei Cr^{3+}-Dotierungen wie auch bei allen anderen Me^{3+}-Substitutionen auftretende zusätzliche magnetische Beitrag in der M_2-Phase (Abb. 137) kann mit der Beschreibung der V2-Ketten als untereinander nicht wechselwirkende, lineare HEISENBERG-Ketten verstanden werden [438]. Die antiferromagnetische Wechselwirkung in diesen Spinketten wird durch eine Austauschenergie 2 J charakterisiert. Die für die gefitteten J-Werte erhaltenen $\Delta\chi(T)$ sind in Abbildung 137 mit eingetragen. EPR-Untersuchungen führten zu ähnlichen Ergebnissen [359].

Übereinstimmend mit den strukturellen Aussagen findet beim Übergang in die T-Phase eine Dimerisation der HEISENBERG-Ketten statt (Spin-PEIERLS-Übergang). Dieser Prozeß schreitet sowohl nach den Strukturergebnissen (s. 3.5.3.2.1.) als auch nach den NMR- und magnetischen Messungen (Abb. 137) mit abnehmender Temperatur zunehmend fort. Die Allgemeingültigkeit des beschriebenen Verhaltens wurde durch Untersuchungen am Fe-dotierten [94, 350, 525], Ga-dotierten [543] und Al-dotierten VO_2 [427, 525, 540] bestätigt, wobei die antiferromagnetische Wechselwirkung bei $x \approx 0{,}01$ in allen Fällen mit einem J/k von 320 K bis 390 K (d. h. $J =$ $=$ (0,028 bis 0,034) eV) zu beschreiben ist.

MÖSSBAUER-Untersuchungen an Fe^{3+}-dotiertem VO_2 [344] bis [347], [349, 350] bestätigen die wesentlichen Aspekte des geschilderten elektronischen Verhaltens (Fe^{3+}–V^{5+}-Paare auf den Kationenplätzen der M_1-Phase, bindender Charakter des V^{4+}-Elektrons in den V^{4+}–Fe^{3+}-Paaren der V1-Ketten der M_2-Phase, intermediärer Charakter der T-Phase, Gleichbesetzung der unterschiedlichen Kettentypen durch Fe).

Die Umwandlungsenthalpie und -entropie sind bei Cr- [438] und Fe-Dotierungen [435, 439] für die M_2–R-Phasenumwandlung gegenüber der M_1–R-Umwandlung bei

Tabelle 32. Umwandlungsenthalpie ΔH_t und -entropie ΔS_t für Cr- und Fe-dotiertes VO_2

System	x	ΔH_t 10^3 J mol^{-1} $T \rightarrow M_2$	ΔH_t 10^3 J mol^{-1} $M_2 \rightarrow R$	ΔS_t J mol^{-1} K^{-1} $T \rightarrow M_2$	ΔS_t J mol^{-1} K^{-1} $M_2 \rightarrow R$	Literatur
$V_{1-x}Cr_xO_2$	0,003	0,69	3,35	2,1	9,7	[438]
	0,03	0,11	3,22	0,5	9,2	
$V_{1-x}Fe_xO_2$	0,003	0,52	3,77	1,5	11,0	[439]
	0,03	0,11	3,39	0,4	10,0	

reinem VO_2 um etwa 20% erniedrigt (Tab. 32, vgl. 3.5.1.4.). Die Werte für die T–M_2-Umwandlung fallen mit x stark ab. Der höhere Entropiegewinn beim M_1–R-Übergang gegenüber dem M_2–R-Übergang entsteht wesentlich durch die zusätzliche magnetische Entropie der linearen HEISENBERG-Ketten in der M_2-Phase [438]. Eine Umwandlungswärme für den M_1–T-Übergang wurde bisher nicht nachgewiesen.

Hinsichtlich der optischen Absorption im Energiebereich (0,3 bis 0,8) eV konnten zwischen $V_{0,927}Cr_{0,073}O_2$ und reinem VO_2 (s. 3.5.1.6.) keine wesentlichen Unterschiede festgestellt werden. Die verschiedenen halbleitenden Phasen haben nach diesen Ergebnissen praktisch keinen Einfluß auf die Größe des optischen Energiespaltes [467, 551].

3.5.3.3. Dotierungen ohne definierten elektronischen Störstellencharakter: Ti u. a.

Vierwertige Ionen sollten beim substitutionellen Einbau in das VO_2-Gitter weder als Donatoren noch als Akzeptoren wirken und damit keinen definierten elektronischen Störstellencharakter besitzen. Sie ermöglichen deshalb, auch die „nicht-elektronischen" Einflüsse kennenzulernen. Als Hauptvertreter wurde das $V_{1-x}Ti_xO_2$ wiederholt untersucht [79, 90, 91, 345, 394, 407, 423, 470, 529], [552] bis [557].

Die geringen Eigenschaftsbeeinflussungen durch Ti-Dotierungen konnten anfangs nicht immer sauber von Störeinflüssen (z. B. Nichtstöchiometrie, Verunreinigungen) getrennt werden und führten beispielsweise beim Metall–Halbleiter-Übergang zur Beobachtung sowohl gering erhöhter als auch gering erniedrigter Übergangstempera-

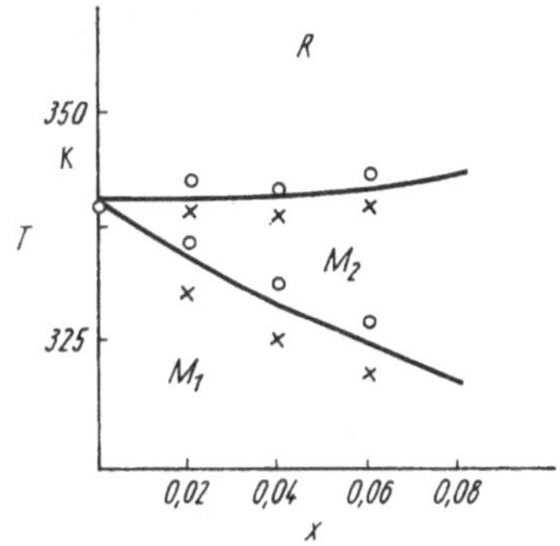

Abb. 138. Phasendiagramm von $V_{1-x}Ti_xO_2$; ○ Aufheiz-, × Abkühlprozeß (nach HÖRLIN u. a. [90])

turen. Neuere Untersuchungen von HÖRLIN u. a. [90] an $V_{1-x}Ti_xO_2$ ($0 \leqq x \leqq 0{,}06$) ergaben das in Abbildung 138 dargestellte Phasendiagramm. Es treten neben der metallischen Rutiltypphase R die bereits beschriebenen halbleitenden Phasen M_1 und M_2 auf, die Übergangs(T)-Phase wurde nicht beobachtet (vgl. 3.5.3.2.1.)., Abbildung 139 gibt das Leitfähigkeitsverhalten bei $x = 0{,}04$ wieder. Tabelle 33 enthält neben den Aktivierungsenergien E_A der Leitfähigkeit (gemessen kurz unterhalb des Phasenüberganges) auch die Gitterkonstanten a, b, c und β bei 298 K, die Umwand-

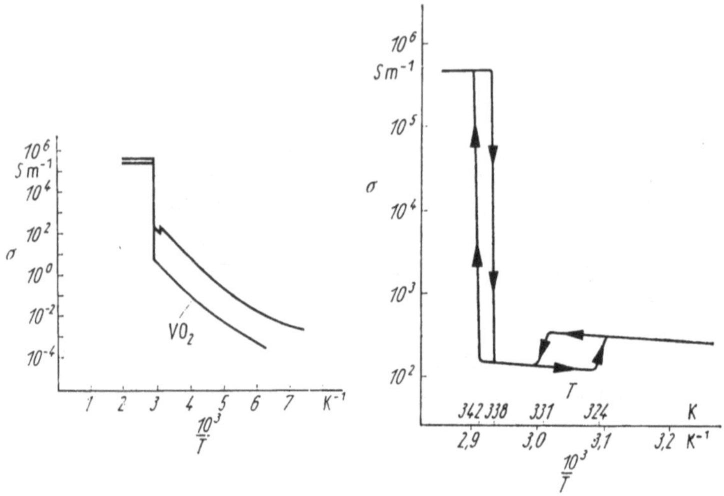

Abb. 139. Temperaturabhängigkeit der Leitfähigkeit für $V_{0,96}Ti_{0,04}O_2$ mit den M_1–M_2–R-Übergängen (nach HÖRLIN u. a. [90])

Tabelle 33. Experimentelle Ergebnisse für $V_{1-x}Ti_xO_2$ nach HÖRLIN u. a. [90]

x	0,00	0,02	0,04	0,06
a/nm	0,5751	0,5759	0,5767	0,5775
b/nm	0,4526	0,4527	0,4526	0,4528
c/nm	0,5382	0,5381	0,5384	0,5385
β	122,60°	122,63°	122,62°	122,66°
$E_A(M_1)$/eV	0,45	0,38	0,36	
$E_A(M_2)$/eV		≈ 0,4	≈ 0,4	
$\Delta H_t(M_1 - M_2)/10^3$ J mol^{-1}	4,27*)	0,54	0,53	0,49
$\Delta H_t(M_2 - R)/10^3$ J mol^{-1}		3,93	3,71	3,48
$C = \chi T/10^{-6}$ m^3 K kg^{-1}	0	1,18	2,20	2,62
μ_{eff} pro Ti-Atom	—	1,77	1,71	1,52
$\delta\chi$ (338 K)/10^{-8} m^3 kg^{-1}	—	1,91	1,98	1,77
(J/k)/K	—	410	450	440

*) s. [320]

lungsenthalpien ΔH_t und Aussagen zum magnetischen Verhalten. In der M_1-Phase läßt sich ein zusätzlicher paramagnetischer Beitrag als CURIE-Term mit der angegebenen CURIE-Konstanten C oder dem angegebenen effektiven magnetischen Moment μ_{eff} beschreiben. Dieser entspricht $V^{4+}(\uparrow)$–Ti^{4+}-Paaren in den Kationenketten mit einem Elektron am V^{4+} ($\mu_{eff, theor} = 1{,}73\ \mu_B$), wie auch durch EPR-Messungen [322], [552] bis [554], [557] bestätigt wurde. Der zusätzliche Paramagnetismus $\Delta\chi$ in der M_2-Phase läßt sich durch lineare HEISENBERG-Ketten mit antiferromagnetischer Wechselwirkung (Austauschkonstante J) wie in den M_2-Phasen von Me^{3+}-dotiertem VO_2 (vgl. 3.5.3.2.2.) beschreiben.

Das Verhalten von Ti-dotiertem VO_2 ähnelt, abgesehen vom Fehlen der T-Phase, dem Me^{3+}-dotierten VO_2, allerdings ist die Konzentrationsabhängigkeit stark verringert (vgl. Steilheit der Phasengrenzen, Umwandlungsenthalpien). So bleibt bis $x \approx 0{,}05$ der Leitfähigkeitsübergang bei 340 K bis 360 K erhalten [423, 558].

Für andere 4-wertige Ionen liegen keine Untersuchungen mit dem Untersuchungsumfang des Ti-dotierten VO_2 vor. Es scheint aber das $V_{1-x}Ge_xO_2$ [529, 552, 559] ebenfalls ein intermediäres Verhalten zwischen Akzeptor- und Donatorstörstelleneinflüssen zu zeigen (vgl. auch [161]).

3.5.3.4. Kombination von Dotierungen mit donator- und akzeptorähnlichem Charakter

Der donator- oder akzeptorähnliche Charakter von Störstellen in VO_2, der sich mit einer formalen V^{3+}-Konzentration x' bzw. V^{5+}-Konzentration x'' verkoppeln läßt, beherrscht wesentlich die auftretenden Eigenschaftsänderungen. Dies gilt prinzipiell auch bei Kombination von gleichzeitigen Dotierungen mit donator- und akzeptorähnlichem Charakter. Dann bestimmt die überwiegende Konzentration, x' oder x'', das jeweilige Modifizierungsverhalten.

Wie die Abbildungen 140 und 141 zeigen, verhalten sich mit zunehmendem z die Eigenschaften zunächst ($z < 0{,}01$) wie bei abnehmendem Ga-Gehalt: steigendes

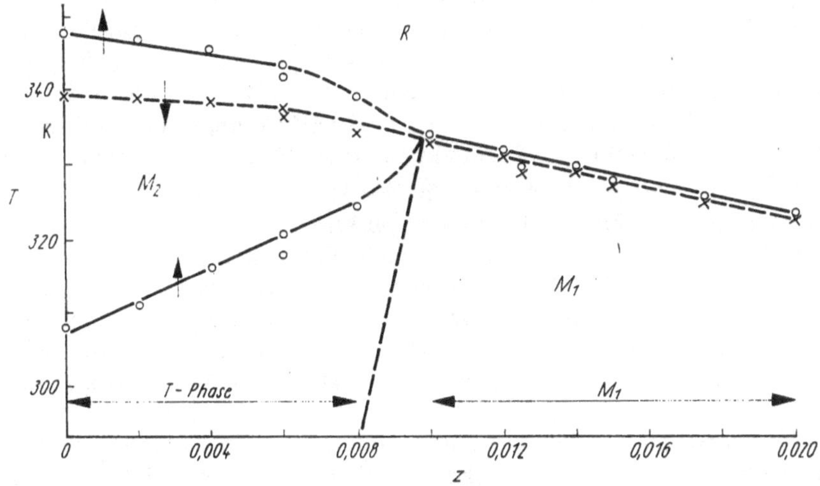

Abb. 140. T–z-Phasendiagramm des Systems $V_{1-x-z}Ga_xMo_zO_2$ für $x = 0{,}01$. ○ Aufheiz-, × Abkühlprozeß (nach BRÜCKNER u. a. [560])

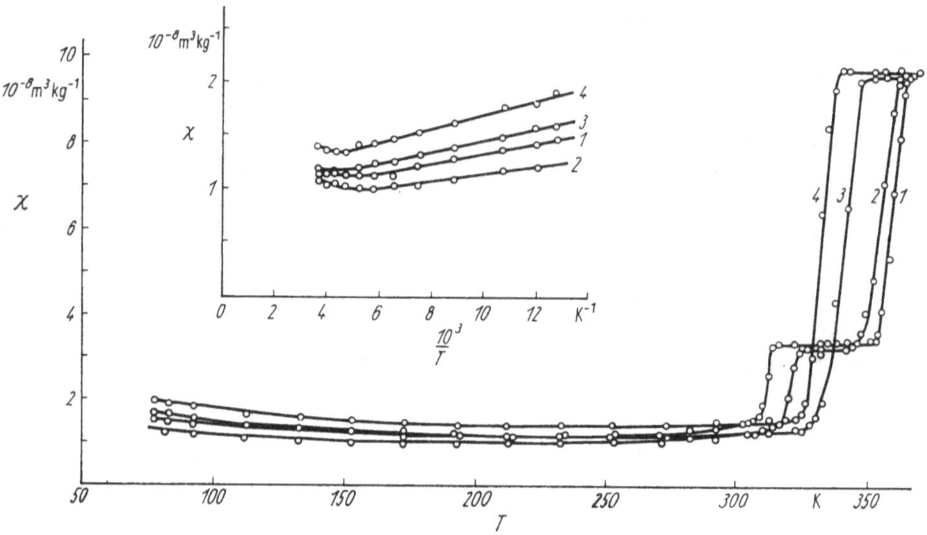

Abb. 141. Temperaturabhängigkeit der magnetischen Suszeptibilität für $V_{1-x-z}Ga_xMo_zO_2$ ($x = 0{,}01$); 1 — $z = 0$, 2 — $z = 0{,}004$, 3 — $z = 0{,}10$, 4 — $z = 0{,}020$ (nach Brückner u. a. [560])

$T_t(T \rightarrow M_2)$, sinkendes $T_t(M_2 \rightarrow R)$, abnehmendes χ in der M_1- und T-Phase (s. Kurven 1 und 2 des in Abb. 141 eingesetzten Bildes). Bei $z \approx 0{,}010$ tritt der Übergang in das für Mo-Dotierungen typische Verhalten auf: $\Delta T_t(M_1 \rightarrow R)/\Delta z = 10{,}5$ K/At.-%, ähnlich wie im Fall $x = 0$ (vgl. Tab. 28), zusätzlicher temperaturunabhängiger Suszeptibilitätsbeitrag (s. Kurven 3 und 4 des in Abb. 141 eingesetzten Bildes). Der elektrische Widerstand im halbleitenden Zustand ist stark reduziert [349, 560].

Der Übergang von überwiegendem Donator- zu überwiegendem Akzeptoreinfluß findet für das $V_{1-x-z}Ga_xMo_zO_2$ mit $x = 0{,}01$ bei $z = 0{,}01$ statt. Das entspricht dem oben beschriebenen Kompensationsverhalten, wenn man von Ga^{3+}- und Mo^{5+}-Substitutionen ausgeht (vgl. 3.5.3.1. und 3.5.3.2.). Für das (Ga + Mo)-dotierte VO_2 gilt $V^{4+}_{1-x'-x''-x-z}V^{3+}_{x'}V^{5+}_{x''}Ga^{3+}_xMo^{5+}_zO_2$ mit $x' = z - x$ und $x'' = 0$ für $z > x$ bzw. $x' = 0$ und $x'' = x - z$ für $x > z$, so daß der Umschlag im Modifizierungsbild dann gerade bei $z = x$ erfolgt. Die an diesem Umschlagpunkt auftretende, gegenüber reinem VO_2 gering erniedrigte Übergangstemperatur in den metallischen Zustand wird vermutlich durch nichtelektronische Störeinflüsse hervorgerufen sein (s. u.).

Ein prinzipiell ähnliches Verhalten wurde für nichtstöchiometrisches Al-dotiertes [324, 427, 561] und Fe-dotiertes VO_2 [346, 349] beobachtet. Hier werden die Wirkungen der Al^{3+}- bzw. Fe^{3+}-Dotierungen mit akzeptorähnlichem Charakter durch die Wirkung der Gitterfehler bei sauerstoffarmem VO_{2-y} kompensiert oder überkompensiert. Quantitative Auswertungen sind allerdings wegen der Kleinheit des Homogenitätsbereiches sehr erschwert.

Eine Reihe von Untersuchungen bewegt sich bewußt an der Grenze des Übergangs vom donator- zum akzeptorähnlichen Charakter des Gesamtstörstelleneinflusses. Dazu zählen Untersuchungen an $V_{1-x}Cr_xO_{2-x}F_x$ ($0 \leqq x \leqq 0{,}20$) [572], $V_{1-x}Fe_xO_{2-x}F_x$ [524], [562] bis [564], [571], $V_{1-3x}Cr_{2x}Me_xO_2$ (Me = W, Mo) [565], $V_{1-2x}Me_xNb_xO_2$

(Me = Fe, Cr) [566, 567], $V_{1-2x}Me_x^{2+}Me_x^{6+}O_2$ (Me^{2+} = Ni, Cu, Mn; Me^{6+} = W, Mo, Te) [566] und $V_{1-2x}Fe_xMe_xO_2$ (Me = Nb, Ta) [568]. Durch die kombinierte Dotierung lassen sich u. a. auch die Homogenitätsgebiete fester Lösungen erhöhen. Für die genannten Fälle ist es typisch, daß nicht die angegebenen Modifizierungsbilder der Dotierungen mit donator- oder akzeptorähnlichem Charakter unmittelbar auftreten, sondern intermediäre, ähnlich wie beim Ti-dotierten VO_2 (s. 3.5.3.3.), d. h. geringere Steilheiten der Phasengrenzen, Auftreten von Halbleiter–Metall-Übergängen mit den Phasen $M_2 \rightarrow R$ und etwas erniedrigten Übergangstemperaturen, teilweise Fehlen der T-Phasen. Bei den Untersuchungen von (Mo + Cr)- und (Mo + Me^{2+})-dotiertem VO_2 durch NEURGAONKAR und ROY [565, 566] wurde das Molybdän als 6-wertig angenommen, während sich früher dargestellte Untersuchungsergebnisse mit Mo^{5+} erklären ließen (s. $V_{1-x-z}Ga_xMo_zO_2$ und 3.5.3.1.).

3.5.4. Allgemeine Bemerkungen zum modifizierten VO_2

Die beiden typischen Modifizierungsbilder der Eigenschaften des VO_2 werden durch donatorähnliche bzw. akzeptorähnliche Störstellen hervorgerufen.

Störstellen mit donatorähnlichem Charakter, die durch Nichtstöchiometrie mit V-Überschuß, durch Kationensubstitutionen mit 5- oder 6-wertigen Ionen oder durch Fluorierung entstehen, bewirken

- die Ausbildung der Phasen M_1 und R,
- eine Erniedrigung der Übergangstemperatur für den Halbleiter–Metall-Übergang $M_1 \rightarrow R$,
- eine beträchtliche Erhöhung der Leitfähigkeit und eine Erniedrigung des Betrages der Thermokraft in der halbleitenden M_1-Phase durch zusätzliche Leitungselektronen mit einer Beweglichkeit von $\approx 0{,}5 \cdot 10^{-4}$ m² V⁻¹ s⁻¹. Der Beweglichkeitswert zeigt die Grenzstellung dieser Elektronen zwischen Bandverhalten und lokalisiertem Verhalten.

Bestimmend für die Eigenschaftsänderung ist die (formale) Konzentration x' der V^{3+}-Ionen. Diese bewirkt die für das dotierte VO_2 diskutierte Übergangstemperatursenkung von $\Delta T_t/\Delta x' \approx 12$ K/At.-%. Dies trifft auch für das nichtstöchiometrische VO_2 zu. Für das $VO_{1,994} = V_{1-y/2}O_2$ mit $y/2 = 0{,}003$ findet man $\Delta T_t = 9$ K, woraus sich mit dem angegebenen $\Delta T_t/\Delta x'$ für x' 0,0075 ergibt. Bei 2- bis 3-Wertigkeit der zusätzlichen V-Ionen auf Zwischengitterplätzen (s. 3.5.2.) resultiert andererseits aus $y/2 = 0{,}003$ ein $x' = (0{,}006$ bis $0{,}009)$ in Übereinstimmung mit dem ersten Wert. Die durch die Modifizierung entstehenden V^{3+}-Ionen in den Ketten mit hauptsächlich V^{4+}-Ionen sind Donatoren mit Aktivierungsenergien $< 0{,}1$ eV.

Störstellen mit akzeptorähnlichem Charakter, die vor allem bei Dotierungen mit 3-wertigen Ionen Me^{3+} im $V_{1-x}Me_xO_2$ gebildet werden, bewirken dagegen

- x–T-Phasendiagramme mit den Phasen M_1, T, M_2 und R, wobei die Phasengrenzen für die verschiedenen Me^{3+} weitgehend übereinstimmen,
- eine geringe Erhöhung der Halbleiter–Metall-Übergangstemperatur,
- nur eine geringe Beeinflussung des elektrischen Transportverhaltens in den halbleitenden Phasen M_1, T und M_2 durch sehr gering bewegliche Löcher ($\mu_p \approx 10^{-8}$ m² V⁻¹ s⁻¹) auf Grund von V^{5+}-Bildungen.

Bei sauerstoffreichem (V-armem) VO_{2-y} ($y < 0$) ist ebenfalls mit Defekten von akzeptorähnlichem Charakter zu rechnen, weil zur Ladungskompensation V^{5+}-Ionen notwendig sind. Dieses VO_{2-y} läßt sich eindeutig nur unter Hochdruckbedingungen (V-Leerstellen!) herstellen, und es scheinen dann auch die für Akzeptoren typischen Modifizierungen vorzuliegen (Übergangstemperaturerhöhung auf 361 K, Gitterstruktur fraglich, [89]).

Pouget u. a. [383] ermittelten am reinen VO_2 unter einachsigem Druck in $\langle 110 \rangle_R$-Richtung ein Phasendiagramm (Abb. 142), das dem des Me^{3+}-dotierten VO_2 weitgehend ähnelt (Substitution von 1% Cr entspricht etwa einer Druckdifferenz von $3 \times \times 10^8$ Pa). Dies trifft insbesondere auf die Ausbildung und die Eigenschaften der linearen Heisenberg-Ketten in der M_2-Phase zu. Ein gerichteter Druck von etwa $20 \cdot 10^6$ Pa stabilisiert bereits die M_2-Phase unmittelbar unterhalb des Metall-Halbleiter-Überganges. Die M_1- und die M_2-Phase können sich also bei 350 K bis 360 K nur um eine sehr geringe Differenz in der Freien Enthalpie unterscheiden.

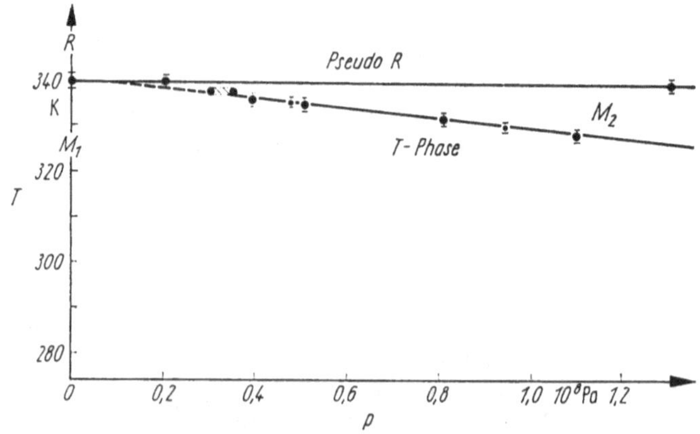

Abb. 142. Temperatur-Druck-Phasendiagramm bei einachsigem Druck p in $\langle 110 \rangle_R$-Richtung (nach Pouget u. a. [383])

Die 4-wertigen Dotierungselemente oder quasi-4-wertige Dotierungen durch geeignete Kombination von Dotierungen mit donator- und akzeptorähnlichem Charakter führen zu einer Zwischenstellung zwischen den genannten charakteristischen Modifizierungsbildern. Beim Fehlen eines klaren elektronischen Einflusses (dazu gehört prinzipiell auch der betrachtete Fall des einachsigen Druckes) treten weitere Einflußfaktoren in den Vordergrund, d. h. spezielle Gittereinflüsse. Die anfangs angenommene entscheidende Rolle des Gittereinflusses für das gesamte Modifizierungsverhalten des VO_2 eventuell über die Steuerung der c_R-Änderungen [529] oder über Ionengrößeneinflüsse [79, 399, 527] hat sich allerdings in dieser Form nicht bestätigt.

Die Untersuchungen am dotierten VO_2 haben gezeigt, daß es zwei Möglichkeiten für das Entstehen des halbleitenden Zustandes gibt. In der M_1-Phase findet die Elektronenlokalisierung in den V^{4+}–V^{4+}-Paaren der V-Ketten statt. In der M_2-Phase gilt dies nur für eine Hälfte der V-Ketten (V1-Ketten), während die Elektronenlokalisierung in der anderen Hälfte (V2-Ketten) ohne Paarbildung erfolgt. Für diese Hälfte müssen nach jetzigem Kenntnisstand Elektronenkorrelationseinflüsse entscheidend sein, d. h. Elektronenlokalisierung durch interatomare Elektronenkorrelation (MOTT-HUBBARD-Elektronenkorrelation, [322, 323]). Die T-Phase besitzt einen Übergangscharakter zwischen beiden Fällen.

Die Frage, warum bei Dotierungen mit donatorähnlichem Charakter ein Übergang aus der Rutiltypphase in die M_1-Phase und bei Dotierungen mit akzeptorähnlichem Charakter ein Übergang in die M_2-Phase erfolgt, ist nocht nicht geklärt. Möglicherweise spielen die zusätzlich vorhandenen Leitungselektronen im ersten Fall die Rolle, daß sie die Elektronenwechselwirkungen abschirmen, also die MOTT-HUBBARD-Elektronenkorrelation verringern und damit die gleichabständigen $(V2)^{4+}$-Ketten destabilisieren. Das Auftreten solcher Ketten unter einachsigem Druck zeigt, daß zu deren Stabilisierung in Form der M_2-Phase primär keine Me^{3+}- und damit gekoppelt also auch keine V^{5+}-Ionen notwendig sind. So ist anzunehmen, daß unterschiedliche Kettenbesetzungen in den V1- und V2-Ketten (Konzentrierung der V^{5+}-Ionen in den V2-Ketten [438, 535]) nicht entscheidend sind. Zur Stabilisierung der M_2-Phase bei höheren Temperaturen trägt auch die zusätzliche magnetische Entropie der HEISENBERG-Ketten bei, die trotz erhöhter Freier Enthalpie bei $T = 0$ für einen bestimmten Temperaturbereich die Ausbildung dieser Phase ermöglicht. Bei weiterer Temperaturabsenkung führt die Erniedrigung des Entropieterms $T \cdot S$ in der Freien Enthalpie (106) zur Destabilisierung der M_2-Phase, d. h. zur Dimerisation der HEISENBERG-Ketten.

Beim Übergang $R \rightarrow M_1$ tritt praktisch keine Änderung des Gittervolumens auf. Dagegen vergrößert sich dies beim Übergang $R \rightarrow M_2$. Die Volumenänderung ist von einer gegenüber dem reinen VO_2 deutlich vergrößerten a_R/c_R-Abnahme begleitet: VO_2 – 1,2% (s. 3.5.1.1.), $V_{0,976}Cr_{0,024}O_2$ – 2,3% [444], $V_{0,985}Al_{0,015}O_2$ – 1,8% [538], 2,2% [542]. Damit ist zu erklären, daß unter dem Einfluß eines äußeren einachsigen Druckes senkrecht zur c_R-Richtung auch die M_2-Phase unterhalb des Metall–Halbleiter-Überganges stabilisiert werden kann ([325]), Prinzip des kleinsten Zwangs!).

Genauere theoretische Berechnungen zum elektronischen Verhalten des dotierten VO_2 gibt es noch nicht. Ein Bindungsmodell für das $V_{1-x}Cr_xO_2$ von RICE [533] wurde durch vertiefte Kenntnisse des strukturellen und magnetischen Verhaltens ausgeschlossen [438]. Die Gültigkeit eines empirischen (Einelektronen-)Bandmodells von GOODENOUGH und HONG [532] für das $V_{1-x}Cr_xO_2$, das die Bandstruktur auf der Basis der Gitterverzerrung ableitet, wird als unzutreffend eingeschätzt, weil die magnetischen und NMR-Ergebnisse (d. h. die entscheidende Rolle der Elektronenkorrelation) nicht in einem solchen Bandmodell zu verstehen sind [322, 383, 438]. ZYLBERSZTEJN und MOTT [322] können zugunsten ihrer Modellvorstellungen (s. 3.5.1.7.) anführen, daß der bestimmende Einfluß für die Größe des Energiespaltes nicht irgendwelche Gitterverzerrungen, sondern die weitgehend strukturunempfindlichen Elektronenkorrelationseffekte sind, weil die Energiespaltgröße offenbar für die drei unterschiedlich verzerrten halbleitenden Phasen (M_1, T, M_2) praktisch gleich groß its. Daneben gibt es Versuche, die diskutierten Übergänge als Phasenübergänge in quasieindimensionalen Systemen, den V-Ketten, zu verstehen [569, 570].

Die Ausführungen beim modifizierten wie auch beim reinen VO_2 zeigen, daß es, insgesamt gesehen, trotz der ausgesprochen breiten Bearbeitung des VO_2 noch nicht gelungen ist, ein befriedigendes Verständnis des komplizierten elektronischen und gitterstrukturellen Verhaltens dieser Substanz zu erreichen.

3.6. Physikalische Eigenschaften von V_nO_{2n+1} ($n = 6, 4, 3$)

Zwischen dem VO_2 und dem V_2O_5 gibt es drei Oxide: das V_6O_{13}, das wahrscheinlich durch Wasserstoff stabilisierte V_4O_9 und das V_3O_7. Diese lassen sich zwar formal in der Form V_nO_{2n+1} ($n = 6, 4, 3$) darstellen, sie bilden aber keine gemeinsame homologe Reihe analog den MAGNÉLI-Phasen V_nO_{2n-1}. Enge Strukturverwandtschaft besteht allerdings zwischen dem V_6O_{13} und dem V_2O_5 und einer metastabilen VO_2-Modifikation, dem VO_2(b).

3.6.1. V_6O_{13}

Das V_6O_{13}, das bei etwa 150 K einen Metall–Halbleiter-Übergang mit strukturellen Änderungen aufweist, kristallisiert bei Raumtemperatur im monoklinen Kristallsystem mit der zentrosymmetrischen Raumgruppe $C2/m$ [23, 88, 151], [573] bis [575]. Die Gitterkonstanten betragen nach [574] bei 298 K $a = 1{,}1921(2)$ nm, $b = 0{,}36811(4)$ mn, $c = 1{,}0147(1)$ nm, $\beta = 100{,}88(1)°$, $V_a = 0{,}4373$ nm³ in guter Übereinstimmung mit [23, 151, 573, 576]. Die Elementarzelle enthält zwei Formeleinheiten V_6O_{13}. Durch hochauflösende 1000 kV-Elektronenmikroskopie ist es gelungen, eine gute Strukturabbildung zu erzielen [577].

Mit dem Leitfähigkeitsübergang tritt bei $T < 150$ K bei Beibehaltung des monoklinen Kristallsystems eine Symmetrieerniedrigung insbesondere durch den Wegfall des Symmetriezentrums auf. Als Raumgruppen der Tieftemperaturphase werden $P2_1/a$ [576] und $C2$ [574] angegeben. Die Gitterkonstanten sind temperaturabhängig (Abb. 143). Bei Temperaturerhöhung tritt eine Volumenabnahme auf, bei 150 K von etwa 0,5% [23, 574]. Angaben zu den Strukturparametern, den Temperaturfaktoren, den Atomabständen und den Bindungswinkeln befinden sich in [151]. In den V_6O_{13}-Kristallen ist eine Zwillingsstruktur gefunden worden [574, 578].

Die Struktur des V_6O_{13} besitzt eine enge Verwandtschaft zu der des V_2O_5 und der metastabilen Vanadiumdioxidphase VO_2(b). Die drei Verbindungen gehören zu einer homologen Reihe $V_{2n}O_{5n-2}$ mit $n \to \infty$, $n = 3$ bzw. $n = 2$. Im Groben gehen die Strukturen des V_6O_{13} und des VO_2(b) aus dem V_2O_5-Gitter durch Scherung hervor [70, 578, 579]. Dies ist in Abbildung 144 dargestellt, wobei die verzerrten VO_6-Oktaeder idealisiert gezeichnet sind. Im V_2O_5 sind diese Oktaeder mit Verbindungen über die Oktaederspitzen in **b**-Richtung gerade aufgereiht. Die Strukturen des V_6O_{13} und VO_2(b) entstehen durch Scherung mit der Scherebene $\{010\}$ und dem Schervektor $\frac{1}{6}\langle 1\bar{3}0\rangle_{V_2O_5}$ nach drei bzw. zwei solchen Oktaedern in **b**-Richtung.

Das metastabile VO_2(b) bildet sich über das V_6O_{13} als Reduktionsprodukt des V_2O_5 bei Temperaturen unterhalb 670 K. Es besitzt die Gitterkonstanten $a = (1{,}203 \pm \pm 0{,}010)$ nm, $b = (0{,}3693 \pm 0{,}010)$ nm, $c = (0{,}642 \pm 0{,}005)$ nm, $\beta = (106{,}6 \pm 0{,}1)°$ und die Raumgruppe $C2/m$ [70] und geht bei 670 K bis 770 K in die stabile Phase des VO_2 (s. **3.5.1.1.**) über.

Der Leitfähigkeitsübergang bei $T_t = 150$ K bis 152 K ist ein Übergang zwischen einer halbleitenden Phase unterhalb T_t und einer metallartigen Phase oberhalb T_t [23, 24], [580] bis [582]. In Abbildung 145 sind Meßergebnisse für verschiedene kristallographische Richtungen dargestellt. Der Übergang besitzt eine Hysterese von einigen K [23, 582]. Die Aktivierungsenergie der Leitfähigkeit beträgt in der halbleitenden Phase etwa 0,10 eV [23, 582]. Rißbildungen auf Grund der Gittervolumenänderung beim Phasenübergang können zu Widerstandsverfälschungen führen [582].

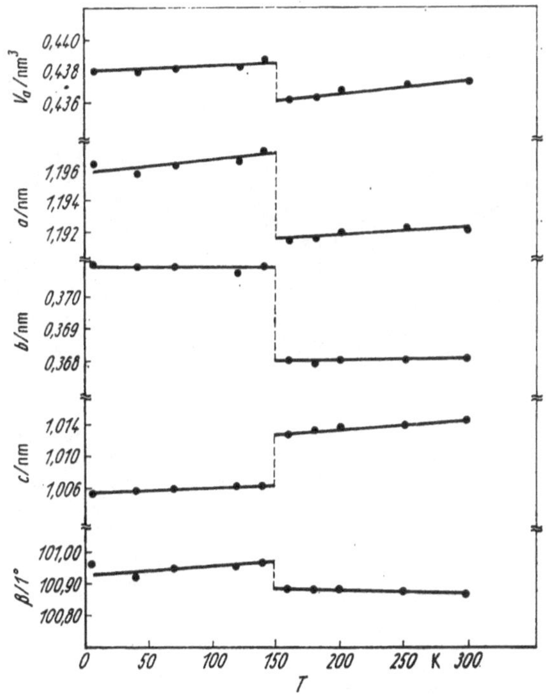

Abb. 143. Temperaturabhängigkeit der Gitterkonstanten von V_6O_{13} (nach DERNIER [574])

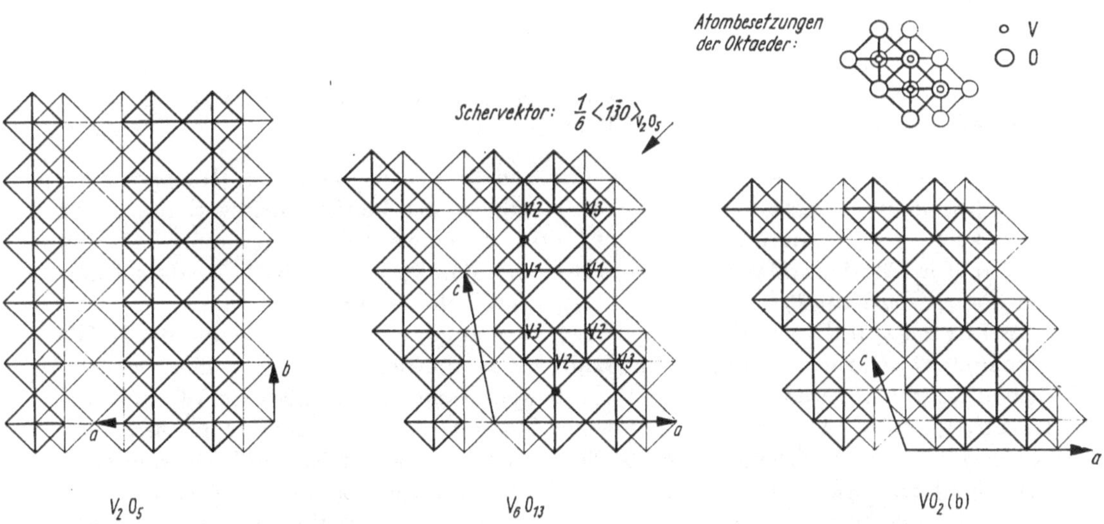

Abb. 144. Strukturverwandtschaft zwischen V_2O_5, V_6O_{13} und VO_2(b): Scherstrukturen mit idealisierten VO_6-Okteadern in der ***a-b***-Ebene des V_2O_5 (vgl. [70, 151, 573, 579])

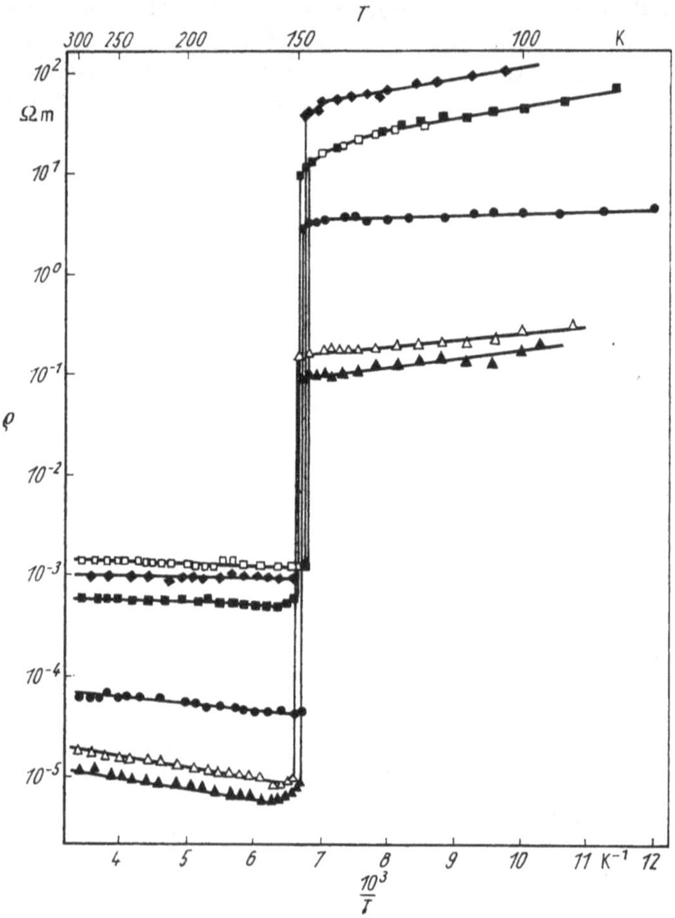

Abb. 145. Temperaturabhängigkeit des spezifischen elektrischen Widerstandes von V_6O_{13}-Einkristallen für verschiedene kristallographische Richtungen; ● ||*a*, △, ▲ ||*b*, □, ◆, ■ ||*c* (nach KAWASHIMA u. a. [24])

Für V_6O_{13}-Proben an der unteren und der oberen Phasengrenze des Homogenitätsbereiches konnten keine signifikanten Unterschiede des Leitfähigkeitsverhaltens und auch keine der magnetischen Suszeptibilität nachgewiesen werden [582] (s. Abb. 147b)). Die Thermokraftkurve (Abb. 146) weist das V_6O_{13} unterhalb T_t als *p*-Halbleiter aus. Oberhalb T_t tritt das metalltypische Verhalten auf.

Auf Grund von Untersuchungen der V–O-Bindungslängen [151, 574] und der NMR-Signale [137] wurden Aussagen zum Ladungszustand der V-Ionen auf den verschiedenen V-Plätzen gefunden. In der Raumtemperaturphase besitzen die V1- und V3-Ionen (vgl. Abb. 144) einen V^{4+}-ähnlichen Charakter und V2 einen (spinlosen) V^{5+}-Charakter. Mit dem Übergang in die Tieftemperaturphase tritt eine Elektronenumverteilung auf. Die V1-Ionen nehmen mehr 5wertigen Charakter an und die V2- und V3-Ionen mehr 4wertigen mit temperaturabhängiger Spinpaarung zwischen den $(V2)^{4+}$-Ionen. Anormal kurze V–V-Bindungen treten in der halbleitenden Phase des V_6O_{13} nicht auf.

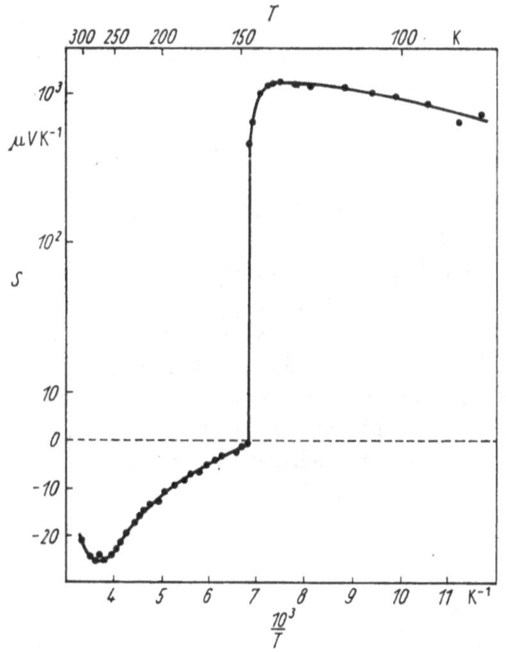

Abb. 146. Temperaturabhängigkeit der Thermokraft von V_6O_{13}-Kristallen in ***b***-Richtung (nach KAWASHIMA u. a. [24])

Aus Suszeptibilitäts- und Drehmomentmessungen an Einkristallen [593] und aus NMR-Untersuchungen [137] folgt, daß V_6O_{13} unterhalb $T_N = 50$ K bis 55 K antiferromagnetisch ist (Abb. 147). Die ausgezeichnete Spinrichtung liegt in der ***b***-Achse. Aus Pulvermessungen ist die magnetische Ordnung nicht zu erkennen [46, 137, 425,

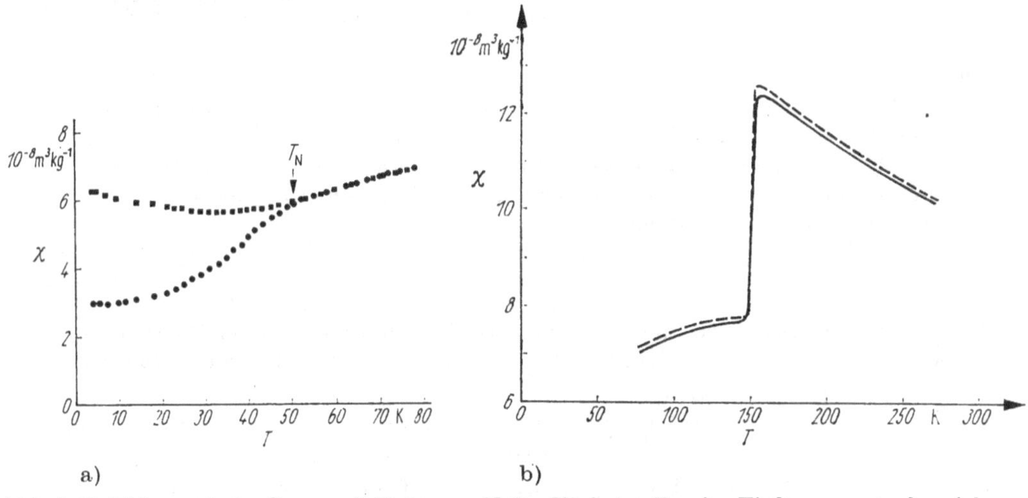

Abb. 147a) Magnetische Suszeptibilität von V_6O_{13}-Einkristallen im Tieftemperaturbereich; ■ in ***a***-Richtung, ● in ***b***-Richtung (nach UEDA u. a. [593]); b) Isotroper Mittelwert der magnetischen Suszeptibilität von V_6O_{13}-Kristallen an der sauerstoffreichen (— — — o. P. G.: $VO_{2,175}$) und sauerstoffarmen (——— u. P. G.: $VO_{2,165}$) Phasengrenze (nach BRÜCKNER u. a. [582])

583, 584]. Die halbleitende paramagnetische Phase zeigt kein CURIE-Verhalten. Wahrscheinlich gibt es gegenseitige Spinkompensationen, ähnlich wie beim V_3O_5 bei niedrigen Tempearturen. Oberhalb T_t allerdings findet man eine starke Temperaturabhängigkeit von χ. Im paramagnetischen V_6O_{13} (oberhalb ≈ 55 K) tritt nur eine geringfügige magnetische Anisotropie auf ($\chi_a - \chi_b \approx 0{,}1 \cdot 10^{-8}\ \mathrm{m^3\,kg^{-1}}$, [593]). Die Suszeptibilitäten unterscheiden sich an der unteren ($VO_{2,165\pm0,002}$) und oberen Phasengrenze ($VO_{2,175\pm0,002}$) nur wenig [582]. Die Umwandlungsenthalpie des V_6O_{13} wurde zu etwa $1{,}7 \cdot 10^3\ \mathrm{J\,mol^{-1}}$ abgeschätzt [23].

Die optischen Eigenschaften von V_6O_{13} wurden in der halbleitenden Phase (bei 77 K) und in der metallischen Phase (bei 300 K) von VAN HOVE u. a. [587] untersucht. In Abbildung 148 ist die Energieabhängigkeit des Reflexionsvermögens für die Polarisationsrichtungen $\boldsymbol{E} \parallel \boldsymbol{b}$ und $\boldsymbol{E} \perp \boldsymbol{b}$ dargestellt. Ein Fit mit klassischen Oszillatoren (vgl. 3.5.1.6.) hat die in Tabelle 34 zusammengestellten Anpassungsparameter ergeben. Aus der Dispersionsrelation der komplexen Dielektrizitätskonstanten wurden die in Abbildung 149 dargestellten Absorptionsspektren errechnet.

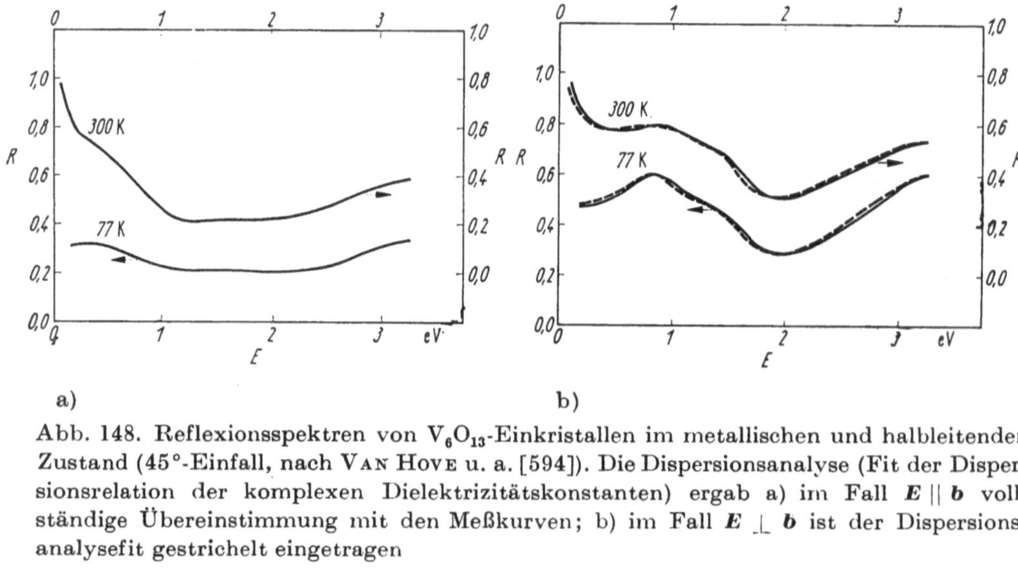

a) b)

Abb. 148. Reflexionsspektren von V_6O_{13}-Einkristallen im metallischen und halbleitenden Zustand (45°-Einfall, nach VAN HOVE u. a. [594]). Die Dispersionsanalyse (Fit der Dispersionsrelation der komplexen Dielektrizitätskonstanten) ergab a) im Fall $\boldsymbol{E} \parallel \boldsymbol{b}$ vollständige Übereinstimmung mit den Meßkurven; b) im Fall $\boldsymbol{E} \perp \boldsymbol{b}$ ist der Dispersionsanalysefit gestrichelt eingetragen

Tabelle 34. Anpassungsparameter für die Energiewerte (in eV) in der Dispersionsrelation der komplexen Dielektrizitätskonstanten von V_6O_{13} (nach VAN HOVE u. a. [594])

Polarisation	T	$\hbar\omega_p$	$\hbar\omega_c$	$\hbar\omega_1$	$\hbar\omega_2$	$\hbar\omega_3$	$\hbar\omega_4$
$\boldsymbol{E} \parallel \boldsymbol{b}$	300 K	1,56	0,77	0,36	0,65	1,76	3,11
	77 K	—	—	0,48	0,85	1,83	3,16
$\boldsymbol{E} \perp \boldsymbol{b}$	300 K	2.12	0,96	0,89	1,37	2,93	—
	77 K	—	—	0,78	1,20	2,84	—

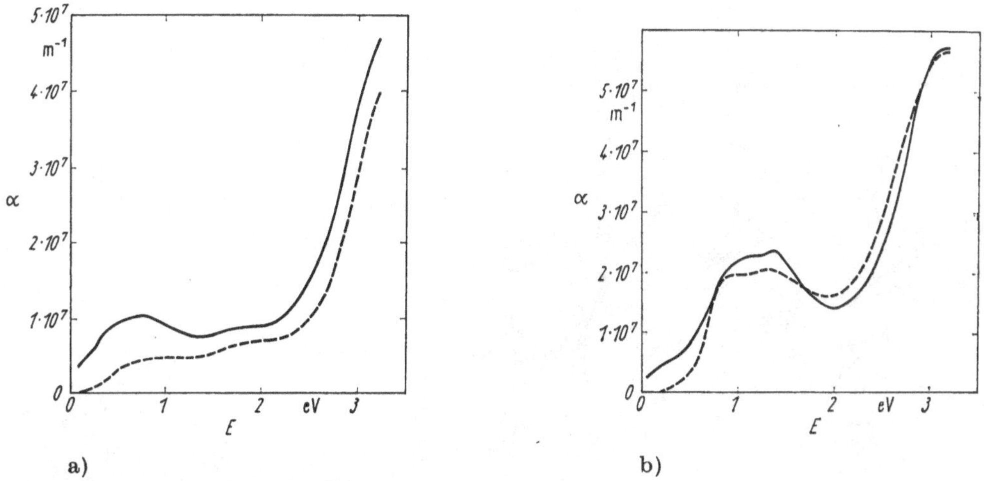

Abb. 149. Berechnete Absorptionsspektren von V_6O_{13} in der metallischen (——— 300 K) und halbleitenden Phase (— — — 77 K); a) $\boldsymbol{E} \parallel \boldsymbol{b}$, b) $\boldsymbol{E} \perp \boldsymbol{b}$ (nach VAN HOVE u. a. [594])

IR-Reflexionsspektren im Energiebereich 0,05 bis 0,15 eV zeigen für die Polarisationsrichtungen parallel und senkrecht zu $\boldsymbol{b}$ im halbleitenden V_6O_{13} (77 K) eine starke Strukturierung. Die Meßkurven lassen sich mit einem Fit mit klassischen Oszillatoren gut anpassen. Einige Resonanzen sind Dehnungsschwingungen in besonderen V–O-Bindungen zugeordnet [587].

Die Röntgen-K-Emissionsspektren des V_6O_{13} und auch des V_3O_7 betrachten TSCHERKASCHENKO u. a. [140] im Rahmen von Untersuchungen am gesamten V–O-System.

3.6.2. V_3O_7, V_4O_9

Das V_3O_7 besitzt eine monokline Kristallstruktur mit der Raumgruppe $C2/c$ [45, 47, 48, 153, 575, 584, 585] mit zwölf Formeleinheiten V_3O_7 pro Elementarzelle. Die Gitterkonstanten betragen $a = 2{,}197(7)$ nm, $b = 0{,}367(9)$ nm, $c = 1{,}833(5)$ nm, $\beta = 95{,}5(4)°$, $V_a = 1{,}475$ nm³ [45, 48, 153, 585] und die Dichte $\varrho = 3{,}61 \cdot 10^3$ kg m⁻³ [48]. 12 V-Atome haben eine (verzerrte) oktaedrische Sauerstoffkoordination, 16 liegen innerhalb trigonaler Bipyramiden und 8 in quadratischen Pyramiden. Die Struktur besitzt einen Schichtcharakter mit ausgezeichneten $\{10\bar{1}\}$-Ebenen. Abbildung 150a) gibt die Struktur und die Größe der Elementarzelle wieder, während im Teilbild b) die Anordnung einiger VO_6- und VO_5-Polyeder gezeigt ist. Die kürzesten V–O-Abstände existieren in den VO_5-Polyedern ($d = 0{,}158$ nm) mit V5-Atomen [45, 585, 586].

Abbildung 151 stellt die Temperaturabhängigkeit der magnetischen Suszeptibilität dar. Die gestrichelte Kurve entspricht einem CURIE-WEISS-Gesetz,

$$\chi_p = \chi - \chi_{V_2O_5} = \frac{C_p}{T - \theta_p}, \tag{113}$$

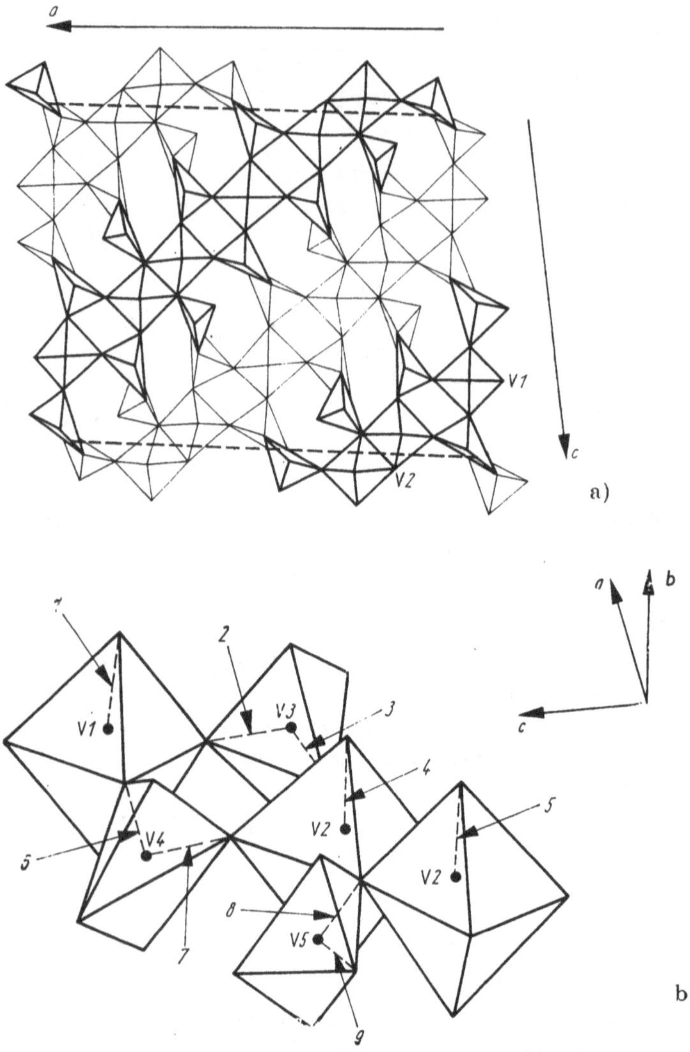

Abb. 150. a) Kristallstruktur des V_3O_7, projiziert auf die {010}-Ebene (nach ANDERSON u. a. [48]); b) Anordnung charakteristischer VO_6-Oktaeder und VO_5-Polyeder im V_3O_7 mit Angabe der kürzesten V–O-Abstände; 1 — 0,161 nm, 2 — 0,166 nm, 3 — 0,166 nm, 4 — 0,162 nm, 5 — 0,162 nm, 6 — 0,164 nm, 7 — 0,167 nm, 8 — 0,177 nm, 9 — 0,158 nm (nach BAYARD u. a. [45])

mit den Parametern $C_p = 19 \cdot 10^{-6}\,m^3\,K\,kg^{-1}$ und $\theta_p = (10 \pm 5)$ K [45]. NISHIHARA u. a. [588] fanden bei Anpassung der $\chi(T)$-Meßwerte entsprechend

$$\chi = \frac{C}{T - \theta} + \chi_0 \tag{114}$$

für $C = 21{,}2 \cdot 10^{-6}\,m^3\,K\,kg^{-1}$ ($\mu_{eff} = 1{,}89\,\mu_B$), $\theta = 4$ K und $\chi_0 \approx 0$ (vgl. auch [46]-[583] bis [585]). Diese Ergebnisse zeigen, daß V_3O_7 eine Ionenverbindung mit der che, mischen Formel $V_2^{5+}V^{4+}O_7$ darstellt [45] bis [47], [583, 585, 586]. Aus der Betrachtung der strukturellen Daten folgt, daß in den Oktaedern V1 und den in doppelter Anzahl vorhandenen V2 (s. Abb. 150a)) V^{4+} vorhanden ist, während in den anderen Polyedern das Vanadium das diamagnetische 5wertige Ion bildet [585, 586]. Die V^{4+}-Ionen konnten durch ESR-Untersuchungen nachgewiesen werden [589]. Die Computersimulation der ESR-Spektren legt nahe, daß sich die Wellenfunktion der unpaarigen V^{4+}-Ionen über 12 bis 14 Gitterplätze ausdehnt [589]. Die Ursache ist insbesondere auch im Hinblick auf die gefundenen magnetischen Eigenschaften (s. u.) nicht geklärt.

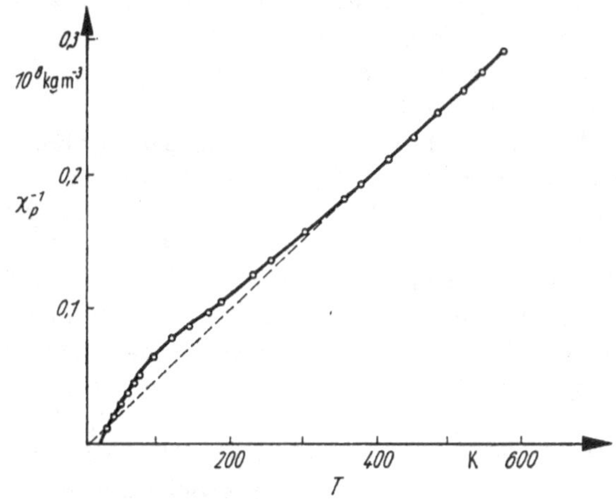

Abb. 151. Temperaturabhängigkeit des Reziproken der magnetischen Suszeptibilität von V_3O_7 (die aufgetragene Suszeptibilität χ_p ist gleich der gemessenen, vermindert um $\chi_{V_2O_5} = 0{,}47 \cdot 10^{-8}$ m³ kg⁻¹ (nach BAYARD u. a. [45])

Widerstandsmessungen an Pulvern weisen auf ein sehr hochohmiges (isolierendes) Verhalten der Pulver hin. Die Meßwerte liegen um einige Größenordnungen über den Werten der MAGNÉLI-Phasen V_nO_{2n-1} [584, 585, 586].

Feldabhängige Suszeptibilitätsmessungen [45, 588] und Messungen des Hyperfeinfeldes durch Spin–Flip-Streuung von Neutronen [590] und NMR [588] zeigen interessante magnetische Ordnungserscheinungen des V_3O_7 bei tiefen Temperaturen. Aus Messungen bei niedrigen Feldern ermittelten NISHIHARA u. a. [588] antiferromagnetisches Verhalten unterhalb einer NÉEL-Temperatur von 5 K. Bei hohen magnetischen Feldstärken ($H \approx (0{,}8$ bis $1{,}6) \cdot 10^6$ A m^{-1}) wurden unterhalb 18 K Sättigungserscheinungen der magnetischen Suszeptibilität gefunden, aus denen sich ein magnetisches Moment von etwa 1,0 μ_B pro V^{4+}-Ion ergab [45, 588]. Im V_3O_7 sind in den ausgezeichneten $\{10\bar{1}\}$-Schichten die $V^{4+}O_6$-Oktaeder zu Ketten (V1) und Doppelketten (V2) parallel zur **b**-Richtung aufgereiht. Die in Abbildung 150a) dargestellten Oktaeder sind die Durchstoßpunkte dieser Ketten durch die Zeichenebene. Die experimentellen Ergebnisse können mit folgender Spinstruktur erklärt werden. In den Schichten (Ketten) existiert eine starke ferromagnetische Kopplung, zwischen den Schichten aber eine sehr schwache antiferromagnetische Wechselwirkung. Die magnetischen Momente liegen (etwa) in **b**-Richtung [588]. Der magnetische Übergang bei 5 K ist ein Spin–Flop-Übergang. Die niedrige antiferromagnetische Ordnungstemperatur bedeutet auch eine niedrige Anisotropieenergie [588].

Die magnetische Ordnung hat keinen Einfluß auf die Verteilung der V^{4+}- und V^{5+}-Ionen auf die Gitterplätze, weil bei 4,2 K im Röntgenbeugungsdiagramm keine Linienverschiebungen nachweisbar waren [45].

Durch unelastische Spin–Flip-Streuung von Neutronen bei tiefen Temperaturen ermittelten HEIDEMANN u. a. [590] bei 0 K als Hyperfeinfeldwert $H_{hf} = (16{,}2 \pm \pm 0{,}2) \cdot 10^6$ A m^{-1} mit einer für $S = \frac{1}{2}$ charakteristischen Temperaturabhängigkeit. Die Phasenumwandlungstemperatur ergab sich zu $(5{,}2 \pm 0{,}1)$ K. Eine theoretische Abschätzung für das Hyperfeinfeld mit der Annahme parallel zu $\boldsymbol{b}$ ausgerichteter atomarer magnetischer Momente erklärt den auch in EPR-Messungen gefundenen hohen H_{hf}-Wert und zeigt als Hauptanteil den anisotropen intraatomaren Dipolbeitrag.

Obwohl die Stabilitätsbedingungen für das V_4O_9 nicht klar sind, es möglicherweise nur durch Wasserstoffionen stabilisiert wird und deshalb eigentlich kein stabiles Vanadiumoxid darstellt (s. 1.3.2.), werden hier doch kurz die vorliegenden experimentellen Ergebnisse für diese Verbindung zusammengestellt.

Neben Betrachtungen von Pulverproben [69, 591] ergab die Strukturbestimmung an Einkristallen auf der Basis der Zusammensetzung V_4O_9 durch WILHELMI und WALTERSSON [152] folgende Kristallstruktur: rhombisch, Raumgruppe *Pnma* (oder $Pn2_1a$), Elementarzelle mit $a = 1{,}7926(4)$ nm, $b = 0{,}3631(1)$ nm, $c = 0{,}9396(2)$ nm und $V_a = 0{,}612$ nm^3 und einem Inhalt von vier Formeleinheiten V_4O_9. CASALOT [586] fand auf Grund einer Struktur- und Bindungsbetrachtung, daß V^{4+} in drei unabhängigen Vanadiumplätzen vorliegt, was nicht mit der chemischen Formel $V_4O_9 = V_2^{5+}V_2^{4+}O_9^{2-}$ in Übereinstimmung zu bringen ist. Deshalb schlug er als reale Formel für diese Verbindung $V_4O_8(OH) = V_3^{4+}V_1^{5+}O_8^{2-}(OH)^-$ vor. COLPAERT u. a. [579] diskutieren auf Grund von LEED-Untersuchungen auch die Möglichkeit einer Struktur des V_4O_9, die sich aus dem V_2O_5 in analoger Weise wie die des V_6O_{13} durch Scherung ergibt (vgl. 3.6.1.), wobei diese Scherung dann nach vier Oktaedern in $\boldsymbol{b}_{V_2O_5}$-Richtung erfolgt. FIERMANS u. a. [575, 592] betrachten das V_4O_9 als eine orthorhombische Überstruktur eines sauerstoffarmen V_2O_5-Gitters mit den Gitterkonstanten $a = 0{,}8235$ nm, $b = 1{,}032$ nm und $c = 1{,}647$ nm.

IR-Spektren, die zur Identifizierung der V_nO_{2n+1}-Phasen dienen können, gibt TANIGUCHI [69] an.

3.7. Die physikalischen Eigenschaften von V_2O_5

Am V_2O_5 wurden schon sehr früh halbleitende Eigenschaften festgestellt. Bis heute ist eine Reihe physikalischer Fragen unklar, obwohl V_2O_5 bereits eine breite Anwendung als Katalysator für chemische Reaktionen [595, 596], als Grundsubstanz für Thermistoren [597], Schalter [598] und als Anzeigeelement [599, 600] findet. Die Schwierigkeiten bei der Untersuchung von V_2O_5 ergeben sich daraus, daß es ein Stoff mit kleiner Beweglichkeit der Ladungsträger ist. Die gemessenen Beweglichkeiten liegen bei (10^{-7} bis 10^{-4}) m^2 V^{-1} s^{-1} [601] bis [604] und sind durch die schmalen 3*d*-Bänder bedingt. Deshalb ist es schwierig, die kinetischen Eigenschaften aufgrund des Bändermodells zu beschreiben. Andererseits neigt V_2O_5 stark zur Bildung von Defekten und Inhomogenitäten, was bei der Beschreibung der Eigenschaften berücksichtigt werden muß [605] bis [609].

3.7.1. Struktur

Prinzipiell sind im V_2O_5 die Vanadiumatome in geordneter Form in den Oktaederlücken einer dichtesten Kugelpackung von Sauerstoffatomen eingebaut. Die Struktur läßt sich so darstellen [461, 610, 611], daß jedes Vanadiumatom im V_2O_5 von fünf Sauerstoffatomen umgeben ist, wodurch eine verzerrte trigonale Bipyramide gebildet wird. Die Bipyramiden haben gemeinsame Kanten, und entlang der ***c***-Achse (⟨001⟩-Richtung) bilden sich gepaarte Zickzackketten. In ***a***-Richtung (⟨100⟩) erfolgt die Bindung zwischen den Bipyramidenketten durch gemeinsame Winkel. In ***b***-Richtung sind die Schichten nur durch schwache VAN-DER-WAALS-Kräfte gebunden. Die orthorhombische Elementarzelle des V_2O_5 hat die Parameter $a = 1{,}1510$ nm, $b = 0{,}4369$ nm, $c = 0{,}3563$ nm (Abb. 152).

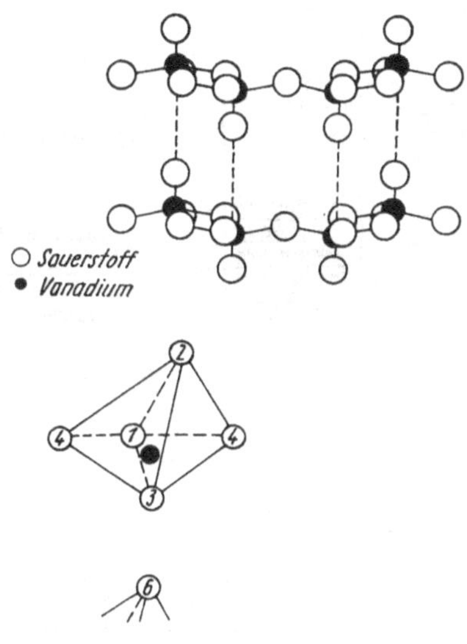

Abb. 152. Strukturausschnitt von V_2O_5 (nach [610]); $V–O_1$: 0,158 nm, $V–O_2$: 0,202 nm, $V–O_3$: 0,178 nm, $V–O_4$: 0,188 nm, $V–O_6$: 0,278 nm

3.7.2. Bandschema und optische Eigenschaften

Die komplizierte Struktur der Elementarzelle und deren niedrige Symmetrie sind der Grund, daß bis heute noch keine exakten Bandberechnungen für V_2O_5 vorliegen. Von GUBANOW u. a. wurde das Schema der Bandniveaus in V_2O_5 nach der MILLIKAN-WOLFS-BERG-HELMHOLTZ-Methode in Clusternäherung unter Berücksichtigung von vanadiumnahen Atomen berechnet [461]. Die betrachteten Cluster bestehen aus einem Vanadiumatom und fünf bis sechs nächsten Sauerstoffatomen. Das besetzte Valenzband wird hauptsächlich durch die $2p$-Sauerstofforbitale, die teilweise mit den $3d$-Orbitalen hybridisiert sind, gebildet. Das leere Leitfähigkeitsband wird von den $2\,t_{2g}$-Orbitalen des Vanadiums aufgebaut. In Abbildung 153 ist das Niveauschema für V_2O_5 und andere Vanadiumoxide angegeben. Die Ergebnisse dieser Berechnungen stimmen gut mit den experimentellen Daten der Röntgenemissionsspektren [494, 612] und der optischen Spektren im Bereich von (3 bis 6) eV [614] überein.

Die Untersuchungen der Reflexionsspektren [615] und der Elektroreflexion [616] haben gezeigt, daß bei den Energien oberhalb der Absorptionskante eine Feinstruktur beobachtet wird. Das ist dadurch bedingt, daß das $3d$-Band aus Unterbändern besteht, deren Breite (0,2 bis 0,6) eV für die verschiedenen optischen Übergänge betragen kann. In Tabelle 35 sind die experimentellen und berechneten optischen Spektren mit den nach dem Clustermodell berechneten verglichen. Es ergibt sich, daß die Peaks unterhalb von (3 bis 6) eV durch Übergänge von $2p$-Niveaus in $3p$-Niveaus des Vanadiums bedingt sind. Die Absorptionskante wird in V_2O_5-Einkristallen bei 2,2 eV beobachtet [613, 616, 617].

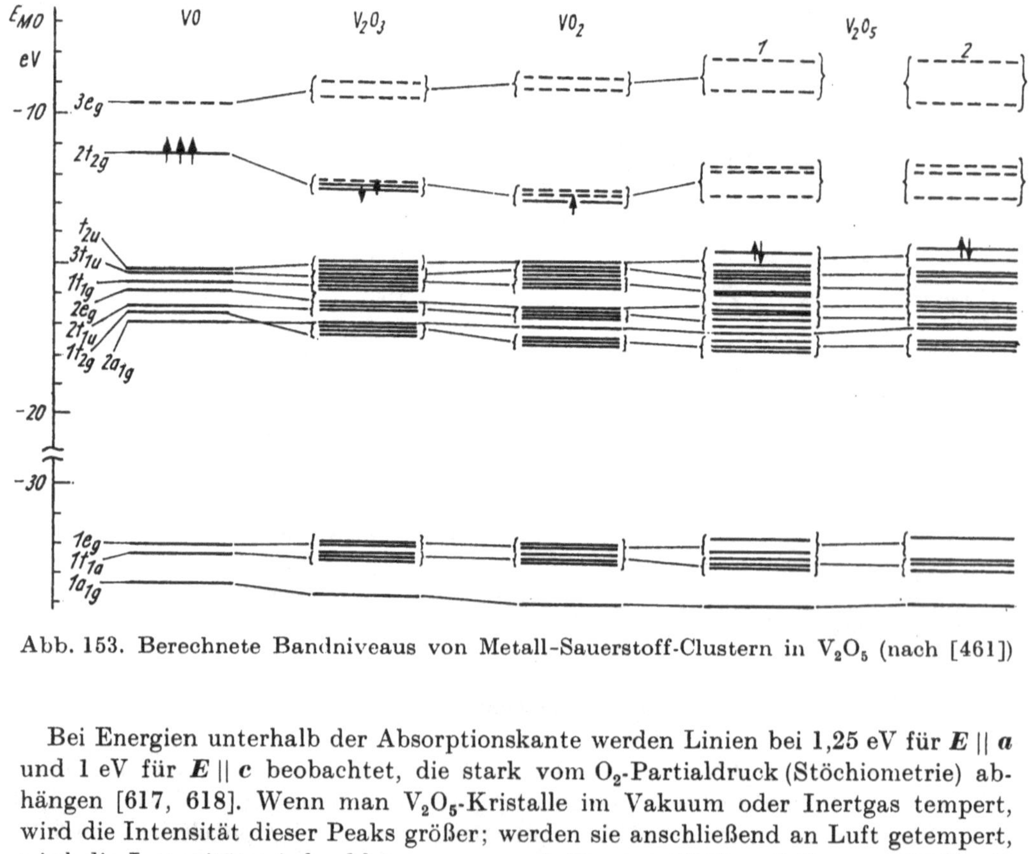

Abb. 153. Berechnete Bandniveaus von Metall-Sauerstoff-Clustern in V_2O_5 (nach [461])

Bei Energien unterhalb der Absorptionskante werden Linien bei 1,25 eV für $\boldsymbol{E} \parallel \boldsymbol{a}$ und 1 eV für $\boldsymbol{E} \parallel \boldsymbol{c}$ beobachtet, die stark vom O_2-Partialdruck (Stöchiometrie) abhängen [617, 618]. Wenn man V_2O_5-Kristalle im Vakuum oder Inertgas tempert, wird die Intensität dieser Peaks größer; werden sie anschließend an Luft getempert, wird die Intensität wieder kleiner, was nach Kenny [612] und Clauws [618] mit Stöchiometrieänderungen verbunden ist. Clauws u. a. [618] sowie Wolschenski u. a. [619] beobachteten auch die Linien bei 0,69, 0,84 und 0,97 eV für $\boldsymbol{E} \parallel \boldsymbol{a}$, die nach Clauws u. a. [618] durch Kristalldefekte verursacht sind. Auf diese Ursache schließen die Autoren, weil die Linien sehr stark von der Probenbehandlung abhängen und von Probe zu Probe schwanken. Nach Temperung von Einkristallen bei 650 °C und Abschrecken tritt eine hohe Intensität der Linien auf, die beim langsamen Abkühlen deutlich kleiner wird. Von Cheweti u. a. sowie von Kenny u. a. wurden diese Linien nicht beobachtet [613, 617].

Tabelle 35. Vergleich zwischen experimentell ermittelten und berechneten Peaklagen für V_2O_5 (nach [614])

experimentell		berechnet für 3 Cluster $[VO_n]^{5-2n}$								
		$n = 4$			$n = 5$			$n = 6$		
$\hbar\omega$ eV	*E*	$\hbar\omega$ eV	$f \cdot 10^2$	*E*	$\hbar\omega$ eV	$f \cdot 10^2$	*E*	$\hbar\omega$ eV	$f \cdot 10^2$	*E*
2,17	*c*	2,92	0,12	*a*	2,79	2,34	*a*	2,18	0,084	*a*
									1,33	*b*
2,2	*a*	3,03	0,26	*a*	3,00	0,68	*a*	2,55	0,36	*a*
									3,93	*b*
2,5	*a*	3,14	0,55	*c*	3,30	0,77	*a*	2,71	0,74	*a*
2,54	*c*	3,31	0,15	*a*	3,50	1,52	*c*	2,89	3,68	*a*
2,9	*a*	3,31	0,53	*c*	3,69	1,98	*a*	3,05	4,91	*a, b*
3,0	*c*	3,49	0,43	*c, b*	4,39	1,29	*a*	3,17	0,71	*c*
3,25	*c*	3,68	0,42	*a, b*	4,51	2,63	*c*	3,25	0,39	*c*
3,38	*a*	3,88	0,52	*a, b*	4,66	2,05	*b, a*	3,45	1,41	*b, c*
3,7	*c*	3,89	0,47	*c*	4,68	1,63	*c*	3,75	3,04	*a*
3,87—3,9	*a*	4,18	1,86	*c*	4,85	1,07	*a, b*	4,26	1,89	*a*
4,15	*c*	4,41	2,25	*a*	5,00	0,47	*a, b*	4,59	1,58	*a*
4,4	*a*	4,76	1,71	*c*	5,16	0,39	*a*	4,72	1,23	*a, b*
4,9	*c*	5,12	0,36	*a*	5,82	1,42	*a*	4,80	1,40	*c*
5,3	*a*	5,60	1,35	*a, b*	—	—	—	5,06	1,48	*c*
6,5	*a, c*	—	—	—	—	—	—	5,13	2,49	*a*

E = Polarisationsrichtung der optischen Übergänge
$f \cdot 10^2$ = Oszillatorstärke

Tabelle 36. Vergleich der IR-Spektren einiger Autoren für V_2O_5 (nach [627])

Polarisation	Nr.	nach [626]	nach [721]	nach [600]	KRAMERS-KRONIG-Methode [627]	klassische Oszillatormethode [627]	Vierparameter-Oszillatormethode [627]	V_2O_5 Einkristall [627]	V_2O_5 Pulver [627]
$E \parallel a$	1	—	74	73,5	71,9	72,0 (3,9; 4,05)	72,4 (3,6)	—	—
		—	—	78,5	78,1	77,0	76,2 (4,2)	—	
	2	255,3	265	261	259,1	260,0 (10,0; 3,55)	261,0 (13,0)	—	262
		266	—	269	267,0	267,8	265,5 (8,0)	—	
	3	308,8	386	305	301,6	303,0 (22,0; 19,17)	303,0 (15,0)	—	370
		389	—	392	389,4	387,9	390,5 (12,2)	—	
	4	408,5	520	412	410,5	410,5 (8,9; 2,43)	411,0 (5,0)	—	472
		582	—	602	585,0	582,7	586,0 (30,0)	—	
	5	778,0	880	796	765,5	765,0 (40,0; 1; 78)	767,5 (30,0)	—	813
		957	—	975	965,0	952,4	959,0 (50,0)	—	
	6	—	995	—	980,7	981,0 (7,5; 0,003)	980,5 [10,0)	982	982
		—	—	—	987,0	986,4	982,0 (15,0)	—	
$E \parallel b$	1	—	144	—	—	—	—	—	—
		—	—	—	—	—	—	—	
	2	—	481	476,5	472,2	473,5 (18,0; 0,40)	473,0 (18,0)	—	—
		—	—	494	492,0	494,2	490,0 (15,0)	—	
	3	—	1035	—	974,1	975,0 (2,0; 0,61)	975,5 (2,5)	—	—
		—	—	—	1039,5	1037,7	1038,0 (2,5)	1038	1023
$E \parallel c$	1	213,4	220	214	212,6	212,6 (8,0; 2,99)	212,0 (10,5)	—	217
		225	—	226	226,2	226,0	225,0 (7,5)	—	
	2	284,2	308	287	285,4	283,5 (9,5; 3,61)	284,0 (7,8)	—	294
		312	—	315	314,3	314,4	312,5 (10,2)	—	
	3	515,0	700	532	506,0	505,7 (19,0; 8,21)	506,5 (21,0)	—	605
		850	—	865	844,0	842,4	842,5 (18,0)	—	

Heute wird angenommen, daß in V_2O_5 zwei Arten von Defekten auftreten, sogenannte $F1$-Defekte mit Absorptionsenergien von (1,2 bis 1,6) eV, die von in der Nähe von Sauerstoffleerstellen lokalisierten V^{4+}-Ionen gebildet werden, und sogenannte $F2$-Defekte mit Absorptionsenergien von (0,6 bis 1,1) eV, die von V^{4+}-Ionen gebildet werden, die an Gitterdefekten lokalisiert sind. Nach EPR-Messungen [620] bis [623] wurde festgestellt, daß die V^{4+}-Ionen auch an Fremdatomen (Dotierung) lokalisiert sein können, was an Ti- und Mo-dotierten V_2O_5-Einkristallen bestätigt wurde [624]. Die Raman-, Reflexions- und Absorptionsspektren von V_2O_5 sind in mehreren Arbeiten untersucht worden [604, 605, 613, 625]. Von Reschina wurden mit Hilfe der theoretischen Gruppenanalyse 39 optische Schwingungen vorausgesagt (V_2O_5-Raumgrupe *Pmmn*), die bei $\boldsymbol{k} = 0$ in folgende Symmetrietypen aufspalten [626]: $7A_g + 3A_u + 3B_{1g} + 3B_{1u} + 3B_{2g} + 6B_{2u} + 4B_{3g} + 6B_{3u}$. In den Raman-Spektren sind nur A_g, B_{1g}, B_{2g} und B_{3g} aktiv. In IR-Spektren sind die $3B_{1u}$ ($\boldsymbol{E} \parallel \boldsymbol{c}$), $6B_{2u}$ ($\boldsymbol{E} \parallel \boldsymbol{b}$) und $6B_{3u}$ ($\boldsymbol{E} \parallel \boldsymbol{a}$) aktiv. Unter den IR-Daten verschiedener Autoren in Tabelle 36 sind die Angaben der IR-Reflexion [627], die nach Kramers-Kronig und die der Oszillatormethode enthalten. Es sind auch Spektren von V_2O_5-Pulver in Polyethylen bei $\omega < 400\ \text{cm}^{-1}$ und in KBr bei $\omega > 400\ \text{cm}^{-1}$ angegeben, wobei letztere mit den Ergebnissen in Abbildung 52 gut übereinstimmen. An dünnen V_2O_5-Einkristallen erhielten Clauws u. a. [627] zwei Absorptionspeaks bei $982\ \text{cm}^{-1}$ und $1038\ \text{cm}^{-1}$, die den T_0 und L_0-Phononen entsprechen. Die Angaben für die Frequenz- und Schwingungssymmetrie von V_2O_5, die in Raman-Spektren aktiv sind, stammen von Tourky u. a. [604] (Tab. 37).

Tabelle 37. Anregungsenergien für Raman-Spektren von V_2O_5 (nach [604])

A_g cm^{-1}	B_{ig} cm^{-1}
309	149
355	288
407	707
485	
530	
613	
1000	

3.7.3. Elektrische Transporteigenschaften

Die größte Anzahl der Arbeiten zum V_2O_5 sind dessen Leitfähigkeitsmechanismen gewidmet. Trotzdem ist das Problem noch nicht restlos geklärt, da noch keine einheitliche Meinung zum Mechanismus des Ladungsträgertransports existiert. Diese Situation ist für alle Oxide der Übergangsmetalle typisch. Die Temperaturabhängigkeit der Leitfähigkeit von V_2O_5 ist nicht durch eine einheitliche Aktivierungsenergie zu beschreiben, sondern wird durch Neigungsänderungen bei 130 K bis 160 K und 300 K charakterisiert. Die Aktivierungsenergie hat ein Maximum bei 150 K bis 300 K. Deutlich sind die Unterschiede zwischen den Angaben verschiedener Autoren in den absoluten Größen der Leitfähigkeit und in den Aktivierungsenergien, die durch

Tabelle 38. Aktivierungsenergien der Leitfähigkeit im Gebiet 150 K $< T <$ 270 K [723] und Werte der spezifischen Leitfähigkeit von V_2O_5-Einkristallen verschiedener Autoren

Literatur	T = 293 K σ_a Ω^{-1} cm^{-1}	T = 293 K σ_b Ω^{-1} cm^{-1}	T = 293 K σ_c Ω^{-1} cm^{-1}	E_A eV	T = 100 K σ_c Ω^{-1} cm^{-1}	T = 77 K σ_c Ω^{-1} cm^{-1}	T = 293 K σ_c/σ_b
[722]	$1 \cdot 10^{-3}$	$2 \cdot 10^{-4}$	$2{,}1 \cdot 10^{-3}$	0,26	—	—	10
[633]	—	$2 \cdot 10^{-}_{5}$	$2{,}3 \cdot 10^{-3}$	0,24	$1 \cdot 10^{-8}$	—	115
[602]	$4{,}9 \cdot 10^{-4}$	$8{,}2 \cdot 10^{-}_{5}$	$1{,}8 \cdot 10^{-3}$	0,21	$5 \cdot 10^{-8}$	$2 \cdot 10^{-8}$	218
[628]	$1{,}3 \cdot 10^{-3}$	$1{,}6 \cdot 10^{-4}$	$4 \cdot 10^{-3}$	0,20	—	—	25
[336]	—	—	$8 \cdot 10^{-4}$	0,18	$6{,}3 \cdot 10^{-8}$	$1 \cdot 10^{-8}$	—
[631]	$1 \cdot 10^{-3}$	$1{,}6 \cdot 19^{-4}$	$4 \cdot 10^{-3}$	0,26	$3{,}4 \cdot 10^{-8}$	$3 \cdot 10^{-9}$	25
[632]	$4{,}7 \cdot 10^{-4}$	$2{,}3 \cdot 10^{-4}$	$1{,}3 \cdot 10^{-3}$	0,28	$1{,}2 \cdot 10^{-9}$	$1 \cdot 10^{-10}$	6

Stöchiometrieabweichungen und unkontrollierte Dotierungen im Problemmaterial bedingt sein können (Tab. 38).

Die Abhängigkeit der Leitfähigkeit vom Sauerstoffpartialdruck $\sigma_{V_2O_5} \sim p_{O_2}^{-n}$ wird von den verschiedenen Autoren mit $n = 1/6$ [628], $n = 1/7$ und $n = 1/10$ [604] unterschiedlich angegeben. Untersuchungen der Vanadiumbronzen $M_xV_2O_5$ [629, 630] mit M = Ag, Cu, Na, K, Li und x von 0,01 bis 0,02 zeigen, daß die Leitfähigkeit von reinem V_2O_5 sehr stark von der Dotierung mit einwertigen Metallen abhängt.

Die starke Anisotropie der Struktur des V_2O_5 findet ihren Ausdruck auch in einer Anisotropie der Leitfähigkeit. Der höchste Wert der Leitfähigkeit wird entlang der **c**-Achse, der kleinste entlang der **b**-Achse beobachtet. Das Verhältnis σ_c/σ_b beträgt 10 bis 100 bei 300 K und erreicht 10^4 bis 10^6 bei $T < 100$ K [631, 632].

Die Thermokraft zeigt im Gebiet von 230 K bis 270 K ein breites Maximum [602, 633] und ist im Temperaturbereich 110 K bis 950 K negativ [602, 633, 634]. In der Literatur wird mehrfach angenommen, daß für die Leitfähigkeit in V_2O_5 ein Polaronenmechanismus zutrifft. Das folgt aus ganz allgemeinen Betrachtungen des Bandschemas in V_2O_5. Tatsächlich befindet sich das Vanadiumatom in V_2O_5 in einem d^0-Zustand. Das Valenzband wird durch die $2p$-Sauerstofforbitale gebildet, und das schmale Leitfähigkeitsband liegt oberhalb des Valenzbandes. Wenn im V_2O_5 nur Donatoren, z. B. Sauerstoffleerstellen, auftreten, dann bewegen sich die Ladungsträger im schmalen d-Band, und es können sich Polaronen bilden. Diese Annahme ist in vielen Arbeiten diskutiert [603, 619, 621, 635]. Nach der Theorie der kleinen Polaronen werden bei einer Temperatur unterhalb T_K, die etwa der halben DEBYE-Temperatur entspricht, die Ladungsträger in Form kleiner Polaronen lokalisiert. Die Leitfähigkeit wird dabei durch die Übergänge der Elektronen von Atom zu Atom mit der Aktivierungsenergie E_A bestimmt. Die Driftbeweglichkeit μ_D ist wie folgt gegeben:

$$\mu_D \sim T^{-3/2} \exp\left(-\frac{E_A}{kT}\right). \tag{115}$$

Bei $T < T_K$ existieren die schmalen Polaronenbänder, und die Ladungsträger sind in diesem Falle nicht lokalisierte kleine Polaronen, wobei sich die Beweglichkeit mit steigender Temperatur verringert:

$$\mu \sim \exp\left(\frac{\hbar\omega_0}{kT}\right), \tag{116}$$

ω_0 ist die Grenzfrequenz der optischen Phononen. Für V_2O_5 gilt bei $T < T_K$ $E_A = E_d - \hbar\omega_0$, wobei E_d die Aktivierungsenergie für den Übergang eines Elektrons von einem Dotierungsniveau in das Polaronenband ist.

Nach JOFFÉ und PATRINA liegen E_d bei (0,1 bis 0,12) eV, $\hbar\omega_0$ bei 0,032 eV und E_A bei 0,07 eV [603]. Diese Werte sind in guter Übereinstimmung mit den experimentellen Ergebnissen für V_2O_5 bei $T < 150$ K. Für $T > 350$ K ergaben Abschätzungen 0,16 eV. Im Gebiet zwischen 200 K und 280 K, in dem ein Hoppingmechanismus für die Ladungsträger möglich und die größte Zahl der Elektronen an Dotierungen lokalisiert ist, findet man $E_A + E_d \approx 0,26$ eV, was auch experimentell bestätigt wird. Wenn eine Hoppingleitfähigkeit auftritt, muß man in den Absorptionsspektren einen Peak beobachten, der von dem sprunghaften Übergang der Elektronen von Atom zu Atom verursacht ist. Dieser Peak muß bei $4E_A = 0,64$ eV liegen [609]. In diesem

Bereich wurde auch ein Peak beobachtet, der jedoch nach MOKEROW und RAKOW durch V^{4+} hervorgerufen wird [615].

Weitere Überlegungen zur Leitfähigkeit durch kleine Polaronen in V_2O_5 haben ergeben, daß zwei Arten von Polaronen auftreten, nichtadiabatische, d. h. an einem Atom lokalisierte mit $E_A = 0{,}21$ eV, und adiabatische, d. h. an einen Vanadiumpaar lokalisierte mit $E_A = 0{,}31$ eV [619, 635]. Entsprechend muß man in den IR-Spektren zwei Peaks bei 0,84 eV beobachten. Die Autoren haben auch eine lineare Abhängigkeit zwischen der Leitfähigkeit und dem Absorptionskoeffizienten gefunden, was nach CLAUWS u. a. wiederum mit Stöchiometrieabweichungen verbunden sein soll [618].

Bei der Untersuchung des HALL-Effekts, der Thermokraft und der Leitfähigkeit wurde von WINOGRADOW und SCHELYCH gefunden, daß oberhalb Raumtemperatur die HALL-Beweglichkeit und die Driftbeweglichkeit kleiner werden [601]. Das widerspricht Ergebnissen, wonach der Hoppingmechanismus der Leitfähigkeit bei 200 K einsetzt, so daß bei $T > 200$ K eine Erhöhung der Driftbeweglichkeit auftreten muß [603]. WINOGRADOW und SCHELYCH erklären alle experimentellen Daten durch die Leitfähigkeit in einem schmalen Band ohne Berücksichtigung von kleinen Polaronen.

Die Leitfähigkeit kann bei tiefen Temperaturen [631] gut nach dem MOTT-Gesetz $\lg \sigma \sim T^{-1/4}$ beschrieben werden. Deshalb nimmt man an, daß bei tiefen Temperaturen eine Hoppingleitfähigkeit auftritt.

Ein weiterer Mechanismus wird von PERLSTEIN erläutert [636]. Er nimmt ein Zweibandniveauschema, wobei ein Niveau durch die regulären Gitterplätze gebildet wird, zwischen denen die Elektronen mit $E_A = 0{,}05$ eV springen, während das andere durch Versetzungen, die in der Gleitebene {010} entstehen, verursacht ist. Bei $T < 170$ K sind die Elektronen auf dem zweiten Niveau lokalisiert, und die Leitfähigkeit wird durch die Sprünge der Elektronen zwischen den Vanadiumplätzen mit $E_A = 0{,}077$ eV bestimmt. Bei $T > 170$ K beginnt der Hoppingtransport über die regulären Gitterplätze. Die Aktivierungsenergie $E_A = 0{,}2$ eV ist die Summe aus der Anregungsenergie des Elektrons (0,15 eV) und der Aktivierungsenergie für den Hoppingprozeß (0,05 eV).

In mehreren Arbeiten ist gezeigt, daß die V_2O_5-Einkristalle Gitterinhomogenitäten aufweisen, die durch Versetzungen parallel zur {010}-Ebene entstehen [606] bis [609]. Nach Meinung der Autoren sind diese Defekte mit der Bildung von Vanadiumbronzeeinschlüssen oder niederen Vanadiumoxiden mit ähnlichen Strukturen (V_4O_9) verbunden. Es wurde festgestellt, daß die Tieftemperatureigenschaften von V_2O_5 gut mit der Anzahl der Planardefekte korrelieren.

Die Anzahl der Defekte ist von der Herstellung abhängig. Viele Besonderheiten, wie die Temperatur- und Frequenzabhängigkeit der Leitfähigkeit, könnten auf der Basis des Perkulationsmodelles erklärt werden, das für die Interpretation der elektrischen Eigenschaften von inhomogenen Systemen entwickelt wurde. Danach werden Leitfähigkeit und dielektrische Konstante durch das Verhältnis der Volumina von Planardefekten und Matrix bestimmt. Man nimmt dabei an, daß die Leitfähigkeit bei höheren Temperaturen ($E_A \approx 0{,}19$ eV bis 0,24 eV) durch die Matrix und bei tieferen Temperaturen ($E_A \approx 0{,}05$ eV bis 0,08 eV) durch die Planardefekte charakterisiert wird. Deshalb ist die Schaffung einer einheitlichen Theorie der Leitfähigkeit ohne Berücksichtigung dieser Effekte nicht möglich.

3.7.4. EPR-Untersuchungen und magnetische Suszeptibilität

Großes Interesse finden auch die EPR-Daten in V_2O_5 [620, 637], wobei die Spektren hauptsächlich durch die Existenz von paramagnetischen Zentren erklärt werden. Bei 77 K wird auch eine Feinstruktur und deren Winkelabhängigkeit beobachtet. Die beste Auflösung der Feinstruktur findet man bei der Orientierung $\boldsymbol{b} \parallel \boldsymbol{H}$. Es existieren drei Typen von Spektren mit 8, 15 und 29 Linien. Die Anzahl dieser Linien ist durch $N = 7n + 1$ gegeben, wobei n die Anzahl der ^{51}V-Kerne ist, die mit den ungepaarten Elektronen in Wechselwirkung stehen. Das Spektrum mit acht Linien verbindet man in der Literatur mit der Dotierung von Mo und W, die nicht isovalent das Vanadium im Gitter ersetzen. Die starken elektrischen Felder dieser Fremdatome lokalisieren überschüssige $3d$-Elektronen an einem ^{51}V-Kern ($n = 1$), wobei ein V^{4+} entsteht. Es ist anzunehmen, daß die Niveaus, die durch solche paramagnetischen Zentren gebildet werden, für eine Einflußnahme auf die Leitfähigkeit zu tief liegen. Die Spektren mit 29 Linien werden der Dotierung mit 1-wertigen Metallionen (z. B. Na, K, Li usw.) zugeordnet. In diesem Fall wird das Elektron im Bereich zwischen vier Kernen ^{51}V ($n = 4$) delokalisiert. Danach sind die Abstände zwischen den Dotierungsatomen und ^{51}V gleich, und die Valenzelektronen nehmen an der Leitfähigkeit teil.

Die positive Ladung, die nur das Dotierungselement trägt, führt zur Lokalisierung der Elektronen in den $3d$-Niveaus der vier nächsten Vanadiumatome. In dem Fall bilden die paramagnetischen Zentren flache Donatorniveaus. Diese üben einen starken Einfluß auf die Leitfähigkeit aus.

Die EPR-Spektren mit 15 Linien sind an sehr reinen, perfekten V_2O_5-Einkristallen zu finden. Die Natur dieses Zentrums, das mit der Lokalisierung der Elektronen zwischen zwei ^{51}V-Kernen ($n = 2$) verbunden ist, ist noch nicht klar.

Sperlich und Zimmermann unteruschten die Temperaturabhängigkeit der Linienbreite der EPR-Signale [639]. Sie stellten fest, daß die Tieftemperaturleitfähigkeit einen Hoppingmechanismus besitzt. Bei höheren Temperaturen wird die Anregung von Ladungsträgern in das Leitungsband verursacht. Joffé und Patrina erklären das durch 1wertige Dotierungen, die in verschiedenen Abständen zu den ^{51}V stehen [621], während Gillis und Boesman dafür Stöchiometrieabweichungen verantwortlich machen [620].

Die magnetische Suszeptibilität χ beträgt (2,5 bis 5) $\cdot 10^{-9}$ m^3 kg^{-1} und ist temperaturabhängig [424, 640, 641]. Von Fam Zoan Chan u. a. ist sie als Van-Vleck-Paramagnetismus erklärt worden. Joffé und Patrina fanden einen Zusammenhang zwischen Paramagnetimus und Leitfähigkeit [621]. Sie zeigten, daß die Konzentration der paramagnetischen Zentren proportional der Leitfähigkeit ist. Daraus folgerten sie, daß diese paramagnetischen Zentren flache Donatorniveaus bilden, die bei $T > 300$ K und 0,1 eV ionisiert sind [603].

4. Anwendungsmöglichkeiten der Vanadiumoxide in Wissenschaft und Technik

Die Weiterentwicklung der Herstellungstechnologie von Vanadiumoxiden als Einkristalle, Schicht oder polykristallines Pulver eröffnet neue Möglichkeiten der Anwendung für verschiedene wissenschaftliche und technische Aufgaben. Die bisher hauptsächlich dafür genutzte physikalische Eigenschaft ist der Phasenübergang Metall $\rightleftarrows$ Halbleiter und die dabei auftretenden Änderungen der elektrischen und optischen Eigenschaften. Man kann die bisherigen Anwendungen in drei Hauptgruppen einordnen, die als Anwendung in der Automatisierung und Kontrolle, in der Mikroelektronik und in der Optoelektronik charakterisiert werden können.

4.1. Anwendung für die Automatisierung und Kontrolle

Die sprunghafte Änderung des Widerstandes am Phasenübergang von VO_2 und V_2O_3 wird bereits zur Herstellung von kritischen Thermistoren verwendet [119], [642] bis [644]. In der UdSSR werden zwei Typen dieser Thermistoren produziert, CT8 auf der Basis von V_2O_3 und CT 9 auf der Basis von VO_2. Die Temperaturabhängigkeit dieser Bauelemente ist besonders stark (Abb. 154). Im Bereich des Phasenüberganges ist der Temperaturkoeffizient des Widerstandes 10mal größer als für übliche Thermistoren. Die Thermistoren CT 8 und CT 9 werden nach einer keramischen Technologie hergestellt [246, 642, 645]. Die sprunghafte Änderung beträgt für CT 8 3 Zehnerpotenzen bei 140 K und für CT 9 2 Zehnerpotenzen bei 340 K. Für eine Reihe von Automatisierungssystemen reicht diese Sprunghöhe nicht aus. Es ist zwar bekannt, daß Einkristalle von V_2O_3 und VO_2 Sprunghöhen bis zu 10 bzw. 4 bis 5 Zehnerpotenzen zeigen, jedoch zerfallen die Einkristalle beim wiederholten Phasenübergang. Deshalb wird für den technischen Einsatz Pulver angewandt, um diese Schwierigkeiten zu umgehen. In diesem Zusammenhang ist auch das Interesse an Thermistoren aus Ein-

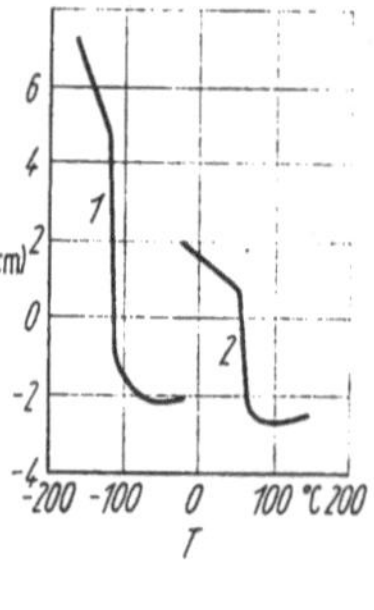

Abb. 154. Abhängigkeit des Widerstandes der Thermistoren CT 8 (Kurve 1) und CT 9 (Kurve 2) von der Temperatur

kristallen von MAGNÉLI-Phasen zu sehen; denn diese zerbrechen beim Phasenübergang nicht und könnten als Wirkusbstanz eingesetzt werden [646].

Die Anwendung der kritischen Thermistoren ist auf die direkte Ausnutzung des Widerstandssprunges bei einer bestimmten Temperatur gegründet. So können die Thermistoren z. B. als Schalter in Wärmeschutzsystemen [644] benutzt werden, als thermische Relais [119, 647], in Systemen für die Messung, Regelung und Konstanthaltung von Temperaturen [643], [648] bis [650], als Niveauregler für Flüssiggassysteme [644] usw. Solche Systeme sind sehr einfach, sicher und ökonomisch. Ein Nachteil, der sich gegenwärtig zeigt, liegt in den relativ schmalen Temperaturbereichen für die Anwendung der einzelnen Oxide. Hier können eine Verschiebung der Sprungtemperatur durch Dotierung oder Druckeinwirkung, die zwar im wesentlichen zur Erniedrigung der Sprungtemperatur führen, eine Verbesserung bringen. Ohne Zweifel ist die Anwendung von schichtförmigen Produkten, deren Eigenschaften denen der Einkristalle nahekommen, im Vergleich zu keramischen Produkten vorteilhafter [122, 405, 651]. Die amerikanische Firma DUPONT stellte eine Paste auf VO_2-Basis vor [652], die mit der Dickschichthybridtechnik verarbeitet werden kann, ohne daß sich bei der Herstellung qualitätsmindernde Eigenschaftsänderungen ergeben.

4.2. Anwendung in der Mikroelektronik

4.2.1. Schaltelemente

Seit einiger Zeit wird den Schaltelementen mit S-förmiger Strom–Spannungs-Kurve viel Aufmerksamkeit gewidmet [653] bis [655]. Eine ganze Reihe dieser Stoffe ist für die Anwendung als Mikroschalter vorgeschlagen worden [653] bis [657]. Einige dieser Elemente sind einfach in der Herstellung und sicher in der Handhabung, weil sie keinen p–n-Übergang haben. Als perspektivreichstes Material auf diesem Gebiet wird das VO_2 angesehen [119, 647], [658] bis [662]. Der Vorteil der Schalter auf VO_2-Basis ist eine lange Lebensdauer [663] und Stabilität der Schaltcharakteristik. Das läßt sich durch den Schaltmechanismus in diesen Verbindungen erklären; in ihnen treten keine wesentlichen Aufheizungen des Stoffes beim Schalten auf, wie es z. B. in den Chalkogenidgläsern beobachtet wird. Die Schaltelemente auf der Basis von VO_2-Schichten mit aufgedampften Metallkontakten (Planarvariante) sind bisher am stärksten untersucht. Die dazu benötigten Oxidschichten kann man mit verschiedenen Methoden wie reaktives Sputtern [122, 405], [129] bis [131], [486, 664], Oxydation von metallischen Vanadiumschichten in definierter O_2-Atmosphäre [119, 486] oder Pyrolyse von V_2O_5 [665] herstellen. Als Schalter wurden auch keramisch hergestellte VO_2-Elemente [660] und VO_2-Pasten [658] erprobt. Die Strom–Spannungs-Charakteristik für VO_2-Schichten in Abbildung 155 kann in drei Abschnitte unterteilt werden. Anfangs wird eine ohmsche Abhängigkeit beobachtet, später kommt, durch die Stromerwärmung bedingt, eine Abweichung hinzu, bis bei der kritischen Spannung der Schaltprozeß erfolgt.

Die Untersuchung der Abhängigkeit der Schaltspannung U_S von der Umgebungstemperatur T_0 gestattet einige Aussagen über den Schaltmechanismus in VO_2-Schichten. Die Kurve in Abbildung 156 zeigt bei $T \approx 0$ °C einen Wendepunkt, der mit einem Wechsel im Schaltmechanismus verbunden ist. Unterhalb dieser Temperatur wird die

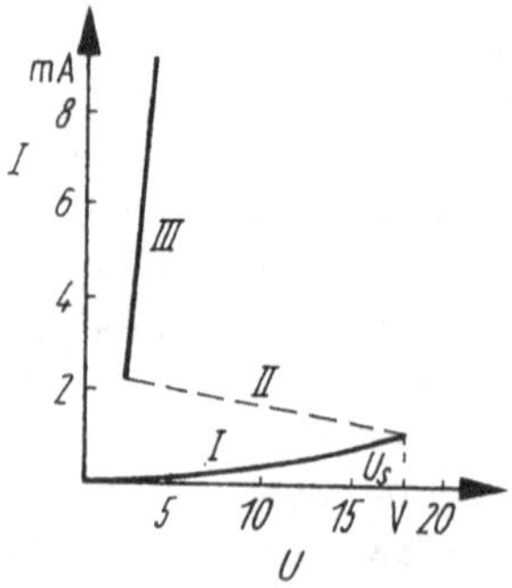

Abb. 155

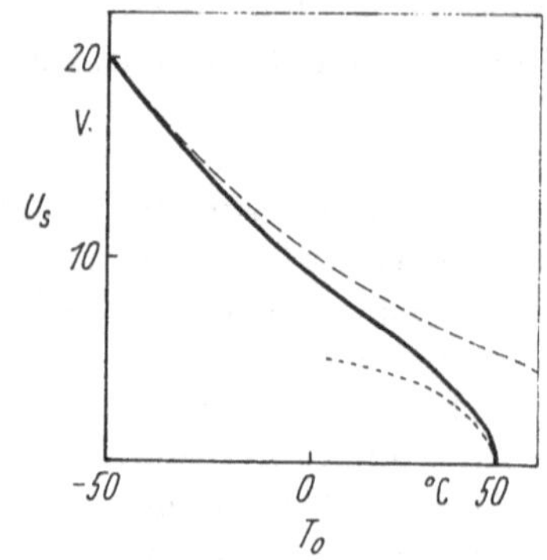

Abb. 156

Abb. 155. Typische statische Strom–Spannungs-Kurve eines VO_2-Schalters

Abb. 156. Abhängigkeit $U_s(T_0)$ für VO_2-Schalter (Planarvariante) (nach Duchene u. a. [132])

Kurve durch ein „Thermistormodell" und oberhalb durch ein „kritisches Temperaturmodell" beschrieben. Um diese „Modelle" zu erklären, stellen wir eine Wärmebilanzgleichung auf:

$$\alpha(T - T_0) = \sigma(T)U^2, \tag{117}$$

α — Wärmeübergangskonstante, abhängig von der Schaltergeometrie, $\sigma(T)$ — Temperaturabhängigkeit der Leitfähigkeit von VO_2.

Auf der rechten Seite der Gleichung (117) steht die Joulesche Wärme und links die von der Probe abgeführte Wärme. Die Gleichung berücksichtigt nicht alle Details des Schaltprozesses, ist aber geeignet, auf wichtige Besonderheiten hinzuweisen. Für einen Halbleiter gilt

$$\sigma(T) = \sigma_0 \exp\left(-\frac{E_A}{kT}\right). \tag{118}$$

Man erhält aus (117)

$$U_S^2 = \alpha \frac{UT_0^2}{\sigma_0 \cdot E_A} \exp\left(\frac{E_A}{kT} - 1\right), \tag{119}$$

woraus sich ergibt, daß in dem sogenannten „Thermistormodell" die Schaltspannung wie folgt abhängt:

$$U_S \sim T_0 \exp\frac{E_A}{kT}. \tag{120}$$

Dieser Schaltmechanismus wird praktisch in allen Halbleitern beobachtet und wird z. B. in den Thermistoren angewandt.

Materialien mit einem Phasenübergang können durch den Stromfluß bis auf die Phasenumwandlungstemperatur erwärmt werden. Unter Verwendung von T_t wird mit einem Ansatz entsprechend (117) die Schaltspannung U_S berechenbar:

$$U_S^2 = \frac{\alpha(T_t - T_0)}{\sigma_0} \exp\left(\frac{E_A}{kT}\right). \tag{121}$$

Dabei ist die Schaltspannung U_S proportional $\sqrt{T_t - T_0}$. Dieses Modell wird als „kritisches Modell" bezeichnet.

Der mittlere Kurvenabschnitt (II) in Abbildung 155 mit den ersten Abweichungen vom ohmschen Verhalten ist wegen des negativen differentiellen Widerstandes nur zu beobachten, wenn ein entsprechender Lastwiderstand im Schaltkreis vorhanden ist. Berücksichtigt man die Wärmeableitung genauer, als es nach Formel (117) möglich ist, so ergibt sich, daß für die Kurventeile II und III Kanäle der leitfähigen Phase auftreten.

Durch die Änderung der optischen Eigenschaften von VO_2 im sichtbaren Gebiet ist es möglich, diese Kanäle visuell zu beobachten [666]. Der Querschnitt des Kanals ist durch die Bedingung der Wärmebilanz bestimmt. So kann man z. B. für die Planarvariante des VO_2-Schalters zeigen, daß die Breite der Kanäle wie folgt beschrieben werden kann [661, 667]:

$$l = \frac{I\sqrt{S_1\varrho}}{\sqrt{2\lambda \Delta T S_2}}, \tag{122}$$

I — Strom, ϱ — spezifischer Widerstand von VO_2 im metallischen Zustand, S_1 — Schichtdicke der dielektrischen Unterlage (Substrat), S_2 — Dicke der Vanadiumoxidschicht, λ — Wärmeleitfähigkeit der dielektrischen Schicht, ΔT — Temperaturgradient in der dielektrischen Schicht.

Die Gleichung (122) ist für die Planarelemente gut erfüllt, woraus hervorgeht, daß die statischen Strom–Spannung-Kurven gut durch einen thermischen Schaltmechanismus erklärbar sind. Wichtige Parameter des Schalters sind die Schaltspannung und die Schaltleistung. Im Fall von VO_2 sind sie von der Geometrie des Schalters abhängig. Die Schaltspannung kann damit zwischen 1 V und 100 V und die Leistung von 5 mW bis 100 mW variiert werden. Die Schaltzeiten sind durch die Konstruktion und Stoffeigenschaften bestimmt. Je größer das aktive Volumen des Schalters ist, um so größer ist die Schaltzeit. Als Nachteil ist die starke Abhängigkeit der Schaltspannung von der Umgebungstemperatur anzusehen. So ist z. B. bei Anwendung des Schalters zwischen 10 °C und 30 °C eine Änderung der Schaltspannung von 20% zu erwarten [668].

Die Schalter auf VO_2-Basis können auch als Impulsschalter angewendet werden, wobei die Schaltzeit einige µs beträgt [658, 669]. In diesen Fällen wird die Schaltspannung durch die Verzögerungszeit beim Einschalten und die Nachlaufzeit beim Ausschalten bestimmt. Diese beiden Zeiten, die mit dem Erwärmen auf T_t und dem Abkühlen auf etwa Umgebungstemperatur verbunden sind, hängen stark von der Amplitude und der Impulsdauer ab. Zur Zeit liegen nur wenige experimentelle Arbeiten zur Untersuchung des Impulsschalteffektes vor, obwohl es schon Versuche gibt, die Erklärung wie im statischen Fall, d. h. durch JOULEsche Erwärmung bis T_t, zu suchen. Es gibt jedoch auch Hinweise, daß in diesem Fall für das Schalten von VO_2 auch elektronische Effekte berücksichtigt werden müssen [665].

Wie schon erwähnt, werden die Frequenzeigenschaften des VO_2-Schalters durch die Ein- bzw. Ausschaltzeit bestimmt. Für den Planarschalter beträgt die Frequenz 10 kHz [668] und für die Perlenvariante 1 MHz [660]. In einer Arbeit von Futaki [660] wird über die Einschaltzeit von 20 ns und eine Ausschaltzeit von 700 ns berichtet.

Die VO_2-Schalter sind beständig gegen eine Einwirkung schneller Neutronen bis etwa $2 \cdot 10^{14}$ cm^{-2} und kurzzeitige γ-Strahlung bis $7 \cdot 10^3$ Gy [668]. Es sind weiterhin verschiedene Schalter mit VO_2-Anteilen in der Wirksubstanz beschrieben, wie an Luft oxydierte Vanadiumfolien [670] bis [673], glasartige Mischungen von V_2O_5 und P_2O_5 [674] oder V_2O_5-Einkristalle [675], bei denen der Schalteffekt nach einer Formierung des Materials unter Einwirkung eines starken elektrischen Feldes auftritt.

4.2.2. Regelbare Induktivitäten

Von Berglund und Walden [667] wird vorgeschlagen, die Stromkanäle im VO_2 als regelbare Induktivitäten zu benutzen. Diese Stromkanäle stellen für Wechselstromsignale bis 1 MHz eine Induktivität hoher Güte dar. Die Größe der Induktivität kann im Bereich von (0,01 bis 10) H pro Zentimeter Kanallänge leicht durch den fließenden Strom verändert werden, wobei die Hysterese bei Schaltern aus VO_2 zu einer unerwünschten Frequenzabhängigkeit führt. Außerdem hängt die Größe der Induktivität von der Umgebungstemperatur ab, und die „Güte" fällt wegen des Begrenzungswiderstandes im Schaltkreis.

4.2.3. Speicherelemente

Für derartige Elemente wird die Hysterese beim Phasenübergang ausgenutzt. Konstruktiv ähneln diese Bauelemente den thermischen Relais [119, 647]. Zwischen zwei Elektroden befindet sich eine Schicht, z. B. von VO_2, die auf einer dielektrischen Unterlage aufgetragen ist. Auf der Rückseite der Unterlage ist eine Heizung angebracht, mit der die Arbeitstemperatur im Hysteresegebiet eingestellt wird. Das elektrische Signal überführt den Schalter in den leitenden Zustand, der so lange erhalten bleibt, wie das Element im Hysteresebereich ist. Solche Elemente werden auf der Basis von V_2O_3 [233] und VO_2 [119, 647] konstruiert. Durch Variation der Hysterebreite sind die Parameter solcher Elemente gut variierbar [122, 676]. Das Gedächtnis der VO_2-Elemente kann auch durch elektrische Felder erzeugt werden, dabei wird die Information in einer Feldrichtung eingeschrieben und mit der anderen wieder gelöscht [198].

4.2.4. Schwingkreise

Schwingungen des Schaltstromes in VO_2-Elementen wurden von Toketa u. a. [677] nachgewiesen. Die Untersuchung dieses Verhaltens hat gezeigt, daß man derartige Bauelemente für Schwingungsgeneratoren verwenden kann, deren Parameter von der Temperatur, der Kapazität und dem fließenden Strom abhängen [677, 678]. Diese Generatoren kann man auch als hochempfindliche Temperaturmeßgeräte einsetzen

[678]. Außerdem sind sie als Leistungsregler für die Mikrowellenübertragungstechnik anwendbar, wobei auch die Leistung gemessen werden kann. Für die Anwendung dieser Geräte ist jedoch eine Thermostabilisierung erforderlich.

4.3. Anwendung in der Optoelektronik

4.3.1. Anzeigeelemente

Die Arbeitsweise solcher Anzeigeelemente [480, 668, 679] beruht auf der Änderung des Brechungsindexes beim Phasenübergang des VO_2. Die Interferenzfarbe der VO_2-Schicht ist eine Funktion des Realteiles des Brechungsindexes. Beim Phasenübergang ändert sich die Farbe der Schicht durch die Änderung des optischen Weges für das Licht. Die Konstruktion solcher Anzeigeelemente ist in Abbildung 157 angegeben. Auf ein Glassubstrat 1 wird eine VO_2-Schicht 2 aufgedampft; auf dieser ist eine reflektierende Schicht 3 angeordnet, die mit einer isolierenden SiO_2-Schicht 4 durch Kathodenzerstäubung abgedeckt wird. Auf der Abdeckschicht 4 befindet sich die Heizschicht 5 aus einer Nickel-Chrom-Legierung. Beim Erwärmen ändert sich die Farbe des Elementes, und es entsteht ein Bild, das der Geometrie der Heizschicht entspricht. In Abhängigkeit von der Schichtdicke kann man verschiedene Farbkontraste realisieren. So geht z. B. bei 100 nm die Farbänderung von gelb nach blaugrün, bei 150 nm von rot nach blau. Die optimale Schichtdicke ist 100 nm, da der Farbübergang von gelb nach blaugrün für das menschliche Auge sehr gut zu beobachten ist. Ein Nachteil dieser Anzeigeelemente ist die relative Konturenunschärfe, die durch seitliche Wärmeabführung hervorgerufen wird. Diesen Nachteil kann man beseitigen, wenn die VO_2-Schicht ebenfalls nur die Konturen des Heizleiters besitzt und die Restfläche mit einem im Ausgangszustand gleichfarbigen Füllstoff belegt ist.

Der Energieverbrauch dieser Anzeigeelemente hängt von den thermischen Bedingungen ab. Bei einer Glasstärke von 1 mm braucht man zur Anzeige der Ziffer 8 von 1 cm Höhe eine Leistung von 100 mW. Besser optimierbar ist die Leistung dieser Anzeigeelemente mit einem Impulsbetrieb. Für eine Glasstärke von 100 μm beträgt die Einstellzeit bei einem Impulsbetrieb mit 150 mW etwa 200 μs, die Ausschaltzeit etwa 500 μs. Zur Verbesserung der Schaltgeschwindigkeit kann man das aktive Volumen verringern. Es existieren bereits solche Anzeigeelemente bis 100 kHz mit Leistungen von 100 mW [668]. Ein Vorteil dieser Displays ist ihre gute Sichtbarkeit bei

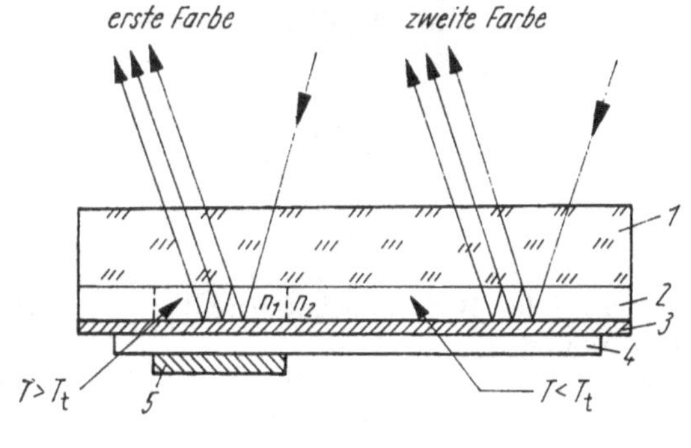

Abb. 157. Aufbau des VO_2-Display (nach [668]); 1 — Glassubstrat, 2 — VO_2-Schicht, 3 — reflektierende Schicht, 4 — isolierende SiO_2-Schicht, 5 — Heizschicht

Tageslicht, eine stabile Arbeitsweise und eine niedrige Arbeitsspannung. Man kann sich auch die Realisierung von Großflächenanzeigeelementen auf dieser Basis vorstellen, wie es an ähnlichem Material beschrieben ist [680].

4.3.2. Holographiematerial VO_2

Wie bekannt, muß ein Holographiematerial folgende Eigenschaften besitzen [681]:

- stabiles Einschreibvermögen,
- hohe Empfindlichkeit,
- gute Auflösung,
- niedriges Rauschen,
- hohe Effektivität,
- gute Ablöschbarkeit.

Zur Zeit gibt es kein ideales Material, das alle diese Forderungen erfüllt. VO_2 stellt in dieser Richtung ein perspektivisches Material dar. Erstmals ist von ROACH [682] die Möglichkeit der Verwendung von VO_2 als Holographiematerial beschrieben worden. VO_2-Schichten sind sowohl für die Kurzzeitholographie (dynamischer Betrieb) als auch für die Langzeitholographie (Speicherregime) verwendbar. Die erste Möglichkeit wird mit VO_2 bei Raumtemperatur realisiert. In diesem Fall wird die Speicherzeit der Information durch die Wärmeabgabe aus der aktiven Schicht bestimmt. Nach ROACH [470] ist der optisch induzierte Phasenübergang in VO_2 schneller als die Impulsdauer des Rubinlasers von $\tau \approx (3 \text{ bis } 4) \cdot 10^{-8}$ s. Die wichtigsten Parameter der dynamischen Hologramme, wie Abhängigkeit der Effektivität η von der Schichtdicke d und der Auflösung ν, sind von WALIJEW u. a. [683] angegeben. Es wird gezeigt, daß die Abhängigkeit $\eta(d)$ bei $d = 0{,}18\,\mu m$ ein Maximum hat und dabei 0,4% beträgt. Die Existenz des Maximums wird auf den Phasencharakter der VO_2-Hologramme zurückgeführt. Erst eine Auflösung von $\nu > 500$ Linien pro Millimeter führt zur Verschlechterung der Effektivität η. Die dynamische Holographie mit VO_2 kann man zur Kohärenzbestimmung des Impulslasers in einer ,,reellen" Zeit verwenden.

Außerdem ist VO_2 auch als Material für die Langzeitholographie geeignet [682, 684, 685], wobei die Hysterese des Reflexionskoeffizienten (Abb. 158) ausgenutzt wird. Zur Realisierung des Gedächtnisses muß der Arbeitspunkt durch Erwärmung der Schicht in das Hysteresegebiet gelegt werden. Die eingeschriebene Information wird so lange erhalten, wie die entsprechende Temperatur anliegt. Von WALIJEW u. a. [684] sind Hologramme für VO_2-Schichten mit einer Dicke von 0,3 μm, die pyrolytisch auf Quarzsubstraten erzeugt werden, untersucht worden.

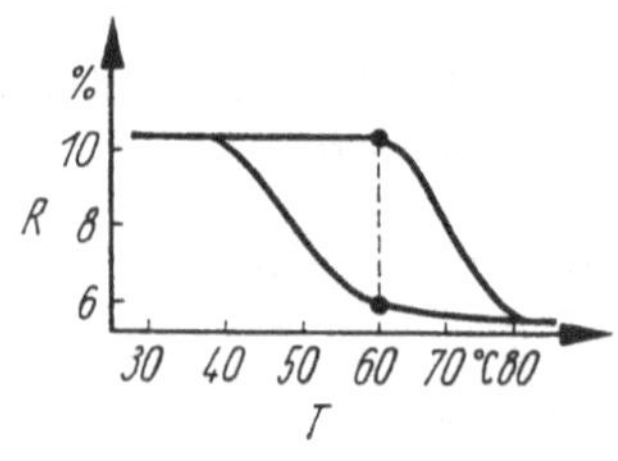

Abb. 158. Hysterese des Reflexionskoeffizienten von VO_2 beim Phasenübergang ($\lambda = 0{,}63\,\mu m$)

Das Lesen der Hologramme wurde bei verschiedenen Wellenlängen in Reflexions- und Durchlässigkeitsvarianten erprobt und die Aufnahme der Hologramme für verschiedene Auflösungen durchgeführt. Die maximale Auflösung beträgt 1500 Linien pro Millimeter. Beim Lesen nach der Reflexionsvariante ergeben sich folgende Werte für die Diffraktionseffektivität in Abhängigkeit von der Wellenlänge: $\eta = 0{,}01$; 0,05 und 0,09% für $\lambda = 0{,}63$; 1,06 und 1,15 µm.

Für das Lesen in der Durchlässigkeitsvariante sind die η-Werte bei den gleichen Wellenlängen 0,1%; 0,2% und 0,4%. Die Analyse der verschiedenen Hologrammtypen in VO_2 hat gezeigt, daß in der Reflexionsvariante praktisch für alle λ und auch für die Durchlässigkeitsvariante bei $\lambda = 1{,}06$ und 1,15 der Wert für η gut mit dem Amplitudentyp für diese Hologramme übereinstimmt. Der Wert für η bei $\lambda = 0{,}63$ µm kann nur dann verstanden werden, wenn man zusammen mit dem Amplitudentyp auch den Phasenbeitrag berücksichtigt. Letzteres stimmt auch gut mit der großen Änderung des Berechnungsindexes $\Delta n \approx 0{,}5$ bei $\lambda = 0{,}63$ µm beim Phasenübergang überein.

Die Analyse zum Holographieverhalten des VO_2 ergibt folgende Charakteristika:

- Auflösungsvermögen < 1500 Linien pro Milimeter,
- maximale Effektivität $\approx 0{,}1\%$ bei $\lambda = 0{,}8$ µm,
- Empfindlichkeit 1 mJ cm^{-2},
- Einschreibzeit 10^{-8} s,
- Ablöschzeit im dynamischen Betrieb 10^{-5} s.

Diese Parameter, die sichere Arbeitsweise und die Möglichkeit des mehrmaligen Einschreibens von Informationen machen die VO_2-Schichten zu einem aussichtsreichen Material für die Holographie.

Ein für die Anwendung interessantes Material auf der Basis von Vanadiumoxiden ist FTIROS, das im Physikalisch-Technischen Institut in Leningrad entwickelt wurde. An diesem Material wurde eine Reihe holographischer Untersuchungen durchgeführt [124, 478], [686] bis [689]. Die Parameter und die Arbeitsprinzipien sind ausführlich beschrieben [124]. In diesem Material wird ebenfalls der Phasenübergang der Vanadiumoxide ausgenutzt. FTIROS zeigt die Eigenschaften eines breitbandigen Interferenzlichtfilters, das durch Temperaturänderung gesteuert wird und in Reflexionsvariante arbeitet. Die Ausgangsfarbe von FTIROS wird durch die Herstellungstechnologie bestimmt. Der Aufbau und das Reflexionsspektrum des Materials sind in Abbildung 159 dargestellt.

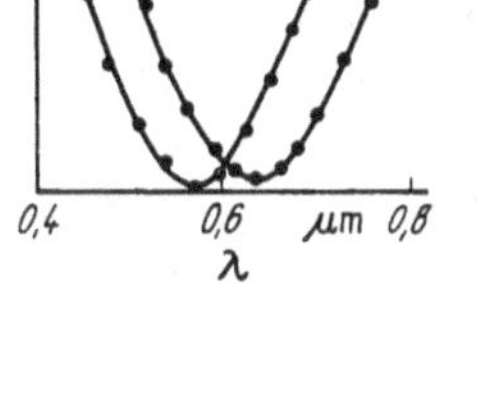

Abb. 159. Reflexionsspektrum von FTIROS; 1 — aktive Schicht (Oxidschicht), 2 — Reflexionsschicht, 3 — Unterlage

Das Material von FTIROS (Parameter Tab. 39) befriedigt viele Forderungen, die an die modernen „ungewöhnlichen“ Holographiematerialien gestellt werden. Dazu gehören einfache Herstellungstechnologie, ökonomische Darstellung, reversibles Arbeiten in dynamischem und Gedächtnisregime, Möglichkeit des Arbeitens im IR-Gebiet, wo normale Photomaterialien nicht verwendbar sind, aber die Empfindlichkeit, die Effektivität und das Rauschen noch befriedigende Werte zeigen. Aus der Tabelle ist ersichtlich, daß die Parameter denen von VO_2-Schichten nahekommen, da auch in FTIROS VO_2 eine wirksame Komponente ist. Wichtige Vorteile gegenüber VO_2-Schichten sind die einfache Herstellungstechnologie, die leichte Änderung der Parameter des Phasenüberganges, wie Hysteresebreite, δT_t, optische Eigenschaften usw.

Tabelle 39. Holographische Daten von FTIROS

Daten	Wert
Auflösung, Linien pro Millimeter	2000
Diffraktionseffektivität in %	1,4
Einschreibzeit in s	10^{-8}
Ablöschzeit in s	$5 \cdot 10^{-7}$
Empfindlichkeit in J cm^{-2}	(4 bis 5) 10^{-4}
Kontrast ohne Polarisator	1/40
Kontrast im sichtbaren Gebiet mit Polarisator	1/1000
Selektivität	nichtselektiv von UV–IR
Schaltzyklen	10^{12}
Arbeitsfeld	unbegrenzt
Leistung für ein Speicherregime, mW cm^{-2}	10 bis 100
Hologrammtypen	Amplituden und Phasen

Diese Materialien können in der Impulsholographie, der holographischen Interferometrie und Lichtmodulation bzw. als Medium für holographische Datenverarbeitungsanlagen verwendet werden. In diesem Zusammenhang sind Arbeiten von Bugajew u. a. [478, 689] interessant, in denen über eine Änderung des Polarisationszustandes beim Phasenübergang berichtet wurde. Diese Ergebnisse zeigen, daß man mit Hilfe eines einfachen Polarisationselementes (Analysator) die logischen optischen Substraktionen durchführen kann. Dieser Effekt kann für optische Datenverarbeitungsanlagen genutzt werden.

4.3.3. Sichtbarmachen von Strahlung

Die starke Farbänderung in VO_2-Schichten beim Phasenübergang kann man zur Sichtbarmachung und Diagnostik von Laser- und Hochfrequenzstrahlung verwenden. Durch die Wärmewirkung der Strahlung kommt es zum Phasenübergang. Sachartschenja u. a. [690] bis [692] beschreiben Möglichkeiten für die Sichtbarmachung von kontinuierlicher und Impulslaserstrahlung verschiedener Wellenlängen. Die Anzeigeeinheiten erreichen gute Empfindlichkeit und Auflösung und ermöglichen bei Verwendung von FTIROS große Arbeitsfelder. Sie haben eine Gedächtnismöglichkeit.

was für die Analyse von Impulslasern wichtig ist. Die Information ist leicht zu löschen, und die Anzeigeeinheiten zeichnen sich durch einfache Bedienungsmöglichkeit und Konstruktion aus.

VO_2-Schichten werden auch für die Sichtbarmachung von HF-Strahlung verwendet [477, 693, 694]. Sie sind sowohl für kontinuierliche als auch für Impulsstrahlung geeignet. Man kann also Analysatoren für den Nachweis und die Modenanalyse der HF-Strahlung erhalten. Der Phasenübergang übt einen starken Einfluß auf die Reflexion, Durchlässigkeit, Phase und Güte des Resonators aus, was zur Schaffung von neuen Geräten zur Steuerung von HF- und IR-Strahlung verwendet werden kann [476, 694]. Vorteil ist eine große Variationsbreite in der Wellenlänge und in der Strahlungsenergie.

Eine weitere Möglichkeit der VO_2-Schichtanwendung ist die Sichtbarmachung von Ionenstrahlung. Durch Ionenstrahlen können die Phasenübergangsparameter geändert werden [411, 413, 415, 417]. Die Bestrahlung führt zur Verkleinerung von T_t, und bei bestimmten Dosen ändert sich auch die Ausgangsfarbe der Probe. Das kann zur Messung und Identifizierung von Ionenstrahlung verwendet werden. Interessant für die Praxis scheint auch die Beobachtung zu sein, daß bei bestimmten Strahlendosen die Farbe noch nicht geändert wird, obwohl T_t schon gesenkt ist und ein Sichtbarmachen der bestrahlten Fläche durch langsame Temperaturerhöhung möglich ist [415, 417]. Die Reversibilität dieses Effektes kann auch für die Optoelektronik interessant sein.

4.4. Perspektiven der praktischen Anwendungen

Die dargestellten Ergebnisse zeigen, daß bei der Anwendung der Vanadiumoxide vorteilhafte, aber auch nachteilige Eigenschaften auftreten. Für die meisten der betrachteten Anwendungsmöglichkeiten bildet die stürmische Entwicklung der Mikroelektronik auf der Basis anderer Werkstoffe und Wirkprinzipien eine ernsthafte Konkurrenz. Das sind Gründe dafür, daß die Vanadiumoxide bisher keine breite Anwendung gefunden haben. Es ist jedoch damit zu rechnen, daß sich für einige spezielle Aufgaben die Anwendung von Vanadiumoxiden durchsetzen wird.

Die aufgezeigten Eigenschaften von Vanadiumoxiden weichen stark vom Verhalten normaler, klassischer Halbleiter (Ge, Si, $A^{III}B^{V}$ usw.) ab. Die systematische Grundlagenuntersuchung an Übergangsmetalloxiden in Form von Einkristallen hat bereits gezeigt, daß solche wichtigen Eigenschaften wie die Existenz von magnetischen Ordnungen, die starke Elektron–Elektron- und Elektron–Phonon-Wechselwirkung und die Existenz von Phasenübergängen mit starker Änderung der Leitfähigkeit und anderer physikalischer Eigenschaften in Zukunft zur Schaffung neuer Meßmethoden und Geräte ausgenutzt werden könnten. Hypothetisch wären folgende Anwendungen möglich:

1. Die Koexistenz von Polaronenzuständen (kleine Beweglichkeit) und Bandzuständen (große Beweglichkeit) läßt hoffen, daß Phasenübergänge unter dem Einfluß starker elektrischer Felder realisiert werden können, was schnelle feldinduzierte Schalter ermöglichen würde.
2. Weitere Untersuchungen zur Dotierung sollten die Realisierung von Thermistoren gestatten, die in bisher nicht zugänglichen Temperaturgebieten arbeiten. Bei hö-

heren Dotierungskonzentrationen kann man Übergänge zwischen Dotierungsniveaus erwarten.

3. Es sollte möglich sein, inverse Elektronenkonzentrationen auf einem Niveau durch den Phasenübergang zu schaffen. Die Untersuchung der Phasenübergänge von diesem Typ, die durch Laserstrahlung induziert werden können, lassen neue holographische Medien, Lichtmodulatoren, Strahlungsindikatoren usw. erwarten.

Diese Aufzählung ließe sich weiter fortsetzen, doch wäre die Realisierung noch stärker in die Möglichkeitsform und weiter in die Zukunft zu setzen. Neue Untersuchungsergebnisse erweitern unsere Kenntnisse über die Eigenschaften der Vanadiumoxide. Durch das andauernde Interesse an den Vanadiumoxiden, das man an ständig neuen Publikationen bis zur jüngsten Zeit ablesen kann, wird auch die Hoffnung genährt, daß diese physikalisch so interessanten Verbindungen in Zukunft noch stärker genutzt werden.

Insgesamt haben die gründlichen Untersuchungen zu den Metall–Halbleiter-Übergängen der Vanadiumoxide die Festkörperphysik als Ganzes vorangebracht, unabhängig vom Grad der gegenwärtigen oder perspektivischen Anwendung.

Literaturverzeichnis

[1] Oppermann, H., Reichelt, W., Krabbes, G., Wolf, E., Kristall u. Technik **12** (1977) 717

[2] Lever, R. F., IBM J. Research Development **8** (1964) 460

[3] Schäfer, H., Chemische Transportreaktionen. Verlag Chemie, Weinheim 1962

[4] Schäfer, H., Z. anorg. allg. Chem. **400** (1973) 242

[5] Krabbes, G., Oppermann, H., Wolf, E., Z. anorg. allg. Chem. **416** (1975) 65

[6] Richardson, W., Noläng, B., J. Cryst. Growth **42** (1977) 90

[7] Wolf, E., Oppermann, H., Krabbes, G., Reichelt, W., Current Topics in Material Science. Vol. 1. North Holland Publishing Company, Amsterdam-New York-Oxford 1978, S. 697

[8] Kusnezow, F. A., Kokowin, G. A., Bushdan, Ja. M. (Кузнецов, Ф. А., Коковин, Г. А., Буждан, Я. М.), Изв. Сиб. отдел. АНСССР **2** (1975) 5

[9] Wolf, E., Oppermann, H., 4. Intern. Symp. Reinstoffe in Wissenschaft und Technik, Dresden, Oktober 1975, Reinstoffprobleme, Bd. V. Akademie-Verlag, Berlin 1977, S. 239

[10] Wolf, E., Oppermann, H., Wissenschaftliche Berichte des Zentralinstitutes für Festkörperphysik und Werkstofforschung **5** (1976) 30

[11] Lever, R. F., J. Chem. Phys. **37** (1962) 1078

[12] Oppermann, H., Reichelt, W., Krabbes, G., Wolf, E., Wissenschaftliche Berichte des Zentralinstitutes für Festkörperphysik und Werkstofforschung 8 (1977) 1

[13] Reuther, H., Brauer, G., Z. anorg. allg. Chem. **384** (1971) 155

[14] Nagasawa, K., Mat. Res. Bull. **6** (1971) 853

[15] Nagasawa, K., Bando, Y., Takada, T., J. Cryst. Growth **17** (1972) 143

[16] Nagasawa, K., Bando, Y., Takada, T., Japan. J. Appl. Phys. **8** (1969) 1262

[17] Nagasawa, K., Bando, Y., Takada, T., Japan. J. Appl. Phys. **8** (1969) 1267

[18] Nagasawa, K., Bando, Y., Takada, T., Japan. J. Appl. Phys. **9** (1970) 407

[19] Nagasawa, K., Bando, Y., Takada, T., Horiuchi, H., Tokonami, Y., und Morimoto, N., Japan. J. Appl. Phys. **9** (1970) 841

[20] Bando, Y., Nagasawa, K., Kato, Y., Takada, T., J. Appl. Phys. 8 (1969) 633

[21] Przedmojski, J., Pura, B., Piekarczyk, W., Gazda, S., phys. stat. sol. (a) **11** (1972) K 1

[22] Oppermann, H., Ritschel, M., Kristall u. Technik **10** (1975) 485

[23] Saeki, M., Kimizuka, N., Ishii, M., Kawada, I., Nakano, M., Ichinose, A., Nakahira, M., J. Cryst. Growth **18** (1973) 101

[24] Kawashima, K., Ueda, Y., Kosuge, K., Kachi, S., J. Cryst. Growth **26** (1974) 321

[25] Reichelt, W., Oppermann, H., Wolf, E., 4. Intern. Symp. Reinstoffe in Wissenschaft und Technik, Dresden (Oktober) 1975

[26] Oppermann, H., Reichelt, W., Wolf, E., Thermal Analysis, Vol. 1. Proc. 4th ICTA, Budapest 1974, S. 403

[27] BARIN, J., KNACKE, O., Thermochemical properties of inorganic substances. Springer Verlag, Berlin 1973
[28] ENDO, H., WAKIHARA, M., TANIGUCHI, M., KATSURA, T., Bull. Chem. Soc. Japan **46** (1973) 2087
[29] CHARLU, T. V., KLEPPA, O. J., High Temp. Sci. **5** (1973) 260
[30] ENDO, H., WAKIHARA, M., TANIGUCHI, M., Chem. Lett. **1** (1974) 905
[31] OPPERMANN, H., STÖVER, G., WOLF, E., Z. anorg. allg. Chem. **410** (1974) 179
[32] OPPERMANN, H., Z. anorg. allg. Chem. **434** (1977) 239
[33] OPPERMANN, H., REICHELT, W., WOLF, E., J. Cryst. Growth, **31** (1975) 49
[34] OPPERMANN, H., KUNZE, G., REICHELT, W., Z. anorg. allg. Chem. **429** (1977) 18
[35] OPPERMANN, H., WOLF, E., Z. anorg. allg. Chem. **437** (1977) 33
[36] SCHÄFER, H., BINNEWIES, M., RABENECK, H., BRENDEL, C., TRENKEL, M., Z. anorg. allg. Chem. **435** (1977) 5
[37] BANDO, Y., KYOTO, M., TAKADA, T., MURANAKA, S., J. Cryst. Growth **45** (1978) 20
[38] WESTPHAL, G. N., ROSENBERGER, F., J. Cryst. Growth **49** (1980) 607
[39] OPPERMANN, H., TITOW, W. A., KUNZE, G., KOKOWIN, G. A., WOLF, E., Z. anorg. allg. Chem. **439** (1978) 13
[40] OPPERMANN, H., KUNZE, G., WOLF, E., KOKOWIN, G. A., SITSCHOWA, J. M., OSIPOVA, G. E., Z. anorg. allg. Chem. **461** (1980) 165
[41] OPPERMANN, H., KUNZE, G., Z. anorg. allg. Chem. **434** (1977) 233
[42] GROSSMANN, O., OPPERMANN, H., REICHELT, W., Z. Chem. **16** (1976) 289
[43] LAUNAY, J. C., POUCHARD, M., J. Cryst. Growth **23** (1974) 85
[44] REICHELT, W., Dissertation, Akademie der Wissenschaften der DDR, Zentralinstitut für Festkörperphysik und Werkstofforschung Dresden, 1977
[45] BAYARD, M., GRENIER, J. C., POUCHARD, M., HAGENMULLER, P., Mat. Res. Bull. **9** (1974) 1137
[46] KOSUGE, K., J. Phys. Chem. Sol. **28** (1967) 1613
[47] TUDO, J., TRIDOT, G., Comp. Rend. Acad. Sci. Paris **261** (1965) 2911
[48] ANDERSSON, S., GALY, J., WILHELMI, K. A., Acta Chem. Scand. **24** (1970) 1473
[49] OPPERMANN, H., REICHELT, W., GERLACH, U., WOLF, E., BRÜCKNER, W., MOLDENHAUER, W., WICH, H., phys. stat. sol. (a) **28** (1975) 439
[50] OPPERMANN, H., REICHELT, W., KRABBES, G., WOLF, E., Kristall u. Technik **12** (1977) 919
[51] OPPERMANN, H., REICHELT, W., WOLF, E., Z. anorg. allg. Chem. **432** (1977) 26
[52] PESHEV, P., BLIZNAKOV, G., GYUROV, G., IVANOVA, M., Mat. Res. Bull. 8 (1973) 915
[53] PICKARDT, J., REUTER, B., SÖCHTIG, J., Z. anorg. allg. Chem. **401** (1973) 21
[54] NITSCHE, R., Fortschritte der Mineralogie **44** (1967) 231
[55] HÖRLIN, T., NIKLEWSKI, T., NYGREN, M., Mat. Res. Bull. **8** (1973) 179
[56] HÖRLIN, T., NIKLEWSKI, T., NYGREN, M., Mat. Res. Bull. **7** (1972) 1515
[57] LAUNAY, J. C., VILLENEUVE, G., POUCHARD, M., Mat. Res. Bull. 8 (1973) 997
[58] RITSCHEL, M., Dissertation, Akademie der Wissenschaften der DDR, Zentralinstitut für Festkörperphysik und Werkstofforschung Dresden, 1976
[59] TAKEI, H., KOIDE, S., J. Phys. Soc. Japan **21** (1966) 1010
[60] TAKEI, H., Japan, J. Appl. Phys. **7** (1968) 827
[61] FAN, J., PAUL, W., Le vide **150** (1970) 232
[62] SELBMANN, D., Dissertation, Technische Universität Dresden, 1977
[63] OPPERMANN, H., WOLF, G., GERLACH, U., REICHELT, W., STÖVER, G., Patentschrift 102679 der DDR (1978)
[64] KRABBES, G., OPPERMANN, H., Kristall u. Technik **12** (1977) 929
[65] SCHÄFER, H., ETZEL, K., Z. anorg. allg. Chem. **291** (1957) 294

[66] Schäfer, H., Festschrift für Leo Brandt, Westdeutscher Verlag, Köln und Opladen 1967, S. 91
[67] Klemm, W., Pirschner, P., Optik **3** (1948) 75
[68] Belbeoch, B., Kleinberger, R., Roulliay, M., J. Phys. Chem. Sol. **39** (1978) 1007
[69] Taniguchi, M., Thermal Analysis, Vol. 1. Proc. 4th ICTA, Budapest 1974, S. 727
[70] Theobald, F., Cabala, R., Bernard, J., J. Solid State Chem. **17** (1976) 431
[71] Katsura, T., Hasegawa, M., Bull. Chem. Soc. Japan **40** (1967) 561
[72] Andesson, J. S., Khan, A. S., J. Less-Common Metals **22** (1970) 209
[73] Kimizuka, N., Saeki, M., Nakahira, M., Mat. Res. Bull. **5** (1970) 403
[74] Arija, S. M., Morosowa, M. P.
(Ария, С. М., Морозова, М. П.), ЖОХ **32** (1962) 2081
[75] Terukow, Je. I., Tschudnowski, F. A.
(Теруков, Е. И., Чудновский, Ф. А.), ФТП **8** (1974) 1226
[76] Suito, H., Gaskell, D. R., Metallurgical Transactions **2** (1971) 3299
[77] Oppermann, H., Wolf, E., Reichelt, W., Grossmann, O., Freiberger Forschungshefte **B 175** (1975) 199
[78] Aramaki, S., Roy, R., J. Mat. Sci. **3** (1968) 643
[79] MacChesney, J. B., Guggenheim, K. J., J. Phys. Chem. Sol. **30** (1969) 225
[80] Guntersdorfer, M., Festkörperprobleme **11** (1971) 87
[81] Dziembaj, R., Piwowarczik, J., J. Solid State Chem. **21** (1977) 387
[82] Brückner, W., Gerlach, U., Moldenhauer, W., Oppermann, H., Wolf, E., Storbeck, I., Kristall u. Technik **11** (1976) 291
[83] Mühl, P., 4. Intern. Symp. Reinstoffe in Wissenschaft und Technik, Dresden, Oktober 1975, Reinstoffprobleme, Bd. V. Akademie-Verlag, Berlin 1977, S. 131
[84] Schmalzried, H., Festkörperreaktionen. Akademie-Verlag, Berlin 1973
[85] Wolf, E., Arija, S. M.
(Вольф, Е., Ария, С. М.), ЖОХ **29** (1959) 2470
[86] Klemm, W., Hoschek, E., Z. anorg. allg. Chem. **226** (1936) 359
[87] Klemm, W., Hoschek, E., Z. anorg. allg. Chem. **242** (1939) 63
[88] Andersson, G., Acta Chem. Scand. **8** (1954) 1599
[89] Chamberland, B. L., J. Solid State Chem. **7** (1973) 377
[90] Hörlin, T., Niklewski, T., Nygren, M., Acta Chem. Scand. **A 30** (1976) 619
[91] Reyes, J. M., Sayer, M., Mansingh, A., Chen, R., Canad. J. Phys. **54** (1976) 413
[92] Reyes, J. M., Sayer, M., Chen, R., Canad. J. Phys. **54** (1976) 408
[93] Reyes, J. M., Lynch, G. F., Sayer, M., McBride, S. L., Hutchison, T. S., J. Canad. Ceram. Soc. **41** (1972) 69
[94] Pollert, E., Villeneuve, G. Ménil, F., Hagenmuller, P., Mat. Res. Bull. **11** (1976) 159
[95] Ritschel, M., Mattern, N., Brückner, W., Oppermann, H., Stöver, G., Moldenhauer, W., Henke, J., Wolf, E., Kristall u. Technik **12** (1977) 1221
[96] Sävborg, Ö., Mat. Res. Bull. **11** (1976) 275
[97] Sävborg, Ö., Nygren, M., phys. stat. sol. (a) **43** (1977) 645
[98] Terukow, E. I., Tschudnowski, F. A., Brückner, W., Reichelt, W., Brüchner, H.-P., Moldenhauer, W., Oppermann, H., phys. stat. sol. (a) **38** (1976) K 23
[99] Kleber, W., Ickert, L., Grosme, K., Riedel, R., Kristall u. Technik **2** (1967) 481
[100] Růžička, M., Hartmanová, M., Besedičová, S., Kristall u. Technik **10** (1975) 957
[101] Drabble, J. R., Palmer, A. W., J. Appl. Phys. **37** (1966) 1778
[102] Saeki, M., Nakahira, M., Mat. Res. Bull. **6** (1971) 603
[103] Hiraga, K., Hirabayashi, M., J. Phys. Soc. Japan **34** (1973) 965
[104] Hiraga, K., Hirabayashi, M., Trans. JIM. **16** (1975) 431
[105] Hiraga, K., Hirabayashi, M., J. Solid State Chem. **14** (1975) 219

[106] Andersson, B., Gjønnes, J., Forouhi, A. R., J. Less-Common Metals **61** (1978) 273
[107] Fan, J. C. C., Reed, T. B., Mat. Res. Bull. **7** (1972) 1403
[108] Keer, H. V., Honig, J. M., Mat. Res. Bull. **12** (1977) 277
[109] Andrianow, G. D., Aronow, A. G., Smirnowa, T. V., Tschudnowski, F. A., phys. stat. sol. (b) **60** (1973) 79
[110] McWhan, D. B., Remeika, I. P., Phys. Rev. **B 2** (1970) 3734
[111] Åsbrink, S., Mat. Res. Pull. **10** (1975) 861
[112] Copleston, E. C., Simons, M. Y. C., Barham, D., J. British Ceramic Soc. **76** (1977) 3
[113] Burzo, E., Stanescu, L., Mat. Res. Bull. **13** (1978) 237
[114] Kahn, A., Livage, J., Collongues, R., phys. stat. sol. (a) **26** (1974) 175
[115] Rivoalen, L., Revcolevschi, A., Livage, J., Collongues, R., J. Non-Cryst. Solids **21** (1976) 171–179
[116] Theobald, F., J. Less-Common Metals **53** (1977) 55–71
[117] Gain, G., Ann. Chim. (Paris) **14** (1908) 224
[118] Theobald, F., Rev. Roum. Chim. **23** (1978) 887
[119] Van Steensel, K., Van de Boog, F. Kooy, C., Philips Res. Rep. **22** (1967) 170
[120] Michalowsky, L., Bühling, D., Symposium Ionenzerstäubung, Karl-Marx-Stadt 1973
[121] Kennedy, T. N., Mac Kenzie, I. D., J. Non-Cryst. Solids **1** (1969) 326
[122] Grieffiths, C. H., Eastwood, H. K., J. Appl. Phys. **45** (1974) 2201
[123] Ufert, K. D., Steenbeck, K., Steinbeiss, E., Kristall u. Technik **12** (1977) 603
[124] Sachartschenja, B. P., Meschkowski, I. K., Terukow, Je. I., Tschudnowski, F. A. (Захарченя, Б. П., Мешковский, И. К., Теруков, Е. И., Чудновский, Ф. А.), Письма в ЖТФ **1** (1975) 8
[125] Khoi, N. N., Simon, T. R., Eastwood, H. K., Mat. Res. Bull. **11** (1976) 873
[126] Salm, J., Steinbeiss, E., Ufert, K.-D., Patentschrift 104067 der DDR (1973)
[127] Bruchlos, H., Ufert, K.-D., Kristall u. Technik **12** (1977) 153
[128] Darewski, A. S., Serbinow, I. A., Karasew, W. N. (Даревский, А. С., Сербинов, И. А., Каразев, В. Н.), Кристаллография **20** (1975) 684
[129] Rozgonyi, C. N., Hensler, D. H., J. Vac. Sci. and Technol. **5** (1968) 194
[130] Fuls, E. N., Hensler, D. H., Ross, A. R., Appl. Phys. Lett. **10** (1967) 199
[131] Duchene, J., Terraillon, M., Pailly, P., Thin Solid Films **12** (1 972) 231
[132] Duchene, J., Terraillon, M., Pailly, P., Adam, G., IEEE Trans. Electron Dev. **ED–18** (1971) 1151
[133] Kwan, C. C. Y., Grieffith, C. H., Eastwood, A. K., Appl. Phys. Lett. **20** (1972) 93
[134] Beresnewa, L. A., Wassiljewa, L. L., Dewjatowa, S. F. (Береснева, Л. А., Васильева, Л. Л., Девятова, С. Ф.), Неорган. матер. **15** (1979) 1406
[135] Gruehn, R., Z. analyt. Chem. **221** (1966) 146
[136] Arija, S. M., Akopjan, S. Ch., Wintroff, W., Z. anorg. allg. Chem. **352** (1967) 102
[137] Gossard, A. C., Disalvo, F. J., Erich, L. C., Yasuoka, H., Kosuge, K., Kachi, S., Phys. Rev. **B 10** (1974) 4178
[138] Stahlberg, U., 5th Intern. Symp. High Purity Materials in Science and Technology, Dresden, Mai 1980, Poster Abstracts, S. 232
[139] Kubsch, M., Herrmann, U., Stahlberg, R., 5th Intern. Symp. High Purity Materials in Science and Technology, Dresden, Mai 1980. Poster Abstracts, S. 224
[140] Tscherkaschenko, W. M., Kurmajew, Je. S., Fotijew, A. A., Wolkow, W L. (Черкашенко, В. М., Курмаев, Е. З., Фотиев, А. А., Волков, В. Л.), ФТТ **17** (1975) 280

[141] Werfel, F., Dissertation, Martin-Luther-Universität Halle, 1980
[142] Srivasta, B., Chase, L. L., Phys. Rev. Lett. **27** (1971) 727
[143] Aronow, A. G., Mirlin, D. N., Reschina, I. I., Tschudnowski, F. A. (Аронов, А. Г., Мирлин, Д. Н., Решина, И. И., Чудновский, Ф. А.), ФТТ **19** (1977) 193
[144] Fabbri, G., Baraldi, P., Anal. Chem. **44** (1972) 1325
[145] Reichelt, W., Oppermann, H., Wagner, H., Terukow, E. I., Wolf, E., Z. anorg. allg. Chem. **463** (1980) 199
[146] Mott, N. F., Metal-Insulator Transition. Taylor and Francis L.T.D., London 1974
[147] Wigner, E. P., Trans. Faraday Soc. **34** (1938) 678
[148] Verwey, E. J. W., Haayman, P. W., Physica **8** (1941) 979
[149] Hubbard, J., Proc. Roy. Soc. **A 276** (1963) 238; **A 277** (1964) 137; **A 281** (1964) 401; **A 285** (1965) 542; **A 296** (1967) 82, 100
[150] Anderson, P. W., Solid State Phys. **14** (1963) 99
[151] Brinkman, W. F., Rice, T. M., Phys. Rev. **B 2** (1970) 4302; **B 5** (1972) 4350
[152] Gutzwiller, M. C., Phys. Rev. **137A** (1965) 1726
[153] Chomski, D. I. (Хомский, Д. И.), ФТТ **19** (1977) 3160
[154] Chomski, D. I. (Хомский, Д. И.,) ФММ **29** (1970) 31
[155] Cyrot, M., Physica **91B** (1971) 141
[156] Jahn, H. A., Teller, E., Proc. Roy. Soc. **161** (1937) 220
[157] Gehring, G. A., Gehring, K. A., Rep. Progr. Phys. **38** (1975) 1
[158] Bersuker, I. B., Wechter, B. G., Ogurzow, I. Ja. (Берсукер, И. Б., Вехтер, Б. Г., Огурцов, И. Я.), УФН **116** (1975) 605
[159] Peierls, R. E., Quantum Theory of Solids. Clarendon Press, Oxford 1955. Russ. Übers. Leningrad 1956
[160] Bulajewski, L. N. (Булаевский, Л. Н.), УФН **115** (1975) 263
[161] Goodenough, J. B., J. Solid State Chem. **3** (1971) 490
[162] Kusmin, Je. W.; Owtschinnikow, S. G. (Кузьмин, Е. В., Овчинников, С. Г.), ФТТ **18** (1976) 750
[163] Owtschinnikow, S. G. (Овчинников, С. Г.), ЖЭТФ **78** (1980) 1435
[164] Adler, D., Brooks, H., Feinleib, J., Paul, W., Phys. Rev. **155** (1967) 826
[165] Aronow, A. G., Kudinow, Je. K. (Аронов, А. Г., Кудинов, Е. К.), ЖЭТФ **55** (1968) 1344
[166] Morinaga, M., Cohen, J. B., Acta Cryst. **A35** (1979) 975
[167] Anderson, B., Cojonnes, I., Taftö, J., Acta Cryst. **A30** (1974) 216
[168] Anderson, B., Cojonnes, I., Taftö, J., Acta Chem. Scand. **24** (1970) 3250
[169] Koch, P., Cohen, J. B., Acta Cryst. **B 25** (1969) 275
[170] Morinaga, M., Cohen, J. B., Acta cryst. **A35** (1979) 745
[171] Sakata, K., Sakata, T., Trans. Nat. Res. Inst. Metals (Japan) **10** (1968) 9
[172] Banus, M. D., Reed, T. B., The Chemistry of Extended Defects in Solids. (Ed. L. Eyring and M. O. Keeffe). North Holland Publishing Company, Amsterdam 1970, S. 488
[173] Mattheiss, L. F., Phys. Rev. **B 5** (1972) 290
[174] Neckel, A., Rastl, P., Weinberger, P., Eibler, R., Schwarz, K., Inst. für Techn. Elektrochem. Report Nr. 14, Wien 1974
[175] Kraan, D., Solid State Commun. **15** (1974) 99

[176] Wolf, G. W., Schirokowski, P. W.
(Вольф, Г. В., Широковский, П. В.), ФММ 48 (1979) 1127; 49 (1980) 641

[177] Banus, M. D., Reed, T. B., Strauss, A. J., Phys. Rev. **B 5** (1972) 2775

[178] Norword, T. E., Fry, I. L., Phys. Rev. **B2** (1970) 472

[179] Mott, N. F., Zinamon, Z., Rep. Progr. Phys. **B 3** (1970) 881

[180] Mott, N. F., Devis, A., Electronic Processes in Non-Cristalline Materials. Clarendon Press, Oxford 1971

[181] Goodenough, J. B., Progress in Solid State Chemistry (Ed. H. Reiss). Pergamon Press, Oxford **5** (1971) 145

[182] Kawano, S., Kosuge, K., Kachi, S., J. Phys. Soc. Japan **21** (1966) 2744

[183] Oktani, T., Kosuge, K., Kachi, S., J. Phys. Soc. Japan **46** (1979) 1029

[184] Honig, I. M., Wahnsiedler, W. E., Banos, M. D., Reed, T. B., J. Solid State Chem. **2** (1970) 74

[185] Wahnsiedler, W. E., Honig, I. M., J. Phys. Chem. Sol. **33** (1973) 1836

[186] Foex, M., Compt. Rend. Acad. Sci. Paris **223** (1946) 1126

[187] Launay, I. C., Pouchard, M., Ayroles, R., J. Cryst. Growth **36** (1976) 297

[188] Foex, M., Goldsztaub, S., Wey, R., Jaffzuy, I., Lyand, R., Wucher, I., J. Res. CNRS (Paris) **4** (1952) 237

[189] Moon, R. M., Phys. Rev. Lett. **25** (1970) 527

[190] McWhan, D. B., Rice, T. M., Remeika, I. P., Phys. Rev. Lett. **23** (1969) 384

[191] Dernier, P. D., Marezio, M., Phys. Rev. **B 2** (1970) 3771

[192] Dernier, P. D., J. Phys. Chem. Sol. **31** (1970) 2569

[193] Feinleib, I., Paul, W., Phys. Rev. **155** (1967) 841

[194] Andrianow, G. O., Aronow, A. G., Smirnowa, T. V., Tschudnowski, F. A., phys. stat. sol. (b) **60** (1973) 79

[195] Barker, A. S., Remeika, I. P., Solid State Commun. **8** (1970) 1521

[196] Kosyrewa, M. S., Nowikow, W. N., Tallertschik, B. A.
(Козырева, М. С., Новиков, В. Н., Таллерчик, Б. А.), ФТТ **14** (1972) 749

[197] Fan, I. C. C., Thesis Harvard University, 1972

[198] Walijew, K. A., Kopajew, Ju. W., Mokerow, W. G., Rakow, A. W.
(Валиев, К. А., Копаев, Ю. В., Мокеров, В. Г., Раков, А. В.), ЖЭТФ **60** (1971) 2175

[199] Shukerș, P., Yakoby, Y., Phys. Rev. **B14** (1976) 2211

[200] Balberg, I., Phys. Lett. **A 43** (1973) 497

[201] Mirlin, D. N., Reschina, I. I.
(Мирлин, Д. Н., Решина, И. И.), ФТТ **19** (1977) 201

[202] Kuroda, N., Fan, H. Y., Phys. Rev. **B 16** (1977) 5003

[203] Chase, L. L., Srivastava, R., Proc. Second Intern. Conf. on Light Scattering in Solids. Paris 1971, S. 308

[204] Owtschinnikow, S. G., Filatow, A. N.
(Овчинников, С. Г., Филатов, А. Н.), ФТТ **22** (1980) 328

[205] Kopajew, Ju. W., Timerow, R. N.
(Копаев, Ю. В., Тимеров, Р. Н.), ЖЭТФ **63** (1972) 293

[206] Goodenough, J. B., Proc. Tenth Intern. Conf. on the Physics of Semiconductors. Division of Technical Information, U.S. Atomic Energy Commission, Oak Ridge 1970, S. 304

[207] Nebenzahl, I., Weger, M., Phil. Mag. **24** (1971) 1119

[208] Ashkenazi, J., Chuchem, T., Phil. Mag. **32** (1975) 63

[209] Ashkenazi, J., Weger, M., J. Phys. (France), Colloq. 4, **37** (1976) C4–189

[210] Ashkenazi, J., Weger, M., Adv. Phys. **22** (1973) 207

[211] Gossard, A. C., Remeika, I. P., Solid State Commun. **15** (1974) 609

[212] Keer, H. V., Barros, H. L. C., Dickerson, D. L., Barfknecht, A. T., Honig, I. M., Mat. Res. Bull. **12** (1977) 137
[213] Jaffray, I., Lyand, R., Compt. Rend. Acad. Sci. Paris **233** (1951) 133
[214] Keer, H. V., Dickerson, D. L., Kuwamoto, H., Barros, H. L. C., Honig, I. M., J. Solid State Chem. **19** (1976) 95
[215] Wenger, L. W., Keesom, P. H., Phys. Rev. **B 12** (1975) 5288
[216] Andrejew, W. N., Tschudnowski, F. A., Petrow, A. W., Terukow, E. I., phys. stat. sol. (a) **48** (1978) K153
[217] McWhan, D. B., Remeika, I. P., Rice, T. M., Brinkman, W. F., Maita, I. P., Menth, A., Phys. Rev. Lett. **27** (1971) 941
[218] McWhan, D. B., Remeika, I. P., Maita, I. P., Okinaka, H., Kosuge, K., Kachi, S., Phys. Rev. **B 7** (1973) 326
[219] McWhan, D. B., Remeika, I. R., Bader, S. D., Triplett, B. B., Phillips, N. E., Phys. Rev. **B 7** (1973) 3079
[220] Shuse, W. P., Andrejew, A. A., Schelych, A. I.
(Жузе, В. П., Андреев, А. А., Шелых, А. И.), ФТТ **10** (1969) 2914
[221] Austin, I. G., Turner, C. E., Phil. Mag. **19** (1969) 939
[222] McWhan, D. B., Menth, A., Remeika, I. P., Brinkman, W. F., Rice, T. M., Phys. Rev. **B 7** (1973) 1920
[223] Pettifer, R. F., Pitt, G. D., Thomas, D., Vyas, M. K. R., Mat. Res. Bull. 8 (1973) 87
[224] McWhan, D. B., Rice, T. M., Phys. Rev. Lett. **22** (1969) 887
[225] Nowikow, W. N., Tallertschik, B. A., Gindin, Je. I., Prochwatirow, W. G.
(Новиков, В. И., Таллерчик, Б. А., Гиндин, Е. И., Прохватиров, В. Г.), ФТТ **12** (1971) 2061
[226] Kimizuka, N., Ishii, M., Saeki, M., Nakano, M., Nakahira, M., Solid State Commun. **12** (1973) 43
[227] Nakahira, M., Horiuchi, S., Ooshima, H., J. Appl. Phys. **41** (1970) 836
[228] Subkow, W. G., Matwijenko, I. I., Tallertschik, B. A., Geld, P. W.
(Зубков, В. Г., Матвиенко, И. И., Таллерчик, Б. А., Гельд, П. В.), ФТТ **10** (1971) 3426
[229] McWhan, D. B., Menth, A., Remeika, I. P., J. Phys. (France), Colloq. 1, **31** (1971) C1-1079
[230] Ueda, Y., Kosuge, K., Kachi, S., J. Solid State Chem. **31** (1980) 171
[231] Ueda, Y., Kosuge, K., Kachi, S., Shinjo, T., Takada, T., Mat. Res. Bull. **12** (1977) 87
[232] Castellani, C., Natoli, C. R., Ranninger, I., J. Phys. (France), Colloq. 4, **37** (1976) C4-199
[233] Andrejew, W. N., Aronow, A. G., Tschudnowski, F. A.
(Андреев, В. Н., Аронов, А. Г., Чудновский, Ф. А.), ЖЭТФ **8** (1971) 705
[234] Andreew, A., Brauer, G., phys. stat. sol. (b) **75** (1976) K115
[235] Capellman, H., phys. stat. sol. (b) **69** (1975) 439
[236] Andrejew, W. N., Aronow, A. G., Tschudnowski, F. A.
Андреев, В. Н., Аронов, А. Г., Чудновский, Ф. А.), ФТТ **12** (1970) 1557
[237] Andrejew, W. N., Tallertschik, B. A., Tschudnowski, F. A.
(Андреев, В. Н., Таллерчик, Б. А., Чудновский, Ф. А.), Письма ЖЭТФ **13** (1971) 527
[238] Honig, I. M., Van Zandt, L. L., Ann. Rev. Mater. Sci. **5** (1975) 225

[239] Sandomirski, W. B., Suchanow, A. A.
(Сандомирский, В. Б., Суханов, А. А.), Зарубетная радиоэлектроника **9** (1976) 68
[240] Bogomolow, W. N., Kudinow, Je. K., Mirlin, D. N., Firsow, Ju. A.
(Богомолов, В. Н., Кудинов, Е. К., Мирлин, Д. Н., Фирсов, Ю. А.), ФТТ **9** (1967) 2077
[241] Perlin, Ju. Je.
(Перлин, Ю. Е.), УФН **80** (1968) 554
[242] Agronowitsch, W. M.,
(Агронович, В. М.), Теория экситонов. НЗА. Наука, Moskau 1968
[243] Kawakubo, T., Yanagi, T., Nomura, S., J. Phys. Soc. Japan **15** (1960) 2102
[244] Loehman, R. E., Rao, C. N. R., Honig, I. M., J. Phys. Chem. **73** (1969) 1781
[245] Chandrashekhar, G. V., Shin, S. H., Jayaraman, A., Keem, I. E., Honig, I. M., phys. stat. sol. (a) **29** (1975) 323
[246] Tallertschik, B. A., Nowikow, W. N., Jegorowa, T. N.
(Таллерчик, Б. А., Новиков, В. Н., Егорова, Т. Н.), Электронная техника, сер. 8 **1** (1970) 97
[247] Pereljajew, W. A., Schweikin, G. P.
(Переляев, В. А., Швейкин, Г. П.), Неорган. матер. **7** (1971) 892
[248] Motorny, A. W., Tallertschik, B. A., Teslenko, S. P., Schustrow, B. A.
(Моторный, А. В., Таллерчик, Б. А., Тесленко, С. П., Шустров, Б. А.), ФТТ **17** (1975) 324
[249] Kuwamoto, H., Keer, M. V., Keem, I. E., Shivashankr, S. A., Van Zandt, L. L., Honig, I. M., J. Phys. (France), Colloq. 4, **37** (1976) C4—35
[250] Wertheim, G. K., Remeika, I. P., Guggenheim, H. J., Buchanan, P. N. E., Phys. Rev. Lett. **25** (1970) 94
[251] Jones, E. D., Phys. Rev. **137** (1965) **A 978**
[252] Rice, T. M., McWhan, D. B., Brinkman, W. F., Proc. Tenth Intern. Conf. on the Physics of Semiconductors. U.S. Atomic Energy Commission Division of Technical Information, Oak Ridge 1970, S. 293
[253] Mizoguchi, M., Jida, S., J. Phys. Soc. Japan **35** (1973) 302
[254] Jayaraman, A., McWhan, D. B., Remeika, I. P., Dernier, P. D., Phys. Rev. **B 2** (1970) 3751
[255] Jayaraman, A., Phys. Rev. **137** (1965) **A 179**
[256] Honig, I. M., Chandrashekhar, G. V., Sina, A. P. B., Phys. Rev. Lett. **32** (1974) 13
[257] Chandrashekhar, G. V., Sina, A. P. B., Honig, I. M., Phys. Rev. Lett. **A 47** (1974) 185
[258] McWhan, D. B., Jayaraman, A., Remeika, I. P., Rice, T. M., Phys. Rev. Lett. **34** (1975) 547
[259] Tschudnowski, F. A.
(Чудновский, Ф. А.), ЖТФ **45** (1975) 1561
[260] Zeiger, H. J., Phys. Rev. **B 11** (1975) 5132
[261] Andrianow, G. D., Dritschko, I. L., Leichtman, B. D.
(Андрианов, Г. Д., Дричко, И. Л., Лайхтман, Б. Д.), ЖЭТФ **12** (1978) 2037
[262] Menth, A., Remeika, I. P., Phys. Rev. **B 2** (1970) 3756
[263] Parette, G., Madhav Rao, L., Solid State Commun. **23** (1977) 179
[264] Kajzar, P., Parette, G., Solid State Commun. **25** (1978) 535
[265] Belbéoch, B., Kleinberger, R., Roulliay, M., Solid State Commun. **25** (1978) 1043

[266] ROBINSON, W. R., Acta Cryst. **B 31** (1975) 1153
[267] KERLIN, A. L., NAGASAWA, H., JEROME, D., Solid State Commun. **13** (1973) 1123
[268] RICE, C. E., ROBINSON, W. R., Phys. Rev. **B 13** (1976) 3655
[269] KACHI, S., KOSUGE, K., OKINAKA, H., J. Solid State Chem. **6** (1973) 258
[270] RAO, C. N. R., SUBBA, RAO G. V., Transition Metal Oxides, NSRDS-NBS (USA) **49** (1974)
[271] WADSLEY, A. D., Res. Pure Appl. Chem. **5** (1955) 165
[272] WADSLEY, A. D., Non-stoichiometric Compounds (Ed. MANDELCORN, C. L.) Academic Press, New York 1963
[273] MAGNÉLI, A., Acta Chem. Scand. **2** (1948) 501
[274] HORIUCHI, H., MORIMOTO, N., TOKONAMI, M., J. Solid State Chem. **17** (1976) 407
[275] HORIUCHI, H., TOKONAMI, M., MORIMOTO, N., NAGASAWA, K., BANDO, Y., TAKADA, T., Mat. Res. Bull. **6** (1971) 833
[276] MAREZIO, M., MCWHAN, D. B., DERNIER, P. D., REMEIKA, J. P., J. Solid State Chem. **6** (1973) 416
[277] HODEAU, J. L., MAREZIO, M., J. Solid State Chem. **23** (1978) 253
[278] MAREZIO, M., DERNIER, P. D., MCWHAN, D. B., KACHI, S., J. Solid State Chem. **11** (1974) 301
[279] GOSSARD, A. C., REMEIKA, J. P., Bull. Am. Phys. Soc. **17** (1972) 359
[280] GOSSARD, A. C., REMEIKA, J. P., RICE, T. M., YASUOKA, H., KOSUGE, K., KACHI, S., Phys. Rev. **B9** (1974) 1230
[281] HEIDEMANN, A., KOSUGE, K., KACHI, S., phys. stat. sol. (a) **35** (1976) 481
[282] SHOICHI, N., KEESOM, P. H., FAILE, S. P., Phys. Rev. **B 20** (1979) 2886
[283] KHATTAK, G. D., KEESOM, P. H., FAILE, S. P., Phys. Rev. **B 18** 11 (1978) 6181
[284] GRIFFING, B. F., FAILE, S. P., HONIG, J. H., Phys. Rev. **B 21** (1980) 154
[285] TERUKOW, JE. I., GAI, B., SCHNEIDER, D., FELTEN, G.
(Теруков, Е. И., Гай, Б., Шнайдер, Д., Фельтен, Г.), ФТТ **21** (1979) 3724
[286] SJÖSTRAND, M. E., KEESOM, P. H., Phys. Rev. **B7** (1973) 3358
[287] BONNER, J. C., FISCHER, M. E., Phys. Rev. **A 35** (1964) 640
[288] MILLER, W. I., PERELJAJEW, W. A., SCHWEIKIN, G. P., ALJAMOWSKI, S. I.
(Миллер, В. И., Переляев, В. А., Швейкин, Г. П., Алямовский, С. И.), Неорган. матер. **13** (1977) 566
[289] TERUKOW, E. I., TSCHUDNOWSKI, F. A., REICHELT, W., OPPERMANN, H., BRÜCKNER, W., BRÜCKNER, H. P., MOLDENHAUER, W., phys. stat. sol. (a) **37** (1976) 541
[290] TERUKOW, E. I., REICHELT, W., OPPERMANN, H., phys. stat. sol. (a) **45** (1978) K77
[291] MIYAHARA, Y., J. Phys. Soc. Japan **32** (1972) 629
[292] WOLF, E., OPPERMANN, H., REICHELT, W., TERUKOW, JE. I.
(Вольф, Е., Опперманн, Г., Райхельт, В., Теруков, Е. И.), Письма в ЖЭТФ **27** (1978) 159
[293] TERUKOW, E. I., REICHELT, W., WOLF, M., HEMSCHIK, H., OPPERMANN, H., phys. stat. sol. (a) **48** (1978) 377
[294] WOLF, M., REICHELT, W., BRÜCKNER, H. P., OPPERMANN, H., Phil. Mag. **43** (1981) 373
[295] ANDERSON, C. T., J. Am. Chem. Soc. **38** (1936) 564
[296] SHINJO, T., KOSUGE, K., J. Phys. Soc. Japan **21** (1966) 2622
[297] MCWHAN, D. B., MAREZIO, M., REMEIKA, J. P., DERNIER, P. D., Phys. Rev. **B 10** (1974) 490
[298] GUPTA, M., FREEMAN, A. J., ELLIS, D. E., Phys. Rev. **B16** (1977) 3338
[299] MATTIS, D. C., LANGER, W. D., Phys. Rev. Lett. **25** (1970) 376
[300] OWTSCHINNIKOW, S. G.
(Овчинников, С. Г.), ФТТ **21** (1979) 337

[301] Terukow, E. I., Reichelt, W., Ihle, D., Oppermann, H., phys. stat. sol. (b) **95** (1979) 431
[302] Terukow, E. I., Reichelt, W., Wolotzkoi, M. P., Tschudnowski, F. A., Oppermann, H., phys. stat. sol. (a) **41** (1977) 125
[303] Awerkin, A. A., Sanfirow, Ju. S., Terukow, Je. I., Tschudnowski, F. A. (Аверкин, А. А., Санфиров, Ю. З., Теруков, Е. И., Чудновский, Ф. А.), ФТТ **20** (1978) 3148
[304] Terukow, Je. I., Sanfirow, Ju. S., Sjusin, A. Ju. (Теруков, Е. И., Санфиров, Ю. З., Зюзин, А. Ю.), ФТТ **5** (1979) 1563
[305] Wonsowski, S. W. (Вонсовский, С. В.), Магнетизм. Наука, Moskau 1976
[306] Kitahiro, I., Watanabe, A., J. Phys. Soc. Japan **21** (1966) 2423
[307] Brückner, W., Wiesner, E., Moldenhauer, W., Reichelt, W., phys. stat. sol. (a) **44** (1977) K95
[308] Kachi, S., AIP Conf. Proc. **10** (1973) 714
[309] Brückner, W., Wich, H., Terukow, Je. I., Tschudnowski, F. A. (Брюкнер, В., Вихь, Г., Теруков, Е. И., Чудновский, Ф. А.), ФТТ **17** (1975) 2191
[310] Shimiso, T., J. Phys. Soc. Japan **23** (1967) 848
[311] Kartenko, N. F., Terukow, Je. I., Tschudnowski, F. A. (Картенко, Н. Ф., Теруков, Е. И., Чудновский, Ф. А.), ФТТ **18** (1976) 1874
[312] Brückner, W., Moldenhauer, W., Thuss, B., Försterling, G., phys stat. sol. (a) **35** (1976) K49
[313] Van Zandt, L. L., Honig, J. M., Ann. Rev. Mat. Sci. **4** (1974) 191
[314] Evans, B. I., AIP. Conf. Proc. **24** (1974) 73
[315] Tschudnowski, F. A., J. Phys. C: Solid State Phys. **11** (1978) L 99
[316] Aleksejew, W. A., Owtscharenko, W. T., Ryshkow, Ju. F. (Алексеев, В. А., Овчаренко, В. Т., Рыжков, Ю. Ф.), УФН **120** (1976) 699
[317] Pinkus, P., Solid State Commun. **11** (1972) 51
[318] Morin, F. J., Phys. Rev. Lett. **3** (1959) 34
[319] Hyland, G. J., J. Phys. C: Proc. Phys. Soc., Ser. 2, **1** (1968) 189
[320] Berglund, C. N., Guggenheim, H. J., Phys. Rev. **185** (1969) 1022
[321] Paul, W., Mat. Res. Bull. **5** (1970) 691
[322] Zylbersztejn, A., Mott, N. F., Phys. Rev. B **11** (1975) 4383
[323] Pouget, J. P., Launois, H., J. Phys. (France), Colloq. 4, **37** (1976) C4-49
[324] Brückner, W., Gerlach, U., Thuss, B., phys. stat. sol. (a) **40** (1977) K131
[325] Brückner, W., Dissertation B, Akademie der Wissenschaften der DDR, Zentralinstitut für Festkörperphysik und Werkstofforschung Dresden, 1978
[326] Brückner, W., Storbeck, I., Ufert, K.-D., Michalke, W., Steinbeiss, E., Bühling, D., Hermsdorfer Tech. Mitt. **19**, (1979) 1695
[327] Bugajew, A. A., Sachartschenja, B. P., Tschudnowski, F. A., (Бугаев, А. А., Захарченя, Б. П., Чудновский, Ф. А.), Фазовый переход металл–полупроводник и его применение. Наука, Leningrad 1979
[328] Brückner, W., Moldenhauer, W., Wich, H., Wolf, E., Oppermann, H., Gerlach, U., Reichelt, W., phys. stat. sol. (a) **29** (1975) 63
[329] Westman, S., Acta Chem. Scand. **15** (1961) 217
[330] Marezio, M., Dernier, P. D., McWhan, D. B., Remeika, J. P., Mat. Res. Bull. **5** (1970) 1015
[331] Andersson, G., Acta Chem. Scand. **10** (1956) 623
[332] Brückner, W., Kristall u. Technik **16** (1981) K28

[333] Andrejew, W. N., Smirnowa, T. W., Tschudnowski, F. A., phys. stat. sol. (b) **77** (1976) K 97
[334] Heckin, G., Bottom, R., Linnett, J. W., Nature **194** (1962) 678
[335] Minomura, S., Nagasaki, H., J. Phys. Soc. Japan **19** (1964) 131
[336] Kawakubo, T., Nakagawa, T., J. Phys. Soc. Japan **19** (1964) 517
[337] Kawada, I., Kimizuka, N., Nakahira, M., J. Appl. Cryst. **4** (1971) 343
[338] Kucharczyk, D., Niklewski, T., J. Appl. Cryst. **12** (1979) 370
[339] Hearn, C. J., Solid State Commun. **12** (1973) 53
[340] McBride, S. L., Hutchison, T. S., Murphy, R., Scripta Metallurgica 8 (1974) 431
[341] Umeda, J., Kusumoto, H., Narita, K., Yamada, E., J. Chem. Phys. **42** (1965) 1458
[342] Lynch, G. F., Segel, S. L., Sayer, M., J. Magn. Resonance **15** (1974) 8
[343] Lasukowa, N. I., Gubanow, W. A.
(Лазукова, Н. И., Губанов, В. А.), ЖСХ **18** (1977) 10
[344] Kosuge, K., J. Phys. Soc. Japan **22** (1967) 551
[345] Blaauw, C. W., Van der Woude, F., J. Phys. C: Solid State Phys. **7** (1974) 4361
[346] Pebler, J., Schmidt, K., Proc. Intern. Conf. Mössb. Spectr., Vol. 1, Krakau 1975, S. 531
[347] Pebler, J., Schmidt, K., Wasinski, H., Zeitschr. Naturforsch. **31b** (1976) 1367
[348] Pebler, J., Schmidt, K., Wasinski, H., Z. Naturforsch., **32b** (1977) 507
[349] Wiesner, E., Brückner, W., Thuss, B., Gerlach, U., phys. stat. sol. (a) **45** (1978) 123
[350] Kosuge, K., Ueda, Y., Kachi, S., Shinjo, T., Takada, T., Takano, M., J. Solid State Chem. **23** (1978) 105
[351] Lehnert, K., Unterricker, S., Hausbrand, J., Bericht, Zentralinstitut für Kernforschung Rossendorf **295** (1975) 94
[352] Mohsen, M., Prade, H., Andreeff, A., Unterricker, S., Hausbrand, J., Bericht, Zentralinstitut für Kernforschung Rossendorf **315** (1976) 95
[353] Brews, J. E., Phys. Rev. **B1** (1970) 2557
[354] Barker, A. S., Verleur, H. W., Guggenheim, H. J., Phys. Rev. Lett. **17** (1966) 1286
[355] Fillingham, P. J., J. Appl. Phys. **38** (1967) 4823
[356] Fisher, B., J. Phys. C: Solid State Phys. 8 (1975) 2072
[357] Fisher, B., J. Phys. C: Solid State Phys. **9** (1976) 1201
[358] Fisher, B., J. Magn. and Magn. Mat. **7** (1977) 326
[359] D'Haenens, J. P., Kaplan, D., Tuchendler, J., Solid State Commun. **15** (1974) 635
[360] Ablowa, M. S., Golubkow, A. W., Shuse, W. I., Schelych, A. I.
(Аблова, М. С., Голубков, А. В., Жузе, В. И., Шелых, А. И.), ФТТ **13** (1971) 3711
[361] Fujiyoshi, Y., Ishizuka, K., Uyeda, N., J. Electron Microsc. **26** (1977) 47
[362] Neuman, C. H., Lawson, A. W., Brown, R. F., J. Chem. Phys. **41** (1964) 1591
[363] Sasaki, J., Watanabe, A., J. Phys. Soc. Japan **19** (1964) 1748
[364] Bongers, P. F., Solid State Commun. **3** (1965) 275
[365] Kitahiro, I., Ohashi, T., Watanabe, A., J. Phys. Soc. Japan **21** (1966) 2422
[366] Ohashi, T., Watanabe, A., J. Am. Ceram. Soc. **49** (1966) 519
[367] Kabashima, S., Tsuchiya, Y., Kawakubo, T., J. Phys. Soc. Japan **22** (1967) 932
[368] Koide, S., Takei, H., J. Phys. Soc. Japan **22** (1967) 946
[369] Adler, P., Rev. Mod. Phys. **40**, 4 (1968) 714
[370] Hill, G. J., Martin, R. H., Phys. Lett. **27A** (1968) 34
[371] Everhart, C. R., McChesney, J. B., J. Appl. Phys. **39** (1968) 2872

[372] LADD, L. A., PAUL, W., Solid State Commun. **7** (1969) 425
[373] BERGLUND, C. N., JAYARAMAN, A., Phys. Rev. **185** (1969) 1034
[374] BANDO, Y., NAGASAWA, K., TAKATA, T., Japan J. Appl. Phys. **8** (1969) 663
[375] GUNTERSDORFER, M., Solid State Electronics **13** (1970) 369
[376] GUNTERSDORFER, M., Solid State Electronics **13** (1970) 355
[377] BORISSOW, B. S., KOREZKAJA, S. P., MOKEROW, W. G., RAKOW, A. W., SOLOWJEW, S. G.
(Борисов, Б. С., Корецкая, С. П., Мокеров, В. Г., Раков, А. В., Соловьев, С. Г.), ФТТ **12** (1970) 2209
[378] KLEINSCHMIDT, P., Phys. Lett. **47A** (1974) 205
[379] BLAAUW, C., LEENHOUTS, F., VAN DER WOUDE, F., Solid State Commun. **17** (1975) 559
[380] MILLER, W. I., BONDARENKO, W. M., PERELJAJEW, W. A., ALEKSEJUNAS, A. A., GETSCHJAUSKAS, S. I., SCHWEIKIN, G. P.
(Миллер, В. И., Бондаренко, В. М., Переляев, В. А., Алексеюнас, А. А., Гечяускас, С. И., Швейкин, Г. П.), Литовсий физический сборник **17** (1977) 639
[381] VILLENEUVE, G., LAUNAY, J.-C., HAGENMÜLLER, P., Solid State Commun. **15** (1974) 1683
[382] VERLEUR, H. W., BARKER, A. S., JR., BERGLUND, C. N., Phys. Rev. **172** (1968) 788
[383] POUGET, J. P., LAUNOIS, H., D'HAENENS, J. P., MERENDA, J. P., RICE, T. M., Phys. Rev. Lett. **35** (1975) 873
[384] WALIJEW, K. A., KOPAJEW, JU. W., MOKEROW, W. G., RAKOW, A. W.
(Валиев, К. А., Копаев, Ю. В., Мокеров, В. Г., Раков, А. В.), ФТТ **13** (1971) 421
[385] KOKIN, A. A.
(Кокин, А. А.), ФТТ **17** (1975) 1317
[386] KLEIN, A. P., J. Phys. C: Solid State Phys. **3** (1970) L66
[387] HEYWANG, W., GUNTERSDORFER, M., Helv. Phys. Acta **41** (1968) 908
[388] HENSLER, D. H., J. Appl. Phys. **39** (1968) 2354
[389] ROSEVEAR, W. H., PAUL, W., Phys. Rev. **B7** (1973) 2109
[390] CARUTHERS, E., KLEINMAN, L., ZHANG, H. I., Phys. Rev. **B 7** (1973) 3753
[391] MOLDENHAUER, W., BRÜCHNER, W., phys. stat. sol. (a) **38** (1976) K17
[392] VON SCHULTHESS, G., WACHTER, P., Solid State Commun. **15** (1974) 1645
[393] KAMINSKI, W. W., TERUKOW, JE. I., SCHELYCH, A. I.
(Каминский, В. В., Теруков, Е. И., Шелых, А. И.), ФТТ **22** (1980) 1686
[394] KABASHINA, S., GOTO, T., NISHIMURA, K., KAWAKUBO, T., J. Phys. Soc. Japan **32** (1972) 158
[395] PALMIER, J. F., BALLINI, Y., MERENDA, P., Solid State Commun. **14** (1974) 575
[396] MANSINGH, A., SINGH, R., SAYER, M., phys. stat. sol. (a) **49** (1978) 773
[397] ZYLBERSZTEJN, A., PANNETIER, B., MERENDA, P., Phys. Lett. **54A** (1975) 145
[398] SCHAPOWALOW, W. W.
(Шаповалов, В. В.), Неорган. матер. **13** (1977) 2278
[399] MACCHESNEY, J. B., POTTER, J. F., GUGGENHEIM, H. J., Solid State Sci. **115** (1965) 52
[400] BALBERG, I., ABELES, B., ARIE, Y., Thin Solid Films **24** (1974) 307
[401] MACIAXOWICZ, A., IGNATOWICZ, S. A., KUŹMA, C., SCHMIDT, B., Elektronika **16** (1975) 359
[402] SERBINOV, I. A., RYABOVA, L. A., SAVITSKAYA, YA. S., Thin Solid Films, **27** (1975) 171

[403] Adler, D., Feinleib, J., Brooks, H., Paul, W., Phys. Rev., **155** (1967) 851
[404] Bühling, D., Le Vide **31** (1976) 185
[405] Terukow, Je. I., Ufert, K. D., Tschudnowski, F. A.
(Теруков, Е. И., Уферт, К. Д., Чудновский, Ф. А.), ФТТ **18** (1976) 2479
[406] Tschugunowa, M. Je., Shdan, A. G., Jelinson, W. M.
(Чугунова, М. Е., Ждан, А. Г., Елинсон, В. М.), Микроэлектроника **5** (1976) 558
[407] Hudes, I., Lefkowitz, I., Hensler, D., Ferroelectrics **16** (1977) 257
[408] Remke, R. L., Walser, R. M., Bené, R. W., Thin Solid Films **61** (1979) 73
[409] Bilenko, D. I., Sharkowa, E. A., Chassina, Je. I., Borissow, S. P., Stalmachow, A. W.
(Биленко, Д. И., Жаркова, Э. А., Хасина, Е. И., Борисов, С. П., Стальмахов, А. В.), Микроэлектроника **8** (1979) 74
[410] Mokerow, W. G., Begischew, A. R., Ignatjew, A. S.
(Мокеров, В. Г., Бегишев, А. Р., Игнатьев, А. С.), ФТТ **22** (1980) 92
[411] Ufert, K.-D., Terukow, E. I., phys. stat. sol. (a) **40** (1977) K 157
[412] Ufert, K.-D., phys. stat. sol. (a) **42** (1977) 187
[413] Lanskaja, T. G., Suworow, A. W., Terukow, Je. I.
(Ланская, Т. Г., Суворов, А. В., Теруков, Е. И.), Письма в ЖТФ **4** (1978) 108
[414] Abrojan, I. A., Welitschko, W. Ja., Gawriljuk, A. I., Sachartschenja, B. P., Tschudnowski, F. A.
(Аброян, И. А., Величко, В. Я., Гаврилюк, А. И., Захарченя, Б. П., Чудновский, Ф. А.), Письма в ЖТФ **4** (1978) 565
[415] Antropow, A. Je., Afonin, O. F., Gawriljuk, A. I., Sachartschenja, B. P., Tschudnowski, F. A., Schawer, I. Ch.
(Антропов, А. Е., Афонин, О. Ф., Гаврилюк, А. И., Захарченя, Б. П., Чудновский, Ф. А., Шавер, И. Х.), Письма в ЖТФ **4** (1978) 561
[416] Begischew, A. P., Galijew, G. B., Ignatjew, A. S., Mokerow, W. G., Poschin, W. G.
(Бегишев, А. Р., Галиев, Г. Б., Игнатьев, А. С., Мокеров, В. Г., Пошин, В. Г.), ФТТ **20** (1978) 1643
[417] Suworow, A. W., Terukow, Je. I.
(Суворов, А. В., Теруков, Е. И.), Письма в ЖТФ **4** (1978) 1335
[418] Begischew, A. R., Ignatjew, A. S., Mokerow, W. G.
(Бегишев, А. Р., Игнатьев, А. С., Мокеров, В. Г.), Письма в ЖТФ **5** (1979) 42
[419] Amirkhanow, H. I., Abdullajew, M. A., Terukow, E. I., 5th Intern. Symp. High Purity Materials in Science and Technology, Dresden, Mai 1980, Poster Abstracts, S. 102
[420] Umeda, J., Ashida, S., Kusomoto, H., Narita, K., J. Phys. Soc. Japan **21** (1966) 1461
[421] Fabritschnyi, P. B., Bayard, M., Pouchard, M., Hagenmuller, P., Solid State Commun. **14** (1974) 603
[422] Hoschek, E., Klemm, W., Z. anorg. allg. Chem. **242** (1939) 63
[423] Rüdorff, W., Walter, G., Stadler, J., Z. anorg. allg. Chem. **297** (1958) 1
[424] Grossmann, G., Proskorenko, O. W., Arya, S. M., Z. anorg. allg. Chem. **305** (1960) 121
[425] Kosuge, K., Takata, T., Kachi, S., J. Phys. Soc. Japan **18** (1963) 318

[426] Pouget, J. P., Lederer, P., Schreiber, D. S., Launois, H., Wohlleben, D., Casalot, A., Villeneuve, G., J. Phys. Chem. Sol. **33** (1972) 1961

[427] Villeneuve, G., Drillon, M., Hagenmuller, P., Nygren, M., Pouget, J. P., Carmona, F., Delhaes, P., J. Phys. C: Solid State Phys. **10** (1977) 3621

[428] Goodenough, J. B., Phys. Rev. **117** (1960) 1442

[429] Kubo, R., Obata, Y., J. Phys. Soc. Japan **11** (1956) 547

[430] Ford, C. J., Segel, S. L., Seymour, E. F. W., Hyland, G. J., Phys. kondens. Mat. **14** (1972) 111

[431] Hearn, C. J., Hyland, G. J., Phys. Lett. **A 43** (1973) 87

[432] Cook, O. A., J. Ann. Chem. Soc. **69** (1947) 331

[433] Chandrashekar, G. U., Baroos, H. L. C., Honig, J. M., Mat. Res. Bull. 8 (1973) 369

[434] Coey, J. M. D., Roux-Buissom, H., Schlenker, C., Lakkis, S., Dumas, J., Rev. Gen. Therm. Fr. **15** (1976) 1013

[435] Surikow, W. I., Miller, I. I., Jarosch, E. M., Surikow, Wal. I., Kondratjewa, N. E.
(Суриков, В. И., Миллер, И. И., Ярош, Э. М., Суриков, Вал. И., Кондратьева, Н. Е.), ФТТ **21** (1979) 1863

[436] Klemm, W., Grimm, L., Naturwissenschaften **27** (1939) 787

[437] Rao, C. N. R., Natarajan, M., Subba, Rao, G. V., Loehman, R. E., J. Phys. Chem. Sol. **32** (1971) 1147

[438] Pouget, J. P., Launois, H., Rice, T. M., Dernier, P., Gossard, A., Villeneuve, G., Hagenmuller, P., Phys. Rev. **B 10** (1974) 1801

[439] Kosuge, K., Kachi, S., Mat. Res. Bull. **11** (1976) 255

[440] Pintchovski, F., Glausinger, W. S., Navrotsky, A., J. Phys. Chem. Sol. **39** (1978) 941

[441] Krishna Rao, K. V., Nagender Naidu, S. V., Iyeger, L., J. Phys. Soc. Japan **23** (1967) 1380

[442] Hazony, Y., Perkins, H. K., J. Appl. Phys. **41** (1970) 5130

[443] Hearn, C. J., Solid State Commun. **13** (1973) 1139

[444] Marezio, M., McWhan, D. B., Remeika, J. P., Dernier, P. D., Phys. Rev. **B 5** (1972) 2541

[445] Hearn, C. J., J. Phys. C: Solid State Phys. **5** (1972) 1317

[446] Terauchi, H., Cohen, J. B., Phys. Rev. B **17** (1978) 2494

[447] Prieur, J. Y., Seznec, P., Ziolkiewicz, S., J. Phys. Lett. **38** (1977) L 25

[448] Weiss, L., Bericht, Zentralinstitut für Kernforschung Rossendorf **295** (1975) 92

[449] Goodenough, J. B., Ann. Rev. Mat. Sci. **1** (1971) 101

[450] Mitra, T. K., Chatterjee, S., Hyland, G. J., Phys. Lett. **37 A** (1971) 221

[451] Chatterjee, S., Mitra, T. K., Hyland, G. J., Phys. Lett. **42 A** (1972) 56

[452] Mitra, T. K., Chatterjee, S., Hyland, G. J., Canad. J. Phys. **51** (1973) 352

[453] Altanhan, T., Hyland, G. J., Phys. Lett. **61 A** (1977) 426

[454] Brown, P. J., Ziebeck, K. R. A., J. Phys. C: Solid State Phys. **11** (1978) 2791

[455] Caruthers, E., Kleinman, L., Phys. Rev. **B 7** (1973) 3760

[456] Sommers, C., de Groot, R., Kaplan, D., Zylbersztejn, A., J. Phys. (France), Lett. **36** (1975) L 157

[457] Sommers, C., Doniach, S., Solid State Commun. **28** (1978) 133

[458] Gupta, M., Ellis, D. E., Phys. Rev. **B 13** (1976) 3405

[459] Lasukowa, N. I., Gubanow, W. A., Solid State Commun. **20** (1976) 649

[460] Gubanow, W. A., Ellis, D. E.
(Губанов, В. А., Еллис, Д. Е.), ЖСХ **17** (1976) 962

[461] Gubanow, W. A., Lasukowa, N. I., Kurmajew, E. Z., J. Solid State Chem. **19** (1976) 1

[462] Slater, J. C., Johnson, K. H., Phys. Rev. **B 5** (1972) 844
[463] Mirlin, D. N.
(Мирлин, Д. Н.), ФТТ **10** (1968) 3697
[464] Gavini, A., Kwan, C. C. Y., Phys. Rev. **B 5** (1972) 3138
[465] Begischew, A. R., Mokerow, W. G.
(Бегишев, А. Р., Мокеров, В. Г.), ФТТ **12** (1975) 3647
[466] Mokerow, W. G., Saraikin, W. W.
(Мокеров, В. Г., Сарайкин, В. В.), ФТТ **18** (1976) 1801
[467] Merenda, P., Kaplan, D., Sommers, C., J. Phys. (France) Colloq. 4, **37** (1976) C4-59
[468] Doroshko, Je. W., Sawizki, W. G.
(Дорожко, Е. В., Савицкии, В. Г.), ФТТ **19** (1977) 1150
[469] Mokerow, W. G., Begischew, A. R.
(Мокеров, В. Г., Бегишев, А. Р.), ФТТ **22** (1980) 1079
[470] Roach, W. R., Balberg, J., Solid State Commun. **9** (1971) 551
[471] Heidinger, W., Gross, D., Thin Solid Films **12** (1972) 433
[472] Serbinow, I. A., Kanajew, I. F., Malinowski, W. K., Rjabowa, L. A.
(Сербинов, И. А., Канаев, И. Ф., Малиновский, В. К., Рябова, Л. А.), Микроэлектроника **6** (1973) 562
[473] Smith, A. W., Appl. Phys. Lett. **23** (1973) 437
[474] Balberg, I., Trokman, S., J. Appl. Phys. **46** (1975) 2111
[475] Bilenko, D. I., Belobrowaja, O. Ja., Sharkowa, E. A., Rjabowa, L. A., Serbinow, I. A., Chassina, Je. I.
(Биленко, Д. И., Белобровая, О. Я., Жаркова, Э. А., Рябова, Л. А., Сербинов, И. А., Хасина, Е. И.), ФТТ **18** (1976) 1982
[476] Bilenko, D. I., Sharkowa, E. A., Rjabowa, L. A., Serbinow, I. A., Chassina, Je. I.
(Биленко, Д. И., Жаркова, Э. А., Рябова, Л. А., Сербинов, И. А., Хасина, Е. И.), Письма в ЖТФ **2** (1976) 638
[477] Bilenko, D. I., Sharkowa, E. A., Rjabowa, L. A., Serbinow, I. A., Chassina, Je. I.
(Биленко, Д. И., Жаркова, Э. А., Рябова, Л. А., Сербинов, И. А., Хасина, Е. И.), Письма в ЖТФ **2** (1976) 1092
[478] Bugajew, A. A., Sachartschenja, B. P., Tschudnowski, F. A.
(Бугаев, А. А., Захарченя, Б. П., Чудновский, Ф. А.), Письма в ЖТФ **2** (1976) 341
[479] Bugajew, A. A., Gawriljuk, A. I., Gurjanow, A. A., Sachartschenja, B. P., Tschudnowski, F. A.
(Бугаев, А. А., Гаврилюк, А. И., Гурьянов, А. А., Захарченя, Б. П., Чудновский, Ф. А.), Письма в ЖТФ **4** (1978) 65
[480] Bühling, D., Hermsdorfer Tech. Mitt. **17** (1976) 1421
[481] Walijew, K. A., Mokerow, W. G., Saraikin, W. W., Petrowa, A. G.
(Валиев, К. А., Мокеров, В. Г., Сарайкин, В. В., Петрова, А. Г.), ФТТ **19** (1977) 2537
[482] Beresnewa, L. A., Wassiljewa, L. L., Dewjatowa, S. F., Pankin, W. G., Switaschew, K. K., Schwarz, N. L.
(Береснева, Л. А., Васульева, Л. Л., Девятова, С. Ф., Панькин, В. Г., Свиташев, К. К., Шварц, Н. Л.), Письма в ЖТФ **3** (1977) 420
[483] Gerbschtein, Ju. M., Smirnowa, T. W., Terukow, Je. I., Tschudnowski, F. A.
(Гербштейн, Ю. М., Смирнова, Т. В., Теруков, Е. И., Чудновский, Ф. А.), ФТТ **18** (1976) 503

[484] Gerbstein, Ju. M., Smirnowa, T. W., Tschudnowski, F. A. (Гербштейн, Ю. М., Смирнова, Т. В., Чудновский, Ф. А.), Письма в ЖЭТФ **25** (1977) 474
[485] Maruani, A., Merenda, P., Voos, M., Solid State Commun. **17** (1975) 1485
[486] Powell, P. J., Berglund, C. N., Spicev, W. E., Phys. Rev. **178** (1969) 1410
[487] Blaauw, C., Leenhouts, F., Van Der Woude, F., Sawatzky, G. A., J. Phys. C: Solid State Phys. **8** (1975) 459
[488] Wertheim, G. K., Campagna, M., Guggenheim, H. J., Remeika, J. P., Buchanan, D. N. E., AIP Conf. Proc. **24** (1975) 235
[489] Brümmer, O., Werfel, F., Forschungsbericht, Martin-Luther-Universität Halle, 1975
[490] Vasudevan, S., Hegde, M. S., Rao, C. N. R., Solid State Commun. **27** (1978) 131
[491] Norian, K. H., Hazell, L. B., Thin Solid Films **54** (1978) L 9
[492] Sawatzky, G. A., Post, D., Phys. Rev. **B 20** (1979) 1546
[493] Fischer, D. W., J. Appl. Phys. **40** (1969) 4151
[494] Cherkashenko, W. M., Doligh, W. E., Kurmaew, E. S., Fotiew, A. A., J. Solid State Chem. **22** (1977) 217
[495] Cizek, A., Wolf, M., phys. stat. sol. (b) **69** (1975) K 105
[496] Blau, M., Tsur, D., Weger, M., Ashkenazi, J., Merenda, P., J. Phys. C: Solid State Phys. **10** (1977) 3305
[497] Breuer, K., Tews, W., Steinbeiss, E., phys. stat. sol. (b) **73** (1976) K 95
[498] Hearn, C. J., Phys. Lett. **38 A** (1972) 447
[499] Owtschinnikow, S. G., Kusmin, Je. W. (Овчинников, С. Г., Кузьмин, Е. В.), ФТТ **17** (1975) 1250
[500] Hyland, G. J., Rev. Mod. Phys. **40** (1968) 739
[501] Zinamon, Z., Mott, N. F., Phil. Mag. **21** (1970) 881
[502] Paquet, D., Keroux-Hugin, P., Ferroelectrics **26** (1981) 681
[503] Kimizuka, N., Ishii, M., Kawada, I., Saeki, M., Nakahira, M., J. Solid State Chem. **9** (1974) 69
[504] Kwan, C. C. Y., Griffith, C. H., Eastwood, H. K., Appl. Phys. Lett. **20** (1972) 93
[505] Mattern, N., Akademie der Wissenschaften der DDR, Dissertation, Zentralinstitut für Festkörperphysik und Werkstofforschung Dresden, 1978
[506] Rüdorff, W., Märklin, J., Z. anorg. allg. Chem. **334** (1964) 142
[507] Magnéli, A., Proceedings of Buhl International Congress on Materials. Gordon and Breach, New York 1964, S. 109
[508] Gannon, J. R., Tilley, R. J. D., J. Solid State Chem. **25** (1978) 301
[509] Mokerow, W. G., Begischew, A. R., Ignatjew, A. S. (Мокеров, В. Г., Бегишев, А. Р., Игнатьев, А. С.), ФТТ **21** (1979) 1482
[510] Wolf, M., Bericht 1977, unveröffentlicht
[511] Rüdorff, W., Kornelson, H., Angew. Chem. intern. Edit. **7** (1968) 229
[512] Villeneuve, G., Bordet, A., Casalot, A., Pouget, J. P., Launois, H., Lederer, P., J. Phys. Chem. Sol. **33** (1972) 1593
[513] Lederer, P., Launois, H., Pouget, J. P., Casalot, A., Villeneuve, G., J. Phys. Chem. Sol. **33** (1972) 1969
[514] Rao, C. N. R., Rama Rao, G., Indian J. Pure Appl. Phys. **41** (1973) 368
[515] Comes, R., Felix, P., Lambert, M., Villeneuve, G., Acta Cryst. **A 30** (1974) 55
[516] Magarino, J., Tuchendler, J., D'Haenens, J. P., Phys. Rev. **B 14** (1976) 865
[517] Prodan, A., Marinković, V., Prosek, M., Mat. Res. Bull. **8** (1973) 551
[518] Chamberland, B. L., Mat. Res. Bull. **6** (1971) 425

[519] Bayard, M. L. F., Reynolds, T. G., Vlasse, M., McKinzie, H. L., Arnott, R. J., Wold, A., J. Solid State Chem. **3** (1971) 484
[520] Bayard, M., Pouchard, M., Hagenmuller, P., Wold, A., J. Solid State Chem. **12** (1975) 41
[521] Nygren, M., Israelsson, M., Mat. Res. Bull. **4** (1969) 881
[522] Israelsson, M., Kihlborg, L., Mat. Res. Bull. **5** (1970) 19
[523] Nil, J., Wakihara, M., Taniguchi, M., Mat. Res. Bull. **14** (1979) 1069
[524] Pebler, J., Schmidt, K., Weiser, G., phys. stat. sol. (a) **56** (1979) 457
[525] Brückner, W., Gerlach, U., Moldenhauer, W., Brückner, H.-P., Thuss, B., Oppermann, H., Wolf, E., Storbeck, I., J. Phys. (France), Colloq. 4, **37** (1976) C4-63
[526] Galy, J., Casalot, A., Darriet, J., Hageemuller, P., Bull. Soc. Chim. France **1** (1967) 227
[527] Kitahiro, I., Watanabe, A., Japan. J. Appl. Phys. **6** (1967) 1023
[528] Mitsuishi, T., Japan. J. Appl. Phys. **6** (1967) 1060
[529] Futaki, H., Aoki, M., Japan. J. Appl. Phys. **8** (1969) 1008
[530] Villeneuve, G., Bordet, A., Casalot, A., Hagenmuller, P., Mat. Res. Bull. **6** (1971) 119
[531] Villeneuve, G., Drillon, M., Hagenmuller, P., Mat. Res. Bull. **8** (1973) 1111
[532] Goodenough, J. B., Hong, H. Y. P., Phys. Rev. **B 8** (1973) 1323
[533] Rice, T. M., AIP Conf. Proc. **10** (1973) 1406
[534] Reyes, J. M., Marko, J. R., Sayer, M., Solid State Commun. **13** (1973) 1953
[535] D'Haenens, J. P., Kaplan, D., Merenda, P., J. Phys. C: Solid State Phys. **8** (1975) 2267
[536] Reyes, J. M., Segel, S. L., Sayer, M., Canad. J. Phys. **54** (1976) 1
[537] Pollert, E., Villeneuve, G., Czech. J. Phys. **B 26** (1976) 1077
[538] Drillon, M., Villeneuve, G., Mat. Res. Bull. **9** (1974) 1199
[539] Villeneuve, G., Drillon, M., Launay, J. C., Marquestaut, E., Hagenmuller., P., Solid State Commun. **17** (1975) 657
[540] Reyes, J. M., Segel, S. L., Sayer, M., J. Solid State Chem. **12** (1975) 298
[541] Ghedira, M., Chenavas, J., Marezio, M., J. Phys. C: Solid State Phys. **10** (1977) L 309
[542] Ghedira, M., Vincent, H., Marezio, M., Launay, J. C., J. Solid State Chem. **22** (1977) 423
[543] Brückner, W., Gerlach, U., Moldenhauer, W., Brückner, H.-P., Mattern, N., Oppermann, H., Wolf, E., phys. stat. sol. (a) **38** (1976) 93
[544] Brückner, W., Brückner, H.-P., Gerlach, U., Thuss, B., Försterling, G., phys. stat. sol. (a) **38** (1976) K13
[545] Pierce, J. W., Goodenough, J. B., Phys. Rev. **B 5** (1972) 4104
[546] Marezio, M., Dernier, P. D., Acta Cryst. **A 29** (1973) 618
[547] Terukow, Je. I., Sanfirow, Ju. S., Owtschinnikow, S. G., Sjusin, A. Ju., Gerlach, U.
(Теруков, Е. И., Санфиров, Ю. З., Овчинников, С. Г., Зюзин, А. Ю., Герлах, У.), ФТТ **21** (1979) 717
[548] Terukow, Je. I., Owtschinnikow, S. G., Sjusin, A. Ju., Gerlach, U., Oppermann, H., Reichelt, W.
(Теруков, Е. И., Овчинников, С. Г., Зюзин, А. Ю., Герлах, У., Опперманн, Г., Райхельт, В.), ФТТ **22** (1980) 1374
[549] Fabritschny, P. B., Bayard, M., Puochard, M., Babeschkin, A. M., Hagenmuller, P.
(Фабричный, П. Б., Вайяр, М., Пушар, М., Бабешкин, А. М., Хагенмюллер, П.), ФТТ **16** (1974) 2109

[550] CHAKRAVERTY, B. K., Solid State Commun. **18** (1976) 1209

[551] MERENDA, P., SOL, N., J. Cryst. Growth **40** (1977) 195

[552] UMEDA, J., KUSUMOTO, H., NARITA, K., J. Phys. Soc. Japan Suppl. **21** (1966) 619

[553] GOTO, T., NISHIMURA, K., KABASHIMA, S., KAWAKUBO, T., J. Phys. Soc. Japan **28** (1970) 933

[554] GOTO, T., NISHIMURA, K., KABASHIMA, S., KAWAKUBO, T., J. Phys. Soc. Japan **30** (1971) 1654

[555] CHASE, L. L., Phys. Lett. **46A** (1973) 215

[556] HÖRLIN, T., NIKLEWSKI, T., NYGREN, M., Acta Cryst. **A 31** (1975) S. 82

[557] HÖRLIN, T., NIKLEWSKI, T., NYGREN, M., J. Phys. (France), Colloq. 4, **37** (1976) C4-69

[558] KRISTENSEN, I. K., J. Appl. Phys. **39** (1968) 5341

[559] PRODAN, A., MARINKOVIĆ, V., PROSEK, M., Mat. Res. Bull. **9** (1974) 121

[560] BRÜCKNER, W., MOLDENHAUER, W., OPPERMANN, H., phys. stat. sol. (a) **47** (1978) K129

[561] BRÜCKNER, W., phys. stat. sol. (a) **30** (1975) K29

[562] PEBLER, J., SCHMIDT, K., Z. Naturforsch. **32b** (1977) 711

[563] PEBLER, J., SCHMIDT, K., Z. Naturforsch. **32b** (1977) 1125

[564] PEBLER, J., SCHMIDT, K., phys. stat. sol. (a) **56** (1979) 75

[565] NEURGAONKAR, R. R., ROY, R., Mat. Res. Bull. **11** (1976) 361

[566] NEURGAONKAR, R. R., ROY, R., J. Inorg. Nucl. Chem. **39** (1977) 787

[567] SOLOTUHINA, L. W., PLETNEW, R. N., CHIRKOW, A. K., Spectrosc. Lett. **10** (1977) 841

[568] KAPUSTKIN, W. K., FOTIJEW, A. A., SOLOTUCHINA, L. W., PLETNEW, R. P. (Капусткин, В. К., Фотиев, А. А., Золотухина, Л. В., Плетнев, Р. П.), Неорган. матер. **13** (1977) 2065

[569] HOLZ, A., PENSON, K. A., BENNEMANN, K. H., Phys. Rev. **B16** (1977) 3999

[570] HOLZ, A., PENSON, K. A., BENNEMANN, K. H., J. Magn. and Magn. Mat. **7** (1978) 329

[571] KÖHLER, P., PEBLER, J., SCHMIDT, K., J. Solid State Chem. **28** (1979) 279

[572] BAYARD, M., POUCHARD, M., HAGENMULLER, P., J. Solid State Chem. **12** (1975) 31

[573] AEBI, F., Helv. Chim. Acta **31** (1948) 8

[574] DERNIER, P. D., Mat. Res. Bull. **9** (1974) 995

[575] FIERSMANS, L., CLAUWS, P., LAMBRECHT, W., VAN DEN BROUCKE, L., VENNIK, J., phys. stat. sol. (a) **59** (1980) 485

[576] KAWADA, I., NAKANO, M., SAEKI, M., ISHII, M., KIMIZUKA, N., NAKAHIRA, M., J. Less-Common Metals **32** (1973) 171

[577] HORIUCHI, S., MATSUI, Y., Phil. Mag. **30** (1974) 777

[578] HORIUCHI, S., SAEKI, M., MATSUI, Y., NAGATA, F., Acta Cryst. **A31** (1975) 660

[579] COLPAERT, M. N., CLAUWS, P., FIERMANS, L., VENNIK, J., Surface Sci. **36** (1973) 513

[580] KACHI, S., TAKADA, T., KOSUGE, K., J. Phys. Soc. Japan **18** (1963) 1839

[581] KANAZAWA, K. K., Bull. Am. Phys. Soc. **12** (1967) 1120

[582] BRÜCKNER, W., BRÜCKNER, H.-P., MOLDENHAUER, W., Kristall u. Technik **11** (1976) K33

[583] TRIDOT, G., TUDO, J., Compt. Rend. Acad. Sci. Paris **263** Ser. **C** (1966) 421

[584] TODA, T., KOSUGE, K., KACHI, S., Nippon Kagaku, Zasshi **87** (1966) 1311

[585] WALTERSSON, K., FORSLUND, B., WILHELMI, K.-A., ANDERSSON, S., GALY, J., Acta Cryst. **B30** (1974) 2644

[586] CASALOT, A., Mat. Res. Bull. **7** (1972) 903

[587] VAN HOVE, W., CLAUWS, P., VENNIK, J., phys. stat. sol. (a) **59** (1980) 469

[588] NISHIHARA, H., UEDA, Y., KOSUGE, K., YASUOKA, H., KACHI, S., Techn. Rept. ISSP (Japan) **A 962** (1979)

[589] EDWARDS, R. P., SIENKO, M. J., BAYARD, M., Solid State Commun. **21** (1977) 525–528

[590] HEIDEMANN, A., KOSUGE, K., UEDA, Y., KACHI, S., phys. stat. sol. (a) **39** (1977) K37

[591] THEOBALD, F., CABALA, R., BERNARD, J., Compt. Rend. Acad. Sci. Paris **269** Ser. C (1969) 1209

[592] GRYMONPREZ, G., FIERMANS, L., VENNIK, J., Acta Cryst. **A 33** (1977) 834

[593] UEDA, Y., KOSUGE, K., KACHI, S., Mat. Res. Bull. **11** (1976) 293

[594] VAN HOVE, W., CLAUWS, P., VENNIK, J., Solid State Commun. **33** (1980) 11

[595] GELBSCHTEIN, A. I., MISCHTSCHENKO, JU. A., GOLDSCHTEIN, N. D. (Гельбштейн, А. И., Мищенко, Ю. А., Гольдштейн, Н. Д.), Докл. АН СССР **206** (1972) 374

[596] BORESKOW, G. K., MORSCHTSCHNOW, W. I. (Боресков, Г. К., Морщнов, В. И.), Докл. АН СССР **213** (1973) 112

[597] SCHEFTEL, I. T. (Шефтель, И. Т.), Терморезисторы. Наука, Moskau 1973

[598] SAWIZKI, W. T., PLJAZKO, G. W., KOTLJARTSCHUK, B. K. (Савицкий, В. Т., Пляцко, Г. В., Котлярчук, Б. К.), ЖТФ **49** (1979) 861

[599] GAWRILJUK, A. K., TSCHUDNOWSKI, F. A. (Гаврилюк, А. К., Чудновский, Ф. А.), Письма в ЖТФ **3** (1977) 174

[600] BOOTZ, B., FINKENRATH, H., FRANZ, G., UHLE, N., Solid State Commun. **13** (1973) 1477

[601] WINOGRADOW, A. A., SCHELYCH, A. I. (Виноградов, А. А., Шелых, А. И.), ФТТ **13** (1971) 3310

[602] WOLSHENSKI, D. S., PASCHTSCHKORSKI, M. W. (Волженский, Д. С., Пащкорский, М. В.), ФТТ **11** (1969) 1168

[603] JOFFÉ, W. A., PATRINA, I. B., phys. stat. sol. **40** (1970) 389

[604] TOURKY, A. R., HANAFI, Z., ALZEWEL, K., Z. Phys. Chem. **B242** (1969) 305

[605] KISLOWSKI, L. D., ABDULAJEW, A. A. (Кисловский, Л. Д., Абдулаев, А. А.), Оптика и спектроскопия **29** (1970) 737

[606] TSCHERNENKO, I. M., IWON, A. I. (Черненко, И. М., Ивон, А. И.), ФТТ **17** (1975) 1452

[607] TSCHERNENKO, I. M., IWON, A. I. (Черненко, И. М., Ивон, А. И.), ФТТ **16** (1974) 2130

[608] TSCHERNENKO, I. M., IWON, A. I. (Черненко, И. М., Ивон, А. И.), ФТТ **20** (1978) 233

[609] IWON, A. I., TSCHERNENKO, I. M. (Ивон, А. И., Черненко, И. М.), Извч. ВУЗОВ СССР физика **1** (1978) 130

[610] BACHMAN, H. G., AHMED, F. R., BURNES, W. H., Z. Kristallogr. **115** (1961) 110

[611] BACHMAN, H. G., BURNES, W. H., Z. Kristallogr. **115** (1961) 215

[612] WERTHEIM, C. K., HUFNER, S., Proc. Internat. Conf. Magnetism, Moskau 1973

[613] CHEWESCHI, I., ABDULAJEW, A. A., LEBEDEW, W. S. (Хевеши, И., Абдулаев, А. А., Лебедев, В. С.), Кристаллография **16** (1971) 334

[614] Lasukowa, N. I., Mokerow, W. G., Gubanow, W. A.
(Лазукова, Н. И., Мокеров, В. Г., Губанов, В. А.), ФТТ **17** (1975) 3696
[615] Mokerow, W. G., Rakow, A. W.
(Мокеров, В. Г., Раков, А. В.), ФТТ **11** (1969) 197
[616] Walijew, K. A., Mokerow, W. G., Rakow, A. W.
(Валиев, К. А., Мокеров, В. Г., Раков, А. В.), ФТТ **15** (1973) 361
[617] Kenny, N., Kaunewurf, C. R., Whitmore, D. H., J. Phys. Chem. Sol. **27** (1966) 8, 1237
[618] Clauws, P., Vennik, J., phys. stat. sol. (b) **66** (1974) 2, 553
[619] Wolshenski, D. S., Sawizki, W. G.
(Волженский, Д. С., Савицкий, В. Г.), Изв. ВУЗОВ СССР Физика **11** (1974) 151
[620] Gillis, E., Boesman, E., phys. stat. sol. **14** (1966) 337; **14** (1966) 349
[621] Joffé, W. A., Patrina, I. B.
(Иоффе, В. А., Патрина, И. Б.), ФТТ **6** (1965) 2425; **10** (1968) 639
[622] Rayle, I. L., J. Chem. Phys. **38** (1963) 2020
[623] Sperlich, G., Z. Phys. **250** (1972) 335
[624] Clauws, P., Vennik, J., phys. stat. sol. (b) **69** (1975) 491
[625] Broeckx, I., Clauws, P., Vennik, I., Solid State Commun. **22** (1977) 577
[626] Reschina, I. I.
(Решина, И. И.), ФТТ **14** (1972) 345
[627] Clauws, P., Vennik, J., phys. stat. sol. (b) **76** (1976) 707
[628] Allersma, T., Hakim, R., Kennedy, T. N., Mackenzie, J. D., J. chem. Phys. **46** (1967) 1, 154
[629] Winogradow, A. A., Ornatskaja, S. I.
(Виноградов, А. А., Орнатская, З. И.), Физика полупроводников и полупроводниковая электроника. вып. 1 (4), Saratow 1973, S. 67
[630] Winogradow, A. A.,
(Виноградов, А. А.), ФТТ **16** (1974) 1874
[631] Haemers, I., Baetens, E., Vennik, I., phys. stat. sol. (a) **20** (1973) 381
[632] Scott, A. B., McCulloch, I. C., Mar, K. M., Mobility Materials. Taylor and Francis, London 1971, S. 108
[633] Patrina, I. W., Joffé, W. A.
(Патрина, И. В., Иоффе, В. А.), ФТТ **6** (1964) 3227
[634] Soljan, T. S., Regel, A. R.
(Золян, Т. С., Регель, А. Р.), ФТТ **6** (1964) 1520
[635] Wolshenski, D. S., Sawizki, W. G.
(Волженский, Д. С., Савицкий, В. Г.), Изв. ВУЗОВ СССР Физика **6** (1975) 91
[636] Perlstein, I. H., J. Solid State Chem. **3** (1971) 216
[637] Dmitrijewa, L. W., Joffé, W. A., Patrina, I. B.
(Дмитриева, Л. В., Иоффе, В. А., Патрина, И. Б.), ФТТ **9** (1965) 2754
[638] Joffé, W. A.
(Иоффе, В. А.), Дис. д-ра физ.-мат. наук, Leningrad 1969
[639] Sperlich, G., Zimmerman, P., Solid State Commun. **14** (1974) 897
[640] Fam Zoan Chan, Blinow, L. A., Strachow, L. P.
(Фам Зоан Хан, Блинов, Л. А., Страхов, Л. П.), ФТП **2** (1968) 475
[641] Roch, I., Compt. Rend. Acad. Sci. Paris **12** (1960) 2167
[642] Futaki, H., Japan. J. Appl. Phys. **4** (1965) 28

[643] NOWIKOW, W. N., TALLERTSCHIK, B. A.
(Новиков, В. Н., Таллерчик, Б. А.), Прибори и системы управления **1** (1969) 48
[644] NOWIKOW, W. N., TALLERTSCHIK, B. A.
(Новиков, В. Н., Таллерчик, В. А.), ПТЭ **5** (1969) 190
[645] FUTAKI, H., SHIMODA, T., U.S. Patent 3.598762 (1971)
[646] ANDREJEW, W. N., TSCHUDNOWSKI, F. A.
(Андреев, В. Н., Чудновский, Ф. А.), ИФЖ **28** (1975) 844
[647] WALDEN, R. H., IEEE Trans. Elektron Dev. **ED 17** (1970) 603
[648] STRETSCHEN, W. I., SCHELJATSCH, A. R., LJUTIK, O. A.
(Стречень, В. И., Шелям, А. Р., Лютик, О. А.), Электронная техника, серия 8 (1972) 100
[649] EINZINGER, R., Siemens-Zeitschrift **46** (1972) 242
[650] ANDREJEW, W. N., MESCHKOWSKI, I. K., TERUKOW, JE. I., TSCHUDNOWSKI, F. A.
(Андреев, В. Н., Мешковский, И. К., Теруков, Е. И., Чудновский, Ф. А.), ПТЭ **6** (1975) 252
[651] BÜHLING, D., BORGES, W., Hermsdorfer Tech. Mitt. **17** (1976) 1424
[652] Electronics **46** (1973) 6, 34
[653] KOLOMIJEZ, B. T., LEBEDEW, E. A., TAKSAMI, I. A.
(Коломиец, Б. Т., Лебедев, Э. А., Таксами, И. А.), ФТП **3** (1969) 731
[654] KOPSO, W. F.
(Копзо, В. Ф.), Зарубежная электроника **6** (1971) 71
[655] BERGLUND, C. N., KLEIN, N., Proc. IEEE **59** (1971) 1099
[656] WOLKOW, A. F., KOGAN, SCH. M.
(Волков, А. Ф., Коган, Ш. М.), УФН **96** (1968) 633
[657] BONTSCH-BRUJEWITSCH, W. A., SWJAGIN, I. P., MIRONOW, A. G.
(Бонч-Бруевич, В. А., Звягин, И. П., Миронов, А. Г.), Доменная электрическая неустоичивость в полупроводниках. ИЗА. Наука, Moskau 1972
[658] COPE, R. G., PENN, A. W., Brit. J. Appl. Phys. **1** (1968) 161
[659] KENNEDY, T. N., KOLLINS, F. M., Proc. Electr. Compan. New York 1969, S. 39
[660] FUTAKI, H., Hitachi. Rev. **18** (1969) 440
[661] BERGLUND, C. N., IEEE Trans. Electron Dev. **FD 16** (1969) 432
[662] KITCHEN, W. I., PROTO, J. G. R., J. Appl. Phys. **42** (1971) 2140
[663] Electronics **44** (1971) 17, 9E
[664] MACKENZIE, I. D., KENNEDY, T. N., J. Non-Cryst. Solids **1** (1969) 326
[665] SHDAN, A. G., DAREWSKI, A. S., TSCHUGUNOWA, M. JE., SERBINOW, I. A.
(Ждан, А. Г., Даревский, А. С., Чугунова, М. Е., Сербинов, И. А.), ФТТ **14** (1972) 2170
[666] DUCHENE, J., TERRAILZON, M., PAILLY, P., ADAM, G., Appl. Phys. Lett. **19** (1971) 115
[667] BERGLUND, C. N., WALDEN, R. H., IEEE Trans. Electron Dev. **ED 17** (1970) 137
[668] DUCHENE, J., Microelectronics **4** (1972) 37
[669] ANKLAM, H. J., MATTHECK, C., phys. stat. sol. (a) **19** (1973) 433
[670] YU, R. I., FISCHER, P. D., Appl. Phys. Lett. **19** (1971) 159
[671] YU, R. I., FISCHER, P. D., IEEE Trans. Electron Dev. **ED 18** (1971) 975
[672] TALLERTSCHIK, B. A., TERUKOW, JE. I., TSCHUDNOWSKI, F. A.
(Таллерчик, Б. А., Теруков, Е. И., Чудновский, Ф. А.), ИФЖ **28** (1975)
[673] REDE, D., TERUKOW, JE. I.
(Реде, Д., Теруков, Е. И.), ЖТФ **48** (1978) 805

[674] Higgins, J. K., Tempel, B. K., Lewis, J. E., J. Non-Cryst. Solids **23** (1977) 187

[675] Ogrin, Ju. F., Kulkow, S. Je., Abdullajew, A. A.
(Огрин, Ю. Ф., Кульков, З. Е., Абдуллаев, А. А.), Микроэлектроника **2** (1972) 559

[676] Teeg, R. O., Pointe, C., Hollman, R. W., Shores, S. C., U.S. Patente 3.547594 (1970) u. 3.577026 (1971)

[677] Toketa, Y., Kato, F., Nitta, M., Naradome, M., Appl. Phys. Lett. **27** (1975) 212

[678] Aleksejunas, A. A., Bareikis, W. A., Bondarenko, W. N., Werkjalis, I. Ju., Liberis, Ju. S.
(Алексеюнас, А. А., Барейкис, В. А., Бондаренко, В. Н., Веркялис, И. Ю., Либерис, Ю. С.), Письма в ЖТФ **3** (1977) 752

[679] McConell, L. T., Trimmier, J. R., U.S. Patent 3.834793 (1974)

[680] Oleinik, A. S., Abaldujew, W. W., Sachartschenja, B. P., Tschudnowski, F. A.
(Олейник, А. С., Абалдуев, В. В., Захарченя, Б. П., Чудновский, Ф. А.), ИФК **33** (1977) 931

[681] Koler, R., Berchart, K., Lin, L.
(Кольер, Р., Берхарт, К., Лин, Л.), Оптическая голография. ИЗД. Мир, Moskau 1973

[682] Roach, W. R., Appl. Phys. Lett. **19** (1971) 453

[683] Walijew, K. A., Mokerow, W. G., Petrow, A. G., Rakow, A. W., Sakotejewa, I. M.
(Валиев, К. А., Мокеров, В. Г., Петров, А. Г., Раков, А. В., Закотеева, И. М.), Письма в ЖТФ **2** (1976) 1119

[684] Walijew, K. A., Sakotejewa, I. M., Mokerow, W. G., Petrow, A. G., Rakow, A. ,W.
(Валиев, К. А., Закотеева, И. М., Мокеров, В. Г., Петров, А. Г., Раков, А. В.), ДАН **222** (1975) 578

[685] Kanajew, I. F., Malinowski, W. K., Rjabowa, A. A., Serbinow, I. A.
(Канаев, И. Ф., Малиновский, В. К., Рябова, А. А., Сербинов, И. А.), Микроэлектроника **4** (1975) 336

[686] Bugajew, A. A., Sachartschenja, B. P., Meschkowski, I. K., Owtschinnikow, W. M., Tschudnowski, F. A.
(Бугаев, А. А., Захарченя, Б. П., Мешковсий, И. К., Овчинников, В. М., Чудновский, Ф. А.), Письма в ЖТФ **1** (1975) 209

[687] Bugajew, A. A., Sachartschenja, B. P., Owtschinnikow, W. M., Tschudnowski, F. A.
(Бугаев, А. А., Захарченя, Б. П., Овчинников, В. М., Чудновский, Ф. А.), Письма в ЖТФ **1** (1975) 593

[688] Bugajew, A. A., Sachartschenja, B. P., Tschudnowski, F. A.
(Бугаев, А. А., Захарченя, Б. П., Чудновский, Ф. А.), Письма в ЖТФ **1** (1975) 1111

[689] Bugajew, A. A., Gurjanow, A. A., Sachartschenja, B. P., Tschudnowski, F. A.
(Бугаев, А. А., Гурьянов, А. А., Захарченя, Б. П., Чудновский, Ф. А.), Письма в ЖТФ **3** (1977) 145

[690] Sachartschenja, B. P., Terukow, Je. I., Tschudnowski, F. A., Schteingolz, S. I.
(Захарченя, Б. П., Теруков, Е. И., Чудновский, Ф. А., Штейнгольц, З. И.), Письма в ЖТФ **4** (1978) 1130

[691] Sachartschenja, B. P., Terukow, Je. I., Felk, A. K., Tschudnowski, F. A., Schteingolz, S. I.

(Захарченя, Б. П., Теруков, Е. И., Фельк, А. К., Чудновский, Ф. А., Штейнгольц, З. И.), Письма в ЖТФ 4 (1978) 1201
[692] Sachartschenja, B. P., Terukow, Je. I., Skiwko, G. P., Tschudnowski, F. A., Schteingolz, S. I.
(Захарченя, Б. П., Теруков, Е. И., Скивко, Г. П., Чудновский, Ф. А., Штейнгольц, З. И.), ЖТФ **49** (1979) 295
[693] Bilenko, D. I., Sharkowa, E. A., Chassina, Je. I.
(Биленко, Д. И., Жаркова, Э. А., Хасина, Е. И.), Радиотехника и Электроника **23** (1978) 2649
[694] Fan, J. C. C., Fetterman, H. R., Bachner, F. J., Zavrasky, P. M., Parker, C. D., Appl. Phys. Lett. **31** (1977) 11
[695] Niemyski, T., Piekarczyk, W., J. Cryst. Growth **1** (1967) 177
[696] Bando, Y., Kato, Y., Takada, T., Bull. Inst. Chem. Res. Kyoto Univers. **54** (1976) 330
[697] Oppermann, H., Stöver, G., Wolf, E., 7. Konferenz Seltene Metalle, Budapest, 1979
[698] Oppermann, H., 6. Konferenz Seltene Metalle, Budapest, 1977
[699] Ritschel, M., Oppermann, H., Kristall u. Technik **13** (1978) 1035
[700] Ritschel, M., Oppermann, H., Mattern, N., Kristall u. Technik **13** (1978) 1421
[701] Gerlach, U., Krabbes, G., Oppermann, H., Z. anorg. allg. Chem. **436** (1977) 253
[702] Gerlach, U., Oppermann, H., Z. anorg. allg. Chem. **432** (1977) 17
[703] Reichelt, W., Oppermann, H., Wolf, E., Z. anorg. allg. Chem. **452** (1979) 96
[704] Peshev, P., Bliznakov, G., Gyurov, G., Mat. Res. Bull. 8 (1973) 1011
[705] Sakata, T., Sakata, K., Höfer, G., Horiuchi, T., J. Cryst. Growth **12** (1972) 88
[706] Kodama, H., Goto, M., J. Cryst. Growth **29** (1975) 77; **29** (1975) 222
[707] Faile, S. P., J. Cryst. Growth **43** (1978) 133
[708] Peshev, P., Toshev, A., Mat. Res. Bull. **10** (1975) 1335
[709] Grunin, V. S., Joffé, V. A., Patrina, I. B., phys. stat. sol. (b) **63** (1974) 629
[710] Andrejew, W. N., Bulyginski, D. G., Sachartschenja, B. P., Tschudnowski, F. A.
(Андреев, В. Н., Булыгинский, Д. Г., Захарченя, Б. П., Чудновский, Ф. А.), Письма в ЖТФ 4 (1978) 992
[711] Thomas, D., Tudo, J., Tridot, G., Compt. Rend. Acad. Sci. Paris **265** Ser. C (1967) 183
[712] Klemm, W., Grimm, L., Z. anorg. allg. Chem. **250** (1942) 42
[713] Cambini, M., Pellegrini, G., Amelinckx, S., Mat. Res. Bull. **6** (1971) 791–803
[714] Hanawalt, J. D., Rinn, H. W., Frevel, L. K., Anal. Chem. **10** (1938) 475–512
[715] Andersson, G., Jahnberg, L., Arkiv Kemi **21** (1964) 5, 413
[716] Structur Rep. **20** (1956) 264
[717] Wilhelmi, K. A., Waltersson, K., Kihlborg, L., Acta Chem. Scand. **25** (1971) 2676
[718] Wilhelmi, K. A., Waltersson, K., Acta Chem. Scand. **24** (1970) 3409
[719] Nat. Bur. Standard, Circ. 8 (1958) 539
[720] Okinaka, M., Nakasawa, K., Kosuge, K., Bando, Y., Takada, T., Kachi, S., J. Phys. Soc. Japan **27** (1969) 1366
[721] Gilson, T. R., Bizri, O. F., Cheetham, N., J. Chem. Soc. **3** (1973) 291
[722] Arsenjewa, A. N., Kurtschatow, B. W.
(Арсеньева, А. Н., Курчатов, Б. В.), ЖЭТФ **6** (1934) 576
[723] Iwon, A. I.
(Ивон, А. И.), дис. Dnepropetrowsk, 1979

[724] FEINLEIB, J., Elektronic Structure in Solids (Ed. HEIDEMANNKIS). Plenum Press, New York 1969, S. 239

[725] FISHER, D. W., J. Appl. Phys. **40** (1969) 4151

[726] SHTORCH, P., YAKOBY, Y., Phys. Lett. **36A** (1971) 89

[727] TSCHUDNOWSKI, F. A., TERUKOW, E. I., CHOMSKI, D. I., Solid State Commun. **25** (1978) 573

[728] TERUKOW, JE. I., CHOMSKI, D. I., TSCHUDNOWSKI, F. A. (Теруков, Е. И., Хомский, Д. И., Чудновский, Ф. А.), ЖЭТФ **73** (1977) 2217

[729] BRÜCKNER, W., TERUKOW, E. I., REICHELT, W., MOLLENHAUER, W., TSCHUDNOWSKI, F. A., OPPERMANN, H., Kristall u. Technik **13** (1978) 823

[730] MERCIER, J., LAKKIS, S., J. Cryst. Growth **20** (1973) 195

[731] SINCE, J., AHMED, S., MERCIER, J., J. Cryst. Growth **40** (1977) 301

[732] GLUSCHKO, W. P. (Глушко, В. П.), Термические константы веществ 11, Академик Наук СССР, Moskau 1966

[733] OPPERMANN, H., Z. Chem. **17** (1977) 311

[734] MUENOV, D. W., HASTIE, J. W., HANGE, R., BOATISTA, R., MARGRAVE, J. L., Trans. Faraday Soc. **65** (1969) 3210

[735] KOFSTAD, P., Nonstoichiometry Diffusion and Electrical Conductivity in Binary Metal Oxides. Wiley-Interscience, New York 1972

[736] HAMANN, C., HEIM, J., BURGHARDT, H., Organische Leiter, Halbleiter und Photoleiter; Wissenschaftliche Taschenbücher. Akademie-Verlag, Berlin 1980

Sachverzeichnis

FSC
www.fsc.org
MIX
Papier | Fördert gute Waldnutzung
FSC® C083411

Zeitfracht Medien GmbH
Ferdinand-Jühlke-Straße 7
99095 Erfurt, Deutschland
produktsicherheit@kolibri360.de